3. Am Ende des Kapitels

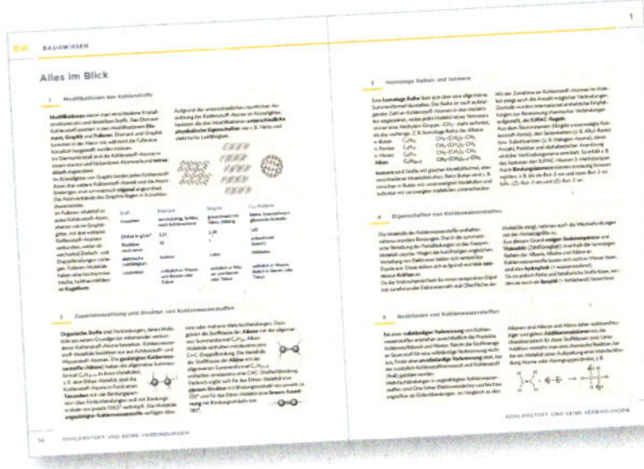

Die wichtigsten Inhalte aus jedem Kapitel werden auf den Seiten **Alles im Blick** kompakt zusammengefasst. Damit können Sie sich gut auf einen Test vorbereiten.

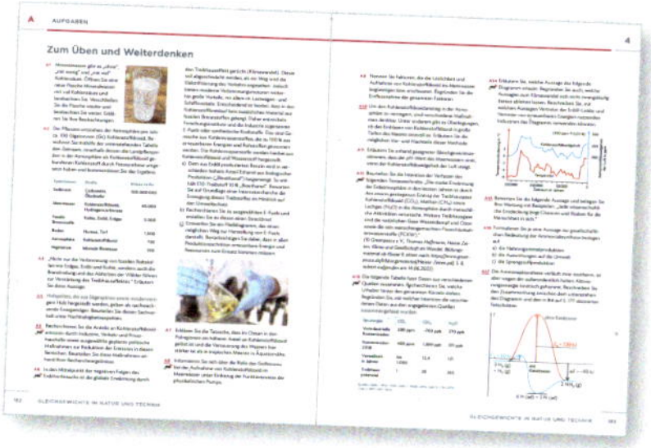

Am Kapitelende warten zudem auf den Seiten **Zum Üben und Weiterdenken** eine große Anzahl bunt gemischter Aufgaben darauf, gelöst zu werden. Auch hier sind anspruchsvolle Aufgaben sowie Medienkompetenz-Aufgaben gesondert markiert.

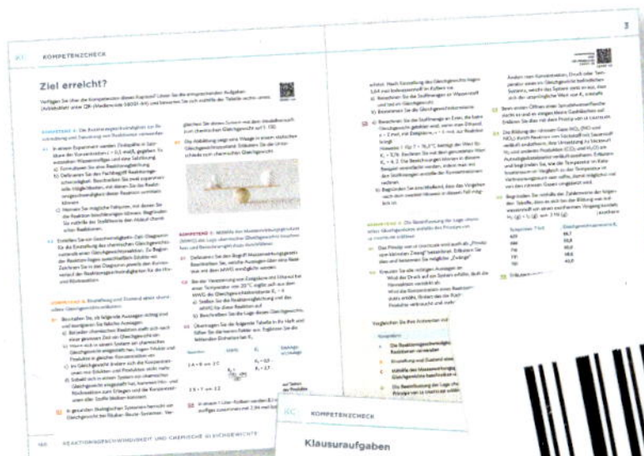

Mit den Seiten **Ziel erreicht?** können Sie überprüfen, ob Sie die neuen Inhalte des Kapitels verstanden haben. Das entsprechende Arbeitsblatt können Sie unter dem QR- bzw. Mediencode herunterladen und Ihre Antworten mit den Lösungen im Anhang abgleichen. Zudem finden Sie auch hier digitale Lernanwendungen sowie Seitenverweise zum Nachlesen im Buch.

Auf den Seiten **Klausuraufgaben** finden Sie eine Vielzahl materialbasierter Aufgabenblöcke zum jeweiligen Kapitel, welche ideal für die Vorbereitung auf einen anstehenden Test geeignet sind.

4. Sonderseiten

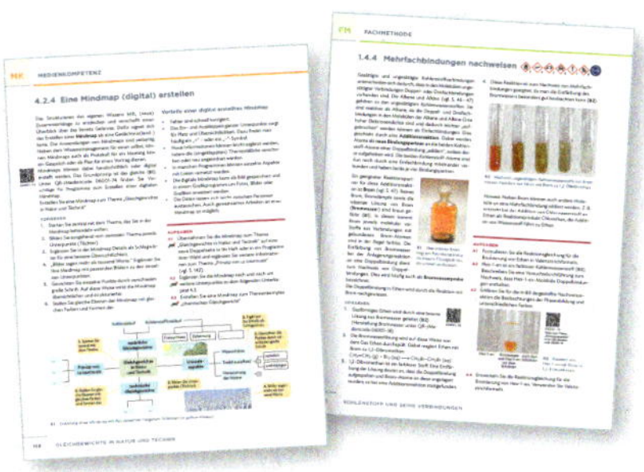

Der Einsatz digitaler Medien spielt in der Chemie eine große Rolle. Auf den **Medienkompetenz**-Seiten lernen Sie, wie man gezielt Informationen im Internet oder einer App sucht, mit chemischen Programmen arbeitet, Quelleninhalte analysiert und beurteilt oder Wissen mithilfe von digitalen Programmen an andere weitergibt. Fachmethoden der Chemie sind Werkzeuge, deren Handhabung gelernt sein will. Auf den Seiten **Fachmethode** wird Schritt für Schritt erklärt, wofür eine Methode gut ist und wie man sie anwendet.

Auf den Seiten **Exkurs** können Sie „über den Tellerrand blicken". Spannende Themen, z. B. aus Biologie, Physik, Medizin, Umwelt oder Erdkunde, werden wie in einer Zeitschrift vorgestellt. Die **Bildung für nachhaltige Entwicklung** finden Sie auf separaten BNE-Seiten im Buch.

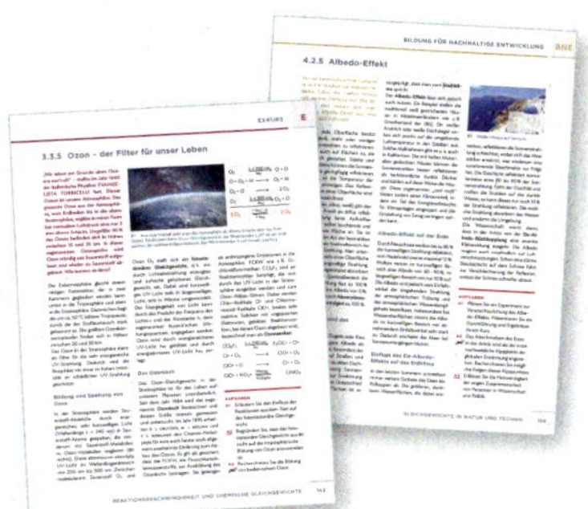

INFO

Hier und da finden Sie kleine Fachmethoden- und Medienkompetenz-Kästen in den entsprechenden Farben auch auf anderen Seitentypen.

Laborgeräte

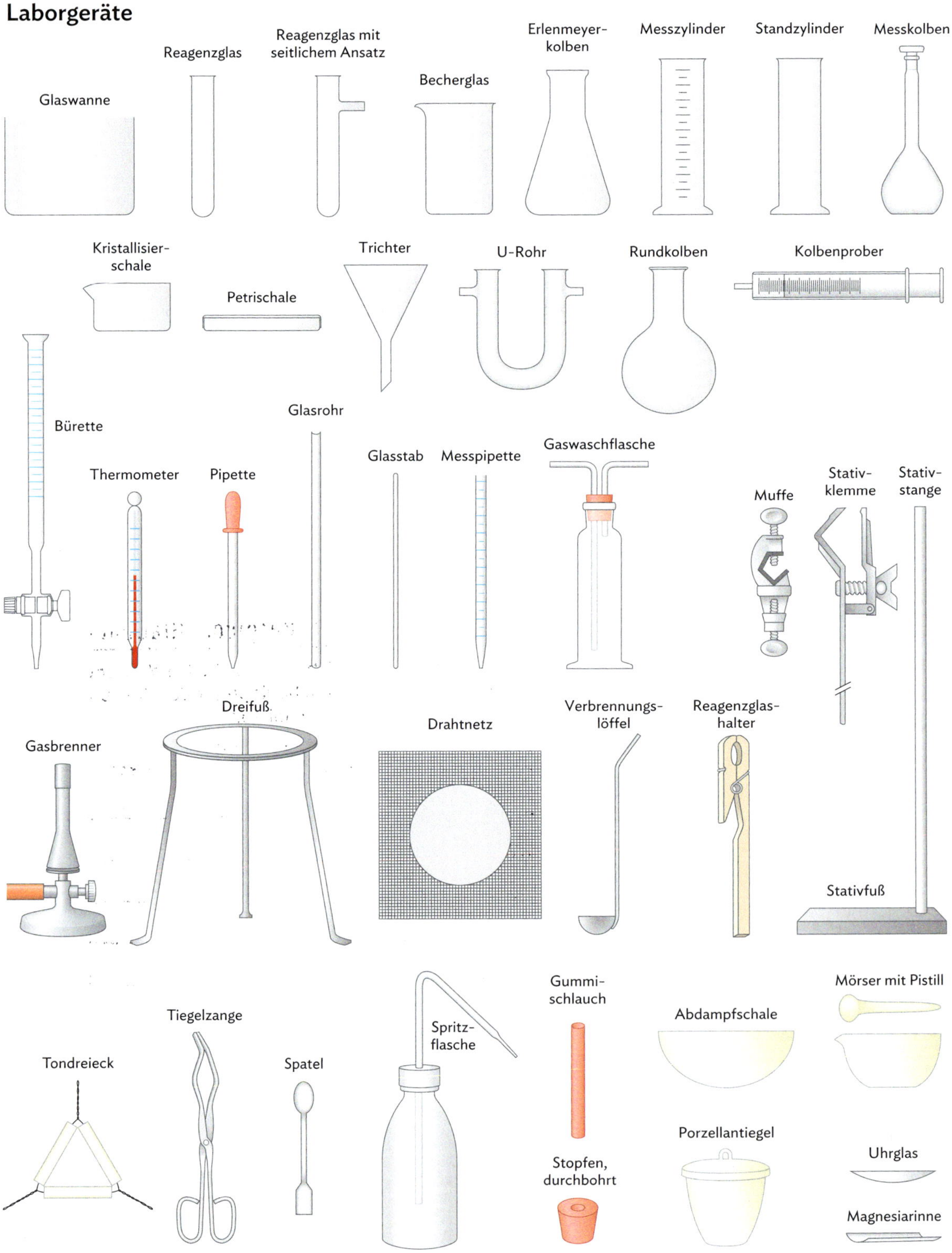

Liebe Schülerin, lieber Schüler,

Sie sind in der Oberstufe angekommen und können jetzt Ihr Grundlagenwissen aus der Mittelstufe auf neue Kontexte anwenden und erweitern:

- Sie lernen in diesem Jahr nun verschiedene Arten des Vorkommens von Kohlenstoff kennen, den es neben dem Vorkommen als Diamant und Graphit auch als Graphen, Kohlenstoff-Nanoröhrchen und Fullerene gibt, was für moderne technische Anwendungen und Funktionen interessant ist.
- Sie vertiefen Ihr Wissen über organische Stoffklassen, z. B. mit Blick auf Alkohole und Carbonsäuren und Produkte, die durch Reaktionen dieser Vertreter erhalten werden können. Damit verstehen Sie, was im Körper nach Alkoholkonsum geschieht, oder wie das Medikament Aspirin® hergestellt wird.
- Sie erarbeiten das Basiskonzept des chemischen Gleichgewichts. Dieses ist der Schlüssel zum Verständnis wichtiger Vorgänge in Natur und Technik. Sie können es nutzen, um die Zusammenhänge zwischen Klimawandel und Eigenschaften sowie Reaktionen von Kohlenstoffdioxid zu erschließen oder um zu verstehen, wie es gelingen konnte, der Luft den reaktionsträgen Stickstoff für die Herstellung von Ammoniak als Ausgangsstoff für Dünger oder Explosivstoffe abspenstig zu machen.
- Die Betrachtung von Reaktionen, die in Kreisprozessen wie dem Kohlenstoffkreislauf vorkommen, helfen, Prozesse wie die Fotosynthese und Atmung zu verstehen oder sich mit der Synthese von Biokraftstoffen auseinanderzusetzen.

Ausgangspunkt für neue Erkenntnisse sind auch in diesem Buch Experimente und ausgewählte Materialien, die auf folgenden Erarbeitungsseiten ausgewertet und in Kontexte gebracht werden. Da die Chemie in engem Bezug zu weiteren Fächern und Forschungsbereichen steht, eröffnen Ihnen Exkurs-Seiten Blicke „über den Tellerrand" der Chemie. Zur Schulung Ihrer fachmethodischen und Medienkompetenzen stehen spezielle Seiten zur Verfügung.
Die Welt und die Menschheit betreffende Fragestellungen sind häufig vielschichtig und lassen sich nicht nur aus den Naturwissenschaften allein heraus verstehen. Als Beitrag zur Bildung für nachhaltige Entwicklung finden Sie Buchseiten, die Themen wie die Teller-oder-Tank-Debatte, die Frage nach Energieträgern oder das Systemische Denken, also das Denken in größeren Sachzusammenhängen, behandeln und durch Fragestellungen zu vielperspektivischen Überlegungen anregen sollen.

Aus Ihrer Generation erwachsen die Forschenden und die Entscheiderinnen und Entscheider von morgen. Mit diesem Buch möchten wir einen Beitrag leisten, Sie für Chemie und Naturwissenschaften zu motivieren und zu interessieren, damit Sie sich schon jetzt aktiv in aktuelle Fragen unserer Welt einbringen und mitdiskutieren können.

Viel Erfolg in der Oberstufe, insbesondere in der Chemie, wünschen Ihnen
die Herausgeberinnen

0 Grundlagen aus der Sekundarstufe I 8

1 Kohlenstoff und seine Verbindungen 24

3 Reaktionsgeschwindigkeit und chemische Gleichgewichte 116

4 Gleichgewichte in Natur und Technik 154

Anhang 191

0 Grundlagen aus der Sekundarstufe I

06001-02
Arbeitsblatt unter
QR-/Mediencode
06001-02

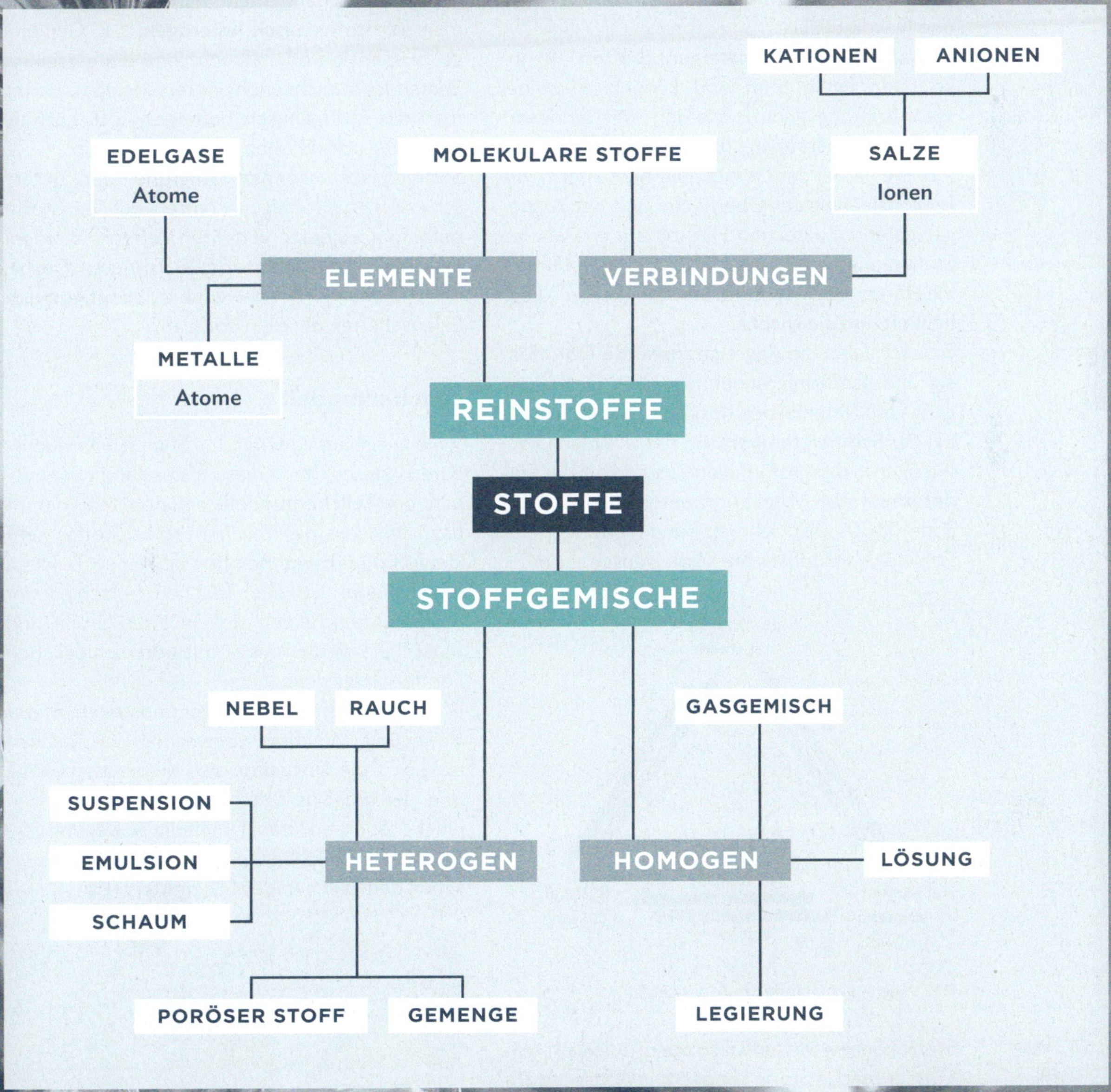

I Stoffe, ihre Eigenschaften und ihr Aufbau

Stoffe und Stoffeigenschaften

Jeder Gegenstand besteht chemisch gesehen aus einem **Stoff** oder aus mehreren Stoffen. Einen bestimmten Gegenstand kann man oft aus unterschiedlichen Stoffen herstellen. Eine Kette kann z. B. aus Silber, Gold oder Kunststoff gefertigt sein. Umgekehrt kann man aus einem bestimmten Stoff ganz verschiedene Gegenstände herstellen. Aus dem Stoff Kupfer bestehen z. B. Dachverkleidungen, Regenrinnen, Drähte, Töpfe und Dekoartikel.

Charakteristische **Stoffeigenschaften** kennzeichnen einen Stoff und können zu seiner Identifizierung genutzt werden. Mit Sinnesorganen wahrnehmbare Stoffeigenschaften sind z. B. die Farbe, der Geruch, die Kristallform, die Beschaffenheit der Oberfläche und der Aggregatzustand. Zu den mit Hilfsmitteln erfassbaren Stoffeigenschaften zählen der **Magnetismus**, die **Härte**, die **elektrische Leitfähigkeit**, die **Löslichkeit** und die **Dichte**.

06001-03

Ein Stoff kann die **Aggregatzustände fest**, **flüssig** und **gasförmig** annehmen (**B1**). Der Übergang vom festen in den flüssigen Zustand erfolgt bei der **Schmelztemperatur**, der Übergang vom flüssigen in den gasförmigen Zustand bei der **Siedetemperatur** (Animation unter QR-/Mediencode 06001-03). Schmelz- und Siedetemperatur sind charakteristische Stoffeigenschaften.

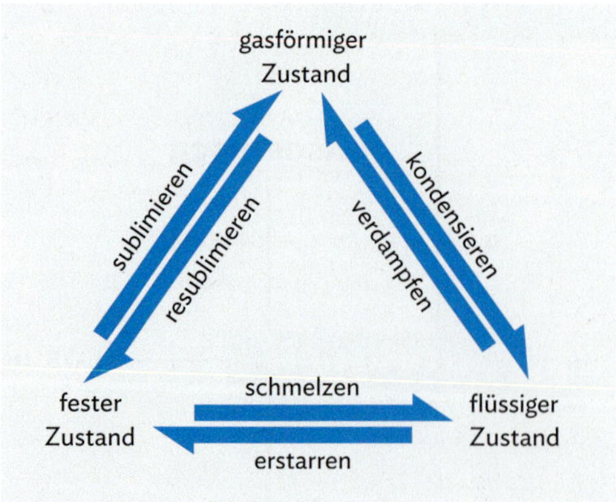

B1 Aggregatzustände und Übergänge

Saure und alkalische Lösungen → S. 20

Stoffe können wasserlöslich oder -unlöslich sein. Wasserlösliche Stoffe können mit Wasser **saure**, **alkalische** oder **neutrale** Lösungen bilden.

Reinstoffe und Stoffgemische

Ein **Reinstoff** ist durch eine Kombination von Stoffeigenschaften, z. B. elektrische Leitfähigkeit, Dichte, Löslichkeit, Schmelz- und Siedetemperatur, eindeutig charakterisiert und daher identifizierbar.

Stoffgemische sind Mischungen aus mindestens zwei verschiedenen Reinstoffen. Kann man die einzelnen Bestandteile mit dem Mikroskop oder dem Auge noch erkennen, nennt man ein Stoffgemisch **heterogen**, z. B. Gemenge, Suspension oder Rauch. Sind die einzelnen Bestandteile nicht mehr unterscheidbar, nennt man das Stoffgemisch **homogen**, z. B. Lösung, Legierung oder Gasgemisch.

Stoffgemische können aufgrund der unterschiedlichen Stoffeigenschaften der Reinstoffe mithilfe geeigneter Verfahren getrennt werden. Welches **Trennverfahren** (z. B. Filtrieren, Destillieren, Dekantieren) geeignet ist, hängt von den Eigenschaften der Reinstoffe ab.

Teilchenmodell

Viele messbare oder mit den Sinnen wahrnehmbare Eigenschaften eines Stoffes kann man mithilfe des **Teilchenmodells** erklären. Man nimmt dazu an, dass die Teilchen eines Stoffes sehr klein sind und zwischen den einzelnen Teilchen leerer Raum ist. Die Teilchen verschiedener Stoffe unterscheiden sich in ihrer Größe und Masse. Sie werden meist mit unterschiedlichen Formen dargestellt.

Alle Teilchen sind in ständiger und ungerichteter Bewegung. Mit dieser Bewegung der Teilchen lässt sich die **Diffusion**, also die selbstständige und gleichmäßige Durchmischung der Stoffe in einer Lösung, erklären. Durch die Bewegung verteilen sich Teilchen des gelösten Stoffes zwischen den Teilchen des Lösemittels (**B2**).

B2 Diffusion eines Stoffes auf Teilchenebene

Das Atommodell von DALTON

Bei der Erklärung von Beobachtungen bei chemischen Reaktionen hilft das von DALTON entwickelte **Atommodell**:

1. Die chemischen Elemente sind aus kleinsten Teilchen, den **Atomen**, aufgebaut. Die Atome bleiben bei chemischen Reaktionen ungeteilt.
2. Die Atome eines Elements haben alle die gleiche Masse und die gleiche Größe.
3. Bei chemischen Reaktionen werden die miteinander verbundenen Atome eines Stoffes getrennt und in einer neuen Kombination wieder zusammengefügt.

Bausteine eines Atoms und Kern-Hülle-Modell

Atome sind aus den **Elementarteilchen** aufgebaut. Nach dem **Kern-Hülle-Modell** nach RUTHERFORD (**B3**) besteht jedes Atom aus einem positiv geladenen **Atomkern**, der sehr klein ist, und einer negativ geladenen **Atomhülle**, die überwiegend leerer Raum ist. Der Atomkern besteht aus den positiv geladenen **Protonen** sowie den ungeladenen **Neutronen**. Die Atomhülle enthält die negativ geladenen **Elektronen**.

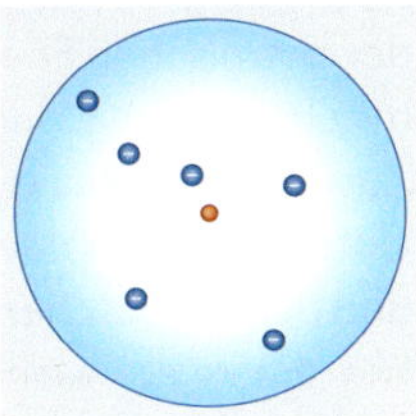

B3 Kern-Hülle-Modell eines Atoms nach RUTHERFORD

Die Größe und die Masse eines Atoms sind extrem klein. Für Betrachtungen von **Atommassen** ist die Einheit u (engl. *unit*, Einheit) zweckmäßg. Die Masse eines Wasserstoff-Atoms wurde auf **1 u** festgelegt. Die Masse eines Kohlenstoff-Atoms ist 12-mal so groß wie die eines Wasserstoff-Atoms, also ist $m(1\ C) = 12\,u$. Die Masse eines Schwefel-Atoms ist 32-mal so groß wie die eines Wasserstoff-Atoms, also ist $m(1\ S) = 32\,u$.
Die Anzahl der Protonen im Atom stellt im **Periodensystem der Elemente (PSE)** die **Ordnungszahl** dar. Sie entspricht im neutralen Atom auch der Anzahl der Elektronen. Die Masse eines Atoms setzt sich aus der Masse der Protonen und Neutronen zusammen. Elektronen sind nahezu masselos (**B4**).

	Proton	Neutron	Elektron
Symbol	p^+	n	e^-
Ladung in Elementarladungen	+1	0	−1
Masse	1 u	1 u	0,0005 u

B4 Bausteine eines Atoms

Stoffklassen und ihre Grundbausteine

Reinstoffe können in die Stoffklassen **Metalle**, **Edelgase**, **Salze** und **molekulare Stoffe** eingeteilt werden. Die Reinstoffe einer Stoffklasse weisen ähnliche Eigenschaften auf. Die verschiedenen Stoffklassen unterscheiden sich in ihrem Aufbau auf Teilchenebene.
Metalle bestehen aus regelmäßig in einem Metallgitter angeordneten Atomen. Sie zeichnen sich durch elektrische Leitfähigkeit, Wärmeleitfähigkeit, Verformbarkeit und metallischen Glanz aus.
Edelgase bestehen aus einzelnen Atomen, die relativ weit voneinander entfernt sind und sich in unregelmäßiger Bewegung zueinander befinden. Sie gehen fast keine chemischen Reaktionen ein.
Salze sind harte, spröde Stoffe, die hohe Schmelztemperaturen haben. Sie bilden im festen Aggregatzustand Kristalle. Ihre Eigenschaften erklären sich durch ihren regelmäßigen Aufbau aus einem Gitter mit positiv geladenen Teilchen (**Ionen**), den **Kationen**, und negativ geladenen Teilchen, den **Anionen**.
Molekulare Stoffe haben im Vergleich zu Metallen und Salzen niedrige Siedetemperaturen. Ihre Teilchen sind **Moleküle**, die aus zwei oder mehreren gebundenen Atomen bestehen. Man kann sie gut mit dem Atommodell nach DALTON darstellen, z.B. das Wasser-Molekül (**B5**).

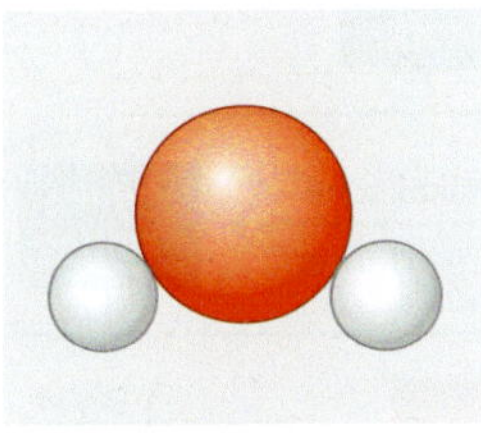

B5 Darstellung eines Wasser-Moleküls H_2O im Atommodell nach DALTON

PSE → S. 14

II Chemische Reaktionen

Stoffumwandlungen

Vorgänge, bei denen neue Stoffe mit neuen Eigenschaften entstehen, nennt man **chemische Reaktionen**. Dabei entstehen aus den **Edukten** (Ausgangsstoffen) neue Stoffe. Diese nennt man **Produkte** (Endstoffe). Die Produkte haben bleibende Eigenschaften, die sich von den Eigenschaften der Edukte unterscheiden.
Den Ablauf einer chemischen Reaktion fasst man kurz in einer **Wortgleichung** zusammen. Die Namen der Edukte stehen links, die Namen der Produkte rechts. Sie sind durch einen **Reaktionspfeil** (⟶) verbunden.
Beispiel: Aus den Edukten Kupfer und Schwefel entsteht das Produkt Kupfersulfid.
Man schreibt:

Feststoff **s** (*solid*), Flüssigkeit **l** (*liquid*), Gas **g** (*gaseous*), in Wasser gelöster Stoff **aq** (*aqueous*)

Kupfer (s) + Schwefel (s) ⟶ Kupfersulfid (s)

Man liest:
„Festes Kupfer und fester Schwefel reagieren zu festem Kupfersulfid."

Elemente, z. B. Kupfer und Schwefel, sind Reinstoffe, die sich nicht weiter zerlegen lassen. Sie bestehen aus nur einer Atomsorte. Zurzeit kennt man 118 verschiedene Elemente. Aus den Elementen kann man eine Vielzahl von Verbindungen herstellen.
Chemische **Verbindungen**, z. B. Kupfersulfid, sind Reinstoffe, die durch eine chemische Reaktion in Elemente zerlegt werden können. Verbindungen bestehen aus zwei oder mehr verschiedenen Atomsorten (**B6**).
Die Zerlegung einer Verbindung in ihre Elemente nennt man **Analyse**. Die Herstellung einer Verbindung aus ihren Elementen nennt man **Synthese** (**B6**).

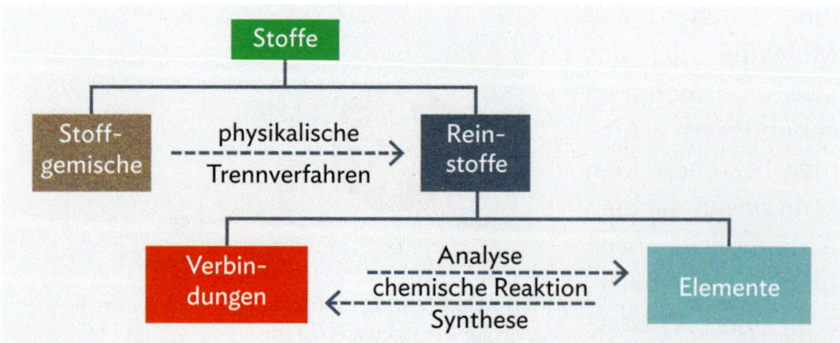

B6 Reinstoffe können in Elemente und Verbindungen aufgeteilt werden.

Energie bei chemischen Reaktionen

Neben **Stoffumwandlungen** finden bei chemischen Reaktionen auch **Energieumwandlungen** statt. Chemische Energie wird dabei in andere Energieformen, z. B. Licht und/oder Wärme, umgewandelt bzw. umgekehrt. Die **Gesamtenergie** bleibt dabei immer konstant.
Eine chemische Reaktion, bei der Energie in Form von Wärme an die Umgebung abgegeben wird, heißt **exotherme Reaktion**. Die chemische Energie der Edukte ist größer als die chemische Energie der Produkte.
Eine chemische Reaktion, bei der ständig Energie in Form von Wärme aus der Umgebung zugeführt werden muss, heißt **endotherme Reaktion**. Die chemische Energie der Edukte ist geringer als die chemische Energie der Produkte.
Die meisten Reaktionen laufen nicht von selbst ab. Oft muss man zum Starten der Reaktion **Aktivierungsenergie** aufwenden. Die Aktivierungsenergie entspricht dabei dem Unterschied der chemischen Energie der Edukte und der chemischen Energie der Stoffe im reaktionsbereiten Zustand. Die **Reaktionsenergie** entspricht dem Unterschied der chemischen Energie der Edukte und der chemischen Energie der Produkte.
Die Energieumwandlungen bei einer chemischen Reaktion kann man in einem **Energiediagramm** darstellen (**B7**).

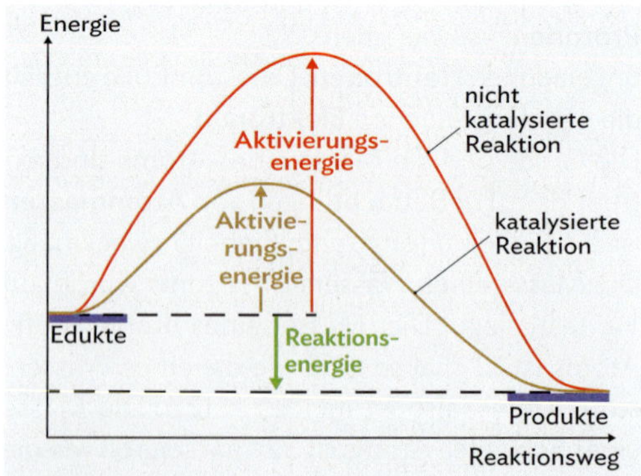

B7 Energiediagramm einer exothermen Reaktion mit Aktivierungsenergie

Ein **Katalysator** ermöglicht eine chemische Reaktion, die ohne Katalysator nicht oder nur sehr langsam ablaufen würde. In Gegenwart eines

Katalysators verläuft eine Reaktion über einen anderen Reaktionsweg mit niedrigerer Aktivierungsenergie (**B7**). Der Katalysator liegt nach der Reaktion wieder unverändert vor.

Grundgesetze bei chemischen Reaktionen

Das **Gesetz von der Erhaltung der Masse** besagt, dass sich die Gesamtmasse aller beteiligten Stoffe während einer chemischen Reaktion nicht ändert. Somit entspricht die Gesamtmasse der Produkte einer Reaktion der Gesamtmasse der eingesetzten Edukte.
Das **Gesetz der konstanten Massenverhältnisse** besagt, dass Reaktionspartner immer in einem bestimmten Massenverhältnis miteinander reagieren. Da jedes Atom eine typische Masse hat, stehen auch die Massen der Elemente, aus denen eine Verbindung gebildet wird, in einem konstanten Verhältnis.

Von Verhältnis- und Molekülformel zur Reaktionsgleichung

Aus dem Verhältnis der Massen der Elemente, die eine Verbindung bilden, lässt sich die **Verhältnisformel** ableiten. Sie gibt die Zahlenverhältnisse der Ionen in einer **salzartigen** Verbindung wieder, z. B.:

$MgBr_2$: Im Magnesiumbromid liegen die Magnesium-Kationen und Bromid-Anionen im Zahlenverhältnis 1:2 vor.

Die **Molekülformel** gibt die Zahlenverhältnisse der Atome in einer **molekularen Verbindung** wieder, z. B.:

H_2O: In einem Wasser-Molekül sind zwei Wasserstoff-Atome und ein Sauerstoff-Atom gebunden.

Verhältnis- und Molekülformeln sind **chemische Formeln**. Mit ihnen lassen sich chemische Reaktionen als **Reaktionsgleichungen** schreiben. Damit lassen sich Aussagen zur Zusammensetzung der reagierenden Teilchen sowie zum Verhältnis, in dem die Teilchen miteinander reagieren, treffen, z. B.:

$$2\,Na\,(s) + Cl_2\,(g) \longrightarrow 2\,NaCl\,(s)$$

Natrium-Atome und Chlor-Moleküle reagieren im Verhältnis 2:1 miteinander.

Oxidation und Reduktion

Verbrennungen sind exotherme chemische Reaktionen mit Sauerstoff, bei denen Energie in Form von Wärme und Licht freigesetzt wird. Als Produkte entstehen **Oxide**, z. B. Kohlenstoffdioxid oder Eisen(II)-oxid. Allgemeiner nennt man eine chemische Reaktion mit Sauerstoff unter Bildung von Oxiden **Oxidation**. Dazu zählen Verbrennungen. Für den Verlauf einer Oxidation gilt: Sie verläuft umso heftiger, je größer der **Zerteilungsgrad** des brennbaren Stoffes ist.
Bei der Reaktion von **Metallen** mit Sauerstoff entstehen **Metalloxide** (Salze), z. B.:

$$2\,Fe\,(s) + O_2\,(g) \longrightarrow 2\,FeO\,(s)$$

Bei der Reaktion von **Nichtmetallen** mit Sauerstoff entstehen Nichtmetalloxide (molekulare Stoffe), z. B.:

$$C\,(s) + O_2\,(g) \longrightarrow CO_2\,(g)$$

Edle Metalle können durch Erhitzen aus Metalloxiden gewonnen werden. Diese Reaktion, bei der eine Sauerstoffabgabe erfolgt, nennt man **Reduktion**, z. B.:

$$2\,Ag_2O\,(s) \longrightarrow 4\,Ag\,(s) + O_2\,(g)$$

Meist braucht man für die Zerlegung eines Metalloxids in die Elemente einen Hilfsstoff. Dieser entzieht dem Metalloxid den Sauerstoff und nimmt ihn selbst auf: Es findet eine **Sauerstoffübertragungsreaktion** statt:

Sauerstoffabgabe

Kupferoxid + Zink ⟶ Kupfer + Zinkoxid

Sauerstoffaufnahme

Man orientiert sich dabei an der Reaktionsfähigkeit der Metalle mit Sauerstoff (**B8**).

⟵ Reaktionsfähigkeit mit Sauerstoff nimmt zu						
Magnesium Mg	Aluminium Al	Zink Zn	Eisen Fe	Kupfer Cu	Silber Ag	Gold Au

B8 Reihung der Metalle nach Reaktionsfähigkeit mit Sauerstoff

III Elemente und ihre Ordnung

Periodensystem der Elemente

Das **Periodensystem der Elemente (PSE)** ist ein Ordnungssystem, in dem alle 118 derzeit bekannten chemischen Elemente nach ihren Eigenschaften und ihrem Atombau angeordnet sind. Die Elemente sind nach aufsteigender **Ordnungszahl** sortiert. Die waagerechten Zeilen im PSE nennt man **Perioden**. In senkrechten Spalten, den **Hauptgruppen**, stehen jeweils Elemente mit ähnlichen Eigenschaften.
Die überwiegende Anzahl der bekannten Elemente sind **Metalle**. Sie stehen links und mittig im PSE. Rechts sind die **Nichtmetalle** zu finden. Dazwischen stehen die **Halbmetalle**, die keiner der beiden Gruppen zuzuordnen sind. Aus dem PSE lassen sich u.a. das Elementsymbol, die Ordnungszahl und die Atommasse zu jedem Element ablesen (**B9**).

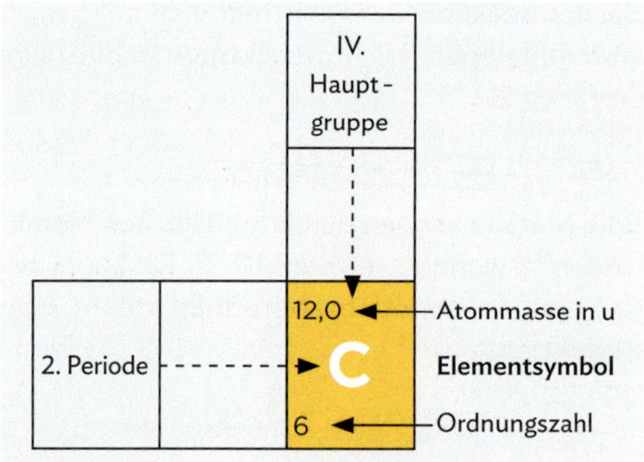

B9 Informationen zum Element Kohlenstoff aus dem PSE

Wichtige Elementfamilien

Elemente mit ähnlichen Eigenschaften fasst man zu **Elementfamilien** zusammen. Jede Hauptgruppe des PSE steht für eine Elementfamilie.
Die Elemente der Hauptgruppe I bilden die Elementfamilie der **Alkalimetalle**. Zu diesen zählen Lithium (Li), Natrium (Na), Kalium (K), Rubidium (Rb), Caesium (Cs) und Francium (Fr). Wasserstoff ist eine Ausnahme und zählt nicht zu den Alkalimetallen. Wasserstoff ist ein Nichtmetall und ist bei Raumtemperatur gasförmig. Er bildet mit Sauerstoff ein hochexplosives Gemisch, das **Knallgas**, welches mit der **Knallgasprobe** nachgewiesen werden kann.

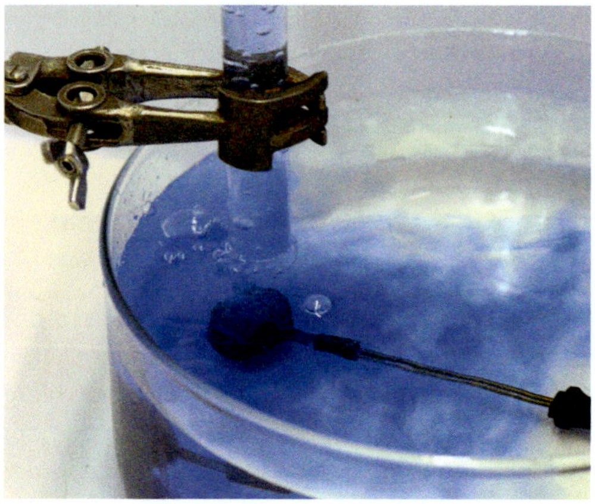

B10 Reaktion von Lithium und mit Thymolphthalein-Indikator versetztem Wasser

Die Hauptgruppe II stellt die Elementfamilie der **Erdalkalimetalle** dar. Zu den Erdalkalimetallen gehören Beryllium (Be), Magnesium (Mg), Calcium (Ca), Strontium (Sr), Barium (Ba) und Radium (Ra).
Bei den Alkalimetallen und bei den Erdalkalimetallen handelt es sich um reaktive Metalle. Mit Sauerstoff reagieren sie schnell zu Metalloxiden und mit Wasser zu Metallhydroxidlösungen (**B10**), wobei Wasserstoff gebildet wird, z. B.:

Natrium (s) + Wasser (l) ⟶
Natriumhydroxid (aq) + Wasserstoff (g)

Die Heftigkeit der Reaktionen nimmt für beide Elementfamilien im PSE von oben nach unten zu. Die Erdalkalimetalle sind insgesamt weniger reaktiv als die Alkalimetalle.
Die Elemente der Hauptgruppe VII fasst man zur Elementfamilie der **Halogene** zusammen. Es handelt sich um reaktive Nichtmetalle, die z. B. mit den Alkali- und Erdalkalimetallen zu Metallhalogeniden reagieren können. Zu den Halogenen gehören Fluor (F), Chlor (Cl), Brom (Br), Iod (I), Astat (At) und Tenness (Ts).
Die Elemente der Hauptgruppe VIII werden zur Elementfamilie der **Edelgase** zusammengefasst. Zu diesen zählen Helium (He), Neon (Ne), Argon (Ar), Krypton (Kr), Xenon (Xe), Radon (Rn) und Oganesson (Og).
Die Edelgase sind reaktionsträge und liegen daher als einatomige Gase vor. Dies ist auf ihren Atombau zurückzuführen (vgl. Edelgaskonfiguration).

Ionisierungsenergien, Energiestufen und Schalen

Die **Ionisierung** ist die Bildung eines Ions durch Abspaltung eines Elektrons von einem Atom. Die dazu erforderliche Energie heißt **Ionisierungsenergie**. Die Ionisierungsenergien für die schrittweise Abspaltung von Elektronen aus einem Atom nehmen ungleichmäßig zu. Je nach Atomart kommt es an einer bestimmten Stelle zu einem sprunghaften Anstieg (**B11**).

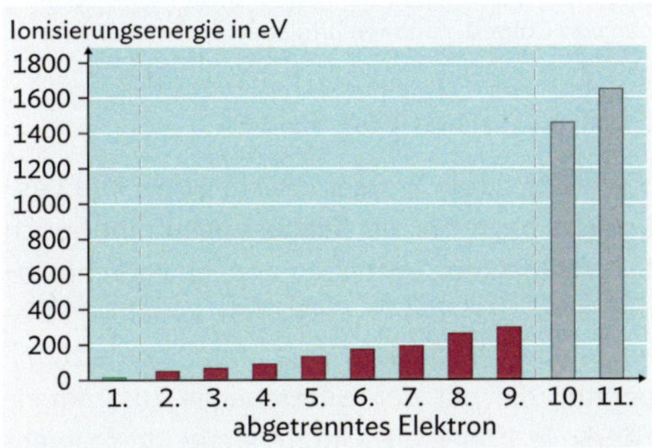

B11 Ionisierungsenergien für die Elektronen in einem Natrium-Atom

Auf dieser Grundlage basiert das **Energiestufenmodell**, bei dem sich die Elektronen der Hülle aufgrund ihres Energiegehalts bestimmten Energiestufen zuordnen lassen (**B12** rechts). Die Energiestufen werden ausgehend von der energieärmsten Stufe mit $n = 1, 2, 3$ usw. bezeichnet. Die Elektronen der höchsten Energiestufe nennt man **Valenz-** oder **Außenelektronen**.

Die Energiestufen können jeweils nur eine bestimmte Anzahl an Elektronen insgesamt aufnehmen. Die maximale Anzahl an Elektronen erhält man rechnerisch aus der Energiestufe n mit der Formel $2 \cdot n^2$.

Die Verteilung der Elektronen eines Atoms auf die verschiedenen Energiestufen bezeichnet man als **Elektronenkonfiguration**. Für das Natrium-Atom lautet diese:

$1^2 2^8 3^1$ (**Energiestufe**, **Anzahl an Elektronen**)

Räumlich kann man sich die Verteilung der Elektronen besser mithilfe des **Schalenmodells** vorstellen. Die Schalen werden von innen nach außen mit K, L, M usw. bezeichnet (**B12** links).

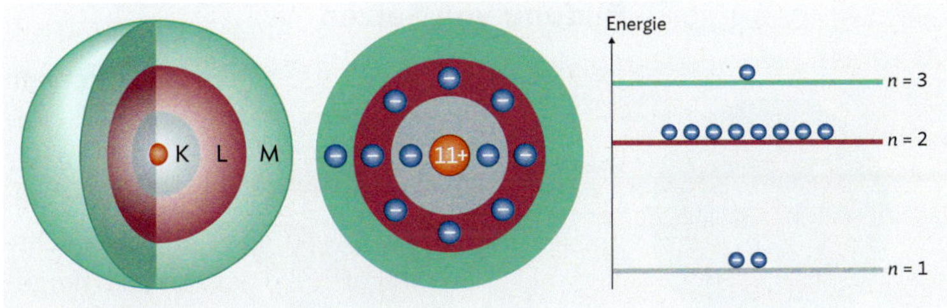

B12 Schalenmodelle (links) und Energiestufenmodell (rechts) der Elektronen in einem Natrium-Atom

Die Verteilung der Elektronen auf die Energiestufen bzw. Schalen erfolgt stets von innen nach außen, ausgehend von der ersten Energiestufe ($n = 1$) bzw. Schale (K-Schale). Je größer die Entfernung eines Elektrons vom Atomkern ist, umso kleiner ist die Energie zur Abspaltung des Elektrons. Die Elektronen in der Außenschale lassen sich am leichtesten abtrennen.

Die Atome der Elemente einer Hauptgruppe haben die gleiche Anzahl an Elektronen in der Außenschale. Die Hauptgruppennummer entspricht dabei der Anzahl der Außenelektronen.

Die Außenschale kann in der Regel mit maximal acht Elektronen besetzt werden. Die Außenschalen der Edelgas-Atome (außer Helium) enthalten acht Elektronen. Hierbei handelt es sich um eine besonders stabile Elektronenverteilung, die **Edelgaskonfiguration**. Atome anderer Elemente können diese stabile Elektronenkonfiguration durch Aufnahme oder Abgabe von einem oder mehreren Außenelektronen erreichen (**B13**).

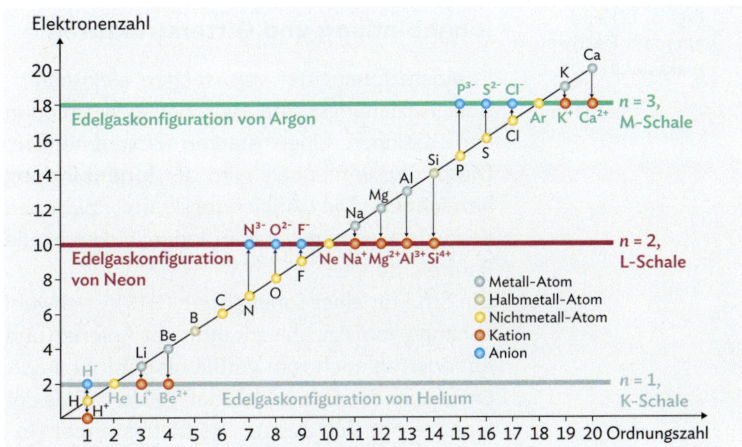

B13 Bildung von Ionen mit Edelgaskonfiguration

IV Ionische Verbindungen

Bildung von Salzen

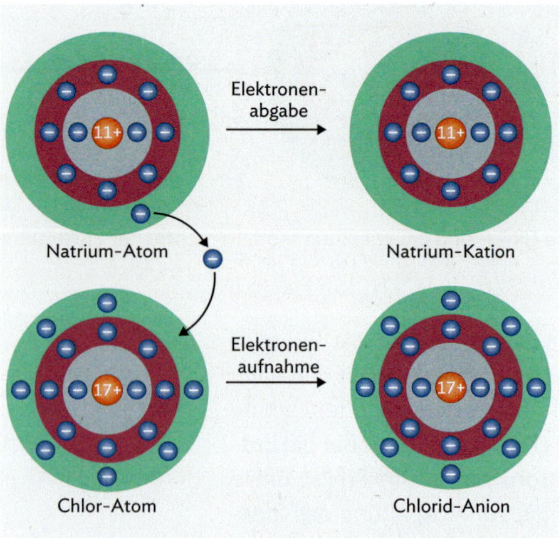

B14 Modellhafte Darstellung der Bildung von Ionen aus Atomen

Salze können durch Reaktion eines Metalls mit einem Nichtmetall hergestellt werden. Die Halogene sind bekannte Salzbildner. Bei der Salzbildung finden **Elektronenübertragungsreaktionen** statt: Metall-Atome geben Elektronen ab, Nichtmetall-Atome nehmen in der Regel Elektronen auf (**B14**). Auf diese Weise entsteht jeweils die energetisch günstige Edelgaskonfiguration mit voll besetzten Valenzschalen. Die **Ladungszahl** vieler Ionen lässt sich daher aus der Position des Elements im PSE ableiten.

Die so gebildeten Ionen lagern sich zu einem **Ionengitter** zusammen. In einem Salzkristall ist jedes Kation von Anionen umgeben und umgekehrt. Die bei der Bildung des Gitters freiwerdende **Gitterenergie** ist umso größer, je kleiner die Ionen sind und je höher die Ionenladungszahl ist.

Sauerstoffübertragungsreaktionen (vgl. S. 13) sind ebenfalls Redoxreaktionen.

Ionenbindung und Gitterstrukturen

In einem Ionengitter verursachen elektrostatische Anziehungskräfte zwischen den Anionen und Kationen einen starken Zusammenhalt. Dieser Zusammenhalt wird als **Ionenbindung** bezeichnet. Die Anziehungskräfte zwischen den verschieden geladenen Ionen wirken in alle Raumrichtungen.

Die Struktur eines Ionengitters (**B15**) ist sowohl abhängig vom Anzahlverhältnis der Anionen und Kationen als auch vom Verhältnis der Ionenradien zueinander. Das zahlenmäßige Verhältnis der Ionen ergibt sich aus der Verhältnisformel (**Ionengruppe**).

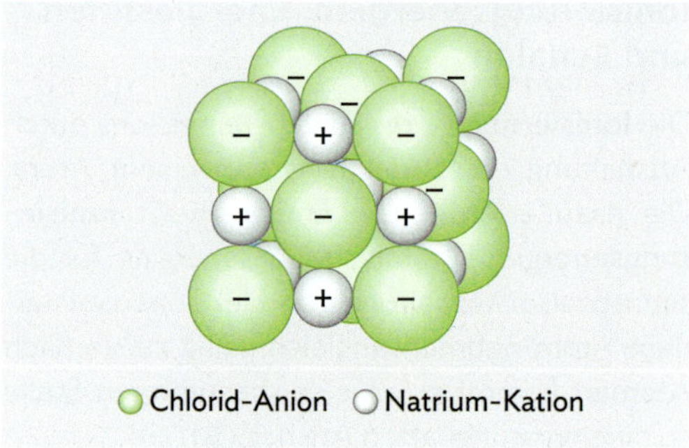

B15 Im Natriumchloridkristall sind Natrium-Kationen von Chlorid-Anionen umgeben und umgekehrt.

Eigenschaften von Salzen

Salze sind gut in Wasser löslich, wobei ihre **Löslichkeit** begrenzt ist. **Salzlösungen**, aber auch **Salzschmelzen**, enthalten frei bewegliche Ionen und sind daher elektrisch leitfähig. Salze haben im Allgemeinen eine hohe Schmelztemperatur, die mit der Gitterenergie zusammenhängt. Je höher die Gitterenergie, desto mehr thermische Energie muss bis zum Erreichen der Schmelztemperatur des Salzes zugeführt werden. Salzkristalle sind **spröde**, d. h. sie können nicht verformt werden, sondern zerspringen bei Druckeinwirkung.

Redoxreaktionen – Elektronenübergänge

Bei **Redoxreaktionen** finden zwischen den reagierenden Teilchen Elektronenübergänge statt. Das Teilchen, das Elektronen abgibt, ist der **Elektronendonator** und das Teilchen, das Elektronen aufnimmt, ist der **Elektronenakzeptor**. Die Elektronenabgabe bezeichnet man als **Oxidation**, die Elektronenaufnahme als **Reduktion**. Dabei reduziert der Elektronendonator ein anderes Teilchen und ist daher das **Reduktionsmittel**. Der Elektronenakzeptor oxidiert ein anderes Teilchen und ist folglich das **Oxidationsmittel**.

Beispiel: Kupfer (Reduktionsmittel) reagiert mit Chlor (Oxidationsmittel) zu Kupfer(II)-chlorid.

Oxidation:	Cu	$\longrightarrow$	$Cu^{2+} + 2\,e^-$
Reduktion:	$Cl_2 + 2\,e^-$	$\longrightarrow$	$2\,Cl^-$
Redoxreaktion:	$Cu + Cl_2$	$\longrightarrow$	$CuCl_2$

Redoxreihe der Metalle

In der **Redoxreihe** sind Metalle (**B17**) nach ihrem Bestreben angeordnet, Elektronen abzugeben. Je unedler ein Metall ist, desto leichter lassen sich seine Atome oxidieren. Je edler ein Metall ist, desto leichter lassen sich seine Kationen reduzieren. Metalle reagieren daher nur mit anderen Metallsalzlösungen, wenn das eingetauchte Metall unedler ist als das Metall, dessen Kationen die Metallsalzlösung enthält. Ein Eisennagel überzieht sich beim Eintauchen in eine Kupfersulfatlösung mit einer Kupferschicht (**B16**), ein Kupfernagel verändert sich aber nicht beim Eintauchen in eine Eisensulfatlösung.

B16 Eisennagel nach dem Eintauchen in eine Kupfer(II)-sulfatlösung

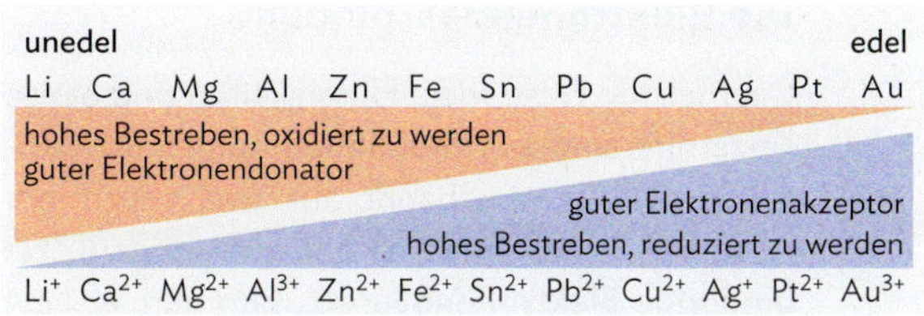

B17 Redoxreihe der Metalle

Angewandte Redoxreaktionen

Bei einer **Elektrolyse** wird durch Anlegen einer elektrischen Spannung eine Redoxreaktion ermöglicht, die spontan nicht stattfinden würde. Bei der Reaktion wandern Kationen zum Minuspol (**Kathode**) und werden dort reduziert. Anionen wandern zum Pluspol (**Anode**) und werden oxidiert.
Beispiel: Elektrolyse einer Kupfer(II)-chloridlösung.

Oxidation (Pluspol): $2\,Cl^- \longrightarrow Cl_2 + 2\,e^-$
Reduktion (Minuspol): $Cu^{2+} + 2\,e^- \longrightarrow Cu$
Redoxreaktion: $CuCl_2 \longrightarrow Cu + Cl_2$

In einem **galvanischen Element** wird chemische Energie in elektrische Energie umgewandelt. Oxidation und Reduktion finden räumlich getrennt voneinander in Halbzellen statt, die über eine ionendurchlässige Membran miteinander verbunden sind. Dies führt zu einem Stromfluss, der die elektrische Energie nutzbar macht. Das DANIELL-**Element** ist ein Beispiel für ein galvanisches Element.
Batterien sind galvanische Elemente, in denen chemische in elektrische Energie umgewandelt und dadurch nutzbar gemacht wird.
Akkumulatoren sind wieder aufladbare Batterien. Der Ladevorgang entspricht den Prozessen in einer Elektrolysezelle, der Entladevorgang denen in einem galvanischen Element.
Brennstoffzellen funktionieren wie Batterien, bei denen Oxidations- und Reduktionsmittel kontinuierlich zugeführt werden. Sie sind dadurch langlebiger als Batterien und müssen nicht wie Akkumulatoren aufgeladen werden. Jedoch verfügen sie nicht über Speicherkapazitäten.

06001-04
Animation zu Eisennagel in Kupfersulfatlösung unter QR-/Mediencode 06001-04

FM Oxidationszahlen ermitteln

VORGEHEN

1. Elemente erhalten immer die Oxidationszahl 0.
2. Die Summe der Oxidationszahlen aller Atome in einer neutralen Verbindung ergibt immer 0. Es gilt:
   a) Metalle haben in Verbindungen stets positive Oxidationszahlen.
   b) Fluor-Atome erhalten in Verbindungen immer die Oxidationszahl -I.
   c) Wasserstoff-Atome erhalten in Verbindungen die Oxidationszahl +I, wenn dadurch **a)** nicht verletzt wird.
   d) Sauerstoff-Atome erhalten in Verbindungen die Oxidationszahl -II, wenn dadurch **b)** oder **c)** nicht verletzt werden.
3. Bei einfachen Ionen entspricht die Oxidationszahl der Ionenladungszahl.
4. Die Summe aller Oxidationszahlen eines Molekül-Ions ist stets gleich der Ionenladungszahl.

V Molekülverbindungen

Die Elektronenpaarbindung

Die meisten Gase, viele Flüssigkeiten und einige Feststoffe sind aus **Molekülen** aufgebaut. Moleküle sind Atomverbände aus zwei oder mehr Atomen. Sie halten durch gemeinsam genutzte **bindende Elektronenpaare** zusammen, es liegt eine **Elektronenpaarbindung** vor. Je nach Anzahl der gemeinsamen, bindenden Elektronenpaare liegt eine **Einfach-**, **Doppel-** oder **Dreifachbindung** vor. Da die Elektronen von beiden Bindungspartnern genutzt werden, erreichen die Atome in einem stabilen Molekül die Edelgaskonfiguration (**B18**, vgl. S. 15).

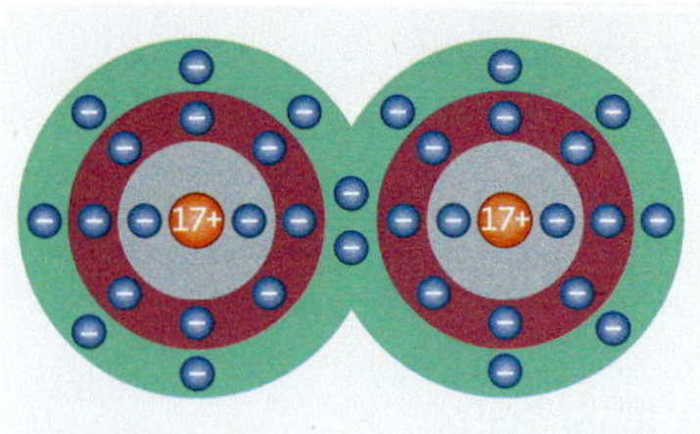

B18 Chlor-Molekül Cl_2 im Schalenmodell

Die Bindungsverhältnisse in Molekülen lassen sich durch **Valenzstrichformeln** darstellen. Dabei werden bindende Elektronenpaare als Strich zwischen den Elementsymbolen dargestellt. Die übrigen Valenzelektronen werden zu **nichtbindenden Elektronenpaaren** zusammengefasst als Striche an dem entsprechenden Elementsymbol platziert (**B19**).

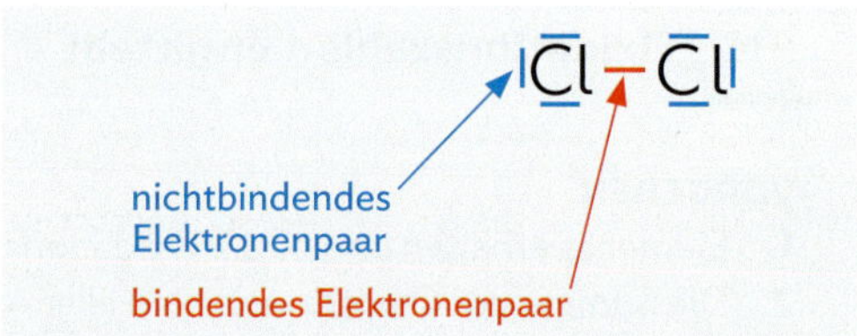

B19 Valenzstrichformel des Chlor-Moleküls Cl_2

Für das Aufstellen von korrekten Valenzstrichformeln muss u. a. die **Edelgasregel** beachtet werden.

Polare und unpolare Elektronenpaarbindungen

Atome, genauer Atomkerne, verschiedener Elemente ziehen gemeinsame bindende Elektronenpaare unterschiedlich stark an. Die **Elektronegativität EN** (**B20**) ist ein Maß für die Stärke eines Atoms, innerhalb eines Moleküls bindende Elektronenpaare an sich zu ziehen.

H 2,1							He –
Li 1,0	Be 1,5	B 2,0	C 2,5	N 3,0	O 3,5	F 4,0	Ne –
Na 0,9	Mg 1,2	Al 1,5	Si 1,8	P 2,1	S 2,5	Cl 3,0	Ar –
K 0,8	Ca 1,0	Ga 1,6	Ge 1,8	As 2,0	Se 2,4	Br 2,8	Kr –
Rb 0,8	Sr 1,0	In 1,7	Sn 1,8	Sb 1,9	Te 1,9	I 2,5	Xe –
Cs 0,7	Ba 0,9	Tl 1,8	Pb 1,8	Bi 1,9	Po 2,0	At 2,2	Rn –
Fr 0,7	Ra 0,9						

B20 Elektronegativitätswerte von Elementen im PSE

Je größer die **Elektronegativitätsdifferenz ΔEN** zwischen zwei miteinander verbundenen Atomen ist, desto mehr sind die Bindungselektronen zum elektronegativeren Atom verschoben: Die Elektronenpaarbindung ist **polar**, z. B. im Chlorwasserstoff-Molekül HCl oder im Wasser-Molekül H_2O. Bei Atomen des gleichen Elements oder bei Atomen mit ähnlicher Elektronegativität liegt eine **unpolare Elektronenpaarbindung** vor. Man kann wie folgt abschätzen:

$\delta^+ \quad \delta^-$
H – $\overline{\underline{Cl}}$|

$\Delta EN \leq 0{,}4 \longrightarrow$ nahezu unpolare Bindung
$\Delta EN > 0{,}4 \longrightarrow$ polare Bindung

Bei einer polaren Bindung erhalten die Bindungspartner eine **negative** (δ^-) und eine **positive Partialladung** (δ^+).

Das Elektronenpaarabstoßungsmodell

Das **Elektronenpaarabstoßungsmodell** (**EPA-Modell**) beschreibt den räumlichen Bau einfacher Moleküle. Aufgrund der gleichen Ladungen der Elektronen stoßen sich Elektronenpaare in einem Molekül gegenseitig ab und nehmen den größtmöglichen Abstand zueinander ein.
Für das Methan-Molekül z. B. ergibt sich eine **tetraedrische** Anordnung der Wasserstoff-Atome um das zentrale Kohlenstoff-Atom herum. Das Wasser-Molekül ist **gewinkelt**, da sich auch die nichtbindenden Elektronenpaare gegenseitig abstoßen.
Im EPA-Modell haben nichtbindende Elektronenpaare einen größeren Raumbedarf als bindende Elektronenpaare, Mehrfachbindungen

werden formal wie Einfachverbindungen behandelt. Dadurch ergeben sich neben Tetraedern auch weitere Molekülstrukturen wie **lineare** oder **pyramidale** (**B21**).

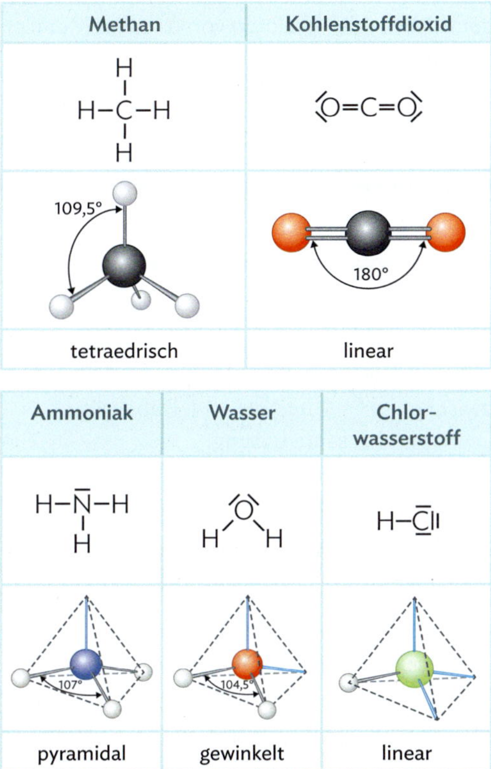

B21 Räumlicher Bau von Molekülen ohne (oben) und mit freien Elektronenpaaren am Zentralatom (unten)

Zwischenmolekulare Wechselwirkungen

Enthält ein Molekül polare Elektronenpaarbindungen und ist zudem asymmetrisch aufgebaut, bilden sich positive und negative Ladungsschwerpunkte im Molekül. Solche Moleküle nennt man **Dipol-Moleküle**.

Das Wasser-Molekül ist aufgrund der gewinkelten Struktur ein Dipol-Molekül. Es hat am Sauerstoff-Atom einen negativen und an den Wasserstoff-Atomen einen positiven Ladungsschwerpunkt (**B22** links).

Temporäre Dipole bilden sich aufgrund kurzfristiger, ungleicher Verteilungen von Elektronen in Molekülen mit unpolaren Elektronenpaarbindungen. Die schwachen Anziehungskräfte zwischen kurzzeitigen Dipolen bezeichnet man als **VAN-DER-WAALS-Kräfte**.

Wasserstoffbrücken sind zwischenmolekulare Wechselwirkungen zwischen einem positiv polarisierten Wasserstoff-Atom eines Moleküls und einem nichtbindenden Elektronenpaar eines Sauerstoff-, Stickstoff- oder Fluor-Atoms eines anderen Moleküls (**B22** rechts). Grund für die Anziehungskräfte sind die starken, entgegengesetzten Partialladungen der Atome. Wasserstoffbrücken sind für die hohe Siedetemperatur, die **Oberflächenspannung** und die **Dichteanomalie** von Wasser verantwortlich.

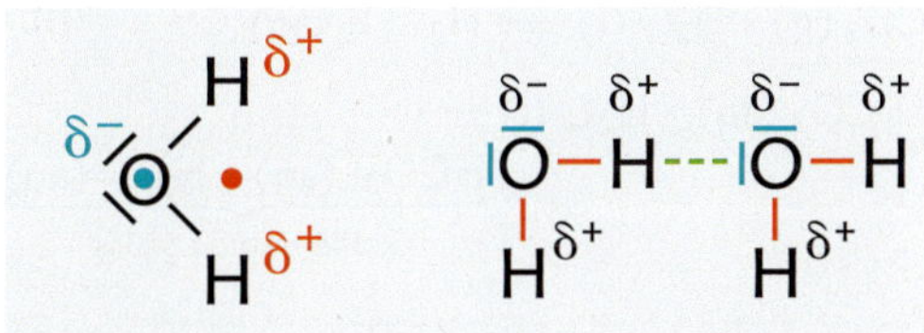

B22 Das Wasser-Molekül ist ein permanenter Dipol mit räumlich getrennten Ladungsschwerpunkten ● und ● (links). Wasser-Moleküle bilden untereinander Wasserstoffbrücken --- aus (rechts). — bezeichnen bindende Elektronenpaare, — nichtbindende Elektronenpaare.

Wasser als Lösemittel

Beim Lösen eines Salzes in Wasser kommt es zwischen den Ionen des Salzes und den Wasser-Molekülen zu **Dipol-Ionen-Wechselwirkungen**. Die Wasser-Moleküle lagern sich mit ihren positiven Ladungsschwerpunkten an die Anionen und mit den negativen Ladungsschwerpunkten an die Kationen an und lösen so die Ionen aus dem Ionengitter. Diesen Vorgang bezeichnet man als **Hydratation**. Die Ionen liegen jeweils umgeben von Wasser-Molekülen in Lösung vor, sie sind **hydratisiert** (**B23**).

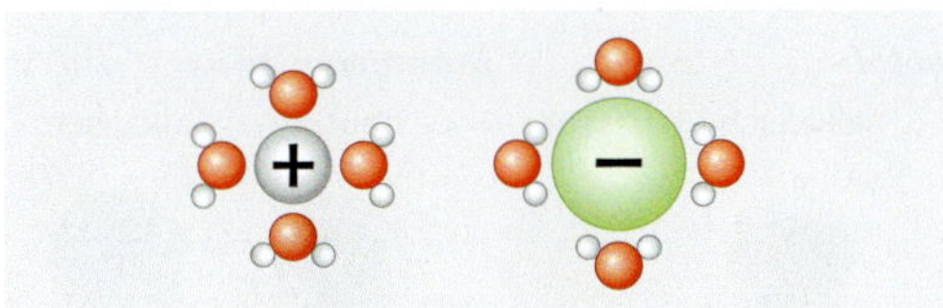

B23 Hydratisierte Ionen

06001-05
Animation zum Lösevorgang eines Salzes unter QR-/Mediencode 06001-05

VI Saure und alkalische Lösungen

Saure Lösungen

- färben **Universalindikator** gelb bis rot,
- leiten den elektrischen Strom,
- reagieren mit unedlen Metallen zu Wasserstoff und einem gelösten Salz und
- enthalten **Oxonium-Ionen H_3O^+**.

Saure Lösungen entstehen beim Lösen von Säuren in Wasser, z. B. von Schwefelsäure H_2SO_4:

$$H_2SO_4\,(l) + 2\,H_2O\,(l) \longrightarrow 2\,H_3O^+\,(aq) + SO_4^{2-}\,(aq)$$

Auch bei der Reaktion von Nichtmetalloxiden mit Wasser entstehen saure Lösungen, z. B. die **kohlensaure Lösung**:

$$CO_2\,(g) + H_2O\,(l) \longrightarrow H_2CO_3\,(aq)$$

$$H_2CO_3\,(aq) + H_2O\,(l) \longrightarrow \underbrace{HCO_3^-\,(aq) + H_3O^+\,(aq)}_{\text{kohlensaure Lösung}}$$

Alkalische Lösungen (= Laugen)

- färben Universalindikator grün bis blau,
- leiten den elektrischen Strom und
- enthalten **Hydroxid-Ionen OH^-**.

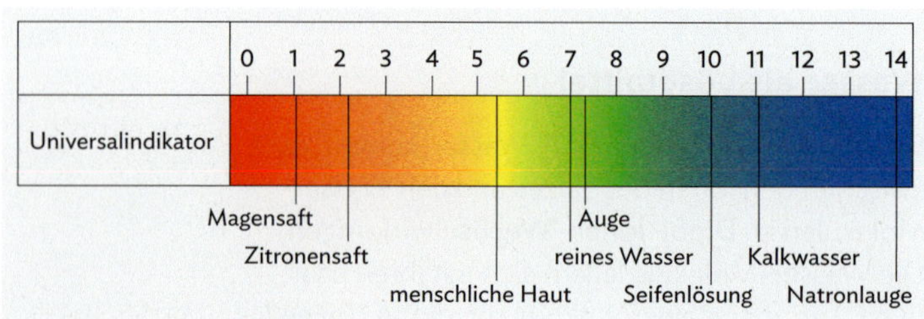

B24 pH-Werte einiger Stoffe

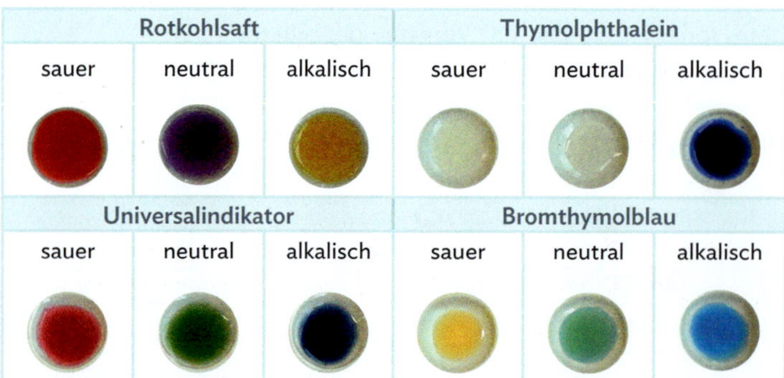

B25 Farben verschiedener Indikatoren

Die Hydroxid-Ionen sind entweder in den zu lösenden Stoffen bereits enthalten oder werden in Wasser erst gebildet.
So entstehen alkalische Lösungen z. B. beim Lösen von Metallhydroxiden (z. B. NaOH) in Wasser oder bei der Reaktion von unedlen Metallen und deren Oxiden mit Wasser, z. B.:

$$Ca\,(s) + 2\,H_2O\,(l) \longrightarrow Ca^{2+}\,(aq) + 2\,OH^-\,(aq) + H_2\,(g)$$

$$CaO\,(s) + H_2O\,(l) \longrightarrow Ca^{2+}\,(aq) + 2\,OH^-\,(aq)$$

Der pH-Wert und Indikatoren

Der **pH-Wert** ist ein Maß dafür, wie sauer oder alkalisch eine Lösung ist bzw. ob eine neutrale Lösung vorliegt. Die pH-Skala enthält Werte zwischen pH = 0 und pH = 14. Dabei gilt:

- $pH < 7$: saure Lösung
- $pH = 7$: neutrale Lösung
- $pH > 7$: alkalische Lösung

Je saurer eine Lösung ist, desto niedriger ist ihr pH-Wert und umso höher ist die Konzentration der H_3O^+-Ionen. Je alkalischer eine Lösung ist, desto höher ist der pH-Wert und umso höher ist die Konzentration der OH^--Ionen.
Mit **Indikatoren** kann man bestimmen, ob eine Lösung sauer, neutral oder alkalisch ist (**B24**). Je nach Art des Indikators hat dieser abhängig vom pH-Wert der Lösung eine andere Farbe (**B24**, **B25**).

Der Säure-Base-Begriff nach BRØNSTED

Nach der Definition von **BRØNSTED** sind **Säuren** Stoffe, deren Teilchen bei einer chemischen Reaktion Protonen abgeben, also **Protonendonatoren**. Stoffe, deren Teilchen bei einer chemischen Reaktion Protonen aufnehmen, also **Protonenakzeptoren**, bezeichnet man als **Basen**.

Säure-Base-Reaktionen

Bei der Reaktion zwischen einer Säure und einer Base werden **Protonen H^+** von der Säure auf die Base übertragen. Säure-Base-Reaktionen sind **Protonenübertragungsreaktionen** (**B26**).
Ampholyte sind Stoffe und deren Teilchen, die

sowohl als Säure als auch als Base wirken können. Zum Beispiel ist Wasser ein Ampholyt. Wasser-Moleküle können in Abhängigkeit vom Reaktionspartner Protonen aufnehmen oder abgeben (**B26**).

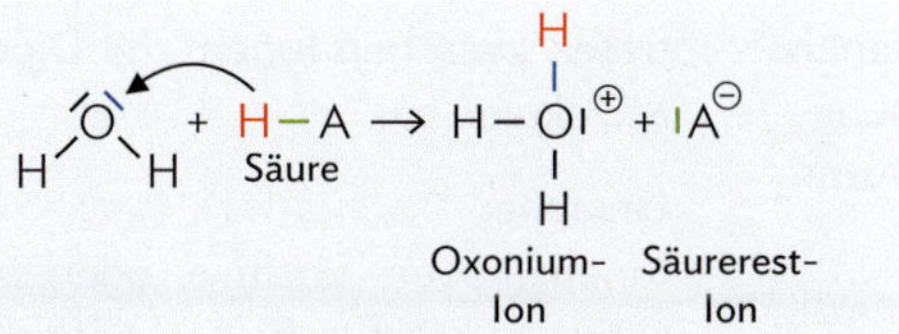

z. B.: H_2O (l) + HCl (g) $\xrightarrow{aq}$ H_3O^+ (aq) + Cl^- (aq)
Base Säure

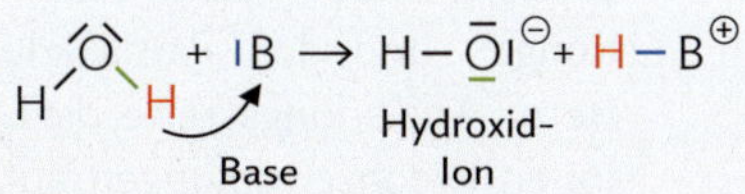

z. B.: H_2O (l) + NH_3 (g) $\xrightarrow{aq}$ OH^- (aq) + NH_4^+ (aq)
Säure Base

B26 Wasser ist ein Ampholyt.

Die **Neutralisation** ist eine Säure-Base-Reaktion, bei der gleiche Stoffmengen Oxonium-Ionen und Hydroxid-Ionen miteinander zu Wasser-Molekülen reagieren (**B27**).

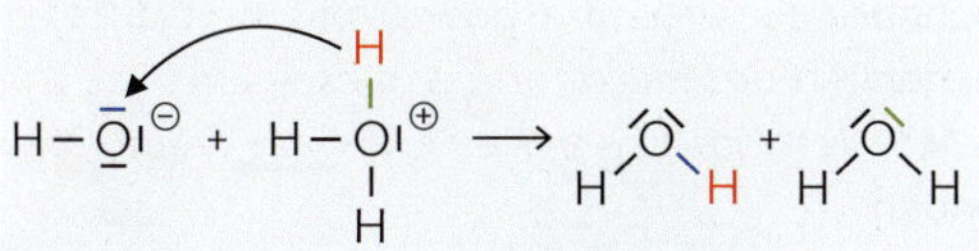

B27 Neutralisation auf Teilchenebene

Salze können durch Neutralisation gebildet werden, es entsteht eine neutrale Salzlösung, z. B.:

$$H_3O^+ (aq) + Cl^- (aq) + Na^+ (aq) + OH^- (aq) \longrightarrow 2\,H_2O (l) + \underbrace{Cl^- (aq) + Na^+ (aq)}_{\text{Natriumchloridlösung}}$$

Chemisches Rechnen

Die **Stoffmenge *n*** beschreibt die Anzahl der Teilchen in einer Stoffportion. Sie hat die Einheit Mol: $6{,}022 \cdot 10^{23}$ Teilchen = 1 mol Teilchen.
Die **Stoffmengenkonzentration *c*** ist der Quotient aus der Stoffmenge *n* des gelösten Stoffes und dem Gesamtvolumen *V* einer Lösung:

$c = \frac{n}{V}$ Einheit: mol/L

Die Masse von einem Mol eines Stoffes wird als **molare Masse *M*** bezeichnet. Sie entspricht der Masse einer Stoffportion, die 1 mol Teilchen enthält. Die molare Masse *M* ist der Quotient aus der Masse *m* und der Stoffmenge *n*:

$M = \frac{m}{n}$ Einheit: g/mol

Beispiel: Die molare Masse von Eisen ist $M(Fe) = 55{,}8$ g/mol.

Säure-Base-Titrationen

Die **Titration** ist ein Verfahren zur Bestimmung der Konzentration einer alkalischen oder sauren Lösung. Dabei wird eine alkalische Lösung unbekannter Konzentration (**Vorlage**) mit einer sauren Lösung bekannter Konzentration (**Maßlösung**) titriert oder umgekehrt, bis sich die Farbe eines zugesetzten Indikators ändert. Damit ist der **Äquivalenzpunkt** erreicht und die Neutralisation abgeschlossen. Am Äquivalenzpunkt liegen gleiche Stoffmengen *n* an Hydroxid- und Oxonium-Ionen vor.

FM Eine Säure-Base-Titration auswerten

Für die Titration von 20 mL Natronlauge unbekannter Konzentration wurden 10 mL Salzsäure der Konzentration $c = 0{,}1$ mol/L verbraucht. Berechnen Sie die Konzentration der Natronlauge.

VORGEHEN

1. Formulieren Sie die Reaktionsgleichung der Neutralisation:
$Na^+ (aq) + OH^- (aq) + H_3O^+ (aq) + Cl^- (aq) \longrightarrow Na^+ (aq) + Cl^- (aq) + 2\,H_2O (l)$
2. Lesen Sie das Stoffmengenverhältnis der Ionen ab:
$n(OH^-) : n(H_3O^+) = 1:1$
Danach ist $n(OH^-) = n(H_3O^+)$ und $n(NaOH) = n(HCl)$.
3. Formulieren Sie die Stoffmengenbeziehung gemäß $n = c \cdot V$ um:
$c(NaOH) \cdot V(NaOH) = c(HCl) \cdot V(HCl)$
4. Formulieren Sie die Größengleichung nach der Stoffmengenkonzentration der Lösung unbekannter Konzentration um und berechnen Sie diese:
$$c(NaOH) = \frac{c(HCl) \cdot V(HCl)}{V(NaOH)} = \frac{0{,}1\,\frac{mol}{L} \cdot 10\,mL}{20\,mL} = 0{,}05\,mol$$

VII Wechselwirkungen

VAN-DER-WAALS-Kräfte

Auftreten

VAN-DER-WAALS-Kräfte treten zwischen unpolaren Molekülen auf.

Ursache

VAN-DER-WAALS-Kräfte beruhen auf kurzzeitigen Ladungsverschiebungen in Molekülen, wodurch sich zeitweise Dipole ausbilden. Diese bewirken wiederum Ladungsverschiebungen in unmittelbar benachbarten Molekülen. Als Folge wirkt kurzzeitig eine schwache Anziehungskraft zwischen benachbarten Molekülen.

Stärke

Da die Ladungsverschiebungen nur von kurzer Dauer sind, sind VAN-DER-WAALS-Kräfte sehr schwach. Je mehr Atome ein Molekül enthält, umso stärker sind die VAN-DER-WAALS-Kräfte.

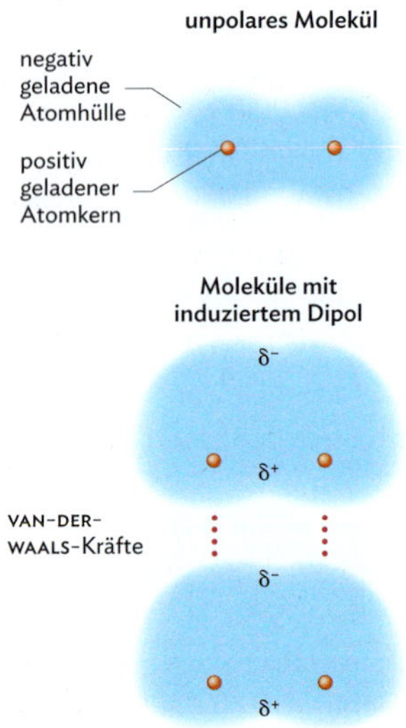

Wasserstoffbrücken

Auftreten

Wasserstoffbrücken treten zwischen Molekülen auf, in denen Wasserstoff-Atome an ein Fluor-, Sauerstoff- oder Stickstoff-Atom gebunden sind.

Ursache

Die große Differenz der Elektronegativitätswerte zwischen Wasserstoff und Fluor, Sauerstoff bzw. Stickstoff bewirkt eine starke Polarisierung der Elektronenpaarbindung, wodurch die Partialladungen (δ^+ und δ^-) besonders stark ausgeprägt sind. Zwischen entgegengesetzten Partialladungen benachbarter Moleküle wirken Anziehungskräfte, die als Wasserstoffbrücken bezeichnet werden.

Stärke

Wasserstoffbrücken sind stärker als VAN-DER-WAALS-Kräfte, da sich starke Anziehungskräfte zwischen einem partiell positiv geladenen Wasserstoff-Atom des einen Moleküls und einem nichtbindenden Elektronenpaar des elektronegativeren Atoms eines anderen Moleküls bilden.

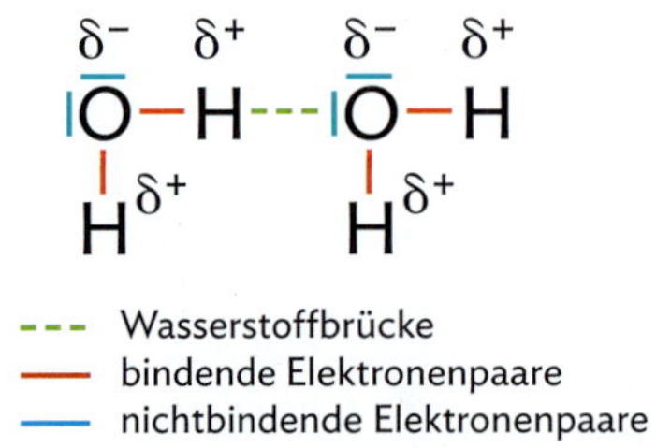

Dipol-Ionen-Wechselwirkungen

Auftreten

Dipol-Ionen-Wechselwirkungen treten zwischen Ionen und Dipol-Molekülen auf.

Ursache

Ionen haben positive oder negative elektrische Ladungen. Dipol-Moleküle weisen positive und negative Partialladungen auf. Zwischen den elektrischen Ladungen und den Partialladungen treten Anziehungskräfte, die Dipol-Ionen-Wechselwirkungen, auf.

Stärke

Die Anziehungskräfte zwischen einem Ion und einem Dipol-Molekül sind stärker als Wasserstoffbrücken, da es sich bei Ladungen von Ionen um „echte" elektrische Ladungen und nicht nur um Partialladungen handelt.

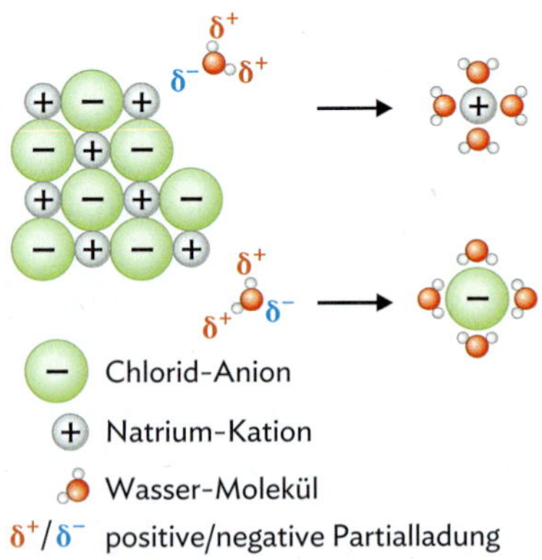

zunehmende Stärke →

VIII Nachweismethoden

Kohlenstoffdioxid

Kalkwasserprobe: Kalkwasser (Calciumhydroxidlösung) **trübt sich** nach dem Einleiten von Kohlenstoffdioxid.

Sauerstoff

Glimmspanprobe:
Ein glimmender Holzspan flammt auf.

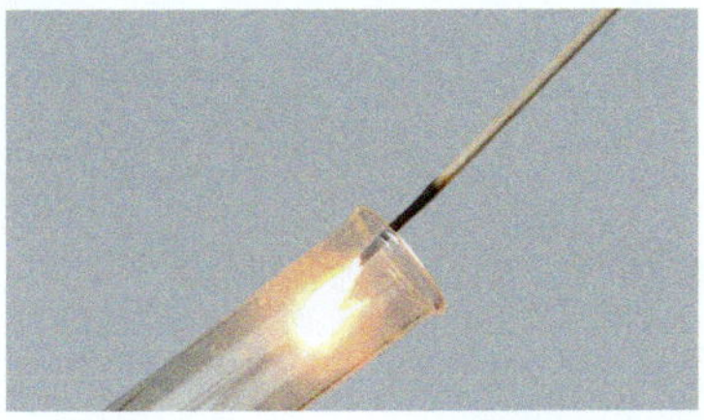

Ammonium-Ionen

Kreuzprobe: Auf einem Uhrglas reagiert ein Ammonium-Salz mit Natronlauge. Ein befeuchtetes und auf einem zweiten Uhrglas, welches die Reaktion abdeckt, befestigtes Universalindikatorpapier färbt sich blau.

Wasserstoff

Knallgasprobe: Zu hören ist ein Pfeifen, Knall oder Plopp.

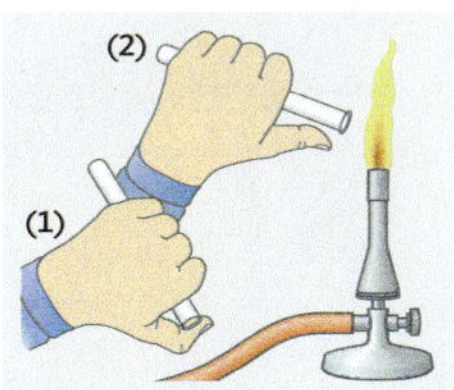

Wasser

Blaufärbung: **Watesmo-Papier** färbt sich mit Wasser blau.

Oxonium- und Hydroxid-Ionen

Farbänderung: Mit **Indikatoren** in flüssiger Form oder auf pH-Papier kann man feststellen, ob eine Lösung sauer, neutral oder alkalisch ist und die entsprechenden Oxonium- oder Hydroxid-Ionen enthalten muss.

Halogenid-Ionen

Niederschlag: Halogenid-Ionen (Chlorid, Bromid, Iodid) bilden in einer **Silbernitratlösung** unlösliches, weißes bis gelbliches Silberhalogenid.

AgCl | AgBr | AgI

Metall-Ionen

Flammenfärbung: Bestimmte Metall-Ionen erzeugen atomartspezifische Flammenfärbungen.

Li^+ | Na^+ | K^+

1 Kohlenstoff und seine Verbindungen

06001-06
Arbeitsblatt unter QR-/Mediencode 06001-06

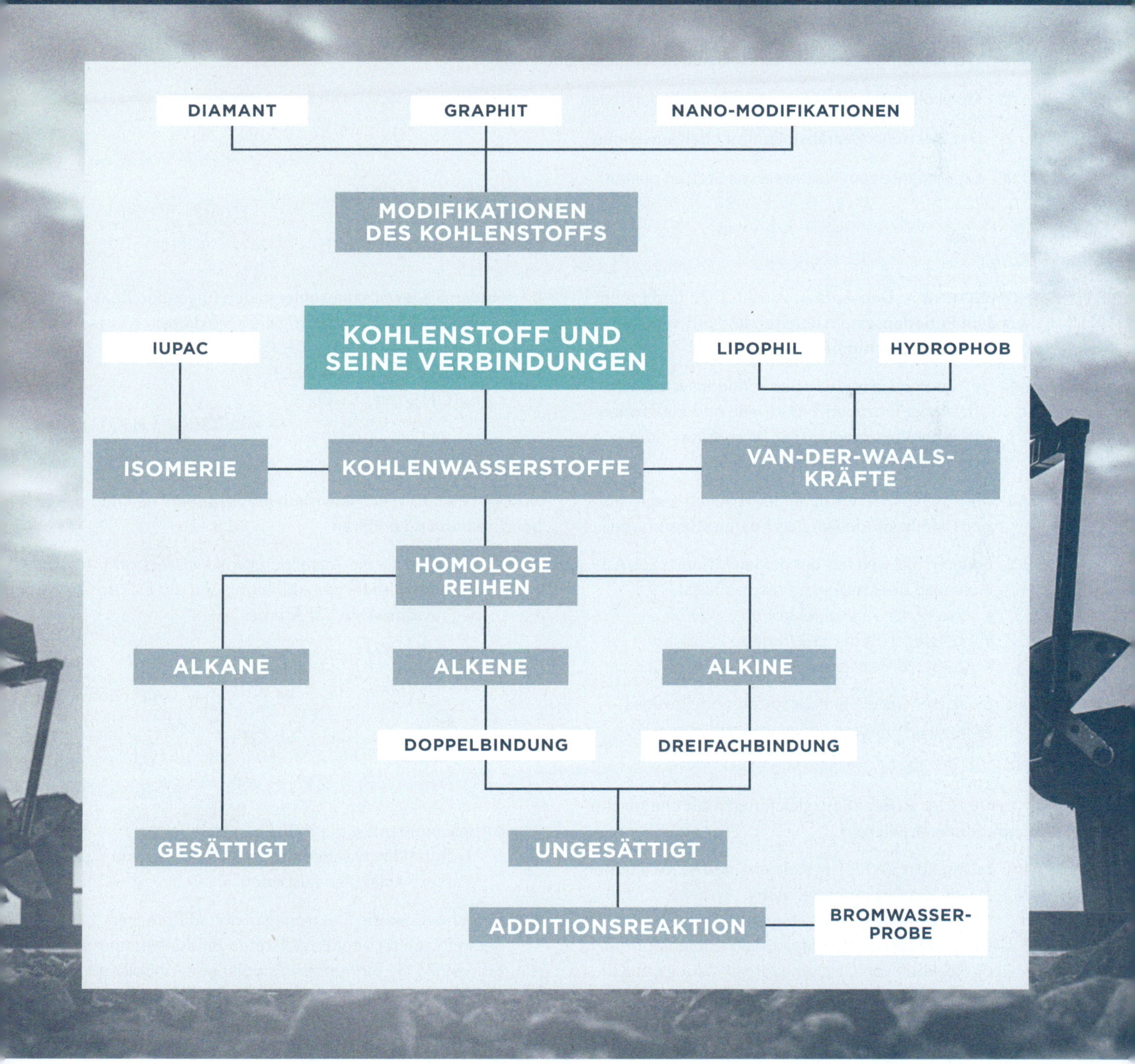

Startklar?

Schätzen Sie Ihre Kompetenz in den Bereichen A bis F ein und prüfen Sie sich anhand der entsprechenden Aufgaben (Arbeitsblatt unter QR-/Mediencode 06001-07).

06001-07

Kompetenz	sehr gut	gut	schwierig
A Den Aufbau von Atomen und Ionen aus dem Periodensystem ableiten und mit verschiedenen Modellen beschreiben			
B Reaktionsgleichungen für chemische Reaktionen entwickeln			
C Wechselwirkungen zwischen Teilchen beschreiben und erklären			
D Molekülformeln als Valenzstrichformeln darstellen			
E Das Elektronenpaarabstoßungsmodell anwenden			
F Experimente zum Nachweis von Stoffen planen			

KOMPETENZ A: Den Aufbau von Atomen und Ionen aus dem Periodensystem ableiten und mit verschiedenen Modellen beschreiben

A1 Bestimmen Sie mithilfe des Periodensystems die Anzahl der Protonen, Neutronen und Elektronen sowie der Valenzelektronen eines Aluminium-Atoms und eines Aluminium-Ions Al^{3+}.

A2 Zeichnen Sie den Aufbau der Teilchen aus **A1** als Kern-Hülle-Modell und als Energiestufenmodell.

A3 Erklären Sie, welches der beiden Modelle aus **A2** Aussagen über folgende Punkte zulässt:
- Anzahl der Valenzelektronen
- Energiegehalt der Elektronen
- Masse der Teilchen

A4 Skizzieren Sie die Energiestufenmodelle eines Kohlenstoff-Atoms und eines Oxid-Ions O^{2-}.

KOMPETENZ B: Reaktionsgleichungen für chemische Reaktionen entwickeln

B1 Entwickeln Sie für folgende chemische Reaktionen jeweils die Reaktionsgleichung.
a) Verbrennung von Wasserstoff
b) Oxidation von Kohlenstoff zu Kohlenstoffdioxid
c) Reaktion von Calciumhydroxidlösung mit Kohlenstoffdioxid zu Calciumcarbonat und Wasser

B2 Finden Sie jeweils die Fehler in den folgenden Reaktionsgleichungen und korrigieren Sie diese.
a) $H_2O\ (l) \longrightarrow H_2\ (g) + O_2\ (g)$
b) $Na\ (l) + Cl_2\ (g) \longrightarrow NaCl_2\ (s)$
c) $Ba(OH)_2\ (aq) + CO_2\ (s) \longrightarrow BaCO_3\ (s) + H_2O\ (l)$

KOMPETENZ C: Wechselwirkungen zwischen Teilchen beschreiben und erklären

C1 a) Erläutern Sie die Ausbildung von Wasserstoffbrücken mithilfe der Abbildung und der Elektronegativitätswerte der Atome.

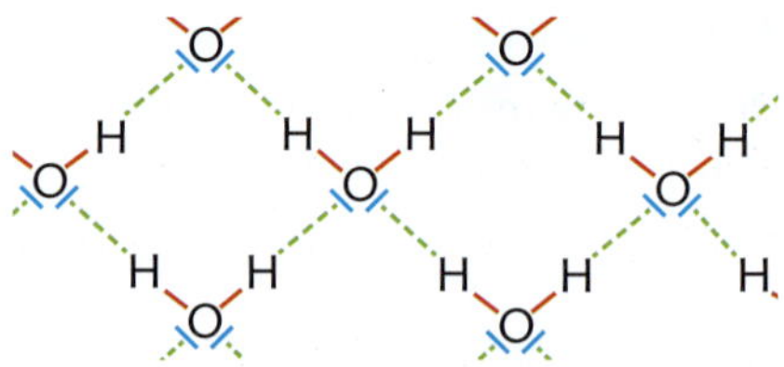

b) Beschreiben Sie die Kräfte, die sich bei der Hydratation zwischen Ionen eines Salzes und Wasser-Molekülen ausbilden.

C2 Berechnen Sie die Elektronegativitätsdifferenzen der in folgender Tabelle gelisteten Bindungen und ordnen Sie die Bindungen als polar oder unpolar ein ($\Delta EN \leq 0{,}4$ = unpolar, $\Delta EN > 0{,}4$ = polar).

Lernanwendung
unter
QR-/Mediencode
06001-08

06001-08

C–C	ΔEN(C–C) = EN(C) – EN(C) =
O–H	
C–H	
Cl–C	

KOMPETENZ D: Molekülformeln als Valenzstrichformeln darstellen

D1 Erklären Sie anhand des Wasser-Moleküls die Unterschiede zwischen einer Molekülformel und einer Valenzstrichformel.

D2 Ermitteln Sie die Valenzstrichformeln für die Moleküle mit den Molekülformeln CF_4, CS_2, CH_3Cl und O_2.

KOMPETENZ E: Das Elektronenpaarabstoßungsmodell anwenden

E1 Methan CH_4 ist eine Verbindung, deren Moleküle ein zentrales Kohlenstoff-Atom aufweisen, an das vier Wasserstoff-Atome gebunden sind.
a) Zeichnen Sie die Valenzstrichformel für das Methan-Molekül.
b) Ermitteln Sie die Bindungswinkel zwischen allen benachbarten Elektronenpaarbindungen im Modell B.
c) Vergleichen Sie die Größe der Bindungswinkel zwischen allen benachbarten Elektronenpaarbindungen im Modell B mit denen in den Modellen A und C.
d) Begründen Sie, welches der drei Modelle A bis C dem Bau des Methan-Moleküls entspricht. Wenden Sie dazu das EPA-Modell an.

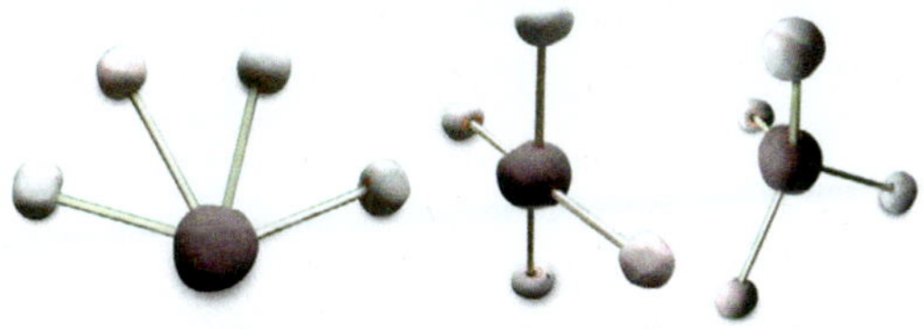

KOMPETENZ F: Experimente zum Nachweis von Stoffen planen

F1 Ein Verbrennungsprodukt von Benzin im Automotor ist Wasser. An kalten Tagen sieht man den aus dem Auspuff entweichenden Wasserdampf. Ein weiteres Produkt ist Kohlenstoffdioxid.
a) Nennen Sie geeignete Stoffe zum Nachweis beider Verbrennungsprodukte.
b) Nennen Sie jeweils die Beobachtung beim Nachweis der beiden Stoffe.
c) Entwickeln Sie die Reaktionsgleichung für den Nachweis von Kohlenstoffdioxid.

Vergleichen Sie Ihre Antworten mit den Lösungen auf Seite 192 und geben Sie sich die entsprechende Punktzahl.

Kompetenz	sehr gut	gut	schwierig	zum Nachlesen
A Den Aufbau von Atomen und Ionen aus dem Periodensystem ableiten und mit verschiedenen Modellen beschreiben	15 – 12	11 – 8	7 – 5	S. 10 – 11, 14 – 15
B Reaktionsgleichungen für chemische Reaktionen entwickeln	10 – 8	7 – 5	4 – 3	S. 12 – 13
C Wechselwirkungen zwischen Teilchen beschreiben und erklären	10 – 8	7 – 5	4 – 3	S. 16 – 19
D Molekülformeln als Valenzstrichformeln darstellen	12 – 10	9 – 7	6 – 4	S. 18 – 19
E Das Elektronenpaarabstoßungsmodell anwenden	7 – 6	5 – 4	3 – 2	S. 18 – 19
F Experimente zum Nachweis von Stoffen planen	6 – 5	4 – 3	2	S. 23

1.1 Modifikationen des Kohlenstoffs

Denkt man an das Element Kohlenstoff, stellt man sich meist einen kohleschwarzen Stoff vor, nicht jedoch einen Diamanten, eine Bleistiftmine oder die kleinsten Fußbälle der Welt. Unglaublich, aber wahr: auch diese sind aus reinem Kohlenstoff!

1.1.1 Versuche und Material

V Stoffeigenschaften von Diamant und Graphit

Haben alle Stoffe, die lediglich aus Kohlenstoff-Atomen aufgebaut sind, die gleichen Stoffeigenschaften? Finden wir es heraus.

V1 Ritzen Sie mit einem Diamantglasschneider (**B1**) eine Glasscheibe und ein Metallstück, z. B. Stahl. Wiederholen Sie das Ritzen mit einer Bleistiftmine aus Graphit anstelle des Diamantglasschneiders.

V2 Prüfen Sie die elektrische Leitfähigkeit von Diamant und Graphit (z. B. Bleistiftmine).
Hinweis: Sogenannte Industriediamanten können kostengünstig erworben werden.

V3 Geben Sie in zwei Reagenzgläser jeweils eine kleine Spatelspitze Graphitpulver. Fügen Sie in eines der Reagenzgläser 1 mL Wasser, in das andere Reagenzglas 1 mL Benzin hinzu und schütteln Sie beide Reagenzgläser.

LV4 **V3** wird mit einem Diamanten anstelle von Graphitpulver wiederholt.

AUSWERTUNG

a) Beschreiben Sie Ihre Beobachtungen aus **V1**.
b) Formulieren Sie eine Vermutung zur Ursache der unterschiedlichen elektrischen Leitfähigkeit von Diamant und Graphit in **V2**.
c) Beschreiben Sie das Löslichkeitsverhalten von Graphitpulver und Diamant in Wasser und in Benzin in **V3** und **LV4**.

ENTSORGUNG G3

B1 Diamantglasschneider

M Aufbau der Fullerene

Fullerene sind, ebenso wie Diamant und Graphit, eine Modifikation des Kohlenstoffs, die eine besondere Molekülstruktur aufweisen. Diese soll mithilfe von Papiermodellen verdeutlicht werden.

M5 Übernehmen Sie die Abbildung **B2** auf ein Stück Papier. Schneiden Sie die Wabenstruktur an der äußeren Umrandung aus. Schneiden Sie entlang der gestrichelten Linie in die Figur ein und anschließend die mit „X" gekennzeichnete Fläche aus. Kleben Sie die mit „A" gekennzeichneten Flächen übereinander.

M6 Schneiden Sie die Wabenstruktur in **B3** auf dem Arbeitsblatt (Schnittvorlage unter QR-/Mediencode 06001-09) an der äußeren Umrandung aus. Schneiden Sie entlang der gestrichelten Linien in die Figur ein und anschließend die mit „X" gekennzeichneten Flächen aus. Kleben Sie die Flächen mit gleicher Nummerierung jeweils übereinander.

06001-09

AUSWERTUNG

a) Beschreiben Sie die Wabenstruktur in **B2**.

b) Beschreiben Sie die Veränderungen zur Abbildung **B2**, nachdem Sie die Arbeitsschritte in **M5** durchgeführt haben.

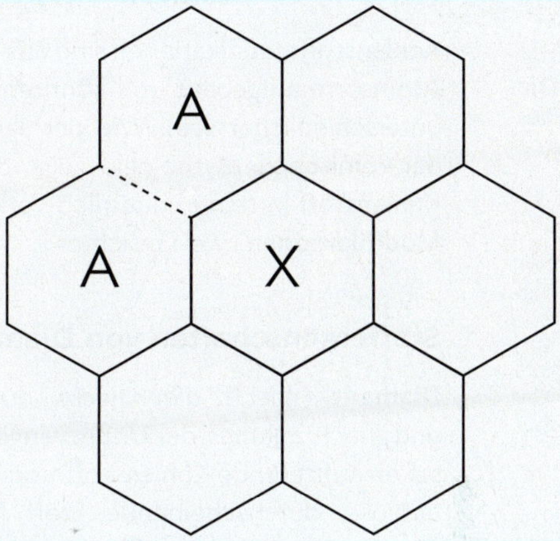

B2 Wabenstruktur für **M5**

c) Beschreiben Sie die geometrische Figur, die bei der Durchführung von **M6** entsteht. Geben Sie dazu die Form, die Art der Flächen, die jeweilige Anzahl der Flächen sowie die Anzahl der Ecken der Figur an.

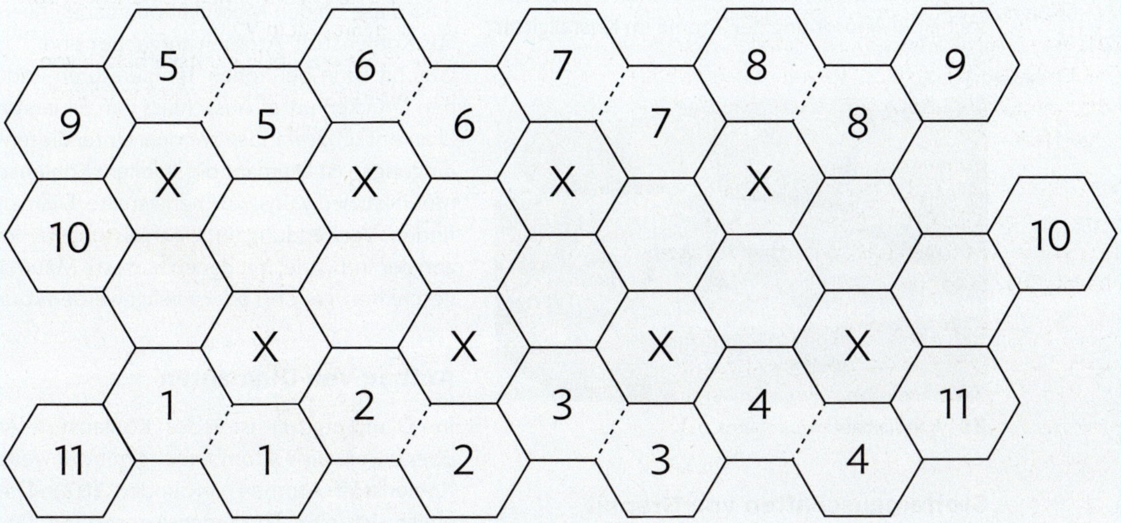

B3 Schnittvorlage C_{60}-Fulleren für **M6**

1.1.2 Die Gesichter des Kohlenstoffs

Die Bezeichnung Januskopf geht auf Janus, den römischen Gott des Anfangs und des Endes, zurück.

Kohlenstoff - Ein Januskopf

Kohlenstoffmodifikationen sind aus der gleichen Atomsorte aufgebaut und könnten doch kaum unterschiedlicher sein. Wie der Januskopf aus der römischen Mythologie zeigt das Element Kohlenstoff in seinen natürlich vorkommenden **Modifikationen** zwei Gesichter.

Stoffeigenschaften von Diamanten

Diamant (griech. *diaphainein*, durchscheinen und griech. *adamas*, der Unbezwingbare) ist eine selten auftretende Kohlenstoffmodifikation. Der farblose, durchscheinende Stoff funkelt aufgrund seiner optischen Eigenschaften im Licht. Er leitet den elektrischen Strom nicht (**V2**), besitzt jedoch die höchste Wärmeleitfähigkeit aller bekannten Materialien. Diamantenhändler nutzen diese Eigenschaft, um die Echtheit eines Diamanten zu überprüfen.

Unter den bekannten natürlichen Mineralien ist Diamant das härteste und in der Lage, eine Glasscheibe sowie ein Metallstück zu zerkratzen (**V1**). Er steht deshalb in vielen Kulturen als Sinnbild für Beständigkeit und wird in Form von Brillanten als wertvoller Schmuckstein genutzt. In der Natur gefundene Rohdiamanten (**B1**) besitzen glatte, ebene Flächen und Kanten, deren Ursache die Anordnung der Atome im Kristallgitter ist.

B1 Rohdiamanten

Stoffeigenschaften von Graphit

Graphit (griech. *graphein*, schreiben) ist eine weitere Modifikation des Kohlenstoffs, besitzt jedoch andere Eigenschaften als Diamant. Graphit ist weich und blättrig (**V1**). Es hinterlässt durch Abrieb auf Papier oder anderen rauen Oberflächen grauschwarze Ablagerungen (**B2**). Diese Stoffeigenschaft, die für die Namensgebung von Graphit verantwortlich ist, nutzt man beim Bleistift. Graphit ist zudem elektrisch leitfähig (**V2**), weshalb es beispielsweise als Elektrodenmaterial in Batterien und in elektrischen Motoren eingesetzt wird.

B2 Die Graphitmine im Bleistift hinterlässt einen grauschwarzen, blättrigen Abrieb auf Papier.

Eine Gemeinsamkeit von Diamanten und Graphit ist ihre Brennbarkeit. Bei hohen Temperaturen (Diamant ab 720 °C, Graphit ab 600 °C) verbrennen sie in Gegenwart von Sauerstoff rückstandslos zu Kohlenstoffdioxid. Dies zeigt, dass diese beiden Modifikationen ausschließlich aus Kohlenstoff-Atomen aufgebaut sind.

Graphit kann bei hohen Temperaturen und hohen Drücken unter Ausschluss von Sauerstoff in Diamant umgewandelt werden. Unter diesen Bedingungen ist Diamant die stabilere Kohlenstoffmodifikation. Künstlich hergestellte Diamanten finden Verwendung in Hochleistungswerkzeugen der Industrie, mit denen härteste Materialien geschliffen, gebohrt oder zersägt werden können.

Aufbau von Diamanten

Im Diamantgitter ist jedes Kohlenstoff-Atom über jeweils eine Atombindung mit vier weiteren Kohlenstoff-Atomen verbunden (**B3**). Daraus ergibt sich eine **Tetraeder-Anordnung**. Da alle Außenelektronen der Kohlenstoff-Atome fest in Atombindungen gebunden sind, zeigt der Stoff Diamant keine elektrische Leitfähigkeit (**V2**). Die

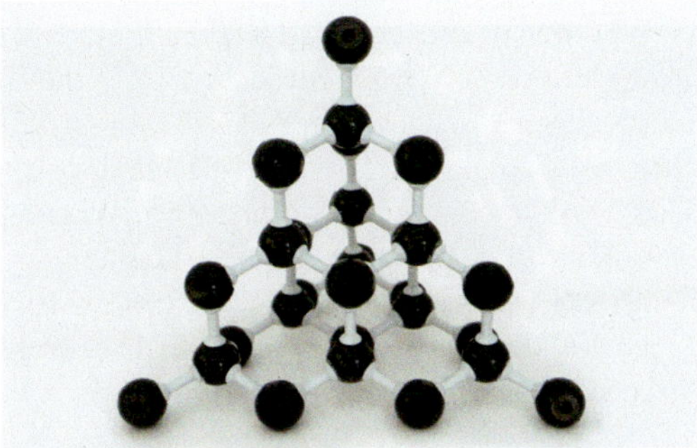

B3 Ausschnitt aus dem Kristallgitter von Diamant

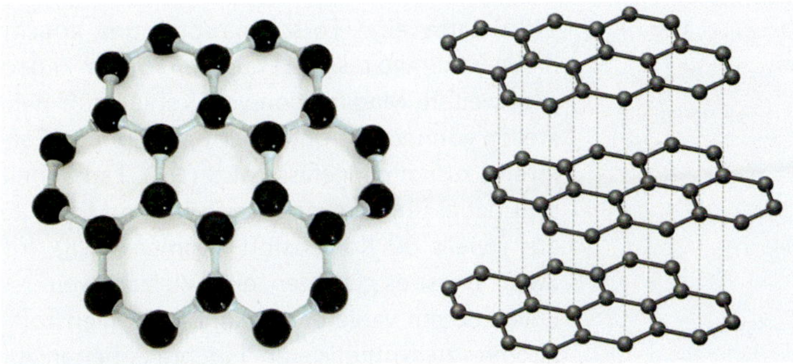

B4 Teilchenanordnung in Graphit: Ausschnitt einer einzelnen Schicht (links) und Graphitgitter (rechts)

Bindungen sind mit einer Länge von 154 pm (Pikometer) zwischen allen Atomen gleich, sodass sich ein regelmäßiges dreidimensionales Gitter ausbildet. Dieser starre und lückenlose Atomverbund begründet die ausgezeichnete Härte sowie die hohe Wärmeleitfähigkeit von Diamanten.

Aufbau von Graphit

Im Kristallgitter von Graphit bindet jedes Kohlenstoff-Atom drei weitere Kohlenstoff-Atome. Diese drei Atombindungen sind symmetrisch **trigonal** ausgerichtet. Es bildet sich eine zweidimensionale netzartige Kohlenstoff-Atomschicht aus regelmäßigen Sechsecken (**B4** links). Innerhalb dieser Schicht liegen die Kohlenstoff-Atome eng beieinander (Bindungslänge: 142 pm). Der Abstand zwischen den einzelnen Schichten ist dagegen viel größer, er beträgt 335 pm (**B4** rechts). Die einzelnen Schichten werden im Graphitgitter durch VAN-DER-WAALS-Kräfte zusammengehalten. Aufgrund der nur schwachen Wechselwirkung können die Schichten gegeneinander verschoben werden. Daher kann man mit Graphitminen in Bleistiften schreiben. Das ungebundene vierte Valenzelektron jedes Kohlenstoff-Atoms im Graphit ist innerhalb der Schichten frei beweglich, woraus die elektrische Leitfähigkeit von Graphit resultiert (**V2**).

B5 LAVOISIER verbrennt einen Diamanten an Luft mithilfe eines fahrbaren großen Brennglases.

Diamant und Graphit sind zwei natürlich vorkommende Modifikationen des Elements Kohlenstoff. In Diamant sind die Kohlenstoff-Atome tetraedrisch, im Graphit trigonal angeordnet. Die Atomverbände des Graphits liegen in Schichten übereinander. Der unterschiedliche Aufbau ist Ursache für die unterschiedlichen Härten und elektrischen Leitfähigkeiten von Diamant und Graphit.

AUFGABEN

A1 LAVOISIER nutzte die in **B5** gezeigte Konstruktion zur Verbrennung eines Diamanten. Erklären Sie die Notwendigkeit der besonderen Vorrichtung zur damaligen Zeit.

A2 Stoffeigenschaften hängen nicht nur von der Art der Atome ab, aus denen die Stoffe aufgebaut sind, sondern auch von deren Anordnung. Erklären Sie dies am Beispiel der Kohlenstoffmodifikationen Diamant und Graphit.

A3 MK Recherchieren Sie weitere Anwendungsbereiche von Diamant und Graphit in der Technik.

1.1.3 Fullerene – eine überraschende Entdeckung

1985 hatte eine Forschergruppe um ROBERT F. CURL, RICHARD E. SMALLEY und HAROLD W. KROTO eine weitere Modifikation von Kohlenstoff herstellen können, die unter der Bezeichnung **Fullerene** zusammengefasst wird (**B6**). Es handelt sich dabei um vergleichsweise kleine Moleküle aus jeweils 60 Kohlenstoff-Atomen (**C_{60}**). Inzwischen ist es gelungen, eine Vielzahl weiterer Fullerene mit variierender Zahl an Kohlenstoff-Atomen zu synthetisieren. Für ihre Arbeiten zur Entdeckung der Fullerene wurden CURL, SMALLEY und KROTO 1996 mit dem Nobelpreis für Chemie ausgezeichnet: „Die Entdeckung der einzigartigen Struktur des C_{60} [...] stieß auf gemischte Reaktionen – sowohl auf Kritik als auch auf begeisterte Zustimmung. Kein Physiker oder Chemiker hatte erwartet, dass Kohlenstoff in einer anderen als der bereits bekannten Form in einer so symmetrischen Form gefunden werden würde."

Fullerene – „Fußball-Moleküle"

Im Fulleren-Molekül ist jedes Kohlenstoff-Atom wie im Graphitgitter mit drei weiteren Kohlenstoff-Atomen verbunden. Diese Atombindungen sind jedoch nicht wie bei Graphit in einer Ebene ausgerichtet. Betrachtet man den Aufbau eines Fulleren-Moleküls, erkennt man eine Struktur aus 20 Sechsecken und 12 Fünfecken, deren Anordnung insgesamt zu einer Kugelform führt (**M5**, **B7** oben).

B6 Biosphäre in Montreal von FULLER: Der Name des Architekten wurde als Namensgeber für diese Kohlenstoffmodifikation ausgewählt. FULLER konstruierte Kuppeln, die, ähnlich dem C_{60}-Molekül, aus Fünf- und Sechsecken aufgebaut waren.

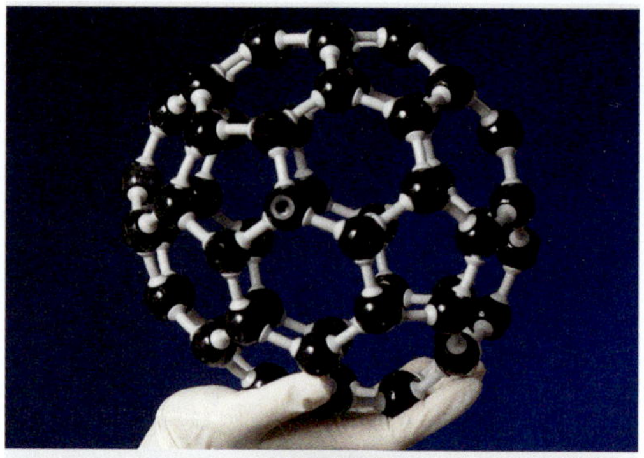

B7 Molekülmodell eines C_{60}-Fullerens (oben) im Vergleich zu einem klassischen Fußball (unten)

Ein C_{60}-Fulleren-Molekül besitzt einen Durchmesser von 700 pm. Es hat einen Hohlraum und ist vergleichbar mit der Form eines klassischen Fußballs (**M6**, **B7** unten). Ein Größenvergleich ergibt, dass sich ein Fulleren-Molekül im Verhältnis zu einem Fußball so verhält wie ein Fußball zur Erde.
Unter den Fullerenen sind die C_{60}-Fullerene die kleinsten Fullerene. Die nächstgrößeren Fullerene sind aus 70 Kohlenstoff-Atomen aufgebaut (**C_{70}**) und haben annähernd die Form eines Rugbyballs. Bisher konnten Fulleren-Moleküle mit bis zu 94 Kohlenstoff-Atomen synthetisiert und isoliert werden.

Gewinnung von Fullerenen

Fullerene werden heutzutage aus Graphit gewonnen, indem dieses im Lichtbogen verdampft und mit Elektronen oder einem Laser beschossen wird. Die entstehenden Produkte sind Gemische, die mithilfe chromatografischer Methoden zu sortenreinen Fulleren aufgetrennt werden.

Stoff	Diamant	Graphit	C_{60}-Fulleren
Aussehen	durchsichtig, farblos, stark lichtbrechend	grauschwarz mit Glanz, blättrig	kleine, braunschwarz-glänzende Kristalle
Dichte in g/cm^3	3,51	2,26	1,65
Ritzhärte nach MOHS	10	1	unbestimmt (weich)
elektrische Leitfähigkeit	Isolator	Leiter	Halbleiter
Löslichkeit	unlöslich in Wasser und Benzin oder Toluol	unlöslich in Wasser und Benzin oder Toluol	unlöslich in Wasser, löslich in Benzin oder Toluol

B8 Kohlenstoffmodifikationen im Vergleich

B9 Graphit, Diamant und C_{60}-Fulleren jeweils in Toluol

Einige Fullerene lassen sich auch auf chemischem Weg synthetisieren.

Eigenschaften des C_{60}-Fullerens

C_{60}-Fullerene bilden braunschwarze Kristalle, die weich und elastisch sind. Bei Temperaturen über 600 °C sublimieren die Kristalle. Beim Lösen in organischen Lösemitteln wie Benzin oder Toluol bildet sich eine markant violettrote Farbe aus (**B9**). Damit sind Fullerene als einzige Modifikation des Kohlenstoffs in einigen organischen Lösemitteln löslich (**V3**, **LV4**).
Die kugelförmige Gestalt der Fulleren-Moleküle führt zu einer im Vergleich zu Diamant oder Graphit sehr geringen Dichte. Im Gegensatz zu Graphit sind die Fullerene nicht elektrisch leitend.
Die C–C-Bindungen in den Fulleren-Molekülen zeigen nach außen eine hohe Reaktivität. C_{60}-Fullerene sind in der Lage, hochreaktive Teilchen, sogenannte **Radikale**, einzufangen und zu binden. Sie wirken damit als **Radikalfänger**. Chemische Bindungen nach innen konnten bisher nicht nachgewiesen werden. Es gelang jedoch, Einschlussverbindungen herzustellen, bei denen Atome oder Verbindungen in den Hohlraum eines Fulleren-Moleküls geschleust und eingelagert wurden.

Anwendungen von Fullerenen

Einige Anti-Aging Cremes enthalten das C_{60}-Fulleren aufgrund seiner Eigenschaft als Radikalfänger, da Radikale u. a. auch für den Alterungsprozess der Haut verantwortlich sind. Auch zum Bau von Tennis- oder Golfschlägern werden Fullerene verwendet. Hier werden sie ins Material eingebaut, um stabilere Schlägerrahmen zu erhalten. Fullerene sind zudem Gegenstand der aktuellen Forschung. Untersucht werden z. B. Möglichkeiten zur Nutzung von Fullerenen als Transportmoleküle in der Medizin oder als Halb- bzw. Supraleiter in der Elektrotechnik. Fullerene werden beispielsweise bereits heute als Komponente in organischen Fotovoltaikmodulen genutzt (vgl. QR-/Mediencode 06001-10).

06001-10

Fullerene sind eine dritte Modifikation des Kohlenstoffs. Ihre Moleküle haben hochsymmetrische und hohlraumbildende Anordnungen. Aufgrund ihrer Strukturen und Eigenschaften sind Fullerene vielseitig einsetzbar und Gegenstand der aktuellen Forschung.

Radikale sind reaktive Moleküle oder Atome mit einem ungepaarten Elektron.

AUFGABEN

A1 Erklären Sie anhand der Kristallgitter den Dichte- und Härteunterschied von Diamant, Graphit und C_{60}-Fulleren (**B8**).

A2 Erklären Sie die elektrische Leitfähigkeit von Graphit im Vergleich zu Diamant und C_{60}-Fulleren.

A3 Fullerene werden aus Graphit hergestellt. Stellen Sie eine Vermutung darüber auf, warum man nicht von Diamant ausgeht.

06001-11
gestufte Hilfen zu **A1** unter QR-/Mediencode 06001-11

1.1.4 Nanostrukturen

„Da unten – im Bereich des Allerkleinsten – liegen viele Möglichkeiten“ – stellte im Jahr 1959 der US-amerikanische Physiker und Nobelpreisträger RICHARD FEYNMAN in seiner berühmten Rede *„There's plenty of room at the bottom“* („Viel Spielraum nach unten“) fest. In dieser Rede stellte FEYNMAN zahlreiche Ideen und Theorien vor, wie verschiedene Technologien auf mikroskopischer Ebene funktionieren könnten. Diese Rede wird daher heutzutage häufig als der Startpunkt der Nanotechnologie angesehen. Die Vorsilbe *„nano“* leitet sich aus dem Lateinischen ab und bedeutet „Zwerg“. Was macht diese „allerkleinsten“ Strukturen so interessant?

Strukturen im Verborgenen

Die Einheitenvorsilbe *„nano“* entspricht einem Faktor von $1 \cdot 10^{-9}$. Ein **Nanometer** (1 nm) entspricht also 0,000.000.001 Metern. Wird ein Feststoff, z. B. aus Kohlenstoff, immer weiter zerkleinert, gelangt man zu kleinen Teilchen, die in mindestens einer räumlichen Ausrichtung kleiner als 100 Nanometer sind (**B1**). Materialien aus diesen kleinsten Teilchen, sogenannten **Nanopartikeln**, bezeichnet man als **nanostrukturierte Materialien** oder kurz **Nanomaterialien**. Materialien aus C_{60}-Kohlenstoff oder anderen Fullerenen (vgl. S. 32) sind Nanomaterialien aus Nanopartikeln, die in allen drei Raumdimensionen weniger als 100 nm messen.

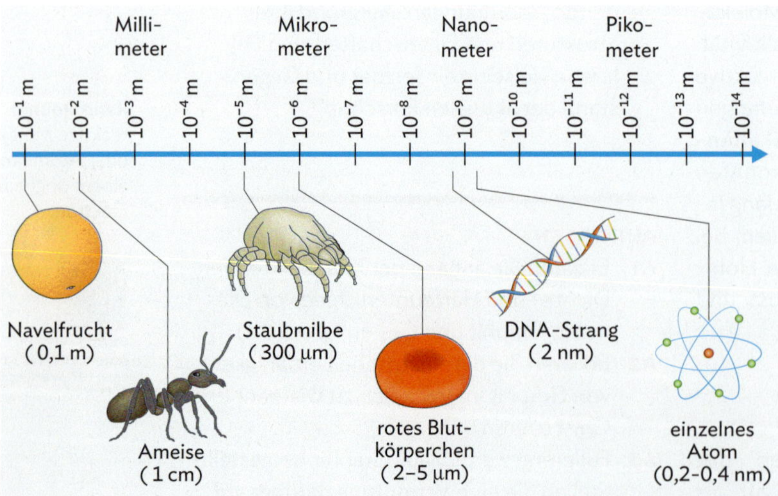

B1 Räumliche Ausmaße im Vergleich

Nanostrukturen in der Natur

Auch in der Natur sind verschiedene Phänomene auf Nanostrukturen zurückzuführen. Auf den Blättern der Lotusblume befinden sich viele kleine Erhebungen mit Wachskristallen im Nanometerbreich. Diese sind für den sogenannten **Lotuseffekt** verantwortlich. Wasser und Schmutz können an der Blattoberfläche kaum haften, da die Kontaktfläche zu gering und zusätzlich wasserabstoßend ist (**B2**).

Geckos haften dank „Nanohärchen“ mit ihren Füßen an fast allen Oberflächen ohne abzurutschen oder herunterzufallen. Die Oberfläche ihrer Füße wird durch die feinen Härchen so weit erhöht, dass sie allein durch VAN-DER-WAALS-Kräfte haften.

B2 Wassertropfen auf einem Blatt mit Lotuseffekt

Besonderheit der Nanopartikel

Die Besonderheit nanostrukturierter Materialien liegt in ihrer Oberfläche. Je kleiner die Partikelgröße, desto größer wird die gesamte Oberfläche. Nanopartikel sind im Vergleich zu größeren Partikeln der gleichen Art reaktionsfreudiger. Nanomaterialien zeigen besondere optische, mechanische oder elektronische Eigenschaften. Sie finden daher vielfältig Anwendung in der **Nanotechnologie**. Neben Fullerenen zählen Graphen und CNT zu den Modifikationen von **Nano-Kohlenstoff**.

Graphen

Der Physiker ANDRE GEIM versuchte sehr dünnes Graphit (vgl. S. 30) herzustellen, indem er es mit Klebeband von einem Graphitkristall abzog. Eine der untersuchten Proben erwies sich als Kohlenstoffschicht, die ein einziges Molekül war. Sie bestand aus Kohlenstoff-Atomen, die in regelmäßigen Sechsecken in einer Ebene angeordnet waren (**B3**).

GEIM hatte **Graphen** gefunden, das strukturell eng mit Graphit verwandt ist. Für seine Entdeckung und Forschung an Graphen erhielt er im

B3 Strukturmodell von Graphen

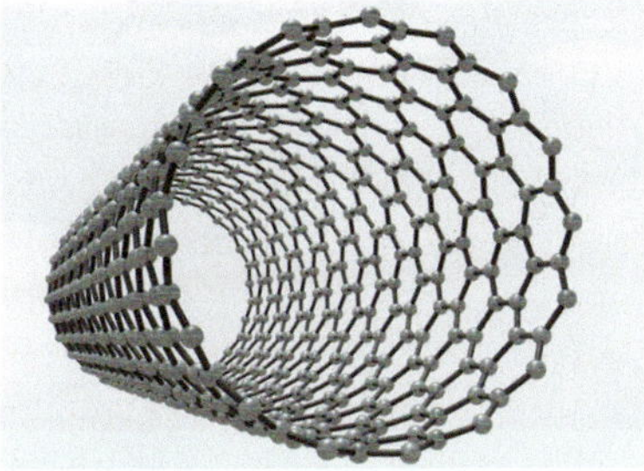

B4 Strukturmodell von Kohlenstoff-Nanoröhrchen

Jahr 2010 den Nobelpreis für Physik. Graphen besitzt erstaunliche Eigenschaften. Es leitet aufgrund der delokalisierten Elektronen in der Schicht den elektrischen Strom nahezu ohne elektrischen Widerstand. Die Computerindustrie sieht deshalb in Graphen ein großes Potenzial. Darüber hinaus hat Graphen eine 125-mal höhere Zugkraft als Stahl, wiegt jedoch nur einen Bruchteil von Stahl und ist flexibler. Eine ein Quadratmeter große Hängematte aus Graphen könnte eine vier Kilogramm schwere Katze tragen und würde selbst nur so viel wiegen wie ein Schnurrhaar der Katze.

Kohlenstoff-Nanoröhrchen

Bei der Herstellung von Fullerenen aus Graphit (vgl. S. 32) wurde festgestellt, dass sich bei dem Verfahren neben den Fullerenen winzige Röhrchen aus Kohlenstoff mit einem Durchmesser von etwa 1 bis 50 Nanometern und einer Länge im Mikrometerbereich bilden.

Die Strukturen dieser Röhrchen entsprechen einer zu einem Rohr aufgerollten Graphenschicht (**B4**). Von diesen **Kohlenstoff-Nanoröhrchen** (**CNT**, engl. *carbon nanotubes*) sind sogar mehrwandige bekannt, bei denen mehrere Röhrchen unterschiedlicher Durchmesser ineinanderstecken. CNT besitzen für die Industrie hochinteressante Eigenschaften. Ähnlich dem Graphen weisen die CNT eine enorme Zugfestigkeit bei geringer Dichte auf. Dazu kommen eine exzellente elektrische Leitfähigkeit sowie Wärmeleitfähigkeit.

Die Anwendungsbereiche für CNT umfassen den Automobilbau, die Flugzeugindustrie sowie die Herstellung von Sportgeräten. Darüber hinaus finden CNT Verwendung als Zusatz in verschiedenen Kunst- und Baustoffen. Nanoröhrchen werden zudem als Bestandteile von Hochleistungsbatterien und weiteren Energiespeichersystemen in Solar- und Brennstoffzellen eingesetzt.

Risiken der Nanomaterialien

Nanomaterialien auf Kohlenstoffbasis finden Endverbraucher im europäischen Markt nur in Form fest gebundener CNT, z. B. in Werkstoffen. Der direkte Kontakt ist daher unwahrscheinlich. In der Diskussion stehen die CNT jedoch aufgrund ihrer strukturellen Ähnlichkeit zum Mineral **Asbest**. Faserartige Materialien wie Asbest stellen für die Lunge ein Problem dar, da sie von den Reinigungsmechanismen der Lunge nicht beseitigt werden können. Entzündungen des Gewebes können eine Folge sein, was nach 20 bis 30 Jahren zu einer Tumorbildung führen kann. Auch die Wirkung von Fullerenen auf den menschlichen Körper wird diskutiert. Studien haben gezeigt, dass die kleinen Partikel Gewebeschranken durchbrechen können. Ob sie gesundheitsschädigend auf den Menschen wirken, ist derzeit Gegenstand aktueller Forschung.

Die Nanotechnologie beschränkt sich nicht auf das Element Kohlenstoff. Im Alltag sind Nanopartikel schon jetzt häufig anzutreffen. So findet man beispielsweise Nanopartikel von Silber auf antibakteriellen Textilien, Nanoton als Flammschutzmittel auf Kunststoffen oder nanoskalige Tonerpartikel von Laserdruckern. Die Freisetzung von Nanomaterialien in die Umwelt ist daher unvermeidlich. Welche genauen Auswirkungen der fortschreitende Eintrag von Nanomaterialien in die Umwelt auf Gesundheit und Natur hat, ist noch ungeklärt und muss in wissenschaftlichen Studien weiter erforscht werden.

AUFGABEN

A1 Berechnen Sie die Oberfläche und das Volumen der Würfel mit den Kantenlängen 100 nm, 10 nm und 1 nm. Berechnen Sie das Oberfläche-zu-Volumen-Verhältnis, indem Sie die Oberfläche durch das Volumen teilen. Interpretieren Sie die Ergebnisse.

A2 Graphen und Kohlenstoff-Nanoröhrchen leiten den elektrischen Strom, jedoch nur in eine bestimmte Richtung. Erläutern Sie diesen Sachverhalt.

A3 Beurteilen Sie die folgende Aussage: „Mit Graphen und Kohlenstoff-Nanoröhrchen existieren zwei weitere Kohlenstoffmodifikationen." (gestufte Hilfen unter QR-/Mediencode 06001-12)

06001-12

1.2.2 Organische Chemie und organische Stoffe

Geschichtliche Entwicklung

Trinkalkohol
→ S. 70

Essig
→ S. 88

Carbonsäuren
→ S. 90

Stoffe, die der **organischen Chemie** zugeordnet werden, sind der Menschheit schon seit der Frühzeit bekannt: Zucker, Trinkalkohol, Essig oder Naturfarbstoffe. Ihre Herstellung oder Gewinnung gehörten beispielsweise zum kulturellen Wissensschatz vorgeschichtlicher Kulturen. So wusste man z. B. schon im alten Ägypten, im antiken Griechenland sowie im chinesischen Altertum um die Weingewinnung aus Trauben. Das Volk der Phönizier z. B. stellte aus Purpurschnecken einen leuchtend violetten Farbstoff her.

Vom schwedischen Apotheker CARL WILHELM SCHEELE sind im 18. Jahrhundert Versuche zur Isolierung einer Vielzahl von Stoffen aus pflanzlichem und tierischem Material bekannt. Auf ihn geht die Entdeckung der nach dem Ausgangsmaterial benannten organischen Verbindungen Äpfelsäure, Weinsäure, Citronensäure, Harnsäure oder Milchsäure zurück.

Die aus den präparativen Methoden gewonnene Ansicht, dass einige Stoffe nur durch eine verborgene Lebenskraft, der „vis vitalis", hergestellt werden können, führte dazu, dass der schwedische Chemiker JÖNS JAKOB BERZELIUS Anfang des 19. Jahrhunderts den Begriff „organische" Chemie prägte (**M1**). Der organischen Chemie wurden alle Verbindungen zugeordnet, die von lebenden Organismen stammten. Dem gegenüber stand die **anorganische Chemie**, der die Stoffe der unbelebten Natur zugeordnet wurden.

06001-14
Video zum Thema „Kohlenstoff in Biomaterial" unter QR-/Mediencode 06001-14

1828 konnte der deutsche Chemiker FRIEDRICH WÖHLER (**B1**) die Vorstellung zur „vis vitalis-Theorie" widerlegen. WÖHLER war es gelungen, aus der anorganischen Verbindung Ammoniumcyanat durch Erhitzen eine organische Verbindung herzustellen, die er als **Harnstoff** identifizierte (**M1**).

B1 FRIEDRICH WÖHLER (1800 – 1882)

Auch heute noch wird aufgrund dieser historischen Bezüge die organische von der anorganischen Chemie abgegrenzt. Zur organischen Chemie, der „**Chemie der Kohlenstoffverbindungen**", werden heute auch solche Verbindungen gezählt, die nicht in der Natur auftreten und nur synthetisch erzeugt werden können. Hierzu zählen Kunststoffe und synthetische Farbstoffe. Ausnahmen stellen Kohlenstoffmonooxid CO und Kohlenstoffdioxid CO_2, die Carbide wie Calciumcarbid CaC_2, die Kohlensäure H_2CO_3 und Blausäure HCN und deren Salze dar. Sie werden der anorganischen Chemie zugeordnet.

Die einfachsten Vertreter der organischen Verbindungen sind die **Kohlenwasserstoffe**. Sie bilden eine **Stoffklasse**.

Nachweis von gebundenem Kohlenstoff und Wasserstoff in organischen Verbindungen

Einen Hinweis auf in organischen Stoffen gebundenen Kohlenstoff gibt es häufig schon optisch: Aus dem Alltag kennen wir das vom Toast, der sich bei zu starkem Erhitzen im Toaster schwarz verfärbt, er „verkohlt" (**B2**). Auch wenn man andere organische Stoffe wie z. B. Traubenzucker oder Bienenwachs verbrennt, beobachtet man ein schwarzes Reaktionsprodukt (**V2**, **V3**). Dies weist auf das Vorhandensein von gebundenem Kohlenstoff in allen diesen Verbindungen hin. Beim Erhitzen werden Elektronenpaarbindungen in den Molekülen aufgespalten, der Stoff zersetzt sich. Anorganische Stoffe wie z. B. Kupfer(II)-oxid oder Kalk sind Salze mit starken Anziehungskräften zwischen den Ionen, die bei den Temperaturen der Brennerflamme nicht überwunden werden. Sie zeigen dieses Verhalten in der Regel nicht (**V2**, **V3**).

B2 Eine „verkohlte" Scheibe Toast

Auf indirektem Weg lässt sich bei kohlenstoffhaltigen, flüchtigen Stoffen wie z. B. Heptan, das Verbrennungsprodukt Kohlenstoffdioxid mittels Kalkwasserprobe durch Bildung eines weißen Niederschlags nachweisen (**V4**).

Während und nach dem Erhitzen organischer Stoffe kondensiert am Reaktionsgefäß eine farblose Flüssigkeit. Testet man diese mit Watesmo-Papier, färbt sich das Papier blau. Bei der Flüssigkeit handelt es sich um Wasser (**V5**). Die Wasserstoff-Atome in den Wasser-Molekülen müssen aus den Molekülen der organischen Stoffe stammen.

Organische Stoffe in und für Lebewesen

Alle Lebewesen sind u. a. aus organischen Stoffen aufgebaut. Dazu zählen die Gruppen der **Kohlenhydrate**, **Fette** und **Eiweiße** (**B3**). Diese Stoffe bestehen aus Molekülen, in denen Kohlenstoff-, Wasserstoff-, Sauerstoff- und zum Teil auch Stickstoff-, Schwefel- oder Phosphor-Atome gebunden sind.
Kohlenhydrate, Fette und Eiweiße sind nicht nur am Aufbau von Organismen beteiligt, sondern auch wichtige, energiereiche Nährstoffe für Menschen und Tiere. Traubenzucker, **Glucose** $C_6H_{12}O_6$, ist ein schnell vom Körper aufnehmbares, energiereiches Kohlenhydrat, das z. B. von Ausdauersportlern eingenommen wird.

Die Vielfalt organischer Verbindungen

Heute sind mehrere Millionen organische Verbindungen gegenüber nur einigen Hunderttausend anorganischen Verbindungen bekannt. Etwa 90 Prozent aller bekannten Stoffe werden der organischen Chemie zugeordnet. Die organischen Verbindungen nach ihrer elementaren Zusammensetzung zu ordnen, bietet eine Möglichkeit der systematischen und übersichtlichen Einteilung in Stoffgruppen (**B3**). Die Vielfalt der Verbindungen ist auf die Eigenschaft der Kohlenstoff-Atome zurückzuführen, vier stabile Elektronenpaarbindungen zu Atomen des gleichen Elements oder anderer Elemente auszubilden. So können Moleküle nahezu unbegrenzter Größe entstehen.
Eine weitere Möglichkeit der Systematisierung ergibt sich aus dem Bau des Molekülgerüsts. Die Moleküle organischer Verbindungen können kettenförmig oder ringförmig sein, ausschließlich Einfachbindungen oder auch Mehrfachbindungen sowie charakteristische Atomgruppen, sogenannte **funktionelle Gruppen**, enthalten. Auf diese Weise können bei gleicher Anzahl an Kohlenstoff-Atomen eine Vielzahl an unterschiedlichen Molekülstrukturen möglich sein.

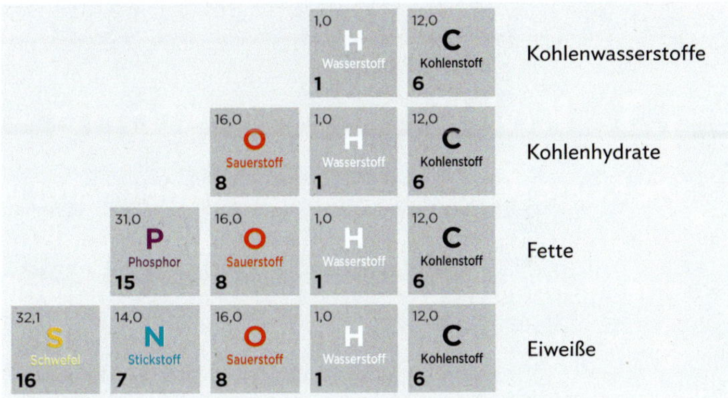

B3 Elemente in den Molekülen von Kohlenwasserstoffen und den Hauptnährstoffen

Die organische Chemie umfasst, bis auf wenige Ausnahmen, die Chemie der Kohlenstoffverbindungen. Die einfachsten Vertreter der organischen Stoffe sind die Kohlenwasserstoffe, in deren Molekülen ausschließlich Kohlenstoff-Atome und Wasserstoff-Atome gebunden vorliegen. Zu weiteren organischen Stoffklassen zählen Kohlenhydrate, Fette und Eiweiße.

AUFGABEN

A1 Ordnen Sie die folgenden Stoffe den organischen bzw. anorganischen Stoffen zu: Kohlenstoffdioxid, Glucose, Harnstoff, Kohlensäure, Kohlenstoffmonooxid, Methan.

A2 Nennen Sie je ein Beispiel für die Stoffklassen der organischen Verbindungen in **B3**.

A3 Begründen Sie die Eigenschaft der Kohlenstoff-Atome, bevorzugt Elektronenpaarbindungen auszubilden.

06001-15
gestufte Hilfen zu **A3** unter QR-/Mediencode 06001-15

1.3 Kohlenwasserstoffe – Alkane

Die Klasse der Kohlenwasserstoffe beinhaltet eine große Zahl von Verbindungen, die nur aus den Atomen zweier Elemente aufgebaut sind. Die Bindungseigenschaften eines der beiden Elemente verursacht eine große Vielfalt. Eine Betrachtung der einfachsten Vertreter der Kohlenwasserstoffe führt in diese Stoffklasse ein.

1.3.1 Versuche und Material

M Modelle von Kohlenwasserstoff-Molekülen

Die einfachste Kohlenwasserstoffverbindung ist Methan. Aus Strukturuntersuchungen weiß man, dass im Methan-Molekül ein Kohlenstoff-Atom mit vier Wasserstoff-Atomen verbunden ist. Wie kann man sich den räumlichen Aufbau eines Methan-Moleküls vorstellen?

M1 Es gibt verschiedene Modelle zur Veranschaulichung der Zusammensetzung von Molekülen sowie deren Struktur. In **B1** sind unterschiedliche Modelle für das Methan-Molekül dargestellt. Beim Kugelstabmodell (d) des Methan-Moleküls erkennt man z. B. gut die Bindungen zwischen dem zentralen Kohlenstoff-Atom und den Wasserstoff-Atomen sowie deren Bindungswinkel. Das Kalottenmodell (e) veranschaulicht eher die räumliche Ausdehnung der einzelnen Atome und des gesamten Moleküls.

AUSWERTUNG

a) Geben Sie die Vorteile und Anwendungsmöglichkeiten der in **B1** dargestellten Modelle an. MK

b) Begründen Sie die tetraedrische Struktur des Methan-Moleküls mithilfe des EPA-Modells. (Informationen zum EPA-Modell unter QR-/Mediencode 06001-16) MK

06001-16

c) Recherchieren Sie weitere Modelle zur Darstellung von Molekülen und stellen Sie eine Vermutung zu geeigneten Anwendungsbereichen für diese auf. MK

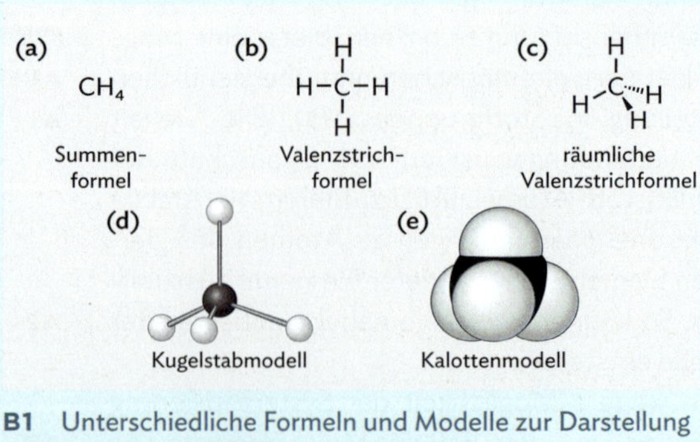

B1 Unterschiedliche Formeln und Modelle zur Darstellung eines Methan-Moleküls

M Molekülmodelle von Kohlenwasserstoffen digital darstellen und vergleichen

Pentan-Moleküle haben die Summenformel C_5H_{12}. Zu dieser lassen sich mehrere verschiedene Valenzstrichformeln darstellen. Wie unterscheiden sich diese?

M2 Erstellen Sie mithilfe eines Formelzeichenprogramms alle möglichen Kugelstabmodelle des Pentan-Moleküls (vgl. **MK**). Wählen Sie anschließend andere Moleküldarstellungsvarianten des Programms und überführen Sie die Formeln in die 3-D-Ansicht.

AUSWERTUNG

a) Übertragen Sie die drei verschiedenen Kugelstabmodelle der Pentan-Moleküle aus **M2** vom Formelzeichenprogramm als Valenzstrichformel in Ihr Heft. Beschreiben Sie Ihre Vorgehensweise. (MK)

b) Beschreiben Sie zwei der drei Molekülstrukturen. Geben Sie einem Partner bzw. einer Partnerin die Beschreibungen. Lassen Sie Ihren Partner bzw. Ihre Partnerin den Beschreibungen jeweils eine Molekülstruktur zuordnen. (MK)

MK Molekülmodelle von Kohlenwasserstoffen digital darstellen

Programme rund um chemische Valenzstrichformeln gibt es viele. Unter QR-/Mediencode 06001-17 finden Sie passende Vorschläge. Bei der digitalen Darstellung von Kohlenwasserstoff-Molekülen sind einige Besonderheiten zu berücksichtigen.

06001-17

VORGEHEN

1. Zeichnen Sie die Kohlenstoff-Atome des Kohlenwasserstoff-Moleküls und die dazwischen liegenden Elektronenpaarbindungen. *Hinweis*: Ist die Darstellung als „Skelettformel" aktiviert, werden nur die Bindungen des Moleküls angezeigt. Diese Einstellung lässt sich über den Button „toggle sceletal formular" oder das Menü ändern.
2. Manche Programme ergänzen Wasserstoff-Atome automatisch. Ist dies nicht der Fall, so ergänzen Sie diese mit der Funktion „clean structure". Auch die Darstellung wird dadurch optimiert (**B2**).
3. Lassen Sie sich das 3-D-Modell des Moleküls anzeigen. Drehen Sie es und betrachten Sie es von verschiedenen Seiten (**B2**).

1. Elektronenpaarbindung	/	
2. „clean structure"		
3. 3-D-Anzeige	2D to 3D	

B2 Übliche Symbole aus Formelzeichenprogrammen

V Eigenschaften von flüssigen Kohlenwasserstoffen

2 7 8 9

Hat die Länge der Molekülkette Einfluss auf die Eigenschaften von Stoffen?

V3 Hängen Sie an eine Schnur zwei Filterpapiere und geben Sie zeitgleich 1 mL Heptan C_7H_{16} und Dodecan $C_{12}H_{26}$ auf je eines der Papiere.

V4 Geben Sie in drei Reagenzgläser je 2 mL Heptan. Geben Sie in je eines der Reagenzgläser einige Tropfen Speiseöl bzw. Wasser zu. Schütteln Sie kräftig. Das dritte Reagenzglas dient zum Vergleich.

V5 Wiederholen Sie **V4** mit Dodecan.

AUSWERTUNG

a) Zeichnen Sie die Valenzstrichformeln der untersuchten Kohlenwasserstoffe aus **V3**.

b) Ordnen Sie den Kohlenwasserstoffen aus **V3** die Siedetemperaturen 98 °C und 218 °C zu.

c) Ermitteln Sie aus **V4** und **V5** gemeinsame Eigenschaften der beiden Lösemittel.

ENTSORGUNG G3

1.3.2 Strukturen und Eigenschaften der Alkane

Zeichnet man mit einem Formelzeichenprogramm Moleküle, die nur aus Kohlenstoff- und Wasserstoff-Atomen aufgebaut sind, so erhält man eine Vielzahl an verschiedenen Strukturen (**M2**). Die tatsächlich vorkommenden Moleküle, die nur aus den Atomen der Elemente Kohlenstoff und Wasserstoff aufgebaut sind, sind ebenso vielfältig und zahlreich.

Die homologe Reihe der Alkane

Ein Kohlenstoff-Atom (Hauptgruppe IV im PSE) besitzt vier Valenzelektronen und bildet vier Elektronenpaarbindungen zu Bindungspartnern aus, um ein **Elektronenoktett** zu erreichen. Ein Kohlenstoff-Atom ist **vierbindig**. Der einfachste Vertreter der Kohlenwasserstoffe ist **Methan CH_4** (**B1**). In einem Methan-Molekül bildet das zentrale Kohlenstoff-Atom vier Elektronenpaarbindungen zu je einem Wasserstoff-Atom aus. Da sich die Elektronenpaare abstoßen, sind die Wasserstoff-Atome im Methan-Molekül **tetraedrisch** am Kohlenstoff-Atom angeordnet (**M1**).

EPA-Modell
→ S. 18

Kohlenstoff-Atome können nicht nur Wasserstoff-Atome binden. Im **Ethan-Molekül** ist ein Kohlenstoff-Atom über eine Einfachbindung mit einem zweiten Kohlenstoff-Atom verbunden. Jedes dieser Atome hat somit noch drei Bindungsstellen frei, die jeweils mit Wasserstoff-Atomen besetzt sind. Ein Ethan-Molekül hat demnach die Summenformel **C_2H_6** (**B1**).

Name	Summenformel
Methan	CH_4
Ethan	C_2H_6
Propan	C_3H_8
Butan	C_4H_{10}
Pentan	C_5H_{12}
Hexan	C_6H_{14}
Heptan	C_7H_{16}
Octan	C_8H_{18}
Nonan	C_9H_{20}
Decan	$C_{10}H_{22}$

B1 Die ersten zehn Vertreter der homologen Reihe der Alkane

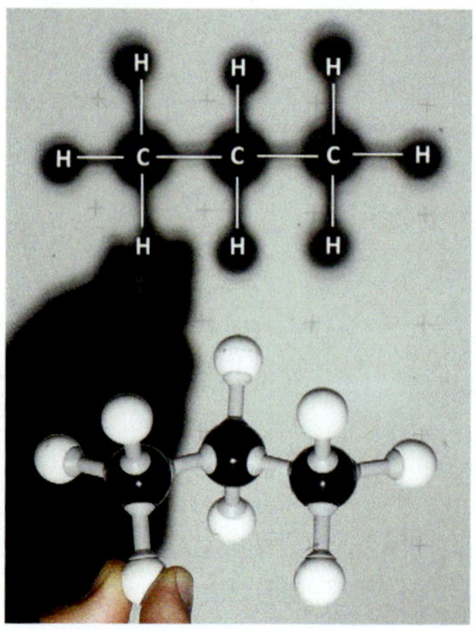

B2 Schattenbild des Kugelstabmodells eines Propan-Moleküls

Das nächst größere Kohlenwasserstoff-Molekül ist das **Propan-Molekül C_3H_8** (**B2**). Es besteht aus drei Kohlenstoff-Atomen und, entsprechend der übrigen freien Bindungen, acht Wasserstoff-Atomen.

Kohlenwasserstoffe, in deren Molekülen die Kohlenstoff-Atome über Einfachbindungen miteinander verknüpft sind, nennt man **Alkane**.

In der sogenannten **homologen Reihe** der Alkane (**B1**) unterscheiden sich die aufeinanderfolgenden Moleküle immer um genau eine **Methylen-Gruppe $-CH_2-$**. Die Vertreter der homologen Reihe der Alkane besitzen die allgemeine Summenformel **C_nH_{2n+2}**.

Nomenklatur der Alkane

Alkane sind durch die Endsilbe **-an** im Namen gekennzeichnet. Die Vorsilben geben grundsätzlich die Anzahl der im Molekül vorliegenden Kohlenstoff-Atome über das entsprechende griechische Zahlwort wieder. Aus historischen Gründen sind für die ersten vier Vertreter der Reihe abweichend davon die Vorsilben Meth-, Eth-, Prop- und But- vergeben worden. Danach werden die Vorsilben Pent-, Hex-, Hept-, Oct-, Non-, Dec- usw. genutzt.

Darstellungen von Alkanen

Die verschiedenen Modelldarstellungen von Molekülen weisen unterschiedliche Informationsgehalte auf (**M1**). Dreidimensionale **Kugelstabmodelle** ermöglichen die Darstellung der Bindungen zwischen den Atomen mit den entsprechenden Bindungswinkeln. Dadurch kann die geometrische Anordnung der Atome in einem Molekül sichtbar gemacht werden. Im Kugelstabmodell des Methan-Moleküls z. B. ist das Kohlenstoff-Atom tetraedrisch von vier Wasserstoff-Atomen umgeben. Der Bindungswinkel beträgt jeweils 109,5°.

Im Propan-Molekül sind drei Kohlenstoff-Atome zickzackartig miteinander verknüpft (**B2** unten). Durch die Projektion des Kugelstabmodells auf die Papierebene erhält man ein zweidimensionales Bild vom Bau des Moleküls. Dieses entspricht der Valenzstrichformel (**B2** oben).

Verzweigte Alkan-Moleküle

Ersetzt man in einem linearen Alkan-Molekül ein Wasserstoff-Atom durch eine Kohlenwasserstoff-Kette, so entstehen verzweigte Alkan-Moleküle (**M2**). Diese **Seitenketten** werden als **Alkyl-Gruppen** bezeichnet. Ersetzt man z. B. in einem Butan-Molekül am zweiten Kohlenstoff-Atom das Wasserstoff-Atom durch eine **Methyl-Gruppe –CH_3**, so erhält man ein verzweigtes Molekül der Summenformel C_5H_{12} (**B3** B). Dies entspricht der Summenformel des Pentans. Stoffe, deren Moleküle bei gleicher Summenformel einen unterschiedlichen Molekülbau aufweisen, bezeichnet man allgemein als **Isomere**. Aufgrund der unterschiedlich verzweigten Form seiner Moleküle unterscheidet man zwischen dem unverzweigten *n*-Pentan (**B3** A) und Isopentanen (**B3** B und C). Das vorangestellte *n* steht für „normal". *Iso*- und *n*-Pentan bezeichnet man als **Gerüstisomere**, da das Kohlenstoffgerüst unterschiedlich aufgebaut ist. Für eine eindeutige Benennung der Pentan-Isomere ist die Vorsilbe *Iso*- nicht ausreichend, sodass eine Benennung nach vereinbarten Regeln erfolgen muss (vgl. **FM** S. 48 – 49).

Struktur-Eigenschafts-Beziehungen

Alkan-Moleküle enthalten unpolare C–C-Bindungen und gering polare C–H-Bindungen. Aufgrund kurzzeitiger ungleicher Ladungsverteilung entstehen in den Molekülen temporäre Dipole, die die Ausbildung schwacher **VAN-DER-WAALS-Kräfte** ermöglichen. Die Stärke dieser Wechselwirkung steigt mit der Elektronenzahl im Molekül und der Größe der Oberfläche des Moleküls. Alkane mit kurzkettigen Molekülen haben aufgrund der sehr schwachen VAN-DER-WAALS-Kräfte eine niedrige Siedetemperatur und sind bei Raumtemperatur gasförmig. Erst ab dem *n*-Pentan C_5H_{12} sind die zwischenmolekularen Wechselwirkungen stark genug, um das Alkan im flüssigen Aggregatzustand zu halten. Je länger die Kohlenstoff-Kette der Alkan-Moleküle wird, desto höher liegt die Siedetemperatur der Alkane (**V3**). Dies lässt sich auch an den unterschiedlichen Siedetemperaturen der Pentan-Isomere in **B3** erkennen.

Löseverhalten von Alkanen

Alkane lösen sich gut ineinander. Auch unpolare Stoffe aus anderen Stoffgruppen wie z. B. Speiseöl werden gut in ihnen gelöst, da zwischen Molekülen unpolarer Stoffe VAN-DER-WAALS-Kräfte wirken (**V4**, **V5**). Alkane sind **lipophil** (griech. *lipos*, Fett und *philos*, liebend).
Polare Stoffe mit permanenten Dipolen bilden stärkere Dipol-Dipol-Wechselwirkungen oder Wasserstoffbrücken aus. Mischt man ein Alkan mit Wasser, so sind die Wechselwirkungen zwischen den Wasser-Molekülen so stark, dass sich die Alkan-Moleküle nicht dazwischen platzieren können (**V4**, **V5**). Alkane sind nicht mit Wasser mischbar, sie sind **hydrophob** (griech. *hydor*, Wasser und *phobos*, Furcht).

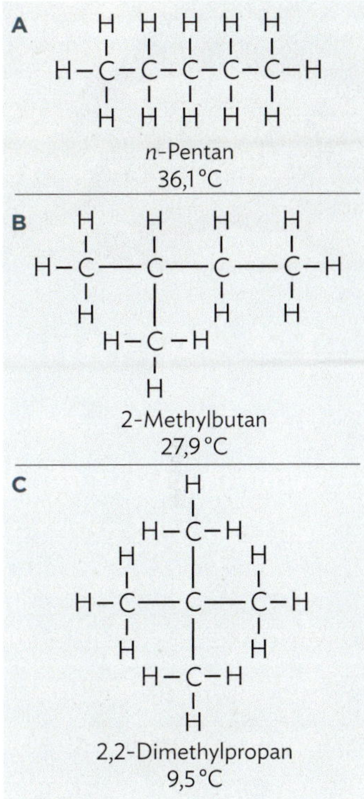

B3 Valenzstrichformeln und Siedetemperaturen der Pentan-Isomere

Alkane sind die einfachsten Vertreter der Kohlenwasserstoffe, in deren Molekülen die Kohlenstoff-Atome über Einfachbindungen miteinander verknüpft sind. Sie besitzen die allgemeine Summenformel C_nH_{2n+2}. Alkan-Moleküle können kettenförmig oder verzweigt vorliegen. Alkane sind unpolare Stoffe mit lipophilem und hydrophobem Charakter.

AUFGABEN

A1 Zeichnen Sie die Valenzstrichformeln aller möglichen Moleküle von Hexan-Isomeren.

A2 Beurteilen Sie die Möglichkeit, einen Fettfleck mit Wasser oder Waschbenzin aus der Kleidung zu entfernen.

A3 Nehmen Sie mit Bezug zum Löseverhalten der Alkane Stellung zur Aussage: „Ähnliches löst sich in Ähnlichem."

1.4 Alkene und Alkine

Viele Früchte werden unreif gepflückt, damit sie bei Transport und Lagerung nicht schimmeln. Für den Verkauf werden sie dann mit dem Gas Ethen künstlich nachgereift. So wird selbst eine grüne Banane gelb. Ethen ist ein Vertreter der Kohlenwasserstoffe, jedoch kein Alkan. Beim Schweißen wird mit hohen Temperaturen gearbeitet, damit das Metall schmilzt. Eine organische Verbindung ist dabei besonders gut fürs Schweißen geeignet: Ethin. Ethin ist ein Vertreter einer wiederum anderen organischen Stoffklasse. Wie sind diese Gruppen der Kohlenwasserstoffe aufgebaut und was unterscheidet sie von den Alkanen?

1.4.1 Versuche und Material

V Reifung von Bananen mit Ethen

2 4 7

Das Gas Ethen beschleunigt die Reifung von Früchten und Gemüse. Wird es auch von Obst und Gemüse selbst abgegeben?

LV1 In drei luftdicht verschließbare Beutel wird jeweils eine unreife, grüne Banane gegeben. Zu einem der Beutel wird 40 mL Ethen, in einen weiteren Beutel ein reifer Apfel hinzugegeben. Der dritte Beutel sowie eine vierte unreife Banane, die offen gelagert wird, dienen als Blindproben (**B1**). Die Veränderung der Bananen wird über mehrere Tage beobachtet.

AUSWERTUNG

a) Beschreiben Sie die Beobachtungen aus **LV1** und stellen Sie Vermutungen zu diesen auf.

b) Planen Sie einen Versuch, mit dem Sie zeigen können, dass auch reife Bananen Ethen abgeben.

c) Recherchieren Sie weitere Obst- und Gemüse- **MK** sorten, die Ethen als Reifungsgas abgeben und die biologische Bedeutung dieses Vorgangs.

ENTSORGUNG R

B1 Versuchsaufbau zu **LV1**

M Kugelstabmodelle von Alken-Molekülen

Ethen C_2H_4, Propen C_3H_6 und Buten C_4H_8 gehören zu der organischen Stoffklasse der Alkene. Wie sind die Moleküle dieser Stoffe aufgebaut und wie unterscheiden sie sich von den Alkanen?

M2 Entnehmen sie entsprechend der Summenformeln der oben genannten Verbindungen die notwendige Anzahl an Kugeln für Kohlenstoff- und Wasserstoff-Atome aus dem Molekülbaukasten (**B2**). Ergänzen Sie jeweils mit der notwendigen Anzahl der Stäbchen (Ethen 6, Propen 8, Buten 10), die die Elektronenpaarbindungen symbolisieren. Bauen Sie für alle angegebenen Verbindungen, auch unter Berücksichtigung der Isomere des Butens, je ein Molekülmodell. Beachten Sie die Edelgasregel sowie den räumlichen Bau nach dem Elektronenpaarabstoßungsmodell (EPA-Modell).

AUSWERTUNG

a) Legen Sie die kettenförmigen Moleküle der Alkene aus **M2** in eine Reihenfolge, die einer homologen Reihe entspricht. Zeichnen Sie deren Valenzstrichformeln.

b) Vergleichen Sie den Aufbau eines Ethen- und Ethan-Moleküls.

c) Die Doppelbindung kann sich im Buten-Molekül an verschiedenen Stellen befinden. Sie ist im Gegensatz zu einer Einfachbindung nicht frei drehbar, was zu mehreren Buten-Isomeren führt. Zeichnen Sie die Valenzstrichformeln dieser Isomere und entwickeln Sie einen Vorschlag, der die Position der Doppelbindung in der Benennung kennzeichnet.

B2 Molekülbaukasten

M Aufbau von Alkin-Molekülen

Ethin ist eine organische Verbindung, die gut für das Schweißen geeignet ist. Wird Ethin in reinem Sauerstoff verbrannt, können Temperaturen von bis zu 3.200 °C erreicht werden. Wie ist diese Verbindung aufgebaut?

M3 Alkine sind reaktionsfreudige Kohlenwasserstoffe, deren Moleküle in ihrer Kohlenstoff-Kette mindestens eine C≡C-Dreifachbindung besitzen. Ethin ist das einfachste Alkin und besitzt die Summenformel C_2H_2. Die Alkine bilden eine homologe Reihe mit der Endung -in.
In Pflanzen und Tieren gibt es Alkine, die wichtige Lebensvorgänge steuern. Der Stoff Ichthyotherol (**B3**) wird aus den Hautabsonderungen des Baumsteigerfrosches (**B4**) gewonnen. Die indigene Bevölkerung in Südamerika nutzt den Stoff bei der Jagd als Pfeilgift.

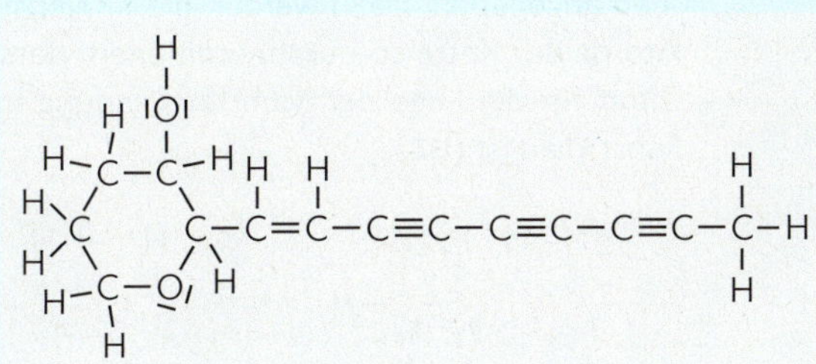

B3 Valenzstrichformel des Ichthyotherol-Moleküls

AUSWERTUNG

a) Erstellen Sie mithilfe des Molekülbaukastens (**B2**) ein Modell des Ethin-Moleküls unter Beachtung der Edelgasregel. Beschreiben Sie den Aufbau des Moleküls und geben Sie den Winkel zwischen der C≡C-Dreifachbindung und der C-H-Bindung an.

b) Kennzeichnen Sie im Ichthyotherol-Molekül in **B3** den Bereich mit Mehrfachbindungen. Erklären Sie die dort befindliche Anzahl bzw. das Fehlen von Wasserstoff-Atomen.

B4 Baumsteigerfrosch, auch Pfeilgiftfrosch genannt

1.4.2 Ungesättigte Kohlenwasserstoffe

Mehrfachbindungen in Kohlenwasserstoff-Molekülen

In Kohlenwasserstoff-Molekülen können zwischen zwei Kohlenstoff-Atomen aufgrund der Vierbindigkeit des Kohlenstoff-Atoms außer Einfachbindungen auch mehrere Elektronenpaarbindungen ausgebildet werden. Bilden sich zwei Bindungen zwischen zwei Kohlenstoff-Atomen aus, so spricht man von einer **C=C-Doppelbindung**, bei drei Bindungen von einer **C≡C-Dreifachbindung**.
Aufgrund dieser Strukturelemente ergeben sich zwei weitere Untergruppen der Kohlenwasserstoffe: **Alkene** sind Kohlenwasserstoffe, deren Moleküle mindestens eine C=C-Doppelbindung besitzen. Die Moleküle der **Alkine** enthalten mindestens eine C≡C-Dreifachbindung.
Da in den Stoffklassen der Alkene und Alkine in den Molekülen an den Kohlenstoff-Atomen nicht mehr die maximal mögliche Anzahl an Wasserstoff-Atomen gebunden ist, spricht man von **ungesättigten Kohlenwasserstoffen**.

Ethen

Exkurs
Polyethen – ein vielseitiger Kunststoff
→ S. 51

Ethen C_2H_4 ist eine der meistproduzierten Grundchemikalien der chemischen Industrie. Eine Vielzahl an Materialien des Alltags wie z. B. Kunststoffe oder Waschmittel werden aus Ethen hergestellt.
Ethen wird von Pflanzen gebildet und zeigt eine biologische Wirkung als Pflanzenhormon, das auf die Blütenbildung, die Reifung der Pflanzen und den Laubfall wirkt. Es wird beim Obstanbau als Reifegas eingesetzt, beispielsweise um grüne Bananen binnen weniger Tage reifen zu lassen (**LV1**).
Bei Betrachtung der räumlichen Struktur des Ethen-Moleküls (**B1** oben, **M2**) zeigt sich der Unterschied zu den Alkanen: Die an der Doppelbindung beteiligten Kohlenstoff-Atome sind von drei Bindungspartnern umgeben, die sich **planar** in einer Dreiecksebene anordnen.

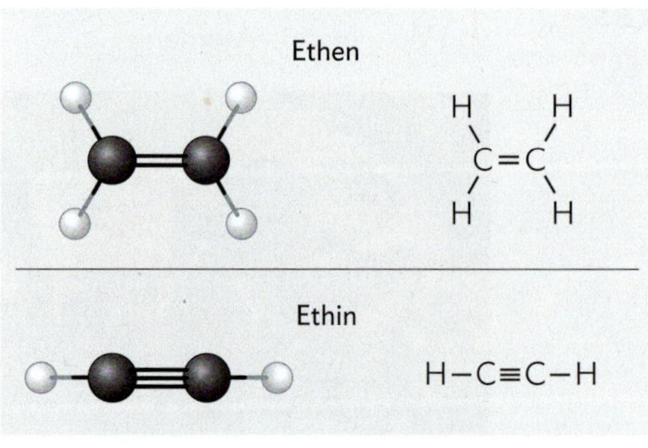

B1 Räumlicher Bau und Valenzstrichformeln der einfachsten Vertreter der Alkene (oben) und Alkine (unten)

Alkene

Ersetzt man ein endständiges Wasserstoff-Atom im Ethen-Molekül durch immer länger werdende Alkyl-Gruppen, so erhält man die **homologe Reihe der Alkene** (**B2**, **M2**). Die Namen der Alkene setzen sich zusammen aus der Vorsilbe, die die Zahl der Kohlenstoff-Atome im Molekül angibt, und der Endung **-en**. Die Moleküle der Alkene besitzen die allgemeine Summenformel $\mathbf{C_nH_{2n}}$.

Name	Halbstrukturformel
Ethen	$CH_2{=}CH_2$
Propen	$CH_2{=}CH{-}CH_3$
But-1-en	$CH_2{=}CH{-}CH_2{-}CH_3$
Pent-1-en	$CH_2{=}CH{-}CH_2{-}CH_2{-}CH_3$

B2 Die ersten Vertreter der homologen Reihe der Alkene

Isomere der Alkene

Ab einer Kettenlänge von vier Kohlenstoff-Atomen kann die Mehrfachbindung im Molekül unterschiedlich positioniert sein (**M2**). Zur eindeutigen Benennung dieser **Bindungsisomere** wird die Stellung der Mehrfachbindung im Namen angegeben. Dazu werden die Kohlenstoff-Atome der Kette so durchnummeriert, dass die Ziffer für die Lage der Mehrfachbindung möglichst klein ist (**B3**).

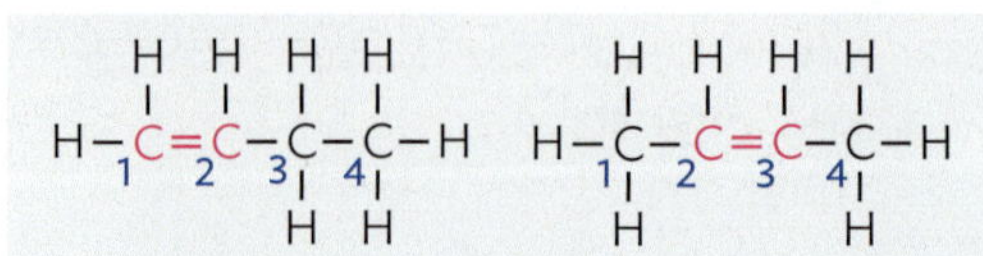

B3 Valenzstrichformeln der Bindungsisomere But-1-en (links) und But-2-en (rechts)

Die Doppelbindung in den Alkenen verhindert eine Rotation der beiden beteiligten Kohlenstoff-Atome um die Hauptbindungsachse, wie es bei Einfachbindungen möglich ist. Daher gibt es bei Alkenen mit Molekülen einer Kettenlänge von mindestens vier Kohlenstoff-Atomen Isomere. Diese unterscheiden sich durch die Anordnung der Alkyl-Reste an der Doppelbindung. Zur Unterscheidung dient die Stellung der Alkyl-Reste zueinander. Befinden sie sich auf der gleichen Seite der Doppelbindung, so wird dies in der Benennung mit (*Z*)- (zusammen) oder *cis* bezeichnet. Liegen die Reste dagegen auf entgegengesetzten Seiten, so wird dies mit (*E*)- (entgegen) oder *trans* gekennzeichnet.
Aufgrund der unterschiedlichen räumlichen Anordnungen sind die zwischenmolekularen VAN-DER-WAALS-Kräfte der beiden Isomere unterschiedlich stark ausgeprägt. Daher besitzen die **(*Z*)/(*E*)-Isomere** bzw. ***cis-trans*-Isomere** unterschiedliche Stoffeigenschaften, was sich u. a. an den verschiedenen Siedetemperaturen zeigt (**B4**).

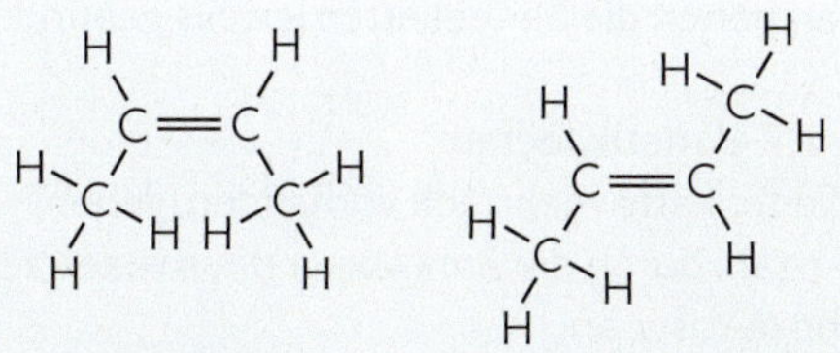

(*Z*)-But-2-en
Siedetemperatur: 3,7 °C

(*E*)-But-2-en
Siedetemperatur: 1,0 °C

B4 (*Z*)/(*E*)-Isomerie am Beispiel des But-2-en-Moleküls

Alkine

Der erste Vertreter der **homologen Reihe der Alkine** ist **Ethin C_2H_2**, das von allen Alkinen die größte technische Bedeutung besitzt. Ethin, das häufig auch Acetylen genannt wird, ist besonders als Schweißgas bekannt.
Zur systematischen Benennung der Alkine verwendet man die von den Alkanen und Alkenen bekannten Vorsilben sowie die Endsilbe **-in**. Die Moleküle der Alkine besitzen die allgemeine Summenformel C_nH_{2n-2}. Alkin-Moleküle sind aufgrund von nur zwei Bindungspartnern entlang der C≡C-Dreifachbindung linear aufgebaut (**M3**).

Reaktivität der Alkene und Alkine

Mehrfachbindungen zwischen Kohlenstoff-Atomen sind Orte hoher Elektronendichte und leichter angreifbar als Einfachbindungen. Im Vergleich zu den Alkanen sind Alkene und Alkine daher reaktionsfreudiger. Halogen-Moleküle können beispielsweise ohne weitere äußere Einflüsse an Mehrfachbindungen angreifen und sind in der Lage, sie aufzubrechen. Die Halogen-Atome lagern sich an die Kohlenwasserstoff-Moleküle an. Diese **Additionsreaktionen** sind charakteristisch für ungesättigte Kohlenwasserstoffe. Der **Doppelbindungsnachweis** mit Brom oder Bromwasser (vgl. **FM** S. 50) ist ein bekannter Vertreter dieses Reaktionstyps:

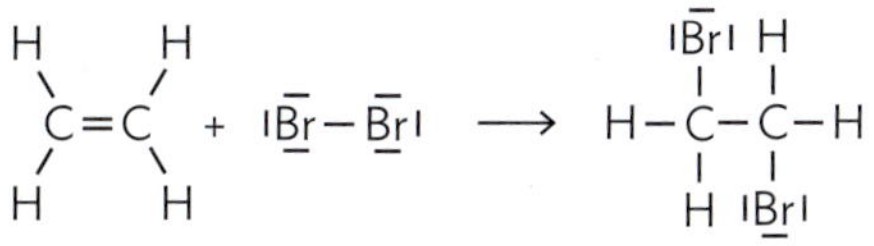

Alkene und Alkine sind ungesättigte Kohlenwasserstoffe. Ihre Moleküle weisen C=C-Doppelbindungen (Alkene) bzw. C≡C-Dreifachbindungen (Alkine) auf. Die Mehrfachbindungen können durch die Entfärbung von Bromwasser nachgewiesen werden.

AUFGABEN

A1 Die Moleküle eines Stoffs mit der Summenformel C_5H_{10} addieren Brom-Moleküle. Erklären Sie, dass man den Stoff nicht genau benennen, jedoch der Gruppe der Alkene zuordnen kann.

A2 Stellen Sie die Molekülformeln von Kohlenwasserstoffen auf, deren Moleküle
a) vier Kohlenstoff-Atome enthalten.
b) vier Wasserstoff-Atome enthalten.

A3 Begründen Sie die unterschiedlichen Siedetemperaturen der (*Z*)/(*E*)-Isomere in **B4**.

A4 MK Recherchieren Sie den Vorgang und den Zweck der Fetthärtung. Nennen Sie Lebensmittel, die gehärtete Fette enthalten.

A5 Begründen Sie, dass es kein Methin gibt.

1.4.3 Kohlenwasserstoffe nach den IUPAC-Regeln benennen

Weltweit produzieren und handeln große Chemieunternehmen mit den unterschiedlichsten Chemikalien. Für einen globalen Handel und eine entsprechende wissenschaftliche Kommunikation zwischen Unternehmen sowie Forscherinnen und Forschern ist eine eindeutige Benennung von Stoffen mit international gültigen und verständlichen Namen notwendig. Bereits im Jahr 1919 wurde dazu in Paris eine Organisation gegründet, deren Aufgabe noch heute darin besteht, die Kommunikation unter Chemikerinnen und Chemikern durch eine Vereinheitlichung der chemischen Sprache zu erleichtern. Bei der Benennung von Kohlenwasserstoffen und deren Isomeren werden diese Regeln der **IUPAC** (**I**nternational **U**nion of **P**ure and **A**pplied **C**hemistry) angewandt.

a) Benennung von gesättigten Kohlenwasserstoffen

Ermitteln Sie den IUPAC-Namen zur eindeutigen Benennung eines gesättigten Kohlenwasserstoffs.

VORGEHEN

1. Ermitteln Sie den Stammnamen der Verbindung. Bestimmen Sie dazu die längste nicht verzweigte Kette aus Kohlenstoff-Atomen. Diese muss nicht waagerecht angeordnet sein. Sie erhält die Vorsilbe aus der homologen Reihe der Alkane und die Endung -an.

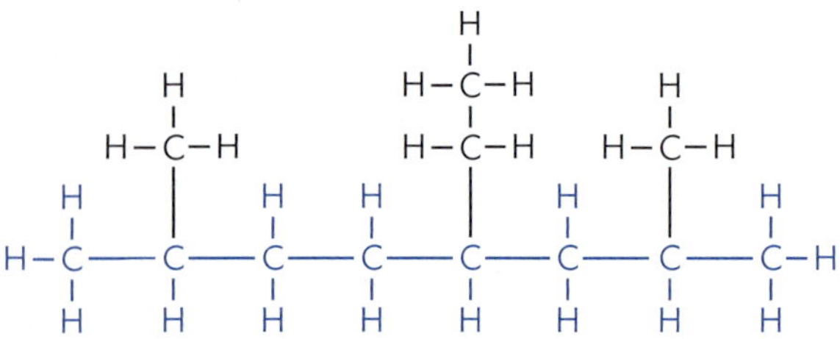

4-Ethyl-2,7-dimethyl**octan**

Unverzweigte Alkane erhalten die Bezeichnung *n*-, z. B. *n*-Octan.

2. Benennen Sie die Seitenketten nach der Anzahl der Kohlenstoff-Atome. Die Bezeichnung entspricht der des Alkans mit der gleichen Anzahl an Kohlenstoff-Atomen. Die Endsilbe lautet -yl statt -an. Beispielsweise leitet sich die Methyl-Gruppe von Methan und die Ethyl-Gruppe von Ethan ab. Zusammengefasst werden sie als Alkyl-Gruppen bezeichnet.

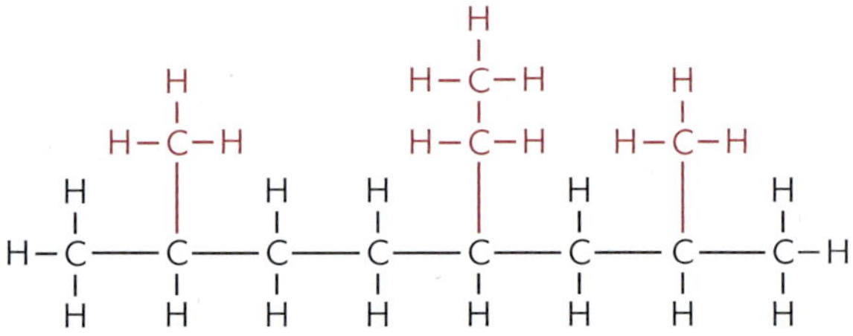

4-**Ethyl**-2,7-di**methyl**octan

3. Nummerieren Sie die Kohlenstoff-Atome der längsten Kette. Die Seitenketten sollen insgesamt möglichst kleine Zahlen erhalten. Beginnen Sie die Nummerierung der längsten Kette am entsprechenden Ende.

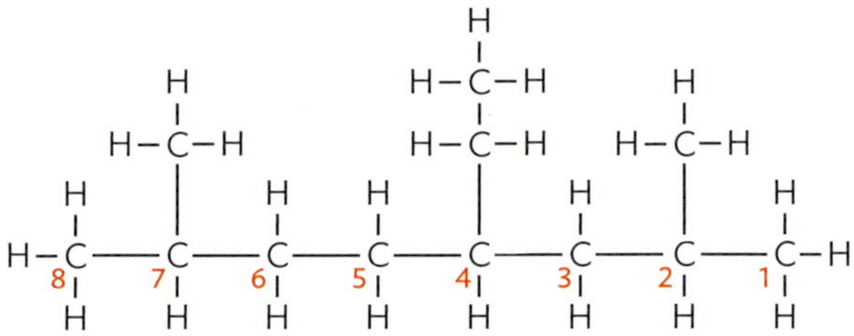

4. Bestimmen und benennen Sie die Lage der Seitenketten anhand der Nummern der Kohlenstoff-Atome, an denen die Seitenketten jeweils gebunden sind.
   4-Ethyl-**2,7**-dimethyloctan
5. Ist eine Seitenkette mehrfach vorhanden, geben Sie die Anzahl durch die Zahlwörter di-, tri-, tetra-, penta-, hexa- usw. an.
   4-Ethyl-2,7-**di**methyloctan
6. Kommen verschiedene Seitenketten in einem Molekül vor, ordnen Sie diese alphabetisch.
   4-**E**thyl-2,7-di**m**ethyloctan
   nicht: 2,7-Dimethyl-4-ethyloctan

b) Benennung von ungesättigten Kohlenwasserstoffen

Die von der IUPAC erarbeiteten Nomenklaturregeln sind auf beliebig kompliziert gebaute Kohlenwasserstoff-Moleküle anwendbar. Sind mindestens zwei Kohlenstoff-Atome eines Moleküls entweder durch eine Doppelbindung oder durch eine Dreifachbindung verbunden, ist es wichtig, dass die Art und die Position vorhandener Mehrfachbindungen klar zum Ausdruck gebracht wird. Ermitteln Sie den IUPAC-Namen zur eindeutigen Benennung eines ungesättigten Kohlenwasserstoffs.

VORGEHEN

1. Ermitteln Sie den Stammnamen der Verbindung. Der Stammname der Verbindung richtet sich nach der längsten, nicht verzweigten Kette aus Kohlenstoff-Atomen, die eine Mehrfachbindung enthält.

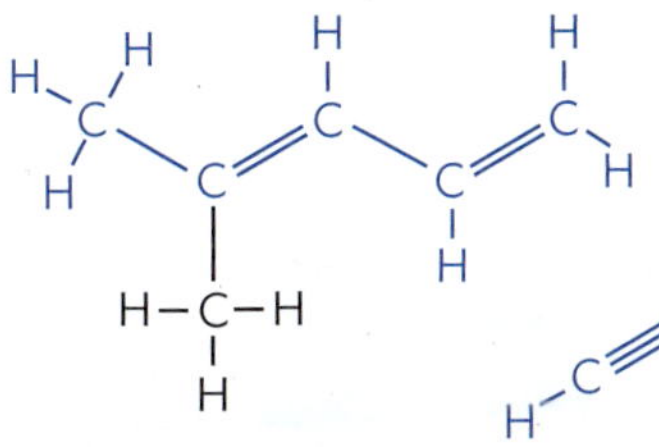
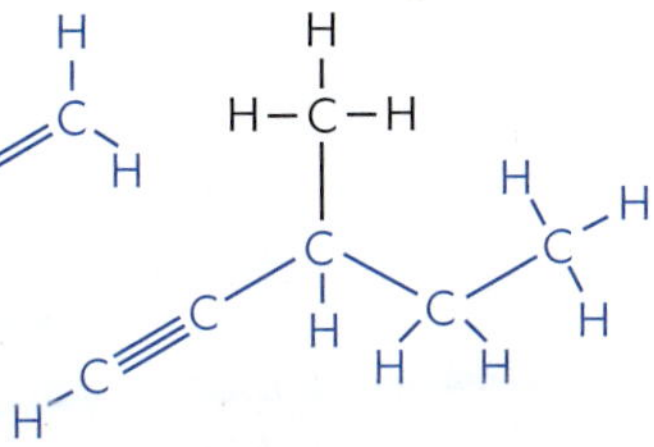

4-Methyl**pent**a-1,3-dien 3-Methyl**pent**-1-in

2. Ersetzen Sie die Endung -an des Stammnamens bei dem Vorkommen mindestens einer Doppelbindung durch die Endung -en und bei mindestens einer Dreifachbindung durch die Endung -in.

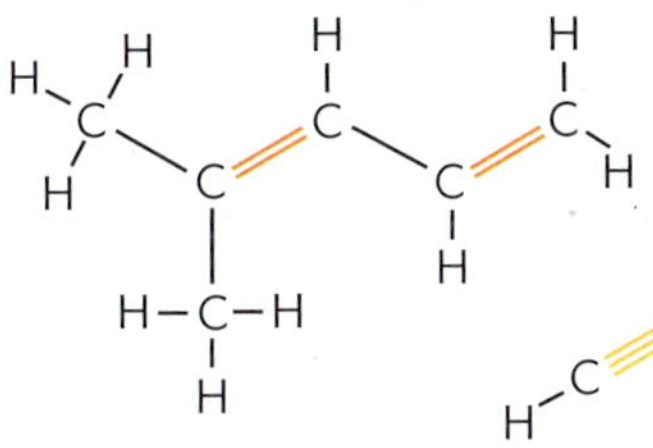
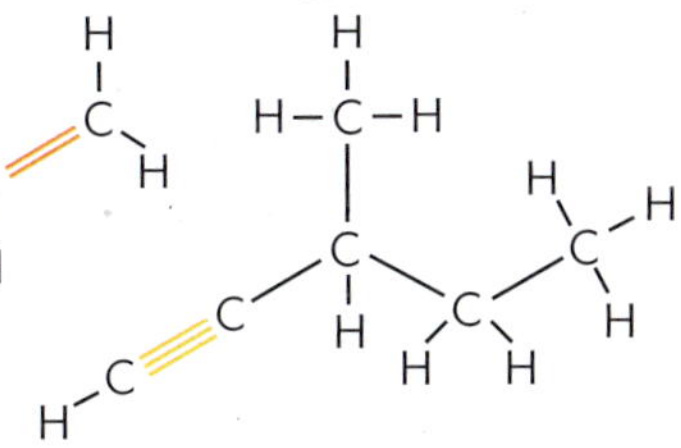

4-Methylpenta-1,3-di**en** 3-Methylpent-1-**in**

3. Schreiben Sie die Positionsnummer der Mehrfachbindung vor die Endung. Geben Sie diese durch eine möglichst kleine Zahl an. Die Anzahl gleicher Mehrfachbindungen wird durch das entsprechende griechische Zahlwort (di-, tri-, tetra-, penta-, hexa-, usw.) angegeben. Vom Stammnamen entfällt nur noch der Buchstabe –n und nicht mehr die Endung -an (z. B. penta, statt pent). Kommen beide Typen der Mehrfachbindung vor, so erhält die Doppelbindung eine niedrigere Positionsnummer als die Dreifachbindung im Namen: „-en vor -in!“

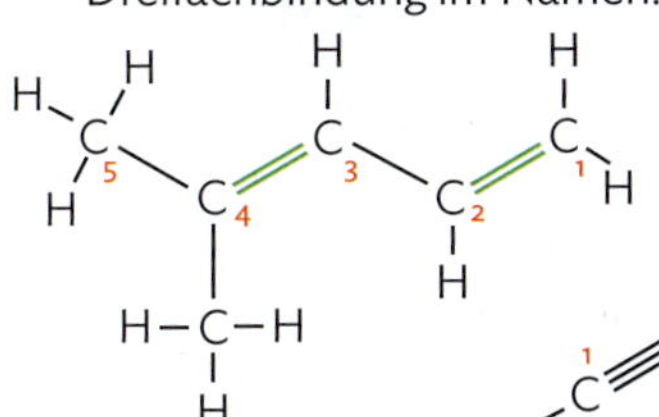
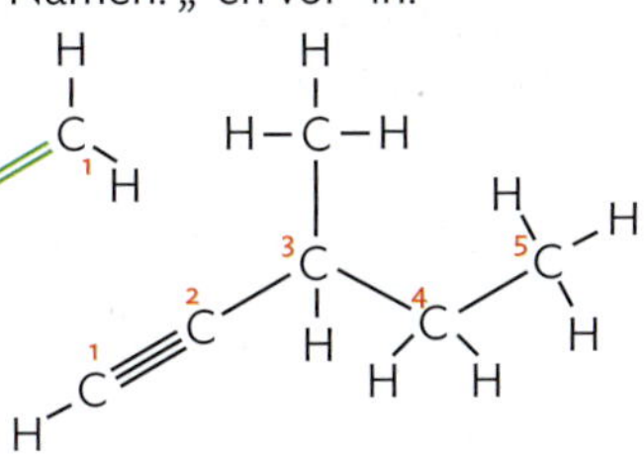

4-Methylpenta-**1,3**-**di**en 3-Methylpent-**1**-in

4. Benennen Sie die vorliegenden Seitenketten analog zu den IUPAC-Regeln der gesättigten Kohlenwasserstoffe.

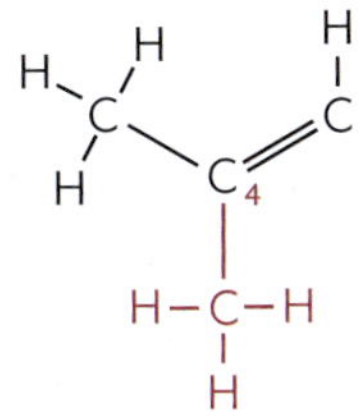
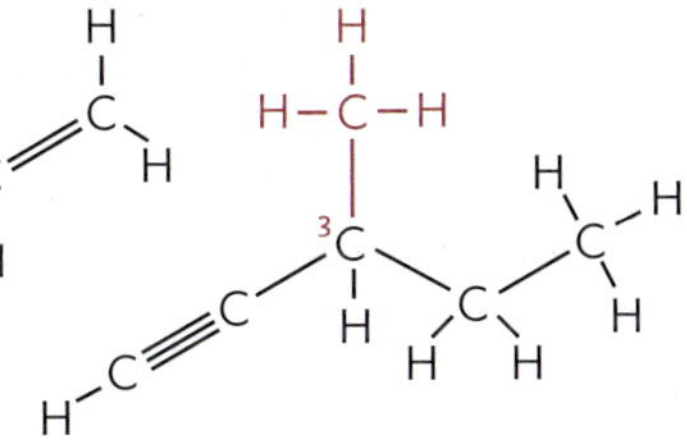

4-Methylpenta-1,3-dien **3-Methyl**pent-1-in

5. *Hinweis*: Beachten Sie bei Doppelbindungen die Anordnung der Atome bzw. Atomgruppen an den Kohlenstoff-Atomen der Doppelbindung: Setzen Sie vor den Molekülnamen ein (*Z*)–, wenn zwei identische oder vergleichbare Atome bzw. Atomgruppen auf der gleichen Seite (= zusammen) der Doppelbindung stehen. Stehen sie auf unterschiedlichen Seiten (= entgegengesetzt), setzen Sie vor den Molekülnamen ein (*E*)–.

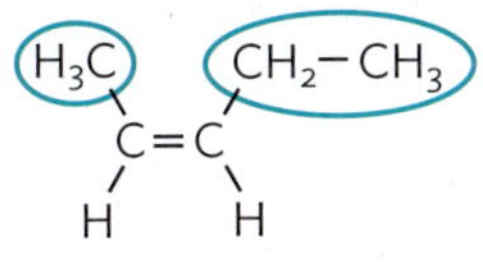
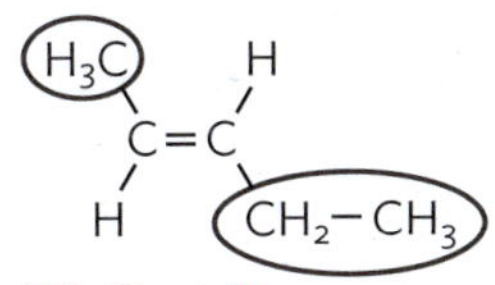

(*Z*)-Pent-2-en **(*E*)-Pent-2-en**

AUFGABEN

A1 Benennen Sie den folgenden Kohlenwasserstoff.

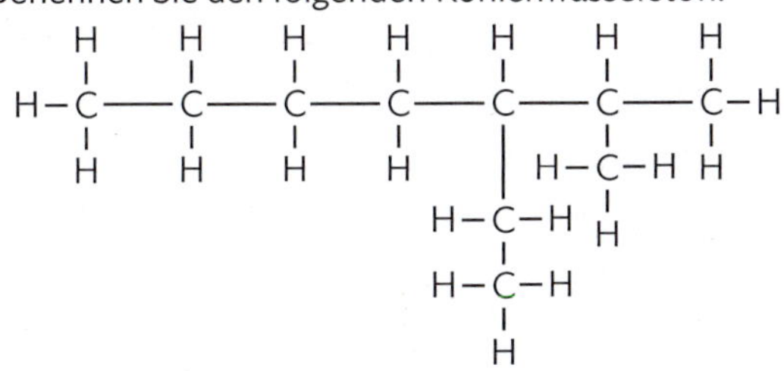

A2 Zeichnen Sie die Valenzstrichformeln der Kohlenwasserstoffe 2,3-Dimethylpentan und 5-Butyl-2,5-dimethyl-4-propyldecan.

A3 Zeichnen Sie die Halbstrukturformel von 2-Ethyl-2-methylbutan. Überprüfen Sie, ob der Name den IUPAC-Regeln entspricht und geben Sie gegebenenfalls den richtigen Namen an.

A4 Ermitteln Sie, von welchem unverzweigten Alkan die Verbindung aus **A3** ein Isomer ist.

A5 Geben Sie die Halbstrukturformeln für die Moleküle folgender Verbindungen an: 2-Methylbut-1-en, 4-Ethyl-3,3-dimethyloct-1-en-6-in, 2,3-Dimethylhexa-1,3-dien und Hepta-1,3,5-triin.

1.4.4 Mehrfachbindungen nachweisen

Gesättigte und ungesättigte Kohlenstoffverbindungen unterscheiden sich dadurch, dass in den Molekülen ungesättigter Verbindungen Doppel- oder Dreifachbindungen vorhanden sind. Die Alkene und Alkine (vgl. S. 46 – 47) gehören zu den ungesättigten Kohlenwasserstoffen. Sie sind reaktiver als Alkane, da die Doppel- und Dreifachbindungen in den Molekülen der Alkene und Alkine Orte hoher Elektronendichte sind und dadurch leichter „aufgebrochen" werden können als Einfachbindungen. Dies geschieht durch eine **Additionsreaktion**. Dabei werden Atome als **neue Bindungspartner** an die beiden Kohlenstoff-Atome einer Doppelbindung „addiert", sodass diese aufgehoben wird. Die beiden Kohlenstoff-Atome sind nun noch durch eine Einfachbindung miteinander verbunden und haben beide je vier Bindungspartner.

Ein geeigneter Reaktionspartner für diese Additionsreaktion ist **Brom** (vgl. S. 47). Reines Brom, Bromdämpfe sowie die wässrige Lösung von Brom (**Bromwasser**) sind braun gefärbt (**B1**). In diesen kommt Brom jeweils molekular vor. Stoffe aus Verbindungen mit gebundenen Brom-Atomen sind in der Regel farblos. Die Entfärbung von Bromwasser bei der Anlagerungsreaktion an eine Doppelbindung dient zum Nachweis von Doppelbindungen. Dies wird häufig auch als **Bromwasserprobe** bezeichnet.

B1 Elementares Brom liegt bei Raumtemperatur als braune Flüssigkeit vor, die schnell verdunstet.

Die Doppelbindung in Ethen wird durch die Reaktion mit Brom nachgewiesen.

VORGEHEN

06001-18

1. Gasförmiges Ethen wird durch eine braune Lösung aus Bromwasser geleitet (**B2**). (Herstellung Bromwasser unter QR-/Mediencode 06001-18)
2. Die Bromwasserlösung wird auf diese Weise von dem Gas Ethen durchspült. Dabei reagiert Ethen mit Brom zu 1,2-Dibromethan:
   $CH_2{=}CH_2\ (g) + Br_2\ (aq) \longrightarrow CH_2Br{-}CH_2Br\ (aq)$
3. 1,2-Dibromethan ist ein farbloser Stoff. Eine Entfärbung der Lösung deutet an, dass die Doppelbindung aufgespalten und Brom-Atome an diese angelagert wurden; es hat eine Additionsreaktion stattgefunden.
4. Diese Reaktion ist zum Nachweis von Mehrfachbindungen geeignet, da man die Entfärbung des Bromwassers besonders gut beobachten kann (**B2**).

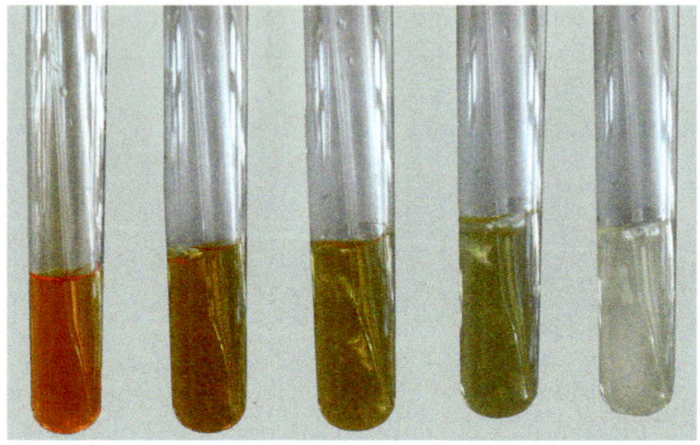

B2 Nachweis ungesättigter Kohlenwasserstoffe mit Bromwasser: Reaktion von Ethen mit Brom zu 1,2-Dibromethan

Hinweis: Neben Brom können auch andere Moleküle an eine Mehrfachbindung addiert werden. Z. B. entsteht bei der Addition von Chlorwasserstoff an Ethen als Reaktionsprodukt Chlorethan, die Addition von Wasserstoff führt zu Ethan.

AUFGABEN

A1 Formulieren Sie die Reaktionsgleichung für die Bromierung von Ethen in Valenzstrichformeln.

A2 Hex-1-en ist ein farbloser Kohlenwasserstoff (**B3**). Beschreiben Sie eine Versuchsdurchführung zum Nachweis, dass Hex-1-en-Moleküle Doppelbindungen enthalten.

A3 Erklären Sie für die in **B3** dargestellte Nachweisreaktion die Beobachtungen der Phasenbildung und unterschiedlichen Farben.

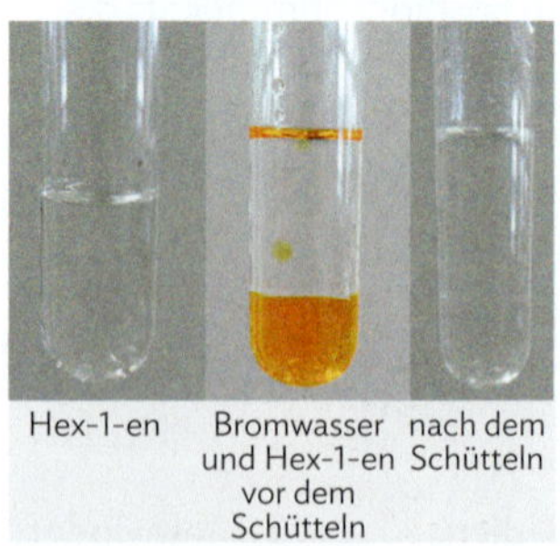

06001-19
Video zum Thema „Bromwasserprobe" unter QR-/Mediencode 06001-19

B3 Reaktion von Hex-1-en mit Brom zu 1,2-Dibromhexan

A4 Entwickeln Sie die Reaktionsgleichung für die Bromierung von Hex-1-en. Verwenden Sie Valenzstrichformeln.

1.4.5 Polyethen – ein vielseitiger Kunststoff

Bei Polyethen handelt es sich um einen sehr häufig verwendeten Kunststoff. Folien, Rohre und Plastikverpackungen bestehen aus diesem Kohlenwasserstoff, der auch unter dem Namen Polyethylen bekannt ist (B1). Man erkennt den Kunststoff am Kurzzeichen PE auf einem Produkt. Durch diese Kennzeichnung (B3) kann der Werkstoff sortenrein recycelt werden. Wie wird Polyethen hergestellt?

B1 Herstellung einer Folie aus Polyethen

Das Edukt für die Herstellung von Polyethen ist das Alken Ethen C_2H_4 (**B2**). Unter Verwendung eines Katalysators oder bei hohem Druck werden Doppelbindungen in Einfachbindungen überführt und es entstehen Moleküle mit sehr langen Ketten aus Kohlenstoff-Atomen.
Obwohl auch das Produkt die Endung „-en" trägt, enthalten die Polyethen-Moleküle keine Doppelbindungen. Die Vorsilbe Poly- bedeutet „viele". Eine Reaktion, bei der aus vielen identischen kleinen Grundbausteinen sehr große Moleküle erzeugt werden, nennt man **Polymerisation** (**B2**). Neben Polyethen (PE) werden auch andere Kunststoffe, wie **Polypropen** (PP) und **Plexiglas** (PMMA) in Polymerisationsreaktionen gebildet.

Technische Herstellung

Polyethen PE wird durch Polymerisation von gasförmigem Ethen hergestellt. Im Hochdruckverfahren erhält man Weich-Polyethen (auch PE-LD von engl. *low densitiy*, geringe Dichte), im Niederdruckverfahren Hart-Polyethen (auch PE-HD von engl. *high densitiy*, hohe Dichte). Bei beiden Verfahren entsteht PE zunächst als zähe Flüssigkeit. Wenn im Niederdruckverfahren bestimmte Katalysatoren eingesetzt werden, bildet sich Polyethen in Form fester Körner. Dieses Granulat kann dann geschmolzen und in beliebige Formen für die verschiedensten Gebrauchsgegenstände gebracht werden wie z. B. PE-Folie. Dazu wird die Schmelze mit kalter Druckluft aufgeblasen (**B1**).

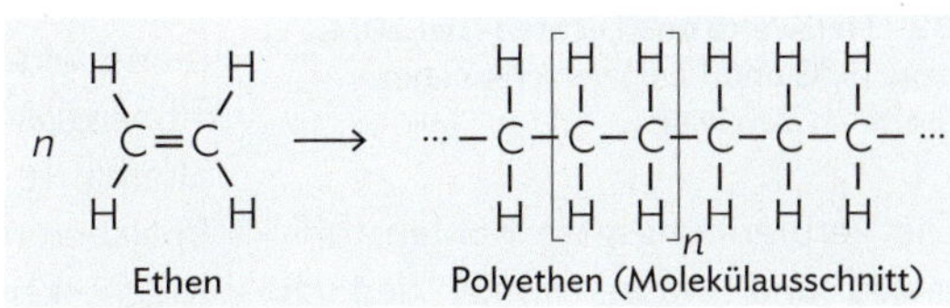

B2 Reaktionsgleichung zur Polymerisation von Ethen zu Polyethen (*n* bedeutet viele; in eckiger Klammer angegeben ist die sich wiederholende Einheit)

Wirtschaftliche Bedeutung

PE ist weltweit der am häufigsten produzierte und verwendete Kunststoff. Hart-PE ist sehr beständig gegen Lösemittel und zudem abriebfest. Daher wird es zur Herstellung von Rohren, Schläuchen und Flaschen für Reinigungs- und Haushaltsmittel verwendet. Aus Weich-PE werden nicht nur Tragetaschen, Müllsäcke oder Milchkartonbeschichtungen hergestellt, es eignet sich auch zur Verwendung als Folien oder als Verpackungsmaterial für Lebensmittel.
Um Kunststoffe wiederverwerten zu können, werden sie gekennzeichnet (**B3**).

B3 Kennzeichnung von PE

AUFGABEN

A1 Das Polymerisationsprodukt von Propen ist Polypropen PP. Entwickeln Sie die Reaktionsgleichung in Valenzstrichformelschreibweise analog zur Polymerisation von Ethen (**B2**).

A2 MK Recherchieren Sie, welche Produkte aus PP hergestellt werden und warum. Sammeln Sie Ihre Ergebnisse in einer Tabelle.

1.4.6 Erdgas – ein begehrter Energieträger

Es hat Millionen von Jahren gedauert, bis unsere heutigen fossilen Brennstoffe entstanden sind. Kleinstlebewesen im Meer wie Plankton und Algen sanken nach ihrem Tod auf den Meeresboden ab. Es bildete sich sauerstoffarmer Faulschlamm, der von Sand, Kies und Gesteinen bedeckt wurde. Unter dem Einfluss von zunehmendem Druck und zunehmender Temperatur wurden chemische Prozesse ausgelöst, die zur Bildung von Erdgas und Erdöl führten. Was macht insbesondere Erdgas so begehrenswert? Ist dieser Energieträger für die Umwelt unbedenklich?

Erdgas ist ein brennbares, natürlich entstandenes Gasgemisch. Erdgasvorkommen findet man häufig zusammen mit Erdöllagerstätten, da beide Stoffe auf ähnliche Weise entstehen. Erdgas besteht zu ca. 85 % aus dem energiereichen Methan (vgl. S. 42). Die genaue Zusammensetzung ist von der Lagerstätte abhängig.

Der **fossile Energieträger** Erdgas dient hauptsächlich der Heizung von Gebäuden, als Wärmelieferant für thermische Prozesse in Gewerbe und Industrie, zur Stromerzeugung und als Treibstoff für Schiffe und Kraftfahrzeuge. Eine große Menge an im Erdgas enthaltenen Methan dient als Rohstoff und Energielieferant in chemischen Prozessen.

Erdgas als Treibstoff für Autos

Erdgas wird seit einigen Jahren auch verstärkt als Kraftstoff für entsprechend motorisierte Kraftfahrzeuge verwendet. An der Tankstelle findet man es je nach Lager- bzw. Transportform als *compressed natural gas* (CNG) (**B1**) oder *liquified natural gas* (LNG). Der Vorteil von Erdgas gegenüber Benzin und Diesel liegt in der saubereren Verbrennung zu ausschließlich Kohlenstoffdioxid und Wasser.

Die Reichweite eines Autos hängt wesentlich vom Energiegehalt des Kraftstoffes ab. Ein Maß für den Energiegehalt eines Kraftstoffes ist der **Heizwert.** Er gibt an, wie viel Energie bei einer vollständigen Verbrennung von 1 g Kraftstoff frei wird. Bei der Verbrennung von organischen Kraftstoffen entsteht als Reaktionsprodukt immer auch Wasser. Bei der Bestimmung des Heizwerts wird davon ausgegangen, dass das Wasser gasförmig mit dem Abgas in die Umgebung abgeleitet wird. Der Heizwert wird, bezogen auf die Masse einer Kraftstoffportion, in J/g oder kJ/g angegeben (**B2**).

Stoff	Heizwert in kJ/g	Dichte in g/cm^3
Holz	15	0,50
Ethanol	26	0,80
Heizöl	41	0,85
Benzin	45	0,80
Diesel	38	0,85
Erdgas	44	0,0008
Propan	46,6	0,0019 (15 °C)
Butan	45,7	0,0025 (15 °C)
Wasserstoff	119,9	0,00008 (15 °C)

B2 Heizwerte und Dichten (bei 20 °C bzw. 15 °C und 1 bar) verschiedener Stoffe im Vergleich

Die Verbrennungsgase Kohlenstoffdioxid und Wasser wirken jedoch auch als **Treibhausgase**, wodurch der anthropogene **Treibhauseffekt**

B1 Zapfsäule für komprimiertes Erdgas (CNG) an einer Tankstelle

verstärkt wird (vgl. S. 165). Für Autos gibt es daher festgelegte Grenzwerte beim erlaubten Kohlenstoffdioxidausstoß. Um diese Grenzwerte einzuhalten, darf der Verbrauch an Kraftstoff nicht zu hoch sein. Der Einsatz von effizienten Verbrennungsmotoren ist deshalb besonders wichtig.

Erdgasimporte machen abhängig

Die größten Erdgasförderländer sind die USA, Russland, Iran, Kanada und Katar. Diese Länder machen zusammen einen Anteil von ca. 53 % an der Weltförderung aus. Erdgas deckt, mit steigender Tendenz, etwa 24 % des weltweiten Energieverbrauchs.

Deutschlands Erdgasvorkommen sind im Vergleich des Weltmaßstabs gering, deshalb werden große Mengen über Pipelines, vor allem aus Russland, importiert. Die daraus resultierende wirtschaftliche und politische Abhängigkeit muss zukünftig durch alternative Energieformen und deren Speicherung verringert werden. Eine Möglichkeit ist die Herstellung von Methan als Ersatzstoff für natürliches Erdgas im Power-to-Gas-Verfahren.

Das Power-to-Gas-Verfahren

Das **Power-to-Gas-Verfahren** ermöglicht, überschüssig produzierte Energie aus Wind-, Wasserkraft- oder Fotovoltaikanlagen bei Bedarf durch Elektrolyse in Wasserstoff und Sauerstoff umzuwandeln. In einem zweiten Schritt, der sogenannten **Methanisierung**, besteht die Möglichkeit, aus dem Wasserstoff Methan zu erzeugen:

$$4\,H_2\,(g) + CO_2\,(g) \longrightarrow CH_4\,(g) + 2\,H_2O\,(l)$$

Da Methan der Hauptbestandteil von Erdgas ist, kann es problemlos in das Erdgasnetz eingespeist werden. Auf diese Weise erzeugte Gase können in der Industrie, zum Heizen oder als Antriebsenergie im Verkehr eingesetzt werden. Sie können aber auch in Turbinen wieder in Strom umgewandelt werden.

Bei der Herstellung von Methan nach diesem Verfahren setzt eine konventionelle Power-to-Methan-Industrieanlage rund 54 % der elektrischen Energie aus erneuerbarem Strom in chemische Energie des Brennstoffs Methan um. Der Prototyp des EU-Projekts HELMETH erreichte bereits einen **Wirkungsgrad** von 76 % und lässt auf 80 % im Industriemaßstab hoffen.

Energie aus dem Meer

Im Meeresboden lagern nicht nur Mineralien, sondern auch große Mengen an **Methanhydrat**. Erst in den letzten Jahren wird die Substanz als ernst zu nehmender fossiler Energieträger der Zukunft diskutiert. Methanhydrat (Methanclathrat – von lat. *clatratus*, Käfig –, auch Methaneis, brennbares Eis oder Gaskondensat genannt) besteht aus Methan, das in Eis eingelagert ist, wobei die Methan-Moleküle vollständig von Wasser-Molekülen umschlossen sind (**B3**). Methanhydrat wird daher als **Einlagerungsverbindung** (**Clathrat**) bezeichnet.

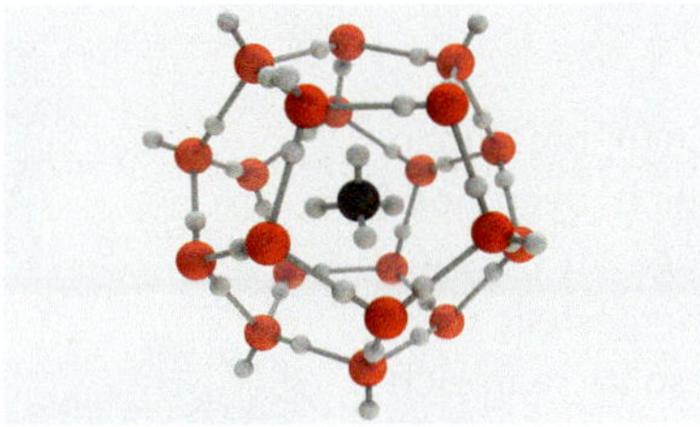

B3 Methanhydrat-Clathrat

Methanhydrate bilden sich bei bestimmten Temperaturen und hohen Drücken aus Wasser und Methangas. Je wärmer das Wasser ist, desto höher muss der Wasserdruck sein und desto tiefer liegen die Vorkommen. Nach aktuellen Schätzungen enthalten die Hydratvorkommen weltweit rund zehnmal so viel Methangas wie herkömmliche Erdgaslagerstätten.

Die Gewinnung von Methan aus seinem Hydrat im Meeresboden ist noch nicht ökonomisch. Da sich Methanhydrat in den höheren Wasserschichten bei geringerem Druck und höherer Temperatur zersetzt und dadurch große Mengen gasförmigen Methans entweichen, ist der Abbau der Methanhydratfelder schwierig. Die erste und einzige industriell-kommerzielle Anlage auf der Erde, in der Methanhydrat abgebaut wird, befindet sich im sibirischen Krasnojarsk. Im Projekt SUGAR (**Su**bmarine **Ga**shydratlagerstätten: E**r**kundung, Abbau und Transport) unter der Leitung des HELMHOLTZ-Zentrums für Ozeanforschung Kiel (GEOMAR) wird am Abbau von Methan aus seinen „Eiskäfigen" geforscht. Dabei versucht man das im Eis eingelagerte Methangas durch Kohlenstoffdioxid zu ersetzen (**B4**). So könnte man klimaschädliches Kohlenstoffdioxid sicher speichern und energiereiches Methan gewinnen. Ein weiterer Vorteil bestünde darin, dass Kohlenstoffdioxidhydrate um einiges stabiler und temperaturunempfindlicher sind als Methanhydrate.

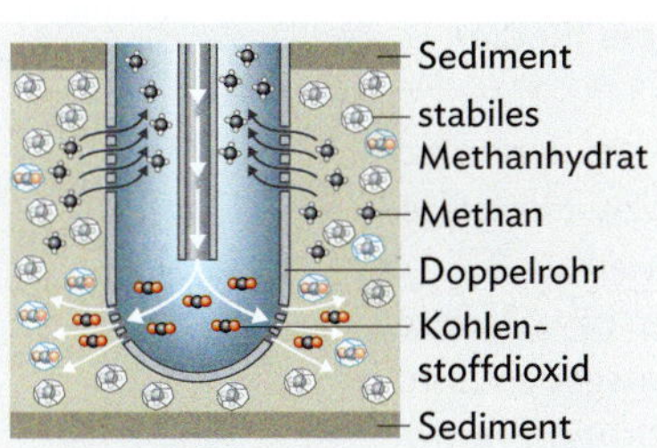

B4 Innovative Methanhydrat-Förderung

Im Zuge der globalen Erwärmung kann es durch eine andauernde Methanfreisetzung aus Methanhydraten im Meer und auch aus Permafrostböden über lange Zeiträume hinweg zu erhöhten Methankonzentrationen in der Atmosphäre und somit zur einer sich verstärkenden Rückkopplung kommen, da Methan den Treibhauseffekt verstärkt.

AUFGABEN

A1 Begründen Sie, dass die Angabe der Dichte in **B2** relevant ist.

A2 MK Treibhausgase verfügen über ein unterschiedliches Erderwärmungspotenzial, das GWP (**G**lobal **W**arming **P**otential). Als Richtgröße dient die Klimawirksamkeit von Kohlenstoffdioxid (GWP von CO_2 = 1), d. h. die Treibhauspotenziale anderer Stoffe bemessen sich relativ zu CO_2. Interpretieren Sie die Werte unter QR-/Mediencode 06001-20 insbesondere mit Blick auf Methan.

06001-20

A3 Nennen Sie Gründe, weshalb präzise Klimaprognosen schwierig sind.

1.4.7 Quellen und chemische Sachverhalte beurteilen

Die Energiewende ist seit einigen Jahren Thema einer häufig geführten Debatte in unserer Gesellschaft (**B1**). Inhalt dieser Debatte ist die Abkehr von Technologien zur Energieversorgung und Mobilität, die klimaschädliche Gase verursachen. Dies ist eines der wichtigsten Beispiele unserer Zeit mit Bezug zur Chemie, zu dem man sich eine eigene Meinung bilden sollte.

Um einen Sachverhalt beurteilen zu können, muss man in der Lage sein, ihn fachwissenschaftlich begründet einzuschätzen. Außerdem müssen Bezüge zu persönlichen oder gesellschaftlichen Werten hergestellt werden. Beim Bewerten von Sachverhalten sollte man sich darüber bewusst sein, dass man durch Aussagen anderer beeinflusst wird. Damit man bei Sachverhalten zu einem eigenständigen Urteil kommen kann, braucht man zunächst grundlegendes Hintergrundwissen.

Bei der Aneignung von Hintergrundwissen recherchiert man in verschiedensten Medien. Häufig wird als Quelle das schnell und leicht zugängliche Internet genutzt, aber auch Zeitschriften, Zeitungen oder Lehrwerke. Insbesondere im Internet existieren Websites, die **„Fake News"** verbreiten. Fake News sind falsch oder verzerrt dargestellte Sachverhalte, die Leser manipulieren sollen. Um die Glaubwürdigkeit zu prüfen, kann man eine **Quellenanalyse** durchführen.
Folgen Sie den Prüfkriterien bei der Quellenanalyse.

Die CO_2-Steuer fördert die Energiewende.

Die Energiewende lässt die Strompreise explodieren.

Mit überschüssigem Windstrom können klimaneutrale synthetische Kraftstoffe mit dem Power-to-Liquid-Verfahren produziert werden.

Windkraft und Fotovoltaik sind kein Ersatz für herkömmliche Kraftwerke, da sie entweder zu viel oder zu wenig Strom produzieren. Dann gehen die Lichter aus.

Die Verstromung von Erdgas hat mit 640 g Kohlenstoffdioxid pro Kilowattstunde Strom eine bessere Klimabilanz als Kohle mit 900 g Kohlenstoffdioxid.

B1 Aussagen zur Energiewende

VORGEHEN

1. Sammeln Sie grundlegende Informationen zu der Quelle:
   - Gibt es ein Impressum?
   - Werden Ansprechpartner mit Kontakt in der Quelle genannt?
   - Wo liegt der Standort, von dem die Quelle stammt?
2. Betrachten Sie die Angaben zu Autorinnen bzw. Autoren und Herausgeberinnen bzw. Herausgebern:
   - Werden die Autorinnen bzw. Autoren oder die Herausgeberinnen bzw. Herausgeber für die Quelle genannt?
   - Welche Informationen sind über Autorinnen bzw. Autoren oder Herausgeberinnen bzw. Herausgeber bekannt? Welchen Beruf üben sie aus?
   - Handelt es sich bei den Autorinnen bzw. Autoren oder Herausgeberinnen bzw. Herausgebern um Privatpersonen oder wird eine Institution vertreten?
   - Haben die Autorinnen bzw. Autoren bestimmte Interessen, z. B. da sie eine bestimmte Partei oder ein Unternehmen vertreten?
3. Bewerten Sie Inhalt und Wissenschaftlichkeit der Quelle:
   - Woher haben die Autorinnen bzw. Autoren oder die Herausgeberinnen bzw. Herausgeber ihr Wissen? Werden Text- oder Bildquellen angegeben? *Hinweis*: Eingebettete Bilder auf Websites können oft auf Suchmaschinenseiten mittels **Rückwärtssuche** auf ihre Quelle geprüft werden.
4. Bewerten Sie Sprache und Stil der Quelle:
   - Werden die Inhalte im Text sachlich und objektiv dargestellt?
     Meinungen erkennt man oft durch einen **persönlichen Bezug** und deuten auf eine individuelle Anschauung des Verfassers hin.
     Fakten werden in der Regel ohne persönlichen Bezug dargestellt. Die Erwähnung einer zusätzlichen Informationsquelle erhöht die Wahrscheinlichkeit, dass es sich um eine anerkannte Tatsache handelt. Auch hier ist zu klären, wer hinter der zitierten Quelle steht und welche Absicht verfolgt wird.

- In welchem Stil ist der Inhalt verfasst (Satire, Ironie, Hoax etc.)?
  Meinungen sind oft mit Gefühlen besetzt. Satirische und ironische Texte oder Scherznachrichten, sogenannte Hoax, sprechen bewusst Emotionen an. **Tatsachenberichte** sind dagegen durch **Sachlichkeit** und **Nüchternheit** gekennzeichnet.

5. Betrachten Sie die Darstellung der Quelle und Formales:
   - Gibt es Rechtschreib- oder Zeichensetzungsfehler?
   - Ist der verfasste Text gut strukturiert?
   - Funktionieren bei einer Website alle Menüpunkte?
   - Ist die Website mit der Quelle seriös gestaltet?
   - Enthält die Website Werbung oder Pop-ups?
6. Beurteilen Sie die Aktualität der Quelle:
   - Ist der verfasste Inhalt aktuell?

   Hinter seriösen Quellen steht oft eine Redaktion, die die Informationen prüft und auf aktuellem Stand hält.

Ein eigenes Urteil zu einem Sachverhalt fällen

Für die selbstständige Bewertung eines Sachverhaltes mit chemischem Bezug müssen die vorgebrachten Aussagen mit dem eigenen Fachwissen sowie den persönlichen Meinungen und Überzeugungen abgeglichen werden.
Fällen Sie ein Urteil zu der folgenden Aussage:

„Mit überschüssigem Windstrom können klimaneutrale synthetische Kraftstoffe mit dem Power-to-Liquid-Verfahren produziert werden.“

VORGEHEN

1. Analysieren Sie Ihr Wissen, indem Sie sich Fragen zu der Aussage stellen:
   - Was bedeuten die Fachbegriffe?
   - Was weiß ich über die chemischen Hintergründe zur Aussage, z. B.:
     - Power-to-Liquid-Verfahren
     - Stand der Technologie
     - Klimaneutralität des Prozesses
     - Nutzungsmöglichkeiten des synthetischen Kraftstoffs
     - weitere Umweltaspekte
   - Vereinfacht oder verfälscht die Aussage chemische Sachverhalte?
2. Beurteilen Sie, inwiefern Sie die Fragen beantworten können. Wenn Sie bereits in der Lage sind, die Fragen zu beantworten, können Sie beginnen, ein Urteil zu bilden. Bleiben Fragen offen, so müssen weitere Informationen zum Thema gesammelt und recherchiert werden.
3. Erstellen Sie eine **SWOT-Analyse** (**B2**), die Ihnen hilft, **Argumente zu vergleichen**. Hierbei gilt es möglichst viele Argumente zusammenzutragen.

Strengths (engl. Stärken)	**Weaknesses** (engl. Schwächen)
„Synthetische Kraftstoffe können aus elektrolytisch gewonnenem Wasserstoff und Kohlenstoffdioxid im Power-to Liquid-Verfahren hergestellt werden.“	„Die Herstellung von einem Liter synthetischen Diesel kostet derzeit in den Pilotanlagen 4,50 Euro.“
Opportunities (engl. Gelegenheiten)	**Threats** (engl. Gefahren)
„Die Kosten zur Herstellung synthetischer Kraftstoffe sinken mit der Verwendung großtechnischer Anlagen.“	„Das Power-to-Liquid-Verfahren wird ohne staatliche Förderung nicht großtechnisch realisiert werden können.“
positiv	negativ

B2 Schema einer SWOT-Analyse zum Thema „synthetische Kraftstoffe“

4. Fällen Sie aufgrund der Überlegungen aus den vorhergehenden Schritten ein Urteil. Ein Urteil muss nicht zwangsläufig eindeutig sein, kann aber in eine Richtung weisen, z. B.:
   „Das Power-to-Liquid-Verfahren bietet eine Chance mithilfe regenerativer Energien klimaneutrale synthetische Kraftstoffe zu produzieren, die fossile Brennstoffe ersetzen. Damit sich die innovative Technologie durchsetzt, muss ihre Entwicklung von staatlicher Seite gefördert werden.“

AUFGABEN

A1 MK Ordnen Sie die Aussagen in **B1** den Kategorien Fakten oder Meinungen zu. Geben Sie auch an, von welcher Person oder Personengruppe eine solche Aussage stammen könnte.

A2 MK Bewerten Sie die folgende Aussage: „Erdgas ist ein schlechter Ersatz für Kohle bei der Stromerzeugung.“

Zum Üben und Weiterdenken

A1 Aus C_{60}-Fullerenen (vgl. S. 32) werden Komponenten für organische Solarzellen hergestellt, u. a. das sogenannte PCBM, das in den 1990er Jahren erstmals synthetisiert werden konnte. Die Abkürzung PCBM steht dabei für Phenyl-C_{61}-buttersäuremethylester:

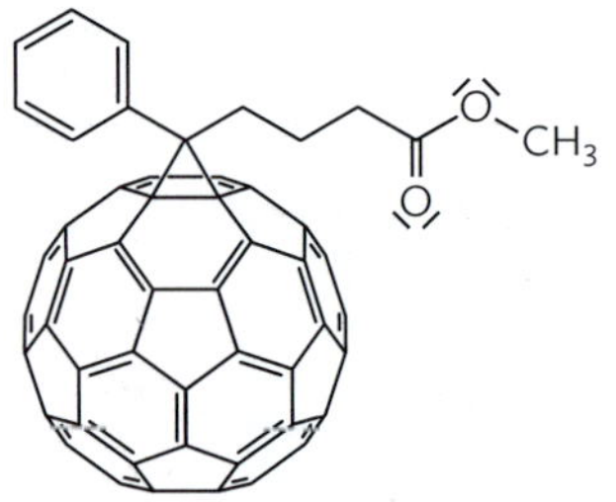

a) Begründen Sie, dass in der chemischen Bezeichnung von PCBM C_{61} und nicht C_{60} vorkommt.
b) Formulieren Sie eine begründete Vermutung darüber, ob PCBM hydrophil oder lipophil ist.

A2 Kohlenstoffverbindungen sind immer organische Verbindungen. Beurteilen Sie diese Aussage.

A3 Die Bestimmung der Masse von 100 mL einer gasförmigen Kohlenwasserstoffverbindung ergibt den Wert m = 114 mg bei einer Temperatur von 25 °C und einem Druck von 1 bar.

06001-21 gestufte Hilfen zu **A3** unter QR-/Mediencode 06001-21

a) Bestimmen Sie die molare Masse M.
b) Stellen Sie eine mögliche Molekülformel auf und zeichnen Sie zu dieser Molekülformel die passende Valenzstrichformel.
c) Benennen Sie die Verbindung und eine dazugehörige Nachweisreaktion.
d) Berechnen Sie das Sauerstoffvolumen für die vollständige Verbrennung von 100 g dieses Kohlenwasserstoffs. Formulieren Sie dazu die Reaktionsgleichung.

A4 MK Zeichnen Sie die Valenzstrichformeln der folgenden Alkane: 1,2-Dimethylpropan, 2-Ethyl-3-methylpentan und 2-Methyl-2-propylbutan. Diese Verbindungen wurden falsch benannt. Ermitteln Sie den jeweiligen Fehler und benennen Sie die Verbindungen richtig. Nutzen Sie anschließend ein Formelzeichenprogramm und kontrollieren Sie Ihre Benennungen.

A5 Ordnen Sie die folgenden Siedetemperaturen und Stoffe einander zu und begründen Sie Ihre Zuordnung:
Siedetemperaturen: −11,7 °C, 9,0 °C, 27,8 °C, 99,0 °C, 100,0 °C, 125,6 °C
Stoffe: 2,2,4-Trimethylpentan, 2-Methylbutan, 2,2-Dimethylpropan, 2-Methylpropan, Wasser, *n*-Octan.

06001-22 gestufte Hilfen zu **A5** unter QR-/Mediencode 06001-22

A6 MK Recherchieren Sie Gründe dafür, dass Sie Waschbenzin nach Benutzung nicht über den Ausguss in der Küche entsorgen sollten.

A7 Benennen Sie die beiden Verbindungen a) und b) nach den IUPAC-Regeln.

a)
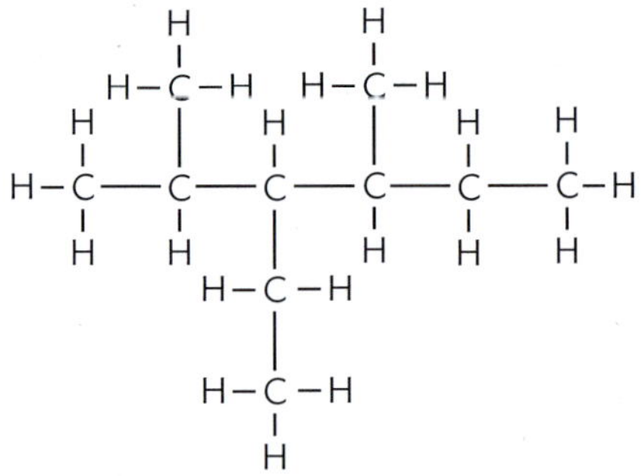

b)
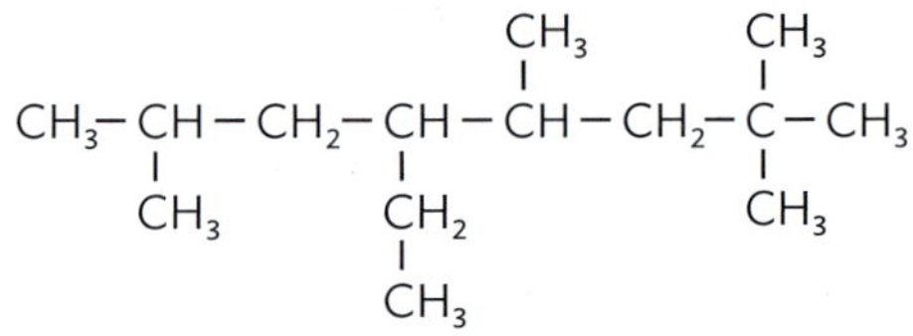

A8 Übernehmen Sie die Tabelle in Ihr Heft. Füllen Sie die Tabelle aus und korrigieren Sie falsche Aussagen.

Aussage	wahr	falsch
Alkane und Alkene verbrennen in Gegenwart von Sauerstoff O_2 vollständig zu Wasser H_2O und Kohlenstoffmonooxid CO.		
Bei der unvollständigen Verbrennung von Alkanen und Alkenen entstehen außer Kohlenstoffdioxid CO_2 und Wasser H_2O noch Kohlenstoffmonooxid CO oder Kohlenstoff C (als Ruß).		
Genau wie die Alkane sind Alkene gut bzw. sehr gut in Wasser löslich.		
Die Viskosität von Kohlenwasserstoffen nimmt mit zunehmender Länge der Kohlenstoff-Kette der Moleküle ab.		

A9 Finden Sie jeweils die Fehler in den folgenden Formelschreibweisen. Begründen Sie Ihre Entscheidungen.

a) C_5H_{14}
b) $CH_5-CH_2-CH{\equiv}CH$
c) $CH{=}CH-CH_2{=}CH_2$

A10 Die beiden Bilder zeigen Ethen (links) und Ethan (rechts) beim Verbrennen. Beschreiben Sie den Unterschied der Flammen und begründen Sie die abgebildete Beobachtung.

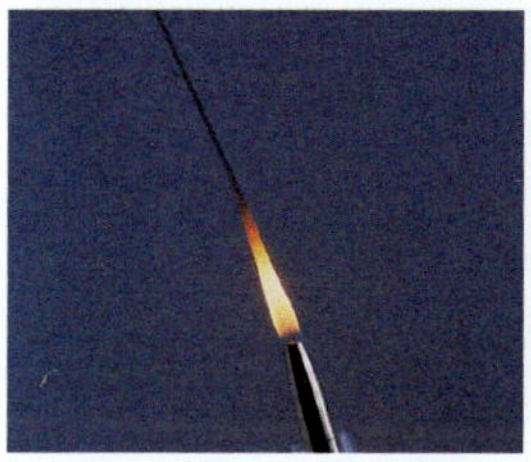

A11 Eine Probe Kochsalz wird in verschiedene Lösemittel gegeben: Wasser, Pentan, Hexen und Rapsöl. Begründen Sie die zu erwartenden Beobachtungen mithilfe von zwischenmolekularen Wechselwirkungen.

A12 Entwickeln Sie für die folgenden chemischen Reaktionen jeweils die Reaktionsgleichung in Halbstrukturformelschreibweise:

a) vollständige Verbrennung von Ethen
b) Reaktion von Pent-2-en mit Brom
c) unvollständige Verbrennung von Methan
d) Addition von Wasserstoff an Propen
e) Bromierung von Ethin

A13 Erklären Sie am Beispiel des Propens und Propins, dass hier auf die Angabe der Lage der Mehrfachbindung im Namen verzichtet werden kann. Beschreiben Sie einen Versuch, mit dem Propen und Propin experimentell von Propan unterschieden werden können.

A14 Kohlenwasserstoffe können auch aus ringförmigen Molekülen bestehen. Zu diesen Kohlenwasserstoffen gehört die Stoffklasse der Cycloalkane. Die Moleküle dieser unterschieden sich von den kettenförmigen Alkanen durch das Fehlen von zwei Wasserstoff-Atomen. Zeichnen Sie die Molekül- und Valenzstrichformeln von *n*-Alkanen und Cycloalkanen, deren Moleküle 8 bzw. 12 Kohlenstoff-Atome enthalten und deren Moleküle 20 bzw. 38 Wasserstoff-Atome enthalten.

A15 MK Erstellen Sie in einem Formelzeichenprogramm die Valenzstrichformeln zu folgenden Moleküldarstellungen. Überprüfen Sie Ihr Ergebnis mithilfe des Programms. *Hinweis*: Im Kalottenmodell sind einige Wasserstoff-Atome nicht erkennbar.

1)

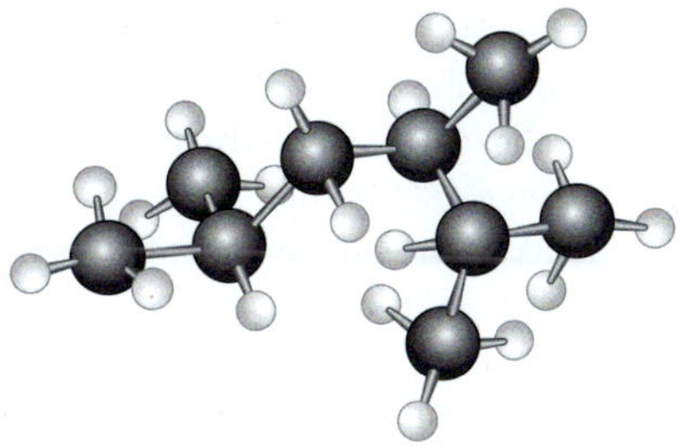

2)

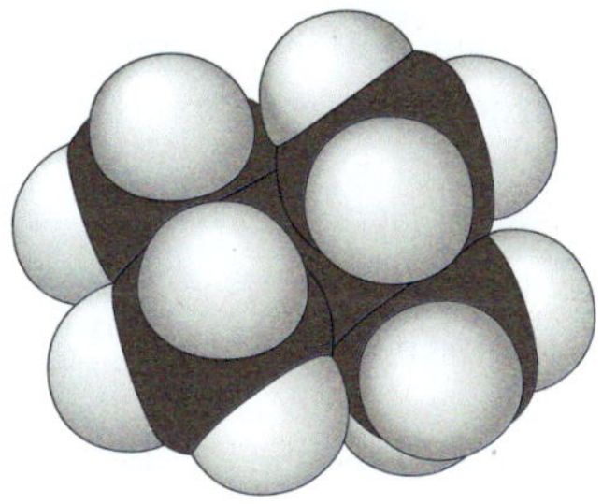

A16 Die chemische Analyse eines Alkans hat die folgenden Befunde ergeben:

- Das Molekül enthält 12 Kohlenstoff-Atome.
- Die längste Kette ist 6 Kohlenstoff-Atome lang.
- Man erkennt 5 Alkyl-Reste, tatsächlich sind es jedoch nur zwei verschiedene.
- Am dritten Kohlenstoff-Atom gibt es sogar mehrere Reste, wovon ein Rest zwei Kohlenstoff-Atome enthält.
- Dies ist jedoch die einzige Mehrfachverzweigung im gesamten Molekül.

Leiten Sie aus diesen Angaben die Valenzstrichformel ab und benennen Sie das hier beschriebene Alkan nach den IUPAC-Regeln.

A17 *E*/*Z*-Isomere sind Bindungsisomere.

a) Definieren Sie den Begriff Bindungsisomerie und vergleichen Sie mit der Gerüstisomerie.
b) Erklären Sie unter Verwendung geeigneter Formeldarstellungen den Begriff der *E*/*Z*-Isomerie am Beispiel des Pent-2-ens.
c) Leiten Sie aus dem Namen die Stoffklasse ab, zu der dieser Kohlenwasserstoff gehört.
d) Geben Sie die Molekülformel des Kohlenwasserstoffs an.

Alles im Blick

1 Modifikationen des Kohlenstoffs

Modifikationen nennt man verschiedene Kristallstrukturen ein und desselben Stoffs. Das Element Kohlenstoff existiert in den Modifikationen **Diamant**, **Graphit** und **Fulleren**. Diamant und Graphit kommen in der Natur vor, während die Fullerene künstlich hergestellt werden müssen.
Im Diamantkristall sind die Kohlenstoff-Atome in einem starren und lückenlosen Atomverbund **tetraedrisch** angeordnet.
Im Kristallgitter von Graphit bindet jedes Kohlenstoff-Atom drei weitere Kohlenstoff-Atome und die Atombindungen sind symmetrisch **trigonal** angeordnet.
Die Atomverbände des Graphits liegen in Schichten übereinander.
Im Fulleren-Molekül ist jedes Kohlenstoff-Atom, ebenso wie im Graphitgitter, mit drei weiteren Kohlenstoff-Atomen verbunden, wobei abwechselnd Einfach- und Doppelbindungen vorliegen. Fulleren-Moleküle haben eine hochsymmetrische, hohlraumbildende **Kugelform**.

Aufgrund der unterschiedlichen räumlichen Anordnung der Kohlenstoff-Atome im Kristallgitter, besitzen die drei Modifikationen **unterschiedliche physikalische Eigenschaften** wie z. B. Härte und elektrische Leitfähigkeit.

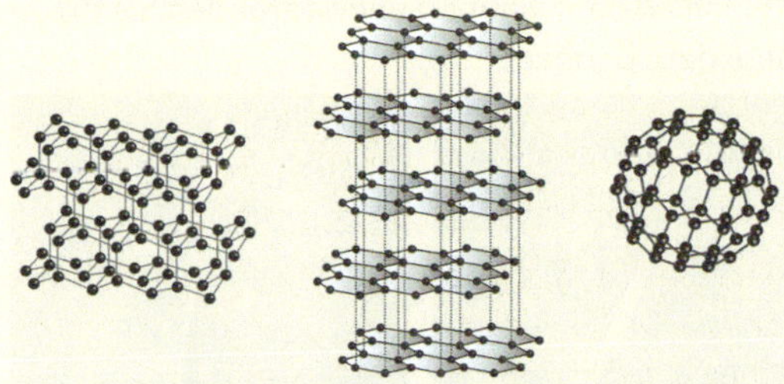

Stoff	Diamant	Graphit	C_{60}-Fulleren
Aussehen	durchsichtig, farblos, stark lichtbrechend	grauschwarz mit Glanz, blättrig	kleine, braunschwarzglänzende Kristalle
Dichte in g/cm^3	3,51	2,26	1,65
Ritzhärte nach MOHS	10	1	unbestimmt (weich)
elektrische Leitfähigkeit	Isolator	Leiter	Halbleiter
Löslichkeit	unlöslich in Wasser und Benzin oder Toluol	unlöslich in Wasser und Benzin oder Toluol	unlöslich in Wasser, löslich in Benzin oder Toluol

2 Zusammensetzung und Struktur von Kohlenwasserstoffen

Organische Stoffe sind Verbindungen, deren Moleküle aus einem Grundgerüst miteinander verbundener Kohlenstoff-Atome bestehen. Kohlenwasserstoff-Moleküle bestehen nur aus Kohlenstoff- und Wasserstoff-Atomen. Die **gesättigten Kohlenwasserstoffe** (**Alkane**) haben die allgemeine Summenformel C_nH_{2n+2}. In ihren Molekülen, z. B. dem Ethan-Molekül, sind die Kohlenstoff-Atome in Form eines **Tetraeders** mit vier Bindungspartnern über Einfachbindungen und mit Bindungswinkeln von jeweils 109,5° verknüpft. Die Moleküle **ungesättigter Kohlenwasserstoffe** verfügen über eine oder mehrere Mehrfachbindungen. Dazu gehört die Stoffklasse der **Alkene** mit der allgemeinen Summenformel C_nH_{2n}. Alken-Moleküle enthalten mindestens eine C=C-Doppelbindung. Die Moleküle der Stoffklasse der **Alkine** mit der allgemeinen Summenformel C_nH_{2n-2}, enthalten mindestens eine C≡C-Dreifachbindung. Dadurch ergibt sich für das Ethen-Molekül eine **planare Struktur** mit Bindungswinkeln von jeweils ca. 120° und für das Ethin-Molekül eine **lineare Anordnung** mit Bindungswinkeln von 180°.

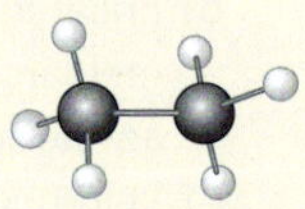

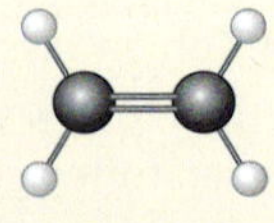

3 Homologe Reihen und Isomere

Eine **homologe Reihe** lässt sich über eine allgemeine Summenformel darstellen. Die Reihe ist nach aufsteigender Zahl an Kohlenstoff-Atomen in den Molekülen angeordnet, wobei jedes Molekül eines Vertreters immer eine Methylen-Gruppe $-CH_2-$ mehr aufweist, als das vorherige. Z. B. homologe Reihe der Alkane:

n-Butan	C_4H_{10}	$CH_3\text{-}(CH_2)_2\text{-}CH_3$
n-Pentan	C_5H_{12}	$CH_3\text{-}(CH_2)_3\text{-}CH_3$
n-Hexan	C_6H_{14}	$CH_3\text{-}(CH_2)_4\text{-}CH_3$
Alkan	C_nH_{2n+2}	$CH_3\text{-}(CH_2)_{n-2}\text{-}CH_3$

Isomere sind Stoffe mit gleicher Molekülformel, aber verschiedener Molekülstruktur. Beim Butan wird z. B. zwischen *n*-Butan mit unverzweigten Molekülen und Isobutan mit verzweigten Molekülen unterschieden.

Mit der Zunahme an Kohlenstoff-Atomen im Molekül steigt auch die Anzahl möglicher Verbindungen. Deshalb wurden international einheitliche Empfehlungen zur Benennung chemischer Verbindungen aufgestellt, die **IUPAC-Regeln**.
Aus dem Stammnamen (längste unverzweigte Kohlenstoff-Kette), den Seitenketten (z. B. Alkyl-Reste) bzw. Substituenten (z. B. Halogen-Atome), deren Anzahl, Position und alphabetischer Anordnung wird der Verbindungsname ermittelt. So erhält z. B. das Isobutan den IUPAC-Namen 2-Methylpropan. Auch **Bindungsisomere** können eindeutig benannt werden, z. B. als *cis*-But-2-en und *trans*-But-2-en bzw. (*Z*)-But-2-en und (*E*)-But-2-en.

4 Eigenschaften von Kohlenwasserstoffen

Die Moleküle der Kohlenwasserstoffe enthalten nahezu unpolare Bindungen. Durch die symmetrische Verteilung der Partialladungen ist das Gesamt-Molekül unpolar. Wegen der kurzfristigen ungleichen Verteilung von Elektronen bilden sich temporäre Dipole aus. Diese ziehen sich aufgrund von **VAN-DER-WAALS-Kräften** an.
Da die Wahrscheinlichkeit für einen temporären Dipol mit zunehmender Elektronenzahl und Oberfläche der Moleküle steigt, nehmen auch die Wechselwirkungen mit der Molekülgröße zu.
Aus diesem Grund **steigen Siedetemperatur** und **Viskosität** (Zähflüssigkeit) innerhalb der homologen Reihen der Alkane, Alkene und Alkine an.
Kohlenwasserstoffe lassen sich nicht in Wasser lösen, sind also **hydrophob** (= wassermeidend).
Da sie jedoch Fette und fettähnliche Stoffe lösen, werden sie auch als **lipophil** (= fettliebend) bezeichnet.

5 Reaktionen von Kohlenwasserstoffen

Bei einer **vollständigen Verbrennung** von Kohlenwasserstoffen entstehen ausschließlich die Produkte Kohlenstoffdioxid und Wasser. Reicht die Stoffmenge an Sauerstoff für eine vollständige Verbrennung nicht aus, findet eine **unvollständige Verbrennung** statt, bei der zusätzlich Kohlenstoffmonooxid und Kohlenstoff (Ruß) gebildet werden.
Mehrfachbindungen in ungesättigten Kohlenwasserstoffen sind Orte hoher Elektronendichte und leichter angreifbar als Einfachbindungen. Im Vergleich zu den Alkanen sind Alkene und Alkine daher reaktionsfreudiger und gehen **Additionsreaktionen** ein, die charakteristisch für diese Stoffklassen sind. Unter Addition versteht man eine chemische Reaktion, bei der ein Molekül unter Aufspaltung einer Mehrfachbindung Atome oder Atomgruppen bindet, z. B.:

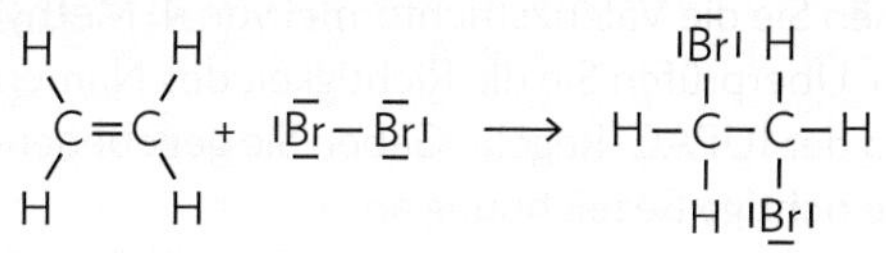

2 Sauerstoffderivate der Kohlenwasserstoffe

06001-26

Arbeitsblatt unter
QR-/Mediencode
06001-26

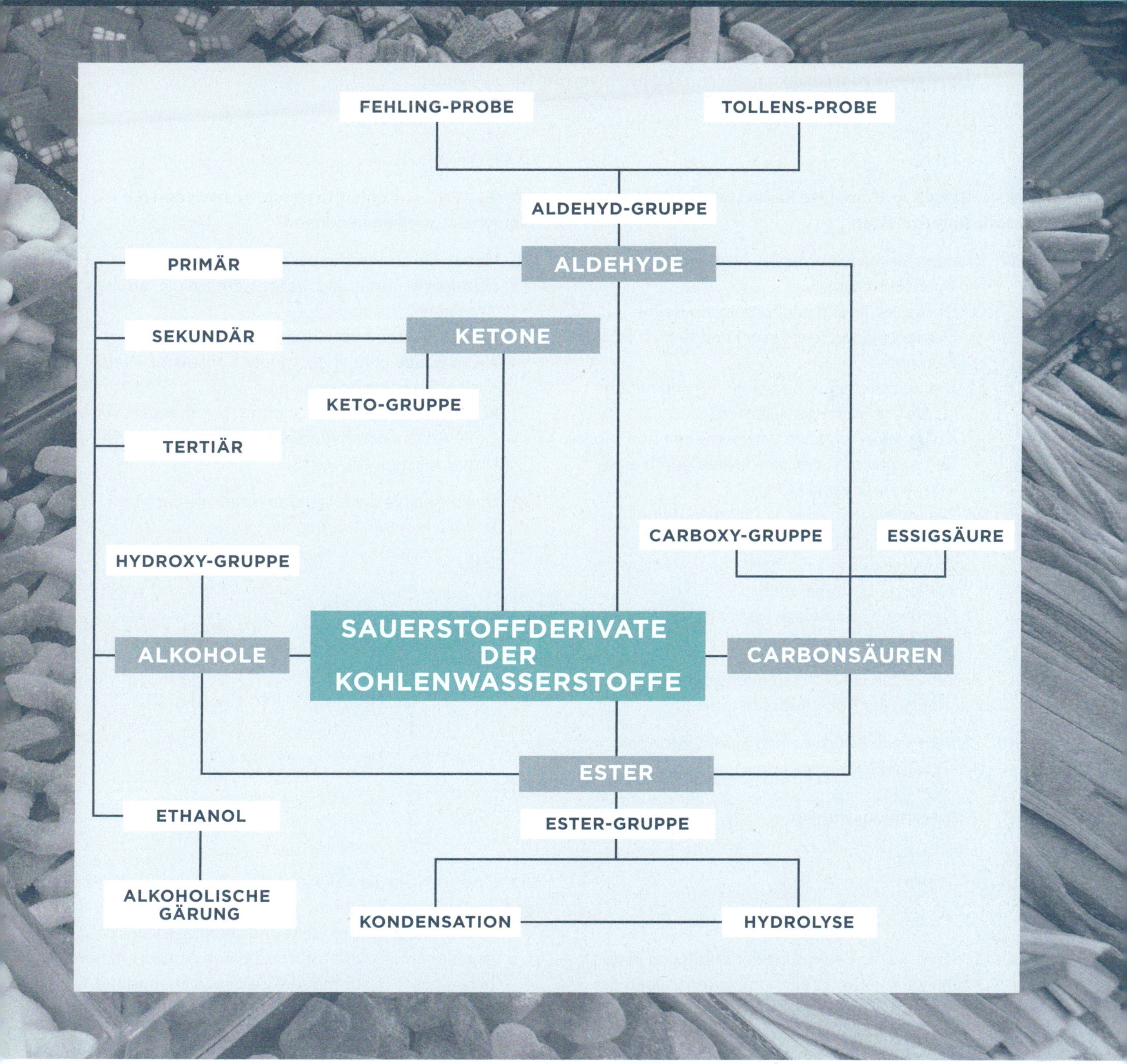

Startklar?

Schätzen Sie Ihre Kompetenz in den Bereichen A bis D ein und prüfen Sie sich anhand der entsprechenden Aufgaben (Arbeitsblatt unter QR-/Mediencode 06001-27).

06001-27

Kompetenz	sehr gut	gut	schwierig
A Homologe Reihen der Kohlenwasserstoffe unterscheiden			
B Kohlenwasserstoffe nach den IUPAC-Nomenklaturregeln benennen			
C Das Struktur-Eigenschafts-Prinzip anwenden			
D Experimente zum charakteristischen Nachweis von Stoffen anwenden			

KOMPETENZ A: Homologe Reihen der Kohlenwasserstoffe unterscheiden

A1 Kreuzen Sie die zutreffenden Merkmale einer homologen Reihe an.

- ☐ Die Moleküle in einer homologen Reihe sind die Elemente einer Periode im Periodensystem der Elemente.
- ☐ Die Vertreter einer homologen Reihe haben identische Stoffeigenschaften.
- ☐ Aufeinanderfolgende Vertreter einer homologen Reihe unterscheiden sich jeweils durch eine Methylen-Gruppe $-CH_2-$.
- ☐ Die Moleküle in einer homologen Reihe haben einen ähnlichen Aufbau.
- ☐ Die Moleküle in einer homologen Reihe verzweigen sich immer mehr.
- ☐ Der Begriff „homologe Reihe“ ist nur für organische Moleküle anwendbar.

A2 Benennen Sie die bisher kennengelernten homologen Reihen der Kohlenwasserstoffe.

A3 Ordnen Sie den allgemeinen Summenformeln aus der Tabelle die jeweilige homologe Reihe zu.

allgemeine Summenformel	homologe Reihe
C_nH_{2n-2}	
C_nH_{2n+2}	
C_nH_{2n}	

A4 Erklären Sie die Bedeutung der Endungen in den Namen der Vertreter der homologen Reihen der Kohlenwasserstoffe.

KOMPETENZ B: Kohlenwasserstoffe nach den IUPAC-Nomenklaturregeln benennen

B1 Geben Sie an, welche der folgenden Aussagen richtig bzw. falsch sind. Verbessern Sie die falschen Aussagen.

- Seitenketten bezeichnet man als Alken-Gruppen.
- Die waagerecht angeordnete Kohlenstoff-Kette gibt den Stammnamen an.
- Ist eine Alkyl-Gruppe mehrfach vorhanden, wird die Anzahl durch die Zahlwörter di-, tri-, tetra- usw. angegeben.

B2 Benennen Sie die folgenden Moleküle nach den IUPAC-Nomenklaturregeln.

a)

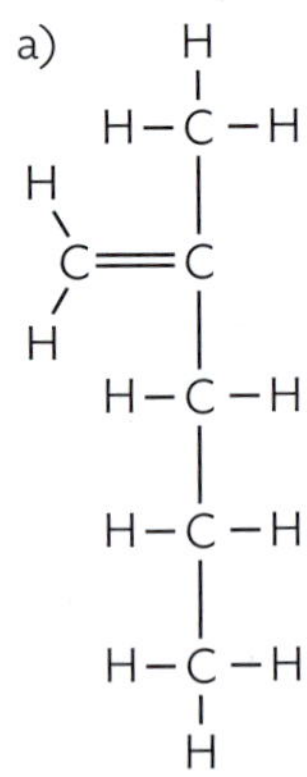

b)

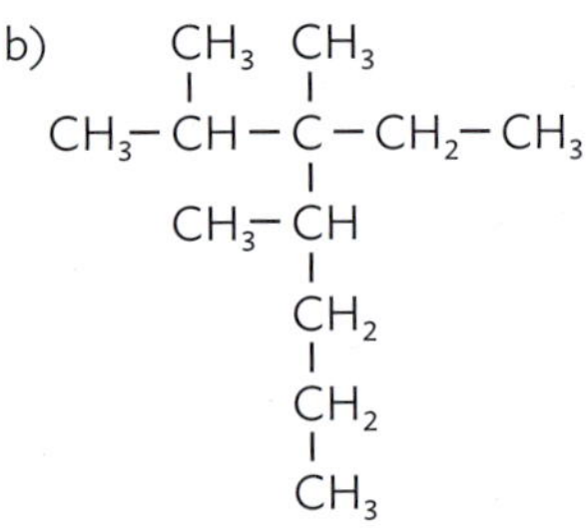

B3 MK Zeichnen Sie die Valenzstrichformel von 2-Ethyl-2-methylbutan. Untersuchen Sie, ob der Name den IUPAC-Regeln entspricht und verbessern Sie ihn gegebenenfalls. Überprüfen Sie Ihre Antwort mithilfe eines Programms zum Zeichnen chemischer Strukturen.

Lernanwendung unter QR-/Mediencode 06001-28

06001-28

B4 Geben Sie die Summenformel, die Halbstrukturformel und die Valenzstrichformel für 4-Ethyl-3,5-dimethyl-6-propyldecan an.

KOMPETENZ C: Das Struktur-Eigenschafts-Prinzip anwenden

C1 Kreuzen Sie die zutreffenden Aussagen zu folgendem Sachverhalt an: Die Schmelz- und Siedetemperaturen der Vertreter einer homologen Reihe steigen
- ☐ mit zunehmender Kettenlänge der Moleküle.
- ☐ mit zunehmender molekularer Masse der Moleküle.
- ☐ mit abnehmender Anzahl an Wasserstoff-Atomen in den Molekülen.
- ☐ mit stärker werdenden VAN-DER-WAALS-Kräften zwischen den Molekülen.

C2 Ordnen Sie die folgenden Verbindungen nach steigenden Siedetemperaturen und begründen Sie Ihre Entscheidung.
a) *n*-Butan
b) *n*-Pentan
c) 2-Methylbutan

C3 Pentan löst sich in Heptan, jedoch nicht in Wasser. Erläutern Sie diesen Sachverhalt.

C4 Erläutern Sie, dass Hexan bei Raumtemperatur flüssig und Dodecan zähflüssig ist.

KOMPETENZ D: Experimente zum charakteristischen Nachweis von Stoffen anwenden

D1 Zur Untersuchung der Verbrennungsprodukte von Methan werden die Verbrennungsgase eines Gasbrenners aufgefangen und in ein U-Rohr geleitet, das durch Eiswasser gekühlt wird. Man beobachtet, dass im U-Rohr eine farblose Flüssigkeit kondensiert. Ein weiteres, gasförmiges Reaktionsprodukt passiert das U-Rohr und wird mit einer Spritze aufgefangen. Beschreiben Sie je einen Versuch zum charakteristischen Nachweis der Flüssigkeit und des Gases.

D2 Ergänzen Sie die Tabelle jeweils um den nachzuweisenden Stoff und die Beobachtung, die bei Vorhandensein dieses Stoffs zu machen ist.

Nachweismethode	nachzuweisender Stoff	Beobachtung
Kalkwasserprobe		
Knallgasprobe		
Glimmspanprobe		
Prüfen einer Flüssigkeit mit Watesmo-Papier		
Probe mit Universalindikator		

D3 Beschreiben Sie die Nachweisverfahren für Wasserstoff und Sauerstoff. Formulieren Sie für den Wasserstoffnachweis eine Reaktionsgleichung.

Vergleichen Sie Ihre Antworten mit den Lösungen auf Seite 195 und geben Sie sich die entsprechende Punktzahl.

Kompetenz	sehr gut	gut	schwierig	zum Nachlesen
A Homologe Reihen der Kohlenwasserstoffe unterscheiden	14 – 11	10 – 8	7 – 5	S. 42, 46 – 47
B Kohlenwasserstoffe nach den IUPAC-Nomenklaturregeln benennen	12 – 10	9 – 7	6 – 4	S. 48 – 49
C Das Struktur-Eigenschafts-Prinzip anwenden	13 – 10	9 – 7	6 – 4	S. 43, 46 – 47
D Experimente zum charakteristischen Nachweis von Stoffen anwenden	17 – 14	13 – 9	8 – 6	S. 23, 38 – 39, 50

2.1 Der Alkohol zum Trinken

Trinkalkohol wird schon seit Tausenden von Jahren z. B. aus Weintrauben gewonnen und getrunken. Was steckt chemisch hinter Getränken wie Wein, Bier oder Sekt und wie wird Trinkalkohol hergestellt?

2.1.1 Versuche und Material

V Die alkoholische Gärung

3 5 7 9

Überreifes Obst schmeckt häufig nach Alkohol. Wie lässt sich dieser Geschmack erklären?

V1 Lösen Sie in einem Erlenmeyerkolben 4 g Glucose in 50 mL Wasser und geben Sie 1 g zerbröselte Bäckerhefe hinzu. Verschließen Sie das Gefäß mit einem durchbohrten Stopfen, der ein Gärröhrchen mit Kalkwasser enthält. Lassen Sie den Ansatz einige Tage an einem warmen Ort stehen.

V2 Destillieren Sie den Ansatz aus **V1**. Untersuchen Sie das Destillat auf Geruch und Brennbarkeit. Testen Sie es mit Cerammoniumnitratlösung.

AUSWERTUNG

a) Schließen Sie begründet auf das gasförmige Produkt aus **V1**.
b) Das Vergären von Zucker führt zur Bildung von Alkohol. Beurteilen Sie den Erfolg des Gärungsversuches mithilfe von **V1** und **V2**.

ENTSORGUNG A, G2

FM Alkohole nachweisen

5 7

Alkohole können mit Cerammoniumnitratlösung nachgewiesen werden.

VORGEHEN

1. Versetzen Sie einige Milliliter Probelösung mit wenigen Tropfen Cerammoniumnitratlösung.
2. Nehmen Sie das gleiche Volumen Wasser wie das der Probelösung und versetzen Sie es mit der gleichen Menge Cerammoniumnitratlösung.
3. Eine rotbraune Färbung der Probelösung zeigt das Vorliegen eines Alkohols an (**B1**).

B1 Vergleichslösung (links) und Probelösung mit Alkohol (rechts), jeweils mit Cerammoniumnitratlösung

V Verbrennung von Ethanol

Ethanol ist brennbar. Kann man aus dem Nachweis der Verbrennungsprodukte auf die elementare Zusammensetzung von Ethanol schließen?

V3 Klemmen Sie in den trockenen Stiel eines Trichters ein Stück Watesmo-Papier ein. Befestigen Sie eine bis zu einem Drittel mit Kalkwasser befüllte Spritze auf dem Trichter (**B2**). Geben Sie etwas Ethanol auf ein Uhrglas und entzünden Sie es. Halten Sie den Trichter mit etwas Abstand über die Flamme und saugen Sie die Verbrennungsgase mit der Spritze über das Watesmo-Papier im Trichter in das Kalkwasser.

AUSWERTUNG

a) Notieren Sie Ihre Beobachtungen im Kalkwasser und am Watesmo-Papier in **V3**.

b) Schließen Sie aus den Beobachtungen in **V3** auf die Verbrennungsprodukte von Ethanol.

c) Schließen Sie aus den Verbrennungsprodukten auf Elemente, die in Ethanol-Molekülen gebunden sein müssen.

ENTSORGUNG R

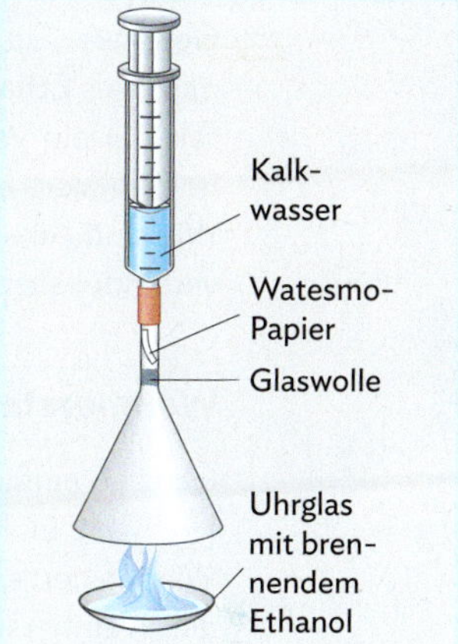

B2 Nachweis von Verbrennungsgasen bei der Verbrennung von Ethanol in **V3**

V Die Struktur des Ethanol-Moleküls

In sogenannten Elementaranalysen kann man die Elemente identifizieren, die allgemein in einem Stoff gebunden vorliegen. Informationen zur Verknüpfung der Atome in einem Molekül erhält man auf diese Weise jedoch nicht. Wie sind die Atome in einem Ethanol-Molekül miteinander verknüpft?

LV4 In der Apparatur aus **B3** wird Ethanol bis zum Sieden erhitzt. Sobald Ethanoldampf über die Magnesiumspäne strömt, werden diese mit dem Brenner bis zum Aufglühen erhitzt. Die Oberfläche des Magnesiums wird beobachtet und das an der Röhrchenspitze austretende Gas entzündet. Mit einem angefeuchteten Streifen Universalindikatorpapier wird nach dem Abkühlen die Oberfläche der Späne untersucht.

V5 Geben Sie in zwei Reagenzgläser je 5 mL Wasser. Fügen Sie in das erste Reagenzglas 2 mL Ethanol und in das zweite 2 mL Natronlauge hinzu. Untersuchen Sie die Lösungen mit einigen Tropfen Universalindikatorlösung.

AUSWERTUNG

a) Benennen Sie das feste Reaktionsprodukt und das entstehende Gas bei **LV4**.

b) Schließen Sie aus den Reaktionsbedingungen bei **LV4** auf die Herkunft der Atome in der Verbindung des festen Reaktionsprodukts.

c) Ethanol-Moleküle bestehen aus Atomen dreier Elemente. Nennen Sie diese Elemente und begründen Sie Ihre Entscheidung anhand der Ergebnisse von **V3** und **LV4**.

d) Vergleichen und begründen Sie das Verhalten von Ethanollösung und Natriumhydroxidlösung gegenüber Universalindikatorlösung in **V5**.

ENTSORGUNG R, G1

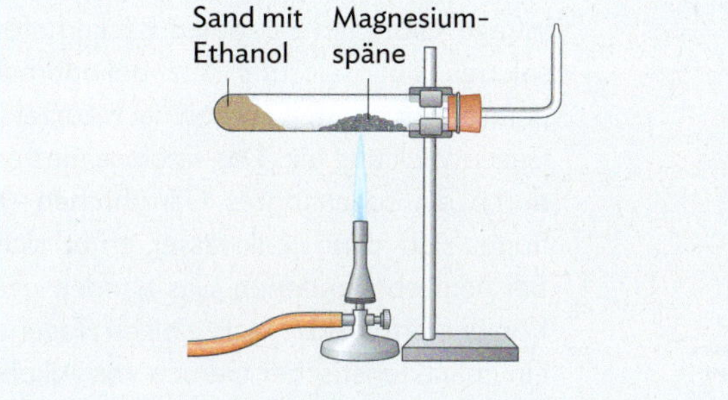

B3 Versuchsaufbau zu **LV4**

2.1.2 Herstellung und Struktur von Alkohol

Wein und Bier sind die ältesten alkoholischen Getränke. Sie enthalten Trinkalkohol, der chemisch als **Ethanol** bezeichnet wird. So wie Kochsalz nur ein Vertreter der Salze ist, ist Trinkalkohol ein Vertreter der Stoffklasse der **Alkohole**. Wie sind Alkohole chemisch aufgebaut und was verbindet sie zu einer Stoffklasse?

06001-30

Weinherstellung

Ganz so einfach wie Jesus in der Bibel auf einer Hochzeit in Kanaa Wein aus großen Mengen Wasser hergestellt haben soll (**B1**), funktioniert die Weinherstellung nicht. Ein Wunder ist die Herstellung von Wein aber auch nicht. Die chemische Reaktion, die dahinter steckt, findet z. B. in überreifem Obst statt.

B1 Auf der Hochzeit von Kanaa soll Jesus Wasser in Wein verwandelt haben.

Verbrennung von Kohlenwasserstoffen → S. 37

Für die Reaktion benötigt man eine wässrige Zuckerlösung und die Enzyme von Hefepilzen. Als Zuckerlösung kommen z. B. Fruchtsäfte, Getreidelösungen oder einfach eine Glucoselösung infrage. Gibt man z. B. etwas Bäckerhefe zu einer solchen Glucoselösung, setzt bei optimaler Temperatur von ca. 30 °C schon nach kurzer Zeit eine Gasentwicklung ein. Das farblose Gas entweicht durch ein sogenanntes Gärröhrchen (**V1**). Befindet sich darin Kalkwasser, trübt sich dieses: Bei dem entstandenen Gas handelt es sich um Kohlenstoffdioxid. Nach einigen Tagen ist auch ein charakteristischer Geruch von Alkohol wahrnehmbar.

06001-29
Anleitung zum Bau einer Mikrodestillationsapparatur unter QR-/Mediencode 06001-29

Nach der Destillation des Reaktionsgemisches lassen sich die ersten aufgefangenen Tropfen des Destillats entzünden. Die farblose Flüssigkeit ist brennbar (**V2**).
Versetzt man das Destillat mit Cerammoniumnitratlösung, erfolgt eine Verfärbung von Gelb nach Rot. Auch diese Beobachtung deutet darauf hin, dass Alkohol entstanden ist (**V2**, vgl. **FM** S. 68).
Die wässrige Glucoselösung vergärt in Gegenwart von Hefe zu Ethanol, dem Trinkalkohol, und Kohlenstoffdioxid. Dieser Vorgang heißt **alkoholische Gärung** (vgl. Info Ethanol und Video unter QR-/Mediencode 06001-30). Dabei wirken die Enzyme der Hefe als Biokatalysatoren.

$$\underset{\text{Glucose}}{C_6H_{12}O_6\,(aq)} \xrightarrow{\text{Hefe}} 2\,\underset{\text{Ethanol}}{C_2H_5OH\,(aq)} + 2\,\underset{\text{Kohlenstoffdioxid}}{CO_2\,(g)}$$

INFO Um den großen Bedarf an **Ethanol** zu decken, wird Ethanol auch industriell hergestellt. Dabei wird Wasser mit Ethen zur Reaktion gebracht. Als Trinkalkohol und als Lösemittel für Medikamente darf allerdings nur das durch Gärung entstandene Ethanol verwendet werden.

Strukturaufklärung des Ethanol-Moleküls

Bei der Verbrennung von Ethanol entsteht ein farbloses Kondensat, das Watesmo-Papier blau färbt (**V3**). Leitet man die Verbrennungsgase durch Kalkwasser, kommt es zu dessen Trübung. Daraus folgt, dass bei der Verbrennung die Produkte Kohlenstoffdioxid und Wasser entstehen. Wie bei der Verbrennung von Kohlenwasserstoffen kann man auch hier schließen, dass in Ethanol-Molekülen Kohlenstoff- und Wasserstoff-Atome gebunden vorliegen.
Leitet man Ethanoldampf über heiße Magnesiumspäne, überziehen sich diese mit einer weißen Schicht aus Magnesiumoxid, das mit Wasser basisch reagiert (**LV4**). Da der Ethanoldampf die Luft aus der Apparatur verdrängt hat, muss der Sauerstoff im gebildeten Magnesiumoxid aus dem Ethanoldampf stammen. Ethanol-Moleküle enthalten also neben Kohlenstoff- und Wasserstoff-Atomen auch gebundene Sauerstoff-Atome. Weitere Untersuchungen führen zur Summenformel $\mathbf{C_2H_6O}$ für ein Ethanol-Molekül.

Die Struktur des Ethanol-Moleküls leitet sich von der des Ethan-Moleküls ab (**B2** links). Strukturaufklärungen haben ergeben, dass das Sauerstoff-Atom als Teil einer **Hydroxy-Gruppe -OH** an einem Kohlenstoff-Atom gebunden ist (**B2** rechts). Dies kann durch folgende Schreibweise hervorgehoben werden: C_2H_5OH.

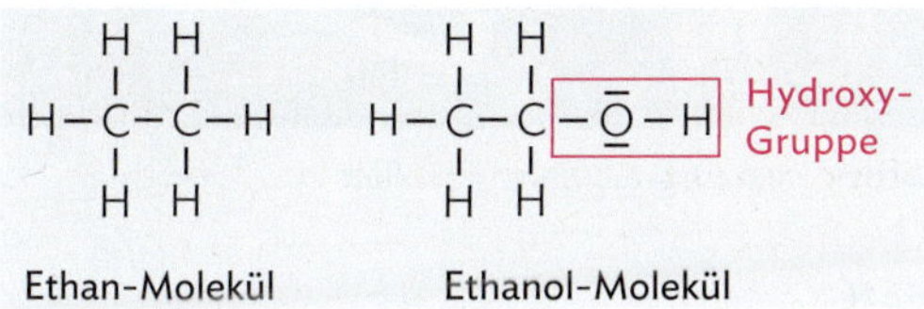

B2 Valenzstrichformeln des Ethan- (links) und des Ethanol-Moleküls (rechts)

Im Ethanol-Molekül bildet die Hydroxy-Gruppe eine Elektronenpaarbindung zum benachbarten Kohlenstoff-Atom aus. In einem Metallhydroxid, z. B. Natriumhydroxid NaOH, hingegen wirken Ionenbindungen zwischen Metall-Kationen, hier Natrium-Ionen Na^+, und Hydroxid-Ionen OH^-. Letztere sind mit Universalindikatorlösung nachweisbar (**V5**). Ethanol bildet keine alkalische Lösung.

Die Stoffklasse der Alkohole

Ethanol ist der bekannteste Vertreter der Stoffklasse der **Alkohole**. Die Namen der Alkohole enden auf **-ol**. Ihre Moleküle haben als gemeinsames Strukturmerkmal die Hydroxy-Gruppe -OH (**B2**). Eine Atomgruppe, die ein gemeinsames Strukturmerkmal der Moleküle einer Stoffklasse darstellt, nennt man **funktionelle Gruppe**.

Die homologe Reihe der Alkanole

Alkohole, deren Moleküle genau eine Hydroxy-Gruppe enthalten und deren Kohlenstoff-Atome nur über Einfachbindungen miteinander verbunden sind, heißen **Alkanole**. Der Begriff Alkohole wird als Überbegriff verwendet. Alkanole haben die allgemeine Summenformel $\mathbf{C_nH_{2n+1}OH}$. Sie leiten sich von den Alkanen C_nH_{2n+2} ab und bilden analog zu diesen eine homologe Reihe. Wie bei den Alkanen unterscheiden sich die aufeinanderfolgenden Vertreter jeweils durch eine **Methylen-Gruppe** $\mathbf{-CH_2-}$. Zur Benennung der Alkanole wird die Endung -ol an den Namen des entsprechenden Alkans angehängt. Die Position der Hydroxy-Gruppe wird durch eine Zahl gekennzeichnet (**B3**).

Name	Halbstrukturformel
Methanol	CH_3-OH
Ethanol	CH_3-CH_2-OH
Propan-1-ol	$CH_3-CH_2-CH_2-OH$
Butan-1-ol	$CH_3-CH_2-CH_2-CH_2-OH$

B3 Namen und Halbstrukturformeln einiger Alkanole

Ethanol lässt sich durch alkoholische Gärung aus Zuckerlösungen herstellen. Ethanol ist ein Vertreter der Stoffklasse der Alkohole. Die funktionelle Gruppe der Alkohol-Moleküle ist die Hydroxy-Gruppe -OH. Alkanole sind Alkohole mit genau einer Hydroxy-Gruppe und nur Einfachbindungen im Molekül.

AUFGABEN

A1 MK Bei der alkoholischen Gärung kann auch Methanol entstehen. Recherchieren Sie die Bildung von Methanol bei diesem Vorgang sowie dessen Wirkung auf den menschlichen Körper.

A2 Zeichnen Sie die in **B3** dargestellten Alkohole in Ihr Heft und markieren Sie die funktionellen Gruppen farbig. Zeichnen Sie zwei weitere Alkohole als Valenzstrichformeln.

A3 MK Stellen Sie die Moleküle der sechs Alkohole aus **A2** mit einem Computerprogramm dar.

A4 MK Erstellen Sie einen Steckbrief für Ethanol auf der Basis der Versuchsergebnisse und weiterer Recherchen.

A5 MK Ethanol ist ein Genussmittel, hat aber auch großes Suchtpotenzial. Recherchieren Sie die Wirkung von Ethanol im Körper und stellen Sie diese in einem Kurzreferat vor.

A6 MK Recherchieren Sie zu Bioethanol und dessen Verwendung als Kraftstoff in Deutschland und in anderen Ländern.

06001-31
Informationen zu Valenzstrichformelprogrammen unter QR-/Mediencode 06001-31

BNE
Biokraftstoffe und die Teller-oder-Tank-Debatte
→ S. 106

2.1.3 Quelleninhalte verstehen und beurteilen

Eine genaue **Quellenarbeit** ist eine wichtige Grundlage für wissenschaftliches Arbeiten, nicht nur in der Chemie, z. B. bei der Vorbereitung eines Referats oder bei der Bewertung chemischer Sachverhalte (vgl. S. 54). Eine Quelle kann als Text, Bild, Film oder Ton vorliegen (**B1**). Prinzipiell ist die Quellenarbeit bei allen Quellenarten identisch. Nach dem Finden einer Quelle muss sie kritisch analysiert werden, denn es stellt sich immer die Frage nach fachlicher Korrektheit der gefundenen Quelle sowie damit eng zusammenhängend nach deren Seriosität. Erst nach eingehender Analyse der Quelle kann sie Eingang in eine Arbeit finden oder für einen Entscheidungsprozess genutzt werden. Zur Orientierung dienen einige Regeln zum Verstehen und Beurteilen von Quelleninhalten.
Beurteilen Sie die Textquelle zum Thema Alkohol.

Alkohol

7,9 Millionen Menschen der 18- bis 64-jährigen Bevölkerung in Deutschland konsumieren Alkohol in gesundheitlich riskanter Form. Ein problematischer Alkoholkonsum liegt bei etwa 9 Millionen Personen dieser Altersgruppe vor (ESA 2021). Zudem ist missbräuchlicher Alkohol einer der wesentlichen Risikofaktoren für zahlreiche chronische Erkrankungen (zum Beispiel Krebserkrankungen, Erkrankungen der Leber und Herz-Kreislauf-Erkrankungen) und für Unfälle. Analysen gehen von jährlich etwa 74.000 Todesfällen durch Alkoholkonsum allein oder bedingt durch den Konsum von Tabak und Alkohol aus.
In der Gesellschaft herrscht eine weit verbreitete unkritisch positive Einstellung zum Alkohol vor. Durchschnittlich werden pro Kopf der Bevölkerung jährlich rund zehn Liter reinen Alkohols konsumiert. Gegenüber den Vorjahren ist eine leicht rückläufige Tendenz im Alkoholkonsum zu registrieren. Dennoch liegt Deutschland im internationalen Vergleich unverändert im oberen Zehntel. Die volkswirtschaftlichen Kosten durch Alkohol betragen rund 57 Milliarden Euro pro Jahr (Jahrbuch Sucht 2022).
(© Copyright 2022 Bundesministerium für Gesundheit, https://www.bundesgesundheitsministerium.de/service/begriffe-von-a-z/a/alkohol.html, zuletzt aufgerufen am 01.02.2024)

B1 Bibliothek – ein Ort mit vielen Quellen

VORGEHEN

1. **Quelleninhalt verstehen:**
Bei Fachartikeln im Internet, in Büchern, in Zeitschriften oder auch bei Bild- und Tonquellen wird meist die chemische Fachsprache verwendet. Oft erschwert ein komplizierter Satzbau oder lange Sätze zusätzlich das Lesen oder Verstehen der Quelle. Gerade bei Texten mit teils unbekanntem Sachverhalt hilft eine Lesestrategie, um das Gelesene auch zu verstehen. Eine Überführung der Inhalte in eine andere Darstellungsform, z. B. eine Tabelle, ein Diagramm oder eine Mindmap, können außerdem hilfreich sein.
Textquelle: Folgende Lesestrategien sind bei der Erschließung des Quelleninhalts möglich:
   - Lesen Sie Ihren Quellentext durch und markieren Sie die Begriffe farbig, die Ihnen unbekannt sind oder schreiben Sie sie auf.
   - Recherchieren Sie die unbekannten Begriffe. Sichern Sie die Ergebnisse digital mit einem Textverarbeitungsprogramm oder analog (handschriftlich), ggf. unter Angabe der Quelle.
   - Markieren Sie wichtige Aussagen mit einer anderen Farbe im Text bzw. notieren Sie sie digital oder analog. Wandeln Sie sie ggf. in eine andere, gut geeignete Darstellungsform, wie eine Tabelle, ein Diagramm oder eine Mindmap um.

   Bildquelle: Beschreiben Sie einzelne Bildelemente sowie den Zusammenhang zwischen den Elementen schriftlich in Worten. Arbeiten Sie anschließend mit Ihren Notizen wie mit einer Textquelle (s. o.).
   Film-/Tonquelle: Sehen Sie den Film bzw. hören Sie die Audiodatei aufmerksam an. Halten Sie währenddessen wichtige Aussagen digital oder analog schriftlich fest. Arbeiten Sie anschließend mit Ihren Notizen wie mit einer Textquelle (s. o.).

quellenkritische Fragen

- **a) Wann ist die Quelle entstanden?**
- **b) Wer ist der Urheber der Quelle?**
- **c) Wer hat die Quelle in Auftrag gegeben?**
- **d) Welche(s) Ziel(e) soll mit der Quelle verfolgt werden?**
- **e) Wo ist die Quelle erschienen?**
- **f) Was ist die Zielgruppe der Quelle?**
- **g) Wie ist die grafische Gestaltung der Quelle? (bei Bild- und Filmquellen)**

B2 Quellenkritische Fragen

2. **Quellenkontext untersuchen:**
Analysieren Sie, inwiefern durch die Quellenaussage(n) die Meinung des Lesenden beeinflusst werden soll. Beantworten Sie dazu die quellenkritischen Fragen aus **B2** in Hinblick auf Ihre Quelle.
Beispiel Textquelle „Alkohol":
a) Aus dem Quellentext geht hervor, dass die Quelle im Jahr 2021 entstanden ist.
b) Der Urheber ist das Bundesgesundheitsministerium.
c) Der Auftraggeber ist das Bundesgesundheitsministerium.
d) Durch eine faktenbasierte Darstellung soll auf die Problematik des Alkoholkonsums in Deutschland für den Einzelnen sowie die Gesellschaft aufmerksam gemacht werden. Ziel von Urheber und Auftraggeber ist es, den Lesenden hierfür zu sensibilisieren und den Alkoholkonsum zu hinterfragen.
e) Die Quelle ist auf der Internetseite des Bundesgesundheitsministeriums erschienen.
f) Die Zielgruppe sind die Bürgerinnen und Bürger Deutschlands.
g) Diese Frage ist bei dieser Textquelle nicht relevant.
3. **Quellenaussage deuten:**
Fassen Sie auf Basis der Schritte 1 und 2 die Gesamtdeutung der Quellenaussage(n) zusammen. Beurteilen Sie die Güte und Eignung der Quelle für Ihre wissenschaftliche Arbeit.
Die Aussagen der Quelle sind faktenbasiert sowie aktuell. Der Urheber und der Auftraggeber sind identisch, klar ersichtlich und vertrauenswürdig. Die Intention ist eindeutig mit Blick auf die Prävention von Alkoholmissbrauch angelegt. Mögliche positive Aspekte des Alkoholkonsums (z. B. Wirtschaftsgewinn durch Verkauf alkoholhaltiger Getränke) werden nicht aufgeführt. Hierzu müssten andere Quellen gesucht und kritisch gegenübergestellt werden. Die Quelle ist insgesamt von hoher Güte und geeignet für eine wissenschaftliche Arbeit.

AUFGABEN

A1 MK Recherchieren Sie einen kurzen Fachtext zu einem für Sie interessanten chemischen Thema mit Bezug zu Alkohol. Wenden Sie auf den Text die in Schritt 1 beschriebene Lesestrategie beim Umgang mit einem fachsprachlichen Text samt Wechsel der Darstellungsform an.

A2 MK Beurteilen Sie die Bildquelle **B3** nach den angegebenen Kriterien. Gehen Sie insbesondere auf mögliche Gefahren zur Meinungsbeeinflussung beim Lesenden ein.

B3 Bierwerbung in einem lokalen Informationsblatt

A3 MK Suchen Sie im Internet einen Werbefilm zum Thema alkoholhaltige Getränke. Beurteilen Sie die Filmquelle und achten Sie besonders auf mögliche Gefahren zur Meinungsbeeinflussung beim Zuschauenden.

2.2 Die Eigenschaften der Alkohole

Ethanol wird in Maßen genossen als Genussmittel angesehen, Methanol hingegen ist in vergleichbaren Mengen zugeführt giftig für den menschlichen Körper. Alkohol-Moleküle zeichnen sich durch ein gemeinsames Strukturmerkmal aus. Welche Unterschiede gibt es aber auf struktureller Ebene und welche Folgen hat das für die Eigenschaften der verschiedenen Alkohole?

2.2.1 Versuche und Material

V Eigenschaften von Alkoholen

Alkohole finden sich in vielen Alltagsprodukten wieder. Der Grund hierfür sind ihre spezifischen Eigenschaften. Was sind die Ursachen dieser unterschiedlichen Eigenschaften?

V1 *Hinweis*: Der Versuch eignet sich als arbeitsteiliger Gruppenversuch.
Geben Sie in je ein Reagenzglas 2 mL Ethanol, 2 mL Propan-1-ol, 2 mL Butan-1-ol bzw. 2 mL Pentan-1-ol. Fügen Sie zu jedem Stoff 3 mL Wasser hinzu. Schütteln Sie kurz und lassen Sie die Reagenzgläser eine Weile ruhig stehen. Verfahren Sie analog, indem Sie die Alkohole mit Heptan anstelle von Wasser versetzen.

V2 Tropfen Sie einen Tropfen Speiseöl in 1 mL Wasser auf einem Uhrglas. Fügen Sie anschließend drei Tropfen Ethanol hinzu und beobachten Sie.

V3 Geben Sie in je eine Porzellanschale jeweils wenige Milliliter Methanol, Ethanol bzw. Pentan-1-ol. Zünden Sie die Flüssigkeiten vorsichtig an und beobachten Sie.

AUSWERTUNG

a) Fassen Sie die Beobachtungen bei **V1** tabellarisch zusammen.
b) Vergleichen Sie die Löslichkeit der Alkohole in **V1** in Wasser und in Heptan. Formulieren Sie eine Vermutung zur Begründung des unterschiedlichen Löslichkeitsverhaltens der Stoffe in **V1**.
c) Erklären Sie die Unlöslichkeit von Speiseöl in Wasser in **V2**. Nutzen Sie einen allgemeinen Merksatz.
d) Beschreiben Sie den Einfluss von Ethanol auf die Löslichkeit von Speiseöl in Wasser in **V2**.
e) Erläutern Sie das unterschiedliche Aussehen der Flammen der Alkohole in **V3** mithilfe des Struktur-Eigenschafts-Prinzips.

06001-32

gestufte Hilfen zu e) unter QR-/Mediencode 06001-32

ENTSORGUNG G3

V Eigenschaften von mehrwertigen Alkoholen

Es gibt Alkohole, deren Moleküle nur eine Hydroxy-Gruppe enthalten, aber auch solche die mehrere Hydroxy-Gruppen im Molekül besitzen. Welchen Einfluss hat die Anzahl der Hydroxy-Gruppen auf die Eigenschaften eines Alkohols?

V4 Untersuchen Sie die Löslichkeit von Ethanol, Glycol (Ethan-1,2-diol) und Glycerin (Propan-1,2,3-triol) in Wasser und in Heptan.

V5 Füllen Sie jeweils 20 mL Ethanol, Glycol und Glycerin in je eine Petrischale und ermitteln Sie sofort die Gesamtmasse. Lassen Sie die Petrischalen einige Tage stehen und ermitteln Sie die Massen anschließend erneut.

V6 Pipettieren Sie einige Milliliter Ethanol, Glycol und Glycerin mit einer Einmalpipette in je eine Petrischale und beobachten Sie das Fließverhalten.

AUSWERTUNG

a) Stellen Sie die Beobachtungen aus **V4** tabellarisch dar.

b) Entwickeln Sie die Valenzstrichformeln der in **V4** systematisch benannten Alkohole. Erklären Sie die Beobachtungen bei den Löslichkeitsversuchen in Wasser und in Heptan in **V4** anhand dieser Valenzstrichformeln.

c) In **V5** findet keine chemische Reaktion statt. Benennen Sie die Ursache für die Massenänderung der Petrischalen mit den Alkoholen.

d) Erklären Sie das Fließverhalten der Stoffe in **V6** unter Anwendung Ihrer Kenntnisse über zwischenmolekulare Wechselwirkungen.

ENTSORGUNG G3

M Siedetemperaturen von Alkoholen

Alkohole sind z. B. in Desinfektionsmitteln enthalten. Nach kurzer Zeit auf der Haut sind diese verdunstet. Woran liegt das und wie lässt sich dieser Sachverhalt erklären?

M7 Die Abbildung **B1** zeigt die Siedetemperaturen verschiedener Alkane und einwertiger Alkohole mit zunehmender Anzahl an Kohlenstoff-Atomen sowie die Siedetemperaturen verschiedener mehrwertiger Alkohole mit zwei bzw. drei Hydroxy-Gruppen in den Molekülen.

AUSWERTUNG

a) Stellen Sie die Siedetemperaturen der Alkane, der einwertigen und der mehrwertigen Alkohole aus **B1** in verschiedenen Farben in einem Diagramm dar. (MK)

b) Stellen Sie anhand Ihres Diagramms aus **a)** Struktur-Eigenschafts-Beziehungen her.

c) Stellen Sie eine begründete Vermutung auf, die die Siedetemperaturen aus **B1** erklären kann.

d) Begründen Sie, dass Ethanol und Propan-1-ol nicht nur wegen ihrer keimtötenden Wirkung in Desinfektionsmitteln eingesetzt werden.

Name	Siedetemperatur in °C
Methan	−161,5
Ethan	−88,6
Propan	−42,1
n-Butan	−0,5
n-Pentan	36,1
n-Hexan	68,7
n-Heptan	98,4
Methanol	64,7
Ethanol	78,4
Propan-1-ol	97,2
Butan-1-ol	117,3
Pentan-1-ol	138,0
Hexan-1-ol	157,5
Heptan-1-ol	176,0
Propan-1,2-diol	188,0
Propan-1,3-diol	215,0
Propan-1,2,3-triol	290,0

B1 Siedetemperaturen von Alkanen sowie einwertigen und mehrwertigen Alkoholen im Vergleich

2.2.2 Eigenschaften von Alkoholen

Medizinische Desinfektionsmittel enthalten meist Ethanol oder andere Alkohole, was bereits am typischen Geruch erkennbar ist. Neben der desinfizierenden Wirkung zeigt Ethanol weitere besondere Eigenschaften. So lösen sich z. B. Rückstände von Pflastern gut mit Ethanol von der Haut, aber schlecht mit Wasser. Ethanol selbst löst sich jedoch sehr gut in Wasser. Wie sind diese Eigenschaften von Ethanol zu erklären?

Eigenschaften von Methanol, Ethanol und ihren Verwandten

Mischversuche zeigen, dass Ethanol sowohl mit Heptan als auch mit Wasser eine klare Lösung bildet, während Heptan und Wasser nicht miteinander mischbar sind und sich ein Zwei-Phasen-Gemisch ergibt (**V1**). Die Hydroxy-Gruppe –OH im Ethanol-Molekül bewirkt die gute Löslichkeit von Ethanol in Wasser, da sich zwischen Wasser- und Ethanol-Molekülen **Wasserstoffbrücken** ausbilden können (**B1**).

06001-33
Video zum Thema „Ethanol als Lösevermittler" unter QR-/Mediencode 06001-33

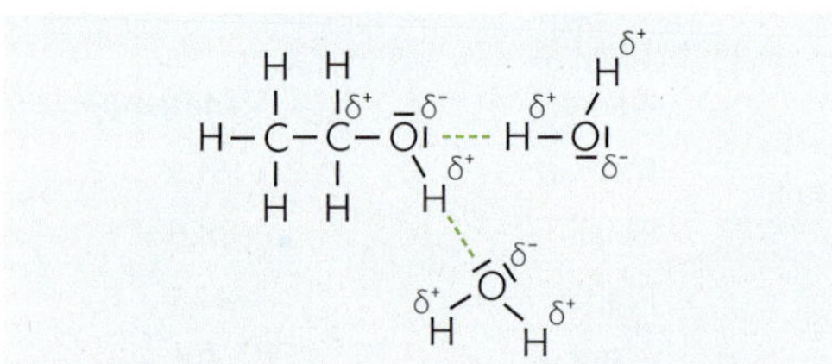

B1 Wasserstoffbrücken zwischen Wasser- und Ethanol-Molekülen

Die Löslichkeit von Ethanol in hydrophoben Stoffen wie Heptan mit unpolaren Molekülen beruht hingegen auf VAN-DER-WAALS-Kräften zwischen den unpolaren Alkyl-Gruppen der Ethanol-Moleküle und der Heptan-Moleküle (**B2**).
Methanol, Ethanol und Propanol sind unbegrenzt in Wasser löslich. Die Löslichkeit in Wasser nimmt bis zum Pentan-1-ol und darüber hinaus ab, da der Einfluss der immer größeren unpolaren Alkyl-Gruppe im Molekül zunimmt (**V1**). Umgekehrt steigt die Löslichkeit dieser Alkohole in Heptan mit der Zunahme des Anteils der Alkyl-Gruppe im Molekül an.
Speiseöl und Wasser sind nicht miteinander mischbar (**V2**). Grund dafür ist die unterschiedliche Polarität ihrer Moleküle. Fügt man diesem

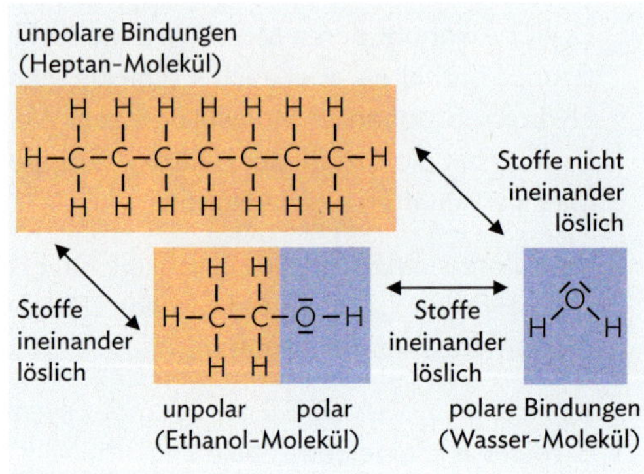

B2 Struktur-Eigenschafts-Beziehungen bei der Löslichkeit zwischen Heptan, Wasser und Ethanol

Gemisch aus einer hydrophoben und einer hydrophilen Flüssigkeit eine dritte Flüssigkeit mit Molekülen mittlerer Polarität wie z. B. Ethanol hinzu, so kommt es zu einer vollständigen Vermischung. Ethanol wirkt hier als **Lösevermittler**, da die Ethanol-Moleküle sowohl mit den unpolaren Molekülen aus dem Speiseöl als auch mit den polaren Wasser-Molekülen wechselwirken können (**V2**). Eine weitere gemeinsame Eigenschaft aller Alkohole ist die Brennbarkeit, wobei sich die Entzündbarkeit und das Aussehen der Flamme mit Zunahme der Kettenlänge der Moleküle verändern (**V3**). Je länger die Kohlenwasserstoff-Kette der Alkohol-Moleküle ist, desto schwerer lassen sich die Stoffe entzünden. Die Flamme von Methanol ist kaum sichtbar und blau, die anderen Flammen hingegen brennen gelb, leuchten heller und das Rußen nimmt zu (vgl. S. 74).

Eigenschaften mehrwertiger Alkohole

Alkohole mit mehr als einer Hydroxy-Gruppe –OH im Molekül werden als **mehrwertige Alkohole** bezeichnet. Die strukturelle Besonderheit mehrerer Hydroxy-Gruppen im Molekül ist die Ursache für die besonderen Eigenschaften mehrwertiger Alkohole. Viele dieser Alkohole sind **hygroskopisch** (feuchtigkeitsanziehend) (**V5**), **hochviskos** (zähflüssig) bis fest (**V6**) und besitzen Frostschutzeigenschaften.
Aufgrund der zusätzlichen Hydroxy-Gruppen in den Molekülen mehrwertiger Alkohole können zusätzliche Wasserstoffbrücken zwischen den

Molekülen ausgebildet werden. Dadurch sind die Viskositäten mehrwertiger Alkohole deutlich höher als die von einwertigen Alkoholen (**V6**). Auch die gute Wasserlöslichkeit mehrwertiger Alkohole lässt sich auf die erhöhte Anzahl der Hydroxy-Gruppen in den Molekülen zurückführen (**V4**).

Benennung mehrwertiger Alkohole

Für die Benennung eines mehrwertigen Alkohols bestimmt man zunächst die längste Kohlenstoff-Kette im Molekül und benennt sie gemäß der homologen Reihe der Alkane. Daraufhin wird die Anzahl der Hydroxy-Gruppen sowie deren Positionen ermittelt. Die Anzahl der Hydroxy-Gruppen wird durch die entsprechenden griechischen Silben (-di, -tri, -tetra, usw.) angegeben. Die Kohlenstoff-Atome der Hauptkette erhalten dabei möglichst niedrige Positionsziffern. Beispiel:

Propan	– 1,2 –	di	ol
Hauptkette	Positionen der OH-Gruppen	Anzahl der OH-Gruppen	Endung der Alkohole

Siede- und Schmelztemperaturen von Alkoholen

Siede- und Schmelztemperaturen sind Stoffeigenschaften, die durch die Strukturen der Moleküle der Alkohole erklärbar sind. Alkohole haben **höhere** Siede- und Schmelztemperaturen als Alkane (**M7**). Ethanol siedet bei + 78,4 °C, Ethan hingegen bei – 88,6 °C. Sowohl Ethan- als auch Ethanol-Moleküle können aufgrund der sehr kurzen Alkyl-Gruppen nur schwache VAN-DER-WAALS-Kräfte untereinander ausbilden. Zwischen Ethanol-Molekülen bilden sich jedoch durch die jeweils zusätzliche Hydroxy-Gruppe im Molekül auch Wasserstoffbrücken aus. Die Anziehung zwischen Ethanol-Molekülen ist somit stärker als die zwischen Ethan-Molekülen. Daher hat Ethanol eine deutlich höhere Siedetemperatur als Ethan (vgl. **B1** auf S. 75).
Die Siede- und Schmelztemperaturen der Alkohole steigen mit Zunahme der Länge der Kohlenwasserstoff-Kette in den Molekülen (**M7**). Ethanol ist bei Raumtemperatur flüssig. Ethanol-Moleküle sind mit zwei Kohlenstoff-Atomen sehr klein, die VAN-DER-WAALS-Kräfte zwischen den Molekülen entsprechend gering. Alkohole mit 12 oder mehr Kohlenstoff-Atomen in den Molekülen sind bei Raumtemperatur fest, da zwischen den langen, unpolaren Kohlenwasserstoff-Ketten vergleichsweise starke VAN-DER-WAALS-Kräfte bestehen.
Ein Propan-1,2,3-triol-Molekül verfügt über drei Hydroxy-Gruppen und kann daher mehr Wasserstoffbrücken ausbilden als ein Propan-1-ol-Molekül. Das erklärt die höhere Siedetemperatur von mehrwertigen im Vergleich zu den entsprechenden einwertigen Alkoholen mit gleicher Anzahl an Kohlenstoff-Atomen. Je größer die VAN-DER-WAALS-Kräfte und je mehr Wasserstoffbrücken zwischen den Molekülen, desto höher ist die Siedetemperatur eines Stoffs.

Homologe Reihe der Alkane → S. 42

Die Hydroxy-Gruppe als gemeinsames Strukturelement der Alkohole ist ausschlaggebend für deren Stoffeigenschaften. Dabei beeinflusst die Länge der Kohlenwasserstoff-Kette und die Anzahl der Hydroxy-Gruppen die Veränderung der Siedetemperaturen sowie die Viskosität. Entlang der homologen Reihe der Alkanole steigen Siedetemperatur und Viskosität sowie die Löslichkeit in lipophilen Stoffen wie Heptan mit zunehmender Anzahl an Kohlenstoff-Atomen an. Die Löslichkeit in Wasser nimmt ab.

AUFGABEN

A1 Octan-1-ol besitzt eine höhere Viskosität als Ethanol. Begründen Sie dies.

A2 Begründen Sie die unterschiedlichen Siedetemperaturen von Ethanol und Ethan-1,2-diol.

A3 MK Zeichnen Sie die verschiedenen Strukturisomere von Alkoholen der Summenformel $C_4H_{10}O_2$ mithilfe eines Formelzeichenprogramms. Benennen Sie die Isomere und ordnen Sie diese begründet nach steigender Siedetemperatur.

2.3 Oxidationsreihe der Alkohole

Reine Alkohole werden nicht unbedingt als wohlriechend empfunden. Aus Alkoholen lassen sich aber auch Stoffe herstellen, die als wohlschmeckender Lebensmittelzusatz oder duftender Bestandteil von Parfüms begehrt sind, z. B. Vanillin oder Zimtaldehyd. Um welche Stoffe handelt es sich dabei und wie werden diese aus Alkoholen hergestellt?

2.3.1 Versuche und Material

V Reaktion von Alkoholen mit Kupfer(II)-oxid

1- und 2-Cent-Münzen bestehen aus Stahl mit einer Kupferauflage. In der heißen Brennerflamme laufen sie schwarz an. Mit Alkohol können sie anschließend wieder blank gemacht werden. Wie funktioniert das?

V1 Füllen Sie ein dickwandiges Reagenzglas etwa 3 cm hoch mit Propan-1-ol. Erhitzen Sie ein etwa 10 cm langes Kupferblech in der Brennerflamme bis zum Glühen. Betrachten Sie das Blech außerhalb der Flamme. Bringen Sie es erneut zum Glühen und tauchen Sie es dann in das Propan-1-ol. Wiederholen Sie das Erhitzen bis zum Glühen und das Eintauchen mehrere Male (**Achtung: Der Alkohol kann sich auf dem heißen Blech entzünden, verwenden Sie eine Pinzette!**). Geben Sie einen Tropfen des Reaktionsgemisches auf ein Stück Watesmo-Papier und führen Sie mit dem Rest die TOLLENS-Probe durch (vgl. **FM** S. 79). Tauchen Sie zum Vergleich Watesmo-Papier in reines Propan-1-ol.

V2 Wiederholen Sie **V1** mit Propan-2-ol anstelle von Propan-1-ol.

AUSWERTUNG

a) Beschreiben Sie die Beobachtungen am Kupferblech beim Erhitzen und beim Eintauchen in die Alkohole in **V1** und **V2**.

b) Formulieren Sie eine Reaktionsgleichung für die Veränderung des Kupferbleches beim Erhitzen in der Brennerflamme.

c) Formulieren Sie eine Vermutung zum Farbwechsel des Blechs beim Eintauchen in die Alkohole in **V1** und **V2**.

d) Beschreiben Sie die Funktion des Reaktionspartners Alkohol im Vergleich zum Reaktionspartner Sauerstoff aus der Luft unter Verwendung von Fachbegriffen.

ENTSORGUNG G2, G3

FM Nachweismethoden für Aldehyde anwenden

Aldehyde sind Stoffe, die z. B. durch Oxidation von primären Alkoholen gebildet werden. Es gibt verschiedene Methoden, mit denen sich das Vorliegen eines Aldehyds nachweisen lässt.

VORGEHEN

FEHLING-Probe

1. Geben Sie gleiche Volumina der beiden folgenden Lösungen in ein Reagenzglas: Kupfer(II)-sulfatlösung $CuSO_4$ (aq) (FEHLING-I-Lösung) und alkalische Kaliumnatriumtartratlösung (FEHLING-II-Lösung).
   Hinweis: Als Tartrate werden die Salze der Weinsäure (vgl. S. 94) bezeichnet.
2. Geben Sie einige Tropfen dieser blauen Testlösung in die Probelösung, die auf die Anwesenheit eines Aldehyds getestet werden soll.
3. Wenn Aldehyde vorhanden sind, bildet sich (ggf. beim Erhitzen) ein rötlicher Niederschlag (**B1** links).
4. Alternativ kann auch die **BENEDICT-Probe** durchgeführt werden (Herstellung BENEDICT-Reagenz und Durchführung BENEDICT-Probe unter QR-/Mediencode 06001-34).

06001-34

TOLLENS-Probe (Silberspiegelprobe)

1. Mischen Sie in einem Reagenzglas ca. 3 mL Silbernitratlösung mit einigen Tropfen verdünnter Natronlauge. Es bildet sich ein schwarzbrauner Niederschlag.
2. Tropfen Sie nun so lange Ammoniaklösung (w = 10 %) hinzu, bis sich der Niederschlag wieder auflöst (**TOLLENS-Reagenz**).
3. Versetzen Sie die auf Aldehyde zu untersuchende Probe mit einigen Tropfen dieser Testlösung und erhitzen Sie ohne zu Schütteln im Wasserbad auf ca. 70 °C.
4. Wenn Aldehyde vorhanden sind, bildet sich nach einigen Minuten an der Innenwand des Reagenzglases ein Silberspiegel (**B1** rechts).

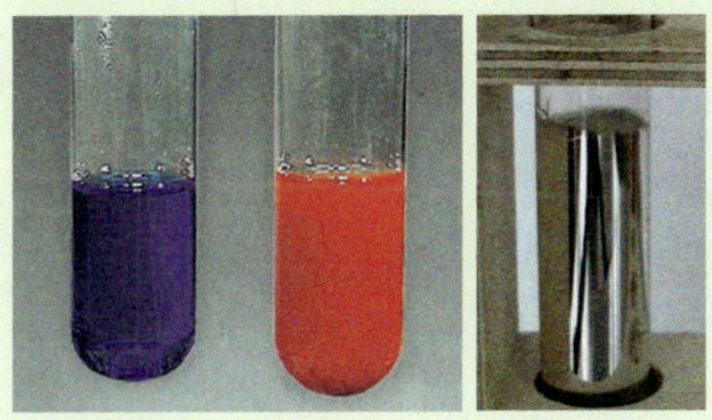

06001-35
Video zum Thema „FEHLING-Probe" unter QR-/Mediencode 06001-35

B1 Nachweis von Aldehyden mit der FEHLING-Probe (links) und mit der TOLLENS-Probe (rechts)

V Nachweise von Aldehyden

Vanillin ist der Hauptaromastoff der Gewürzvanille, der auch naturidentisch hergestellt wird und weltweit mengenmäßig der wichtigste Aromastoff ist. Welche Aromastoffe zählen zur Stoffklasse der Aldehyde?

V3 Führen Sie die FEHLING-Probe und die TOLLENS-Probe mit a) Propan-1-ol, b) Propan-2-on (Aceton) und c) Propanal durch (vgl. **FM**).

V4 Führen Sie die FEHLING-Probe mit Vanillearoma, frisch gepresstem Apfelsaft, Zimtaroma, dem Inneren einer Vanilleschote und Glucose durch.

AUSWERTUNG

a) Bei der TOLLENS-Probe bildet sich ein Silberspiegel, da Silber-Ionen Ag^+ zu Silber-Atomen Ag reduziert werden. Schließen Sie daraus auf die Art der Reaktion, die ein vorliegender Aldehyd dabei eingeht.

b) Bei der FEHLING-Probe bildet sich schwerlösliches Kupfer(I)-oxid Cu_2O, da Kupfer(II)-Ionen Cu^{2+} zu Kupfer(I)-Ionen Cu^+ reduziert werden. Vergleichen Sie diese Reaktion und die der Aldehyde bei der FEHLING-Probe mit den Reaktionen, die bei der TOLLENS-Probe ablaufen.

c) Notieren Sie die Beobachtungen bei **V4** und schließen Sie auch mit Bezug auf die Beobachtungen bei **V3** auf eine Gemeinsamkeit aller untersuchten Stoffe.

ENTSORGUNG G2, G3

2.3.2 Vom Alkohol zum Aldehyd und Keton

Viele Alkohole sind an der Luft und auch im Körper nicht auf Dauer beständig. Mit geeigneten Reaktionspartnern reagieren sie rasch. Welche Reaktion findet dabei statt und welche Produkte entstehen?

Übersicht Isomerie
→ S. 229

Isomere Alkohole – Position der Hydroxy-Gruppe

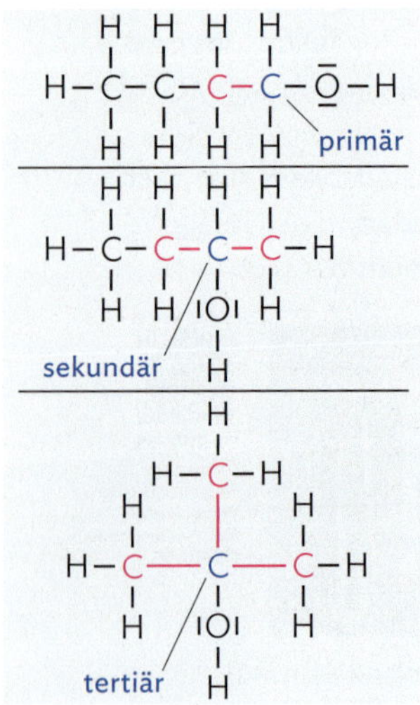

B1 Valenzstrichformeln der Isomere von Butanol

Im Molekül kann die Hydroxy-Gruppe an verschiedenen Positionen vorliegen, man spricht von **Stellungsisomerie**. Je nachdem, wie viele Kohlenstoff-Atome mit dem Kohlenstoff-Atom verbunden sind, an dem die Hydroxy-Gruppe gebunden ist, handelt es sich um einen **primären, sekundären** oder **tertiären Alkohol** (**B1**).

Reaktion primärer Alkohole

Wenn man heißes, schwarzes Kupfer(II)-oxid in den primären Alkohol Propan-1-ol taucht, verfärbt sich die Oberfläche des Bleches rotbraun glänzend (**V1**). Kupfer(II)-oxid wird zu Kupfer reduziert. Da gleichzeitig mit einer Reduktion immer auch eine Oxidation abläuft, kann man schließen, dass Propan-1-ol oxidiert wird.

Führt man mit dem Gemisch aus dem Reagenzglas die **TOLLENS-Probe** (vgl. **FM** S. 79) durch, bildet sich an der Reagenzglaswand ein Silberspiegel. Die TOLLENS-Probe ist ein Nachweis für **Aldehyde**.

06001-36
Video zum Thema „TOLLENS-Probe" unter QR-/Mediencode 06001-36

Aus dem primären Alkohol Propan-1-ol bildet sich ein Aldehyd, das **Propanal**. Testet man das Reaktionsgemisch aus dem Reagenzglas anschließend mit Watesmo-Papier, färbt sich dieses blau, was auf das Vorhandensein von Wasser im Reaktionsgemisch hindeutet. In reinem Propan-1-ol bleibt das Papier dagegen unverändert (**V1**).

Insgesamt läuft bei der **FEHLING-Probe** folgende Redoxreaktion ab: Propan-1-ol-Moleküle werden zu Propanal-Molekülen oxidiert und die Kupfer(II)-Ionen Cu^{2+} aus dem Kupfer(II)-oxid CuO werden zu Kupfer-Atomen Cu reduziert. Zudem wird Wasser gebildet (**B2**).

Die Alkohol-Moleküle wirken als **Elektronendonatoren**, die Kupfer-Ionen als **Elektronenakzeptoren**. Auch Reaktionen mit organischen Verbindungen können daher als **Redoxreaktionen**, im Sinne der Theorie des Elektronenaustauschs, klassifiziert werden (**B2**).

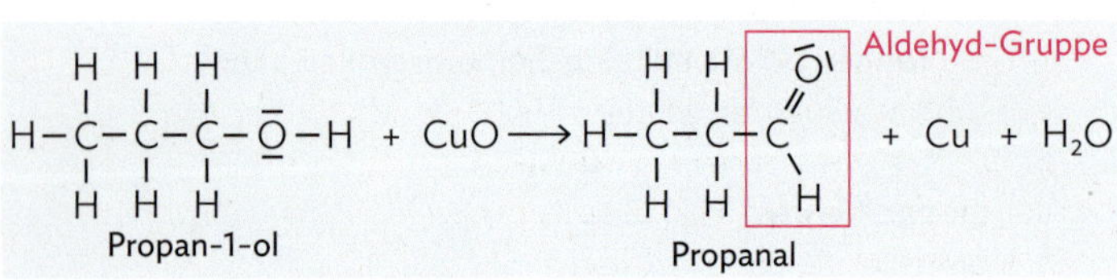

B2 Redoxreaktion zwischen Propan-1-ol und Kuper(II)-oxid

Die homologe Reihe der Alkanale

Propanal ist das Oxidationsprodukt von Propan-1-ol und gehört zur Stoffklasse der **Alkanale**. Diese fasst man unter dem Überbegriff **Aldehyde** abgeleitet von der Bezeichnung *„alcoholus dehydrogenatus"* („dehydrierter Alkohol") zusammen, da die Moleküle aus einem Alkohol-Molekül durch Abspaltung von zwei Wasserstoff-Atomen entstehen. Die Moleküle der Alkanale bestehen aus einem Alkyl-Rest und der **Aldehyd-Gruppe –CHO** (**B2**).

Die Namen der Alkanale enden mit der Silbe **-al**. Wie auch die Stoffklasse der Alkanole, bilden die Alkanale eine homologe Reihe (**B3**). Alkanale sind wie die Alkanole gesättigte Verbindungen, deren benachbarte Glieder der homologen Reihe sich jeweils durch eine Methylen-Gruppe unterscheiden. **Methanal HCHO** ist der einfachste Vertreter der Alkanale, gefolgt von **Ethanal** mit

Name des Alkanals	Molekülformel	Siedetemperatur in °C
Methanal	HCHO	–19,0
Ethanal	CH_3CHO	20,2
Propanal	C_2H_5CHO	48,8
Butanal	C_3H_7CHO	74,8
Pentanal	C_4H_9CHO	103,7
Hexanal	$C_5H_{11}CHO$	129,0
Heptanal	$C_6H_{13}CHO$	152,8

B3 Homologe Reihe der Alkanale

der Formel **CH_3CHO**. Methanal und Ethanal sind als krebserregend eingestuft und dürfen nicht in Schülerversuchen verwendet werden.

Nachweise von Aldehyden

Erhitzt man eine mit TOLLENS-Reagenz versetzte Propanallösung, bildet sich an der Innenwand des Reagenzglases ein Silberspiegel (**V3**). Im TOLLENS-Reagenz sind gelöste Silber-Ionen Ag^+ (aq) enthalten. In Gegenwart von Aldehyd-Molekülen, z. B. Propanal-Molekülen, werden die Silber-Ionen Ag^+ zu Silber-Atomen Ag reduziert. Gleichzeitig werden die Propanal-Moleküle oxidiert. Die direkten Oxidationsprodukte der Alkanale sind die sogenannten **Alkansäuren** (Überbegriff: **Carbonsäuren**). Ihre Moleküle bestehen aus einer Alkyl-Gruppe **–R** und einer funktionellen Gruppe, der **Carboxy-Gruppe –COOH** (**B4**).
Statt der Reduktion von Silber-Ionen Ag^+ zu Silber-Atomen Ag (TOLLENS-Probe) findet bei der FEHLING-Probe eine Reduktion von Kupfer(II)-Ionen Cu^{2+} zu Kuper(I)-Ionen Cu^+ statt. Das ist der Grund dafür, dass aus der blauen, alkalischen Lösung ein rötlicher Niederschlag von Kupfer(I)-oxid ausfällt. Gleichzeitig wird ein vorhandenes Alkanal R–CHO zur Alkansäure R–COOH oxidiert:

$$R\text{-}CHO + 2\,Cu^{2+} + 4\,OH^- \longrightarrow R\text{-}COOH + Cu_2O + 2\,H_2O$$

Reaktion sekundärer und tertiärer Alkohole

Gibt man ein glühendes Kupferblech in Propan-2-ol, so beobachtet man neben der Veränderung am Kupferblech auch einen leicht süßlichen Geruch nach Nagellackentferner (**V2**). Dies ist auf die Bildung von **Propan-2-on**, umgangssprachlich als **Aceton** bezeichnet, zurückzuführen. Hierbei wird der sekundäre Alkohol Propan-2-ol zu einem **Alkanon** (Überbegriff: **Keton**) oxidiert. Ketone haben als funktionelle Gruppe die **Carbonyl-Gruppe >C=O**, die an zwei Kohlenstoff-Atome gebunden ist (**Keto-Gruppe**) (**B4**).
Tertiäre Alkohole lassen sich nicht oxidieren, da an dem Kohlenstoff-Atom, an dem die Hydroxy-Gruppe gebunden ist, kein Wasserstoff-Atom vorhanden ist (**B4**).

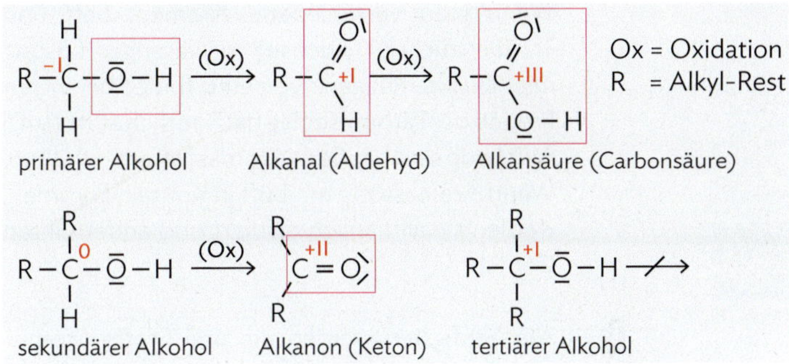

B4 Die Oxidationsreihe der Alkohole

Die TOLLENS- und die FEHLING-Probe sind spezifische Nachweise für Aldehyde. Das zeigt sich, wenn man Propan-1-ol, Propan-2-on und Propanal mit diesen Proben testet: Der Silberspiegel bzw. die typischen Farbumschläge treten nur mit Propanal auf (**V3**).

Alkansäuren → S. 92

Primäre Alkohole lassen sich über Aldehyde bis zu Carbonsäuren mit entsprechenden Oxidationsmitteln oxidieren. Sekundäre Alkohole reagieren nur bis zum Keton. Tertiäre Alkohole lassen sich nicht oxidieren. Die funktionelle Gruppe in Aldehyd-Molekülen ist die Aldehyd-Gruppe –CHO, in Keton-Molekülen die Carbonyl-Gruppe >C=O. Aldehyde lassen sich mit der TOLLENS- oder FEHLING-Probe nachweisen.

AUFGABEN

A1 Formulieren Sie die Reaktionsgleichung für die Umsetzung von Methanol mit Kupfer(II)-oxid. Erläutern Sie die Art der ablaufenden Reaktion.

A2 Geben Sie an, welche Aldehyd- bzw. Carbonylverbindungen man aus a) Butan-2-ol, b) 2-Methylpropan-1-ol und c) Pentan-1-ol erhält. Benennen Sie die Produkte.

A3 Begründen Sie die Unterschiede in den Siedetemperaturen von Ethanol und Ethanal (**B3**).

2.3.3 Verwendung und Vorkommen von Aldehyden und Ketonen

Auch Lebensmittelproben können mit der FEHLING-Probe auf Aldehyde untersucht werden. Wenn man verschiedene Aromen, Saft und Traubenzucker (Glucose) in wässriger Lösung mit FEHLING-Reagenz versetzt, findet bei vielen Proben der Farbumschlag nach rötlich statt (**V4**). Aldehyde sind häufig in Aromastoffen enthalten. Wenn Aromastoffe mit Luft in Kontakt kommen, werden sie allmählich oxidiert und ändern ihren Geruch.

06001-37

Die **Skelettformel** bietet eine weitere Darstellungsart für ein Molekül. Dabei wird nur die „Zick-Zack"-Struktur des „Molekül-Skeletts" aus Kohlenstoff-Atomen sowie die funktionelle Gruppe angegeben (vgl. Moleküldarstellungen in **B5** und QR-/Mediencode 06001-37).

Am häufigsten werden die drei Stoffe Methanal (Formaldehyd), Ethanal (Acetaldehyd) und Propan-2-on (Aceton) industriell verwendet. Methanal wurde früher oft für die Herstellung von Harzen und Kunststoffen sowie für die Konservierung genutzt. Da es aber im Verdacht steht, krebserregend zu sein, wurde sein Gebrauch stark eingeschränkt. Ethanal spielt bei der großtechnischen Synthese von Essigsäure (vgl. S. 89) oder als Zwischenprodukt eine wichtige Rolle. Propan-2-on ist ein hervorragendes Lösemittel, insbesondere für Klebstoffe, und wird auch in Nagellackentferner verwendet.

Auch in der Natur kommen Aldehyde und Ketone als natürliche Bestandteile in Pflanzen und Früchten vor (**B5**). Diese können durch Extraktion aus Pflanzenteilen gewonnen werden und werden in Lebensmitteln dann als natürliche Aromastoffe verwendet.

> Aldehyde und Ketone kommen auch in der Natur in zahlreichen Aromastoffen vor und werden bei der Herstellung wichtiger Gebrauchsprodukte verwendet.

AUFGABEN

A1 Geben Sie für Limonen, Geraniol, Citronellal und Heptan-2-on (**B5**) die Valenzstrichformeln und Molekülformeln an.

A2 Ordnen Sie die Verbindungen in **B5** nach gleichen Atomgruppierungen.

A3 Stellen Sie weitere mögliche Kriterien auf, nach denen die in **B5** angegebenen Verbindungen geordnet werden können.

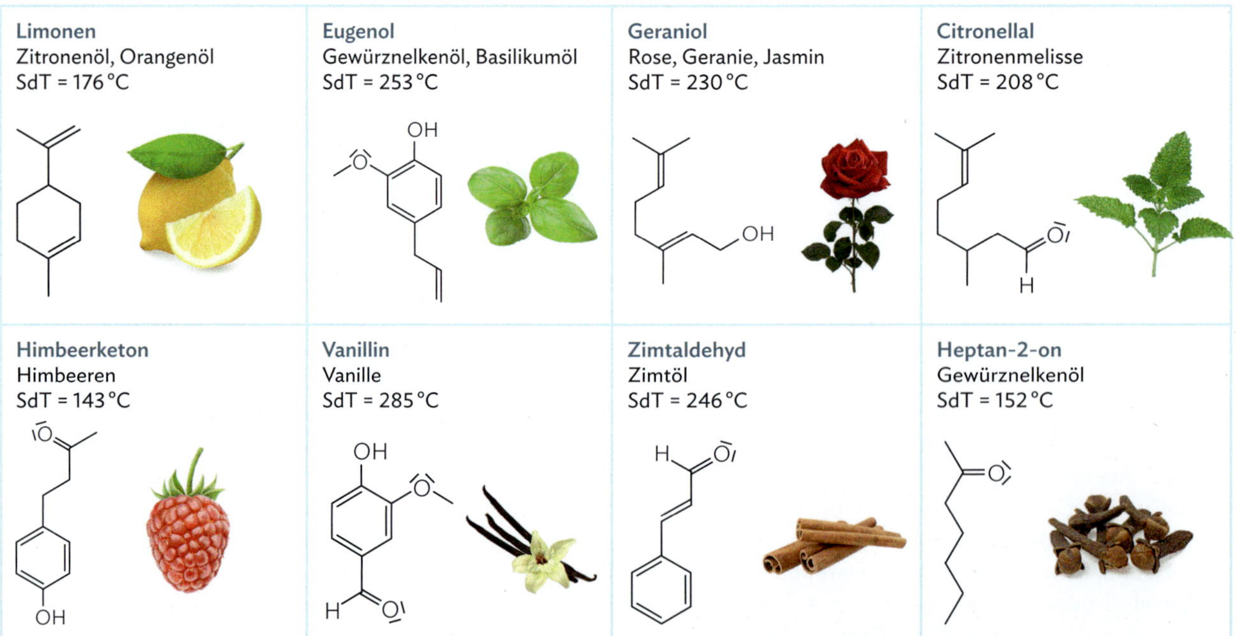

B5 Inhaltsstoffe von einigen Pflanzenaromen, Skelettformeln, Vorkommen und Siedetemperaturen

2.3.4 Oxidationszahlen in organischen Verbindungen bestimmen

Die **Oxidationszahl** eines in einem Molekül gebundenen Atoms zeigt die Ladung, die das Atom hätte, wenn die Bindungselektronen dem elektronegativeren Bindungspartner zugerechnet werden. Die Bestimmung von Oxidationszahlen bei **Redoxreaktionen** hilft, die Oxidation und die Reduktion nachzuvollziehen.

Für Redoxreaktionen mit organischen Verbindungen ist hierfür die Oxidationszahl des Kohlenstoff-Atoms relevant, an das die funktionelle Gruppe gebunden ist, die durch die Reaktion verändert wird. Für organische Verbindungen ermittelt man die Oxidationszahlen der Atome in einem Molekül daher anhand der Valenzstrichformel.

Bestimmen Sie die Oxidationszahlen aller Atome im Ethanol-Molekül.

VORGEHEN

1. Zeichnen Sie die Valenzstrichformel von Ethanol.

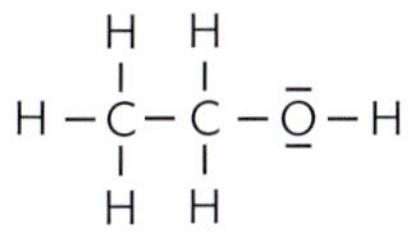

2. Ordnen Sie für alle Bindungen im Molekül die Bindungselektronen jeweils dem Bindungspartner mit dem höheren Elektronegativitätswert zu.

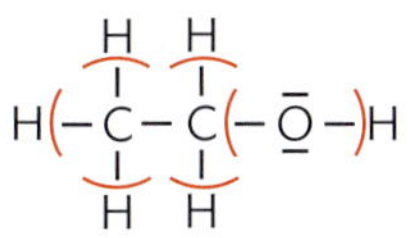

3. Sind die Elektronegativitätswerte zwischen zwei Atomen gleich, teilen Sie das Bindungselektronenpaar auf, jedem Atom wird somit ein Elektron zugerechnet.

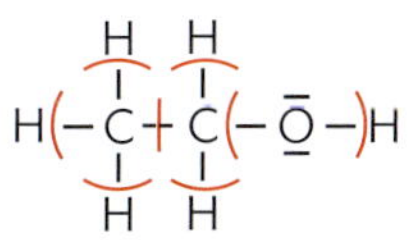

4. Zählen Sie die Elektronen, die ein Atom umgeben. Vergleichen Sie diese Anzahl mit der Anzahl an Außenelektronen im ungeladenen (elementaren) Zustand des Atoms. Die Differenz aus der Zahl der Außenelektronen des Atoms im Element und der Zahl der Außenelektronen im ungeladenen Atom der Verbindung entspricht der Oxidationszahl (**B1**).

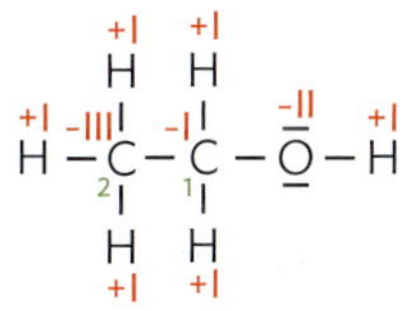

Elementsymbol	Elektronen des Atoms		Oxidationszahlen
	im Element	in der Verbindung	
H	1	0	+I
O	6	8	-II
$_1C$	4	5	-I
$_2C$	4	7	-III

B1 Elektronen- und Oxidationszahlen der Atome des Ethanol-Moleküls

AUFGABEN

A1 Bestimmen Sie die Oxidationszahlen aller Atome in den Molekülen der folgenden organischen Verbindungen nach der angegebenen Schrittfolge:
a) Methylpropan
b) Propan-2-ol
c) 2-Methylbutan-1-ol
d) Propan-1,2,3-triol
e) Methanal

A2 Butan-1-ol und Butan-2-ol reagieren mit Kupfer(II)-oxid.
a) Kennzeichnen Sie die funktionellen Gruppen der organischen Verbindungen und benennen Sie diese.
b) Bestimmen Sie die Oxidationszahlen der Atome in den organischen Verbindungen mithilfe der angegebenen Schrittfolge.
c) Stellen Sie die Teilgleichungen und die Gesamtgleichungen der beiden Redoxreaktionen auf.

A3 Methanol-Moleküle werden mithilfe der Kupfer-Ionen aus dem Kupfer(II)-oxid zu Methanal-Molekülen oxidiert. Bestimmen Sie die Oxidationszahlen der Kohlenstoff-Atome in den beiden organischen Verbindungen, an denen jeweils die funktionelle Gruppe gebunden ist und formulieren Sie die Teilgleichungen sowie die Gesamtgleichung dieser Redoxreaktion.

2.3.5 Oxidationsprodukte von Alkoholen vorhersagen und ermitteln

Die Oxidation von Alkoholen führt zu Produkten verschiedener Stoffklassen (vgl. S. 81). Welche **funktionelle Gruppe** die Moleküle der entstehenden Verbindung tragen, hängt davon ab, ob man einen **primären, sekundären** oder **tertiären** Alkohol einsetzt.

Lässt man einen primären Alkohol mit einem Oxidationsmittel wie z. B. Kuper(II)-oxid CuO reagieren, wird der primäre Alkohol zum Aldehyd oxidiert und die Kupfer-Ionen Cu^{2+} des Kupfer(II)-oxids werden zu Kupfer-Atomen reduziert (**B1**).

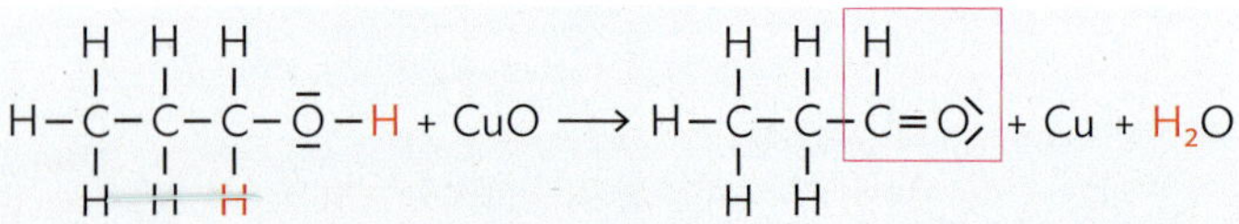

B1 Reaktion von Propan-1-ol zu Propanal

Formal werden hierbei zwei Wasserstoff-Atome aus dem Alkohol-Molekül abgespalten: das Wasserstoff-Atom der Hydroxy-Gruppe und ein Wasserstoff-Atom, das an das Kohlenstoff-Atom gebunden ist, das die Hydroxy-Gruppe trägt. Dabei entsteht aus der Hydroxy-Gruppe eine neue funktionelle Gruppe, die **Aldehyd-Gruppe – CHO**.

Um die Teilgleichung für die Oxidation des Alkohols aufzustellen, bestimmt man im Produkt und im Edukt die Oxidationszahl des Kohlenstoff-Atoms, das das Sauerstoff-Atom trägt.

Ermitteln Sie das Produkt der Oxidation des sekundären Alkohols Propan-2-ol.

VORGEHEN

1. Zeichnen Sie die Valenzstrichformel des sekundären Alkohols Propan-2-ol (**B2**).

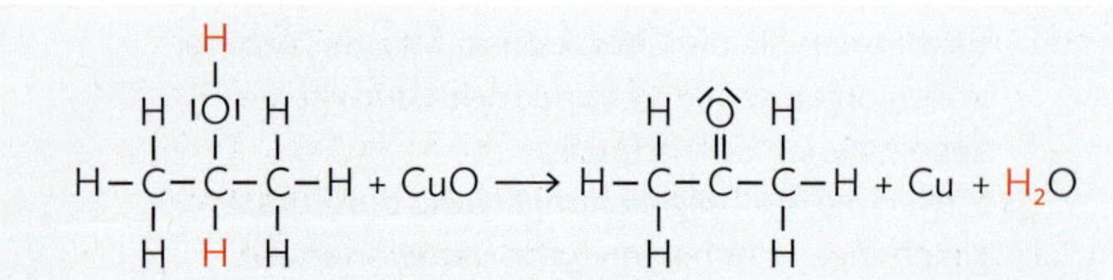

B2 Reaktion von Propan-2-ol zu Propanon

2. Markieren Sie das Wasserstoff-Atom der Hydroxy-Gruppe und ein Wasserstoff-Atom des Kohlenstoff-Atoms, das die Hydroxy-Gruppe trägt, farbig (**B2**).
3. Spalten Sie diese beiden Wasserstoff-Atome formal ab und entwickeln Sie eine Valenzstrichformel für das entstehende Reaktionsprodukt (**B2**).
4. Bestimmen Sie im Edukt- und im Produkt-Molekül jeweils die Oxidationszahl des Kohlenstoff-Atoms am Sauerstoff-Atom (**B3**).
5. Formulieren Sie die Teilgleichung für die Oxidation des sekundären Alkohols Propan-2-ol (**B3**).

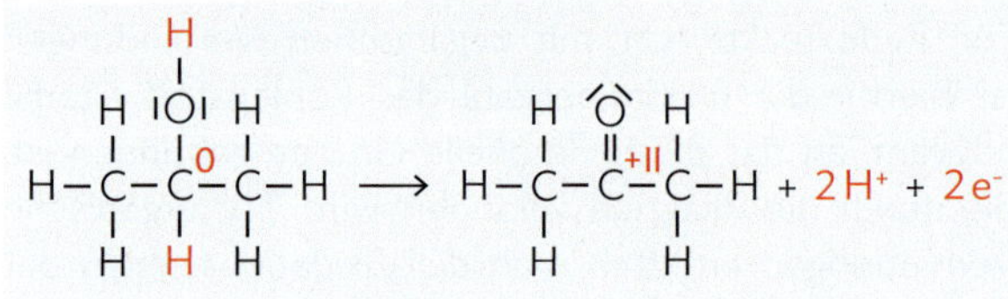

B3 Teilgleichung: Oxidation von Propan-2-ol zu Propanon

6. Benennen Sie die funktionelle Gruppe des Produkts und die entsprechende Verbindung (vgl. Info).

INFO

Primäre Alkohole reagieren zu Aldehyden mit endständiger Carbonyl-Gruppe im Molekül (a).

Sekundäre Alkohole reagieren zu Ketonen. Bei Ketonen ist die Carbonyl-Gruppe innerhalb der Kohlenstoff-Kette enthalten (b).

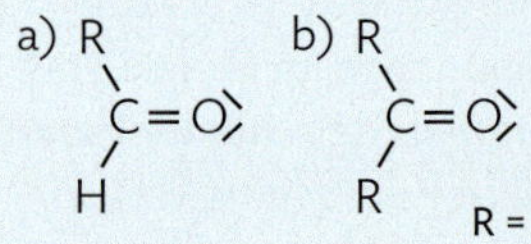

R = Alkyl-Rest

AUFGABEN

A1 Ermitteln Sie die Produkte für die Oxidation
a) von Pentan-1-ol und
b) von Pentan-2-ol.
Nutzen Sie dazu die angegebene Schrittfolge. Benennen Sie jeweils das Produkt und die funktionelle Gruppe im Produkt-Molekül.

A2 Tertiäre Alkohole können nicht oxidiert werden. Erklären Sie diesen Sachverhalt an einem selbstgewählten Beispiel. Nutzen Sie dazu die angegebene Schrittfolge.

A3 MK Sammeln Sie in einer Mindmap für jede Verbindungsklasse der Oxidationsprodukte von Alkoholen Informationen über wichtige Vertreter wie z. B. die Benennung, die Valenzstrichformel, das Vorkommen und die Verwendung.

2.3.6 Giftigkeit von Alkoholen und ihren Oxidationsprodukten

Der Trinkalkohol Ethanol ist ein Genussmittel für den Menschen. Bei übermäßigem Konsum von alkoholischen Getränken kann es zu unangenehmen Nebenwirkungen wie Kopfschmerzen, Übelkeit oder Schwindel kommen, die auch als „Kater" bekannt sind (B1). Neben Ethanol kann gepanschter Alkohol jedoch einen weiteren Alkohol beinhalten, der auf keinen Fall getrunken werden sollte: das Methanol. Unglücklicherweise riecht, schmeckt und sieht Methanol genauso aus wie Ethanol, ist aber schon in geringen Mengen gesundheitsgefährdend oder sogar tödlich. Wie unterschieden sich die beiden Alkohole in der Wirkung auf den menschlichen Körper?

Giftigkeit von Ethanol

Der Abbau des Trinkalkohols Ethanol findet in der Leber statt. Dabei wird Ethanol mithilfe des Enzyms **Alkoholdehydrogenase (ADH)** zu Ethanal (Acetaldehyd) abgebaut (**B2**). Ethanal ist wie Ethanol ein Zellgift und beeinflusst die Informationsübertragung im zentralen Nervensystem. Zudem schädigt es Leber und Herz und wird als krebserregend eingestuft. Ethanal wird anschließend durch das Enzym **Aldehyddehydrogenase (ALDH)** zu Ethansäure (Essigsäure) umgewandelt (**B2**). Diese wird dann mithilfe von Sauerstoff zu Kohlenstoffdioxid und Wasser umgesetzt. Bei diesen Abbaureaktionen von Ethanol handelt es sich um Redoxreaktionen, wobei Ethanol über die Zwischenprodukte Acetaldehyd und Essigsäure zu Kohlenstoffdioxid und Wasser oxidiert wird. Hauptsächliche Ursache für die Kopfschmerzen und ein auftretendes Durstgefühl ist ein durch den Alkohol entstandener körperlicher Wasserentzug mit darin gelösten Vitaminen und Mineralstoffen. Um den Elektrolytverlust wieder auszugleichen, wächst am nächsten Morgen das Verlangen nach salzhaltigen Speisen. Der „Kater" ist also nach übermäßigem Alkoholgenuss sowohl das Ergebnis von Ethanol selbst als auch das Ergebnis seiner Oxidationsprodukte.

Giftigkeit von Methanol

Bei der unsauberen Destillation von Selbstgebranntem vermischt sich Ethanol mit Methanol. Im Molekülbau unterscheidet sich **Methanol CH_3OH** von Ethanol nur durch den Ersatz einer Methyl-Gruppe durch ein Wasserstoff-Atom. Dieser geringfügige Strukturunterschied bewirkt jedoch Änderungen in den Stoffeigenschaften, die verheerende gesundheitliche Folgen haben: Bereits 5 bis 10 Milliliter Methanol führen zu Erblindung und zur Gehirnschädigung. Ab einer Dosis von 20 bis 50 Millilitern ist Methanol sogar tödlich. Methanol wirkt ähnlich berauschend wie Ethanol, allerdings viel schwächer. Infolgedessen werden oft größere Mengen der mit Methanol verschnittenen Spirituose getrunken. Seine volle Giftwirkung entfaltet Methanol dann nach 15 bis 20 Stunden. Methanol selbst ist dabei gar nicht der gefährliche Stoff, giftig sind seine Abbauprodukte. Beim Abbau entstehen, auf die gleiche Weise wie bei Ethanol (**B2**), die Oxidationsprodukte **Methanal (Formaldehyd)** und **Methansäure** (**Ameisensäure**), die direkt das zentrale Nervensystem beeinflussen und innere Organe vergiften. Methanal kann zur **Denaturierung** (Ausfällen) von Körpereiweiß führen und somit den Organismus schädigen. Der Tod wird durch Übersäuerung des Bluts durch Methansäure verursacht. Im Gegensatz zu Ethanol verläuft die **Verstoffwechselung** von Methanol im menschlichen Körper wesentlich langsamer. Ist das abbauende Enzym ADH mit dem Abbau von Ethanol ausgelastet, wird Methanol nicht zu den toxischen Zwischenprodukten abgebaut und unverändert ausgeschieden.

B1 „Kater" nach übermäßigem Alkoholgenuss

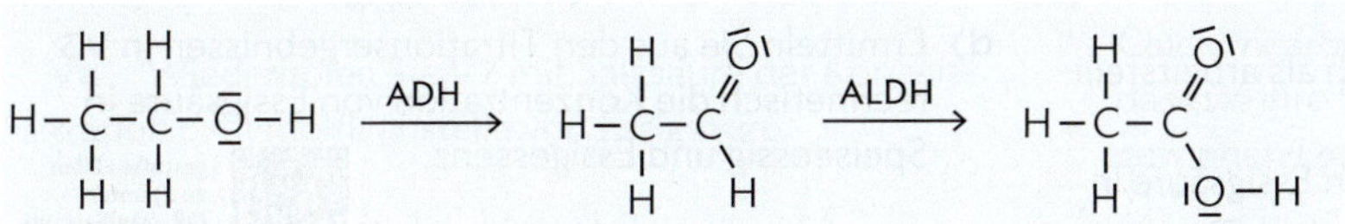

Ethanol — Ethanal (Acetaldehyd) — Ethansäure (Essigsäure)

B2 Abbau von Ethanol in der Leber

AUFGABE

A1 Geben Sie die Oxidationszahlen aller Kohlenstoff-Atome im Ethanol-, im Ethanal- und im Essigsäure-Molekül an und begründen Sie Veränderungen.

2.4.2 Essig und Essigsäure

Viele Lebensmittel sind schnell verderblich, da ihre Inhaltsstoffe von Mikroorganismen zersetzt werden oder mit dem Luftsauerstoff reagieren. Um Lebensmittel zu konservieren, werden seit alters her verschiedene Verfahren angewandt. Auch **Essig** (Essigsäurelösung) kann dafür verwendet werden. Essig ist eines der beliebtesten Mittel, um Lebensmittel, meistens Obst oder Gemüse, haltbar zu machen (**V1**). Dazu wird das Lebensmittel mit Essig versetzt (**V2**) oder in Essig eingekocht. Der saure Geruch und Geschmack des Essigs wird durch die im Essig enthaltene **Essigsäure** hervorgerufen (**V1**). Sie kommt unterschiedlich stark konzentriert in Speiseessig und Essigessenz vor. Der Gehalt an Essigsäure lässt sich über eine Titration ermitteln (**V3**).

Struktur und Eigenschaften von Essigsäure

Essigsäure ist der Trivialname für die **Ethansäure**. Sie enthält eine Methyl-Gruppe $-CH_3$ und eine **Carboxy-Gruppe –COOH**, die wiederum aus einer Carbonyl- und einer Hydroxy-Gruppe zusammengesetzt ist (**B1**). Als chemische Formel verwendet man daher für die Essigsäure die Molekülformel **CH_3COOH**.

Gibt man etwas wässrige Lösung der Essigsäure auf einen Streifen Universalindikatorpapier, färbt sich dieser rot. Essigsäurelösung ist eine saure Lösung. Essigsäure-Moleküle sind nach BRØNSTED **Protonendonatoren**. Beim Lösen von Essigsäure in Wasser geben die Essigsäure-Moleküle je ein Proton H^+ an je ein Wasser-Molekül ab. Die Protonen stammen aus der Carboxy-Gruppe. Die Protonenabgabe von einem Essigsäure-Molekül an ein Wasser-Molekül verläuft folgendermaßen:

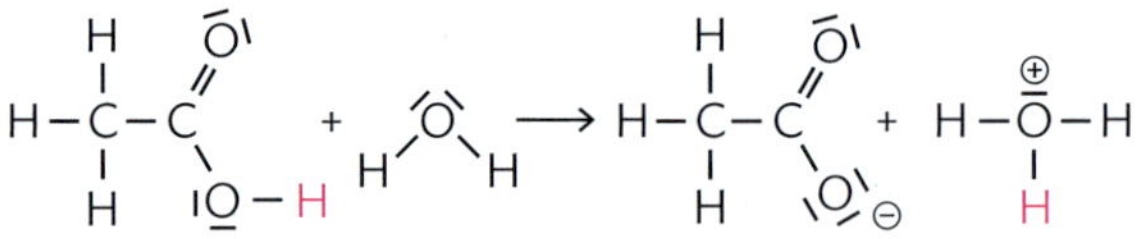

Es entstehen Oxonium-Ionen H_3O^+, die für den sauren Charakter der Lösung verantwortlich sind, sowie Säurerest-Anionen, die nach IUPAC als **Ethanoat-Ionen** und trivial als **Acetat-Ionen CH_3COO^-** bezeichnet werden.

IUPAC-Nomenklaturregeln → S. 48

Die Carboxy-Gruppe

Warum wird bei einem Essigsäure-Molekül gerade das Proton aus der Carboxy-Gruppe abgespalten? Die Bindung zwischen dem Sauerstoff-Atom und dem Wasserstoff-Atom in der Hydroxy-Gruppe in einem Alkohol-Molekül ist ähnlich polar wie die Bindungen im Wasser-Molekül. Dennoch ist eine ethanolische Lösung nicht sauer. Dies ist aber bei Speiseessig und Essigsäure der Fall (**V4**). Im Essigsäure-Molekül ist in der Carboxy-Gruppe die Hydroxy-Gruppe zusätzlich an eine Carbonyl-Gruppe gebunden. Dadurch wird die Polarität der Bindung zwischen dem Sauerstoff-Atom und dem Wasserstoff-Atom in der Hydroxy-Gruppe zusätzlich erhöht, sodass das Proton aus dieser Gruppe leicht abgespalten werden kann (**B1**). Dies erklärt, weshalb Essigsäure im Gegensatz zu Ethanol saure Eigenschaften aufweist.

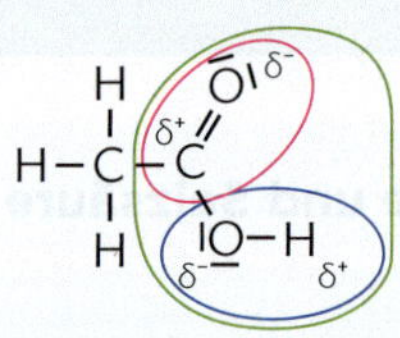

B1 Valenzstrichformel des Essigsäure-Moleküls

Herstellung von Essig

Essig ist schon seit dem Altertum bekannt und wurde als Getränk, Schönheits- und Heilmittel verwendet. Heutzutage wird er eher als natürliches Konservierungsmittel und als Speisewürze genutzt. Essig bzw. die Essigsäure wird auf natürlichem Wege durch die Vergärung von ethanolhaltigen Flüssigkeiten mithilfe von Essigsäurebakterien hergestellt. Lässt man Wein offen bei Zimmertemperatur stehen, siedeln sich Essigsäurebakterien an, die beispielsweise durch Fruchtfliegen eingetragen werden. Es bildet sich eine Haut aus Essigsäurebakterien (**V5**). Die Enzyme aus Essigsäurebakterien wandeln das Ethanol aus dem Wein mithilfe von Luftsauerstoff in Essig um, was deutlich am Geruch erkennbar ist (**V5**):

$$CH_3CH_2OH\ (aq) + O_2\ (g) \longrightarrow CH_3COOH\ (aq) + H_2O\ (l)$$

Bei der Essigherstellung im industriellen Maßstab gibt es im Wesentlichen zwei Verfahren:
Beim **Fesselverfahren** (**B2**) lässt man eine Flüssigkeit mit etwa 10 Vol.-% Ethanol (die „Maische“) unter Luftzutritt langsam über etwa 1 mm dicke Buchenholzspäne, die mit Essigsäurebakterien besetzt sind, herunterrieseln. Für das **Submersverfahren** verwendet man große Bottiche. Die Bakterien schwimmen in der ethanolhaltigen Maische, ohne sich an der Oberfläche anzusammeln. Hierbei muss für eine gute Durchlüftung der gesamten Lösung gesorgt werden.
Die Essigsäuregärung verläuft am besten bei einer Temperatur von 20 bis 35 °C. Reiner oder hochprozentiger Alkohol kann nicht zu Essigsäure vergären, da die Essigsäurebakterien am besten wirksam sind, wenn die Lösungen etwa 6 bis 14 % Alkohol enthalten.

B2 Essigherstellung im Fesselverfahren

Reaktionsverhalten der Essigsäure

Essigsäure reagiert ähnlich wie anorganische Säuren gleicher Ausgangskonzentration, aber weniger heftig (**V7**, **V8**). Die Heftigkeit der Reaktion einer Säure hängt von der Konzentration der Oxonium-Ionen H_3O^+ in der wässrigen Lösung ab. Folglich liegen in einer Essigsäurelösung weniger Oxonium-Ionen vor als in Salzsäure gleicher Konzentration (**V6**). Das ist darin begründet, dass nicht alle Essigsäure-Moleküle in Wasser ein Proton abspalten. Bei der Reaktion von Essigsäure mit Magnesium (**V7**) entstehen Magnesiumethanoat und Wasserstoff:

$$2\ CH_3COOH\ (aq) + Mg\ (s) \longrightarrow Mg(CH_3COO)_2\ (aq) + H_2\ (g)$$

Bei der Reaktion mit Marmor (Calciumcarbonat) (**V7**) bilden sich das Calciumethanoat, Wasser und Kohlenstoffdioxid:

$$2\ CH_3COOH\ (aq) + CaCO_3\ (s) \longrightarrow Ca(CH_3COO)_2\ (aq) + H_2O\ (l) + CO_2\ (g)$$

Das Essigsäure-Molekül besitzt als funktionelle Gruppe die Carboxy-Gruppe –COOH. Diese reagiert mit einem Wasser-Molekül als Protonendonator. Bei der Reaktion entsteht das Oxonium-Ion H_3O^+ und das Ethanoat- bzw. Acetat-Ion CH_3COO^-. Essigsäure reagiert ähnlich wie anorganische Säuren, z. B. Salzsäure, jedoch weniger heftig. Essigsäure kann mithilfe von Essigsäurebakterien aus alkoholhaltigen Lösungen hergestellt werden.

AUFGABEN

A1 Begründen Sie die Reaktionsbedingungen bei der Herstellung von Essigsäure nach dem Submersverfahren. Vergleichen Sie mit den Versuchsergebnissen bei **V5**.

A2 Begründen Sie die Notwendigkeit einer guten Belüftung der Lösung im Submersverfahren.

A3 Industrieessig wird durch die Reaktion von Kohlenstoffmonooxid und Methanol hergestellt. Entwickeln Sie zu dieser Reaktion die Reaktionsgleichung.

A4 Entwickeln Sie die Reaktionsgleichungen für die Reaktion von Essigsäure mit a) Zink, b) Natrium und c) Magnesiumcarbonat.

A5 Konservendosen, die saure Lebensmittel enthalten, werden innen mit einer dünnen Lackschicht beschichtet. Beschreiben Sie die möglichen Folgen, wenn diese Lackschicht weggelassen oder beschädigt wird.

06001-40
Arbeitsblatt zum Thema „Essigherstellung“ unter QR-/Mediencode 06001-40

2.5 Carbonsäuren

Rhabarber gilt aufgrund seines hohen Gehalts an Mineralstoffen als gesundes Gemüse. Für den leicht säuerlichen Geschmack von Rhabarberprodukten sind hauptsächlich die Oxalsäure und ihre Salze, die Oxalate, verantwortlich. Es wird empfohlen, Rhabarberkompott zusammen mit Milchprodukten wie Sahne oder Vanilleeis zu verzehren. Wie ist das zu erklären? Die Oxalsäure gehört neben anderen Säuren wie etwa der Ameisensäure, der Milchsäure oder der Citronensäure zu den Carbonsäuren. Was haben diese Säuren gemeinsam? Worin unterscheiden sie sich?

2.5.1 Versuche und Material

V Eigenschaften von Carbonsäuren

2 5 6 7

Die Methansäure wird aufgrund ihres Vorkommens, z. B. in den Giftsekreten der Ameisen, auch Ameisensäure genannt. Propansäurebakterien im Käse bilden beim Emmentaler und anderen Hartkäsesorten die charakteristischen Löcher und das Aroma durch Freisetzung von Kohlenstoffdioxid und Propansäure. Welche chemischen Eigenschaften besitzen diese Säuren?

V1 Geben Sie jeweils zwei Tropfen Methansäure-, Essigsäure- und Propansäurelösung mit jeweils der Konzentration $c = 1$ mol/L auf je einen Streifen Universalindikatorpapier.

V2 Füllen Sie in je ein Reagenzglas je 3 mL einer der Säurelösungen aus **V1**. Fügen Sie anschließend jeweils ein 2 cm langes Stück Magnesiumband hinzu und beobachten Sie die Reaktionen.

AUSWERTUNG

a) Beschreiben Sie die Beobachtungen bei **V1**.
b) Zeichnen Sie die Valenzstrichformeln der Moleküle von Methan-, Essig- und Propansäure. Kennzeichnen Sie jeweils die funktionelle Gruppe.
c) Vergleichen Sie die Heftigkeit der Reaktionen der unterschiedlichen Säuren mit Magnesium bei **V2** anhand der Gasentwicklung.
d) Formulieren Sie je eine je-desto-Beziehung zu den Beobachtungen in **V1** und **V2**.
e) Stellen Sie eine Vermutung zum unterschiedlichen Reaktionsverhalten der Säuren in **V2** auf.

ENTSORGUNG G1

V Eigenschaften und Nachweis von Oxalsäure

Vor übermäßigem Verzehr von Rhabarber wird aufgrund der enthaltenen Oxalsäure gewarnt, denn deren Salze gelten als eine Ursache für die Bildung von Nierensteinen. Welche Eigenschaften besitzt die Oxalsäure HOOC–COOH?

V3 Geben Sie in ein Reagenzglas eine Spatelspitze Oxalsäure und lösen Sie diese in etwa 5 mL Wasser. Prüfen Sie die Lösung mit Universalindikatorpapier.

V4 Geben Sie in die Lösung aus **V3** einen kleinen Magnesiumspan. Führen Sie zum Vergleich die Reaktion von Magnesium mit Essigsäurelösung durch.

V5 Stellen Sie in einem Reagenzglas eine gesättigte Calciumchloridlösung her. Lösen Sie in einem anderen Reagenzglas eine Spatelspitze Oxalsäure. Geben Sie mit einer Pipette einige Tropfen der gesättigten Calciumchloridlösung in die Oxalsäurelösung.

V6 Wiederholen Sie **V5** mit Rhabarbersaft anstelle von Oxalsäurelösung.

HOOC – COOH

B1 Halbstrukturformel des Oxalsäure-Moleküls

AUSWERTUNG

a) Formulieren Sie für die Reaktion von Oxalsäure in Wasser in **V3** die Reaktionsgleichung.

b) Erklären Sie die Säureeigenschaften von Oxalsäure anhand der Definition nach BRØNSTED und der Halbstrukturformel aus **B1**.

c) Bei **V4** entsteht ein Salz der Oxalsäure, ein Oxalat. Formulieren Sie für die Reaktionen von Essigsäure- und Oxalsäurelösung mit Magnesium die Reaktionsgleichungen.

d) Entwickeln Sie die Reaktionsgleichung für die Reaktion in **V5** unter Angabe der Aggregatzustände.

e) Erläutern Sie mithilfe Ihrer Versuchsergebnisse aus **V5** und **V6** die Empfehlung, Rhabarberprodukte mit Milchprodukten zu kombinieren, die reich an Calcium-Ionen sind.

f) MK Recherchieren Sie die Zusammensetzung von Nierensteinen und beschreiben Sie eine Möglichkeit, diese zu vermeiden.

ENTSORGUNG G1

V Reaktion von Citronensäure mit Kalk

Citronensäure $C_6H_8O_7$ (2-Hydroxypropan-1,2,3-tricarbonsäure) hat im Haushalt eine besondere Bedeutung als Reinigungsmittel. So kann man Kalkrückstande in Badezimmer und Küche kalt oder lauwarm damit entfernen. Warum ist die Citronensäure dafür so gut geeignet und was läuft beim Entfernen der Kalkrückstände ab?

V7 Geben Sie in ein Reagenzglas eine Spatelspitze Citronensäure und lösen Sie diese in ca. 5 mL Wasser. Prüfen Sie diese Lösung mit Universalindikatorpapier (Video unter QR-/Mediencode 06001-41). Geben Sie in das Reagenzglas unter Schütteln so lange Calciumcarbonat hinzu, bis die Flüssigkeit trüb ist. Filtrieren Sie dann vom überschüssigen Calciumcarbonat ab und erhitzen Sie das Filtrat bis zum Sieden.

06001-41

V8 Wiederholen Sie **V7** mit Essigsäurelösung anstelle von Citronensäurelösung.

AUSWERTUNG

a) Carbonsäuren reagieren wie anorganische Säuren mit Calciumcarbonat $CaCO_3$ (Kalk) zum Salz der Säure, Kohlenstoffdioxid und Wasser. Bei der Reaktion von Citronensäure mit Kalk entsteht das Calciumsalz der Citronensäure, Calciumcitrat $Ca_3(C_6H_5O_7)_2$. Entwickeln Sie die Reaktionsgleichungen in Summenformelschreibweise für die Reaktionen in **V7** und **V8**.

b) Citronensäure ist nicht besonders gut geeignet, um Kaffeemaschinen zu entkalken. Begründen Sie diese Aussage mit Bezug auf **V7**.

ENTSORGUNG G1

2.5.2 Die homologe Reihe der Alkansäuren

Die Stoffklasse der Alkansäuren

Der Biss einer Ameise, der Griff an ein Brennnesselblatt oder das Nesselgift einer Qualle, die einen beim Schwimmen im Meer streift (**B1**), können sehr schmerzhaft sein und Hautrötungen hervorrufen. Schuld daran ist die ätzende **Ameisensäure** (Methansäure), die wie Essigsäure (Ethansäure) ein Vertreter der **Alkansäuren** ist. Als Alkansäuren werden organische Verbindungen bezeichnet, deren Moleküle aus einer Alkyl-Gruppe und einer Carboxy-Gruppe –COOH als funktionelle Gruppe aufgebaut sind. Alkansäuren gehören zur Stoffklasse der **Carbonsäuren**.

Essigsäure → S. 86

B1 Ameisen produzieren Ameisensäure. Bei einigen Quallenarten ist Ameisensäure Bestandteil des Giftes in ihren Nesseln.

In Analogie zu den Alkanen, Alkanolen und Alkanalen bilden die Alkansäuren ebenfalls eine homologe Reihe (**B2**). In der homologen Reihe der Alkansäuren unterscheiden sich die aufeinanderfolgenden Vertreter nur durch eine Methylen-Gruppe im Alkyl-Rest. Die allgemeine Summenformel der Alkansäuren lautet $\mathbf{C_nH_{2n+1}COOH}$.

Für die systematische Benennung der Alkansäuren wird an den Namen des jeweiligen Alkans die Endung **-säure** angehängt.

Der Trivialname vieler Alkansäuren, wie z. B. der der Ameisensäure und der Essigsäure, weist häufig auf ihr Vorkommen in der Natur hin (**B1**).

Bis zur Nonansäure (Pelargonsäure) sind die Alkansäuren der homologen Reihe bei Raumtemperatur flüssig. Alkansäuren mit mindestens zehn Kohlenstoff-Atomen im Molekül sind Feststoffe.

Reaktionen der Alkansäuren

Alkansäuren reagieren ebenso wie anorganische Säuren mit unedlen Metallen wie z. B. Magnesium unter Bildung von Wasserstoff und einem Salz (**V2**). Die Salze der Alkansäuren werden **Alkanoate** genannt. Die Salze der Alkansäuren aus Molekülen mit kurzen Alkyl-Gruppen haben ebenso wie die Säuren Trivialnamen:
Formiat (Methanoat), Acetat (Ethanoat), Propionat (Propanoat) und Butyrat (Butanoat).
Bei der Reaktion von Methansäure mit Magnesium (**V2**) entstehen Magnesiummethanoat und Wasserstoff:

$$2\,HCOOH\,(aq) + Mg\,(s) \longrightarrow Mg(HCOO)_2\,(aq) + H_2\,(g)$$

Vergleich von Lösungen von Alkansäuren mit anorganischen Säuren

Alkansäuren reagieren meist weniger heftig als anorganische Säuren. Die in **V1** untersuchten Alkansäuren färben das Universalindikatorpapier von rot (Methansäure) bis orange (Propansäure). Bei allen drei Säuren ist eine Gasentwicklung bei der Reaktion mit Magnesium zu beobachten, deren Stärke von der Methansäure zur Propansäure abnimmt (**V2**). In einer Methansäurelösung oder in einer Essigsäurelösung liegen weniger Oxonium-Ionen vor als in Salzsäure gleicher Konzentration. Das ist mit der zunehmenden Länge der Kohlenstoff-Kette der Alkansäure-Moleküle zu erklären. Je länger die Kohlenstoff-Kette ist,

Name (Trivialname)	Molekülformel	Halbstrukturformel	Siedetemperatur in °C
Methansäure (Ameisensäure)	$HCOOH$	$HCOOH$	100,8
Ethansäure (Essigsäure)	CH_3COOH	$CH_3–COOH$	118,1
Propansäure (Propionsäure)	C_2H_5COOH	$CH_3–CH_2–COOH$	141,5
Butansäure (Buttersäure)	C_3H_7COOH	$CH_3–(CH_2)_2–COOH$	163,7
Pentansäure (Valeriansäure)	C_4H_9COOH	$CH_3–(CH_2)_3–COOH$	186,0

B2 Auflistung der ersten fünf Vertreter der homologen Reihe der Alkansäuren

umso weniger leicht spaltet ein Alkansäure-Molekül ein Proton bei der Reaktion mit Wasser-Molekülen ab.

Löslichkeit von Alkansäuren

Die Löslichkeit der Alkansäuren nimmt mit steigender Länge der Alkyl-Gruppe der Moleküle in polaren Lösemitteln wie Wasser ab, in unpolaren Lösemitteln nimmt sie zu. Die ersten vier Vertreter der homologen Reihe, Methansäure, Essigsäure, Propansäure und Butansäure, sind in Wasser gut löslich. Die anderen Alkansäuren bilden mit Wasser ein Zwei-Phasen-Gemisch. Ähnlich wie bei der Löslichkeit der Alkanole in Wasser (vgl. S. 76), ist auch hier die abnehmende Wasserlöslichkeit der Alkansäuren auf die zunehmende Länge der Alkyl-Gruppe in den Molekülen zurückzuführen.
Bei Alkansäuren mit kürzerer Alkyl-Gruppe in den Molekülen überwiegt der Einfluss der stark polaren Carboxy-Gruppe im Vergleich zu dem der Alkyl-Gruppe. Zwischen ihr und den Wasser-Molekülen bilden sich starke Wasserstoffbrücken aus (**B3**).

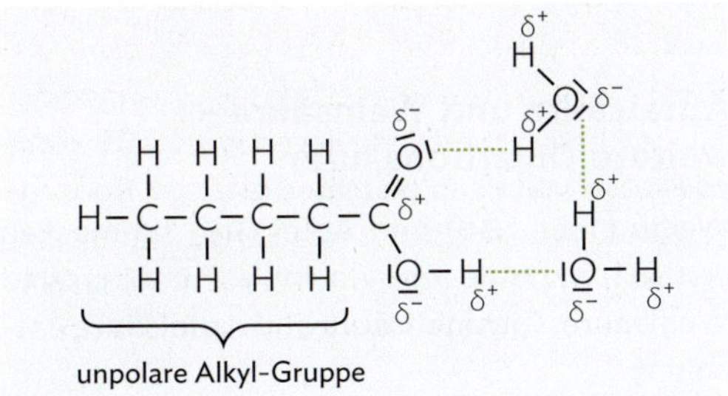

B3 Wasserstoffbrücken zwischen Wasser-Molekülen untereinander und zwischen der Carboxy-Gruppe eines Pentansäure-Moleküls und Wasser-Molekülen

Siedetemperaturen von Alkansäuren

Die Siedetemperaturen der Alkansäuren liegen im Vergleich zu denen der Alkanole mit Molekülen ähnlicher Molekülmasse deutlich höher. Ursache dafür ist die polare Carboxy-Gruppe der Alkansäure-Moleküle, die über Wasserstoffbrücken mit einer weiteren Carboxy-Gruppe eines anderen Alkansäure-Moleküls sogenannte **Dimere** (lat. *di*, zwei) bilden kann. Es entsteht ein Molekülverband aus zwei Einheiten (**B4**), der als Verband eine größere Molekülmasse und stärkere zwischenmolekulare Wechselwirkungen aufweist.

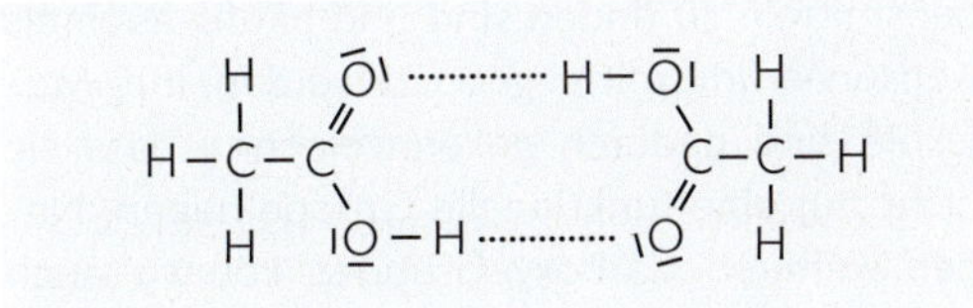

B4 Dimer-Bildung zwischen zwei Essigsäure-Molekülen über Wasserstoffbrücken

Mit zunehmender Länge der Alkyl-Gruppe in den Molekülen der Alkansäuren steigen auch die Siedetemperaturen innerhalb der homologen Reihe (**B2**), da zusätzlich zu der Wirkung der polaren Carboxy-Gruppen auch die VAN-DER-WAALS-Kräfte zwischen den temporären Dipolen der größer werdenden Alkyl-Gruppen zunehmen.

Alkansäuren haben die allgemeine Molekülformel $C_nH_{2n+1}COOH$ und die Carboxy-Gruppe –COOH als funktionelle Gruppe. Die Löslichkeit der Alkansäuren nimmt mit zunehmender Länge der Alkyl-Gruppe in den Molekülen in polaren Lösemitteln ab und in unpolaren Lösemitteln zu. Mit zunehmender Kettenlänge steigt die Siedetemperatur der Alkansäuren.

AUFGABEN

A1 Führen Sie die homologe Reihe der Alkansäuren (**B2**) bis zur Decansäure fort und geben Sie jeweils die Halbstrukturformel an.

A2 Mischt man Ameisensäure mit Benzin, kommt es zur Phasenbildung. Erläutern Sie diese Beobachtung.

A3 Alkansäuren mit kurzkettigen Molekülen reagieren sowohl mit Calciumcarbonat als auch mit Magnesium unter Gasentwicklung. Benennen Sie die Gase, die bei den zwei Reaktionen entstehen und beschreiben Sie je einen Nachweis für diese.

06001-42
gestufte Hilfen zu **A2** unter QR-/Mediencode 06001-42

2.5.3 Mehrwertige Carbonsäuren

Carbonsäuren in Lebensmitteln

Säure-Base-Begriff nach BRØNSTED → S. 20

Oxalsäure, Äpfelsäure, Weinsäure und **Citronensäure** sind Carbonsäuren, die in vielen Lebensmitteln zu finden sind und häufig auch als Konservierungsmittel genutzt werden. Ihre Moleküle sind dadurch gekennzeichnet, dass sie nicht nur eine funktionelle Gruppe haben. Neben weiteren Carboxy-Gruppen können auch Hydroxy-Gruppen vorhanden sein.
Carbonsäuren, die nur eine unverzweigte Alkyl-Gruppe und zwei Carboxy-Gruppen in den Molekülen enthalten, sind **Dicarbonsäuren** und bilden eine homologe Reihe (**B5**). Ihr systematischer Name leitet sich vom Namen des Alkans mit dem Zusatz **-disäure** ab. Dicarbonsäuren sind wichtige Ausgangsstoffe für die Synthese von Kunststoffen wie Polyester und Polyamiden.

Anzahl der Kohlenstoff-Atome	Name (Trivialname)	Halbstrukturformel	Vorkommen
2	Ethandisäure (Oxalsäure)	HOOC–COOH	Rhabarber, Knöterichgewächse
3	Propandisäure (Malonsäure)	$HOOC{-}CH_2{-}COOH$	Zuckerrübensaft
4	Butandisäure (Bernsteinsäure)	$HOOC{-}(CH_2)_2{-}COOH$	Bernsteine
5	Pentandisäure (Glutarsäure)	$HOOC{-}(CH_2)_3{-}COOH$	Saft unreifer Zuckerrüben
6	Hexandisäure (Adipinsäure)	$HOOC{-}(CH_2)_4{-}COOH$	Zuckerrübe, Rote Bete
7	Heptandisäure (Pimelinsäure)	$HOOC{-}(CH_2)_5{-}COOH$	Oxidationsprodukt von Fetten

B5 Einige Dicarbonsäuren und ihre Vorkommen

Oxalsäure – eine Dicarbonsäure

Die einfachste Dicarbonsäure ist die farblose, kristalline **Ethandisäure $C_2H_2O_4$** (**B5**). Der Name der Salze der Ethandisäure leitet sich von ihrem Trivialnamen **Oxalsäure** ab, sie werden **Oxalate** genannt. Oxalate kommen in vielen Pflanzen vor. Besonders bekannt ist der hohe Oxalsäuregehalt in rohen Stielen des Rhabarbers, Blättern des Mangolds und des Spinats. Oxalsäure ist sehr gut wasserlöslich (**V3**). Die Oxalsäure-Moleküle sind Protonendonatoren, also nach der Definition von BRØNSTED Säuren:

$$HOOC{-}COOH\ (s) + 2\ H_2O\ (l) \longrightarrow {}^{-}OOC{-}COO^{-}\ (aq) + 2\ H_3O^{+}\ (aq)$$

Oxalsäure kann gesundheitsschädlich sein, wenn sie dem Körper in höheren Mengen zugeführt wird.
Nach Zugabe von Lösungen, die Calcium-Ionen enthalten, wie z. B. Milch zu einer Oxalsäurelösung fällt ein weißer Niederschlag von Calciumoxalat aus (**V5**). Da auch Rhabarbersaft nach Zugabe dieser Lösungen einen weißen Niederschlag bildet, lässt sich schließen, dass im Saft Oxalsäure enthalten ist (**V6**):

$$HOOC{-}COOH\ (aq) + Ca^{2+}\ (aq) \longrightarrow CaC_2O_4\ (s) + 2\ H^{+}\ (aq)$$

Durch diese Bildung von schwerlöslichem Calciumoxalat kann die Oxalsäure aus dem Körper ferngehalten werden. Es wird daher empfohlen, Rhabarberprodukte stets zusammen mit Milchprodukten zu verzehren, die reich an Calcium-Ionen sind.

Äpfelsäure und Weinsäure – weitere Dicarbonsäuren

Weintrauben (**B6**) und Äpfel (**B6**) schmecken erst süß, wenn sie reif sind. In Weintrauben sind **Weinsäure**, **Citronensäure** und **Äpfelsäure** enthalten.
Zu Beginn des Reifeprozesses ist der Säuregehalt in Früchten am höchsten und nimmt dann mit zunehmender Reife ab. Durch Bestimmung des Gesamtsäuregehalts lässt sich der Reifegrad von Früchten ermitteln. Die Äpfelsäure wird während des Reifens teilweise in Zucker umgewandelt. Bei Sonneneinstrahlung funktioniert dieser Vorgang besser. Ein Teil der Säuren verbindet sich mit der Zeit mit Kalium- und Calcium-Ionen zu den Salzen der beiden Säuren. Die Salze der Äpfelsäure heißen **Malate**, die der Weinsäure **Tartrate**.
Äpfelsäure (**B7** links) dient als Lebensmittelzusatzstoff E 296 zum Konservieren. Sie schmeckt

B6 Weintrauben und Äpfel enthalten mehrwertige Carbonsäuren.

stark sauer und hemmt die Wirkung von Enzymen, die für die Braunfärbung von frisch geschnittenem Obst verantwortlich sind. Auch zum Säuern von Getränken wird sie eingesetzt. Die Moleküle der Äpfelsäure enthalten als zusätzliche funktionelle Gruppe eine Hydroxy-Gruppe. Weinsäure (**B7** rechts) ist als Lebensmittelzusatzstoff E 334 zugelassen, sie wird u. a. ebenfalls als Säuerungsmittel verwendet. Die Moleküle der Weinsäure enthalten zwei Hydroxy-Gruppen als weitere funktionelle Gruppen.

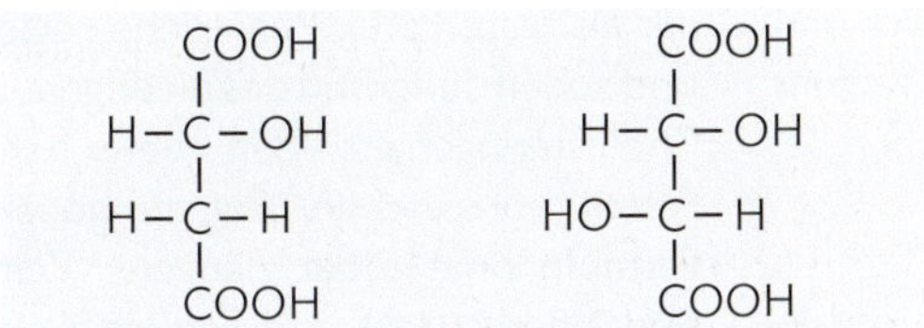

B7 Halbstrukturformeln des Äpfelsäure- (links) und Weinsäure-Moleküls (rechts)

Citronensäure – eine Hydroxytricarbonsäure

Citronensäure $C_6H_8O_7$ ist eine **Tricarbonsäure** und die am häufigsten in Pflanzen vorkommende Carbonsäure. Sie enthält drei Carboxy-Gruppen und zusätzlich eine Hydroxy-Gruppe im Molekül (**B8**). Ihr systematischer Name ist 2-Hydroxypropan-1,2,3-tricarbonsäure.
Der Saft einer Zitrone kann bis zu 7 % Citronensäure enthalten. Sie ist in fast allen Organismen zu finden, da sie ein Zwischenprodukt des Stoffwechsels von Fetten und Kohlenhydraten ist. Besondere Bedeutung im Haushalt hat Citronensäure als Reinigungsmittel. Eine wässrige Citronensäurelösung entfernt Kalkrückstände (**V7**).

Die Salze der Citronensäure werden als **Citrate** bezeichnet. Erhitzt man eine Lösung von Calciumcitrat, fällt dieses als Niederschlag aus. Die Löslichkeit von Calciumcitrat ist in heißem Wasser schlechter als in kaltem Wasser. Eine Heißentkalkung von Elektrogeräten mit Citronensäurelösung ist deshalb nicht ratsam, weil sich zwar Kalk lösen lässt, aber festes Calciumcitrat bildet (**V7**).

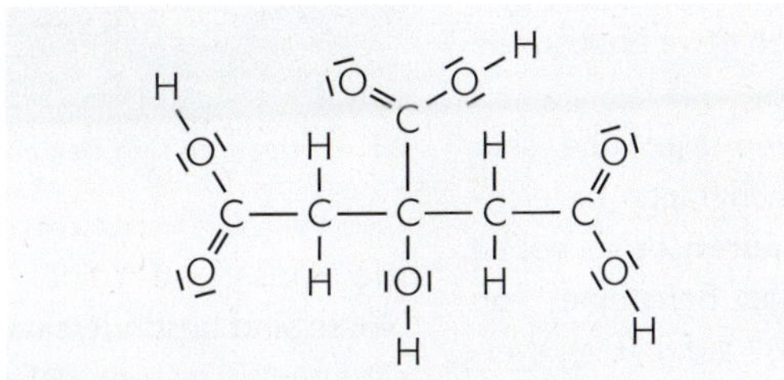

B8 Valenzstrichformel eines Citronensäure-Moleküls

06001-43
Arbeitsblatt zum Thema „Milchsäure“ unter QR-/Mediencode 06001-43

Carbonsäuren mit unverzweigter Alkyl-Gruppe und zwei Carboxy-Gruppen in den Molekülen sind Dicarbonsäuren. Sie bilden eine homologe Reihe. Ihr systematischer Name leitet sich vom Namen des Alkans mit dem Zusatz -disäure ab. Mehrwertige Carbonsäuren können auch drei oder mehr Carboxy-Gruppen und bzw. oder weitere funktionelle Gruppen in ihren Molekülen haben.

AUFGABEN

A1 Entwickeln Sie einen Versuch, mit dem man nachweisen kann, dass auch Spinat Oxalsäure enthält.

A2 Formulieren Sie die Reaktionsgleichung für die Reaktion von Weinsäure mit Wasser und begründen Sie die Säureeigenschaft.

A3 Legen Sie für die auf den Lehrbuchseiten aufgeführten Carbonsäuren eine Tabelle mit folgenden Spalten an: Systematischer Name, Trivialname, Valenzstrichformel, Bezeichnung der Salze, E-Nummer und Verwendung. Füllen Sie die Tabelle aus und ergänzen Sie weitere Carbonsäuren.

06001-44
Video zum Thema „Weinsäure mit Wasser“ unter QR-/Mediencode 06001-44

2.5.4 Fettsäuren und Fette

Auf den Verpackungen vieler pflanzlicher Öle wird häufig mit dem Hinweis „reich an ungesättigten Fettsäuren“ geworben. Gesättigte Fettsäuren finden sich vor allem als Bestandteil tierischer Fette wie Butter und Schmalz oder fester, pflanzlicher Fette wie z. B. Kokosfett. Was bedeutet der Begriff „ungesättigte Fettsäure“ und sind gesättigte Fettsäuren etwa ungesund?

B1 Fettsäuren sind Bestandteile von Fetten und Ölen.

Alkansäuren, deren Moleküle sehr lange Alkyl-Gruppen tragen, bezeichnet man als **Fettsäuren**, da sie neben **Glycerin** wichtige Bausteine von **Fetten** sind (vgl. **B7** auf S. 102). Weisen die langen Alkyl-Gruppen der Fettsäure-Moleküle nur C–C-Einfachbindungen auf, handelt es sich um **gesättigte Fettsäuren**. Moleküle **ungesättigter Fettsäuren** enthalten mindestens eine C=C-Doppelbindung. Bei den ungesättigten Fettsäuren unterscheidet man zwischen einfach ungesättigten Fettsäuren mit nur einer Doppelbindung und mehrfach ungesättigten Fettsäuren mit zwei oder mehr Doppelbindungen im Alkyl-Rest. Mehrfach ungesättigte Fettsäuren sind essenziell, d. h. sie müssen mit der Nahrung zugeführt werden, da der Körper sie nicht selbst herstellen kann. Pflanzliche Nahrungsmittel wie Raps- und Leinöl, Oliven und Nüsse sind besonders reich an ungesättigten Fettsäuren (**B1**, **B2**). Nahrungsmittel mit einem hohen Anteil an ungesättigten Fettsäuren gelten als besonders gesund, da diese wichtige Bestandteile von Zellen sind und Herz-Kreislauf-Erkrankungen vorbeugen können. Gesättigte Fettsäuren sind schlechter verdaulich und können bei übermäßigem Verzehr solche Erkrankungen verursachen.

Fette und Ernährung

Fette gehören zu den **Makronährstoffen** des Menschen, da sie vielfältige lebenswichtige Funktionen im Körper besitzen: Ohne Fett kann der menschliche Körper nicht überleben. Die offiziellen Empfehlungen für die Aufnahme von Fett liegen bei etwa 0,5 bis 1 Gramm Fett pro Kilogramm Körpergewicht pro Tag. Dies ist nur eine Richtlinie, da der Fettbedarf beispielsweise auch vom Körpergewicht, dem individuellen Stoffwechsel und der sportlichen Betätigung abhängt. Öle sind in der Regel gesünder als feste Fette. Pflanzliche Fette sind zudem aufgrund des niedrigeren Cholesteringehalts den tierischen Fetten vorzuziehen. Bei zu hoher Fettaufnahme über längere Zeit sind Übergewicht und Fettleibigkeit mögliche Folgen, die zu Schäden am Bewegungsapparat und Diabetes führen können. Neben der Menge an Fetten ist der hohe Zuckeranteil in Produkten wie Süßigkeiten, Softdrinks und Fertigprodukten problematisch. Überschüssigen Zucker baut der Körper in Fette um.

Fett	gesättigte Fettsäuren		ungesättigte Fettsäuren		
	Palmitinsäure $C_{15}H_{31}COOH$	Stearinsäure $C_{17}H_{35}COOH$	Ölsäure $C_{17}H_{33}COOH$	Linolsäure $C_{17}H_{31}COOH$	Linolensäure $C_{17}H_{29}COOH$
Butter	23 – 26	10 – 13	30 – 40	4 – 5	1 – 2
Schweineschmalz	28 – 30	12 – 18	41 – 48	6 – 7	–
Kokosfett	4 – 10	1 – 5	2 – 10	0 – 2	–
Olivenöl	5 – 15	1 – 4	69 – 84	4 – 12	–
Rapsöl	0 – 1	–	20 – 38	10 – 15	8 – 9
Leinöl	4 – 7	2 – 5	9 – 38	3 – 43	56 – 58

B2 Massenanteil einiger gesättigter und ungesättigter Fettsäuren in % in Nahrungsfetten

AUFGABEN

A1 Erklären Sie den strukturellen Unterschied zwischen gesättigten und ungesättigten Fettsäure-Molekülen.

A2 „Pflanzliche Fette und Öle sind gesünder als tierische Fette.“ Beurteilen Sie diese Aussage mithilfe von **B2**.

2.5.5 Konservierungsstoffe

Organische Säuren und ihre Salze werden oft gezielt Lebensmitteln zugesetzt, um sie länger haltbar zu machen. Das Lebensmittelgesetz regelt genau Art und Menge des zugesetzten Stoffes. Die Zusatzstoffe müssen durch den Stoffnamen oder ihre sogenannte E-Nummer auf der Verpackung gekennzeichnet sein.

B1 Organische Säuren wie Sorbinsäure (2,4-Hexadiensäure) hemmen das Wachstum von Schimmelpilzen in Brot.

Durch den Zusatz organischer Säuren werden viele Lebensmittel länger haltbar gemacht. Damit sich auf Brot kein Schimmel bildet, wird oft **Sorbinsäure** (2,4-Hexadiensäure) (**B1**) zugesetzt, die im Körper vollständig abgebaut wird. Zu sauren Lebensmitteln wie Fleischsalat oder Fischkonserven gibt man **Benzoesäure** (**B2**). Bei beiden Säuren handelt es sich um **Konservierungsstoffe**, die verhindern, dass durch Schimmelpilze oder Bakterien giftige Stoffe in diesen Lebensmitteln entstehen.

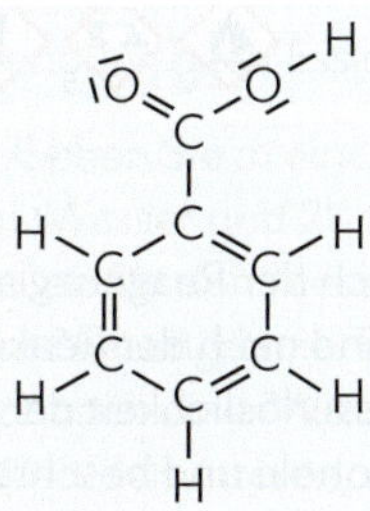

B2 Benzoesäure-Molekül

Man nutzt solche Zusatzstoffe aber auch zum Erhalt der Farbe eines Lebensmittels. Viele Lebensmittel, wie z. B. Apfelmus, verändern an der Luft ihre Farbe und bekommen ein unappetitliches Aussehen. Dies ist auf eine Reaktion zwischen dem Luftsauerstoff und bestimmten Inhaltsstoffen im Apfelmus zurückzuführen. Durch den Zusatz von „**Antioxidantien**“ wie z. B. **Ascorbinsäure** (Vitamin C) (**B3**), kann die Bildung dieser Oxidationsprodukte verhindert werden (Video unter QR-/Mediencode 06001-45). Erfrischungsgetränken wie Limonaden, Brausen, Fruchtschorlen oder Fruchtsaftgetränken werden oft Citronensäure, Weinsäure oder Äpfelsäure (vgl. S. 94) zugesetzt, damit sie saurer schmecken und besonders erfrischend wirken. Alle diese Zusatzstoffe in Lebensmitteln müssen gekennzeichnet sein oder als **E-Nummern** auf der Verpackung angegeben werden. Jede E-Nummer steht für einen anderen Lebensmittelzusatzstoff (**B4**).

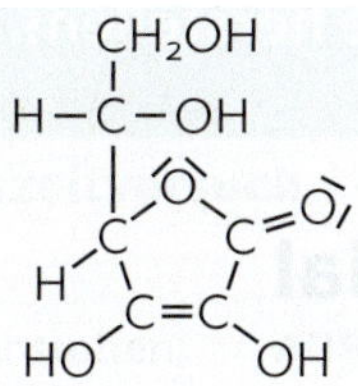

06001-45

B3 Ascorbinsäure-Molekül (Vitamin C)

E-Nummer	Name der Säure
E 200	Sorbinsäure
E 210	Benzoesäure
E 260	Essigsäure
E 270	Milchsäure
E 296	Äpfelsäure
E 300	Ascorbinsäure
E 330	Citronensäure
E 334	Weinsäure

B4 E-Nummern von Lebensmittelzusatzstoffen

AUFGABEN

A1 MK Suchen Sie auf Lebensmittelverpackungen nach E-Nummern und recherchieren Sie, welcher Zusatzstoff sich dahinter verbirgt.

A2 Begründen Sie, dass für den Zusatz von Konservierungsstoffen im Lebensmittelgesetz Höchstwerte festgelegt sind.

A3 MK Essig wird auf Lebensmitteletiketten als „natürliches Konservierungsmittel“ bezeichnet, obwohl er großtechnisch hergestellt wird (vgl. S. 89). Begründen Sie, dass solche Bezeichnungen auf Lebensmitteln einerseits ihre Berechtigung haben, andererseits aber die Kundschaft verwirren können.

2.6.2 Aromastoffe

Das Öffnen einer Tube Klebstoff, das Schälen einer Banane oder Orange, aber auch die Verwendung künstlicher Aromen zum Backen wird durch unseren Geruchssinn schnell und oft als angenehm wahrgenommen. Die Aromastoffe aus Orangen (**B1**) oder Minze kann man direkt aus den Pflanzen gewinnen. Bei vielen anderen Aromen werden ein oder mehrere künstliche Aromastoffe kombiniert. Was haben diese Aromastoffe gemeinsam und wie kann man sie herstellen?

Aldehyde → S. 80

B1 Orangenöl wird aus Orangenschalen gewonnen.

Esterbildung

Erhitzt man ein Gemisch aus Essigsäure und Ethanol, entsteht nach kurzer Zeit eine farblose Flüssigkeit, deren Geruch an Klebstoff erinnert (**V1**). Beim Reaktionsprodukt handelt es sich um den **Essigsäureethylester (Ethansäureethylester)**, der zur Stoffklasse der **Alkansäurealkylester** gehört. Verkürzt spricht man von **Estern**.

Aus der Carboxy-Gruppe –COOH eines Essigsäure-Moleküls und der Hydroxy-Gruppe –OH eines Ethanol-Moleküls entsteht die funktionelle Gruppe im Essigsäureethylester-Molekül, die **Ester-Gruppe –COO–**. Da bei dieser Reaktion zwei Moleküle zu einer neuen Verbindung unter Abspaltung eines kleinen Moleküls, hier Wasser, reagieren, nennt man eine solche Reaktion auch **Kondensation** (**B2**).

Durch Kombination verschiedener Alkansäuren und Alkanole lassen sich viele unterschiedliche Ester herstellen, die jeweils einen charakteristischen Geruch aufweisen (**V1**). Ester zählen daher, ebenso wie Aldehyde, zu den Aromastoffen.

Eigenschaften und Struktur

Ester und Wasser bilden zwei Phasen (**V1**). Mit Essigsäureethylester kann man Alleskleber, Wachse und Fette lösen, er ist aber nicht als Lösemittel für Kochsalz geeignet (**V2**, **V3**).

Alkansäuren und Alkanole mit kurzkettigen Molekülen sind in Wasser löslich, die daraus gebildeten Ester jedoch nur wenig. Die Ester-Gruppe ist weniger polar als die stark polaren Hydroxy- und Carboxy-Gruppen der Edukte. Die starke Ionenbindung zwischen den Natrium- und Chlorid-Ionen des Kochsalzes verhindert dessen Löslichkeit in Estern (**V3**).

Letztlich entscheidet der Einfluss der Alkyl-Reste in den Ester-Molekülen über das Löseverhalten eines Esters. Gibt man Ester in Wasser, entstehen zwei Phasen, wobei der Ester wegen seiner geringeren Dichte die obere Phase bildet. Ester sind aufgrund ihres lipophilen Charakters gut löslich in lipophilen Lösemitteln wie Benzin und eignen sich als Lösemittel für lipophile Substanzen wie Nagellack, Klebstoff, Fett und Wachs (**V2**, **V3**).

Untereinander bilden Ester-Moleküle im Gegensatz zu Alkansäure- und Alkanol-Molekülen

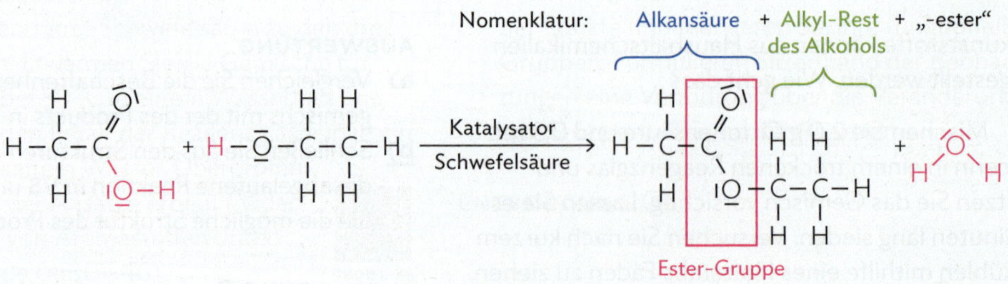

B2 Veresterung eines Essigsäure-Moleküls mit einem Ethanol-Molekül

keine Wasserstoffbrücken aus. Zwischen den Ester-Gruppen benachbarter Ester-Moleküle wirken daher nur Dipol-Dipol-Wechselwirkungen. Die Siedetemperatur des Essigsäureethylesters ist mit 77 °C wegen dieser vergleichsweise schwächeren Wechselwirkungen deutlich niedriger als die Siedetemperatur der Essigsäure mit 118 °C.

Esterspaltung

Lässt man ein Gemisch aus Essigsäure und Ethanol einige Tage stehen, bildet sich Essigsäureethylester mit seinem charakteristischen Geruch nach Nagellackentferner. Mischt man dagegen Essigsäureethylester und Wasser, bilden sich zwei Phasen. Verschließt man das Gefäß und lässt es einige Tage stehen, wird die Esterphase (oben) bei gleichbleibendem Gesamtvolumen kleiner (**V4**). Wie ist dies zu erklären?
Ein Teil des wasserunlöslichen Essigsäureethylesters reagiert mit Wasser zu den wasserlöslichen Produkten Essigsäure und Ethanol (**B3**).

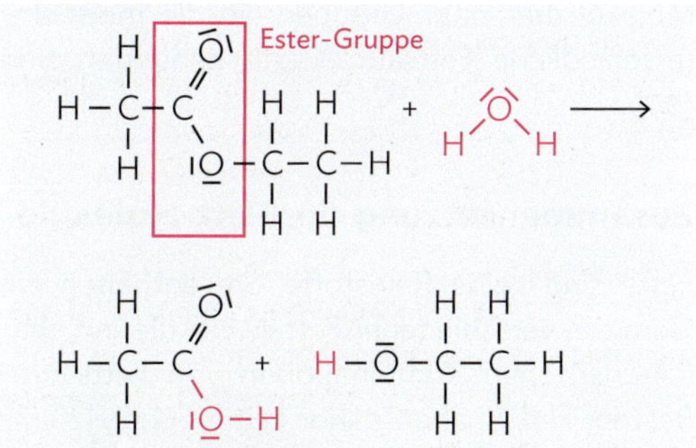

B3 Esterspaltung von Essigsäureethylester mit Wasser zu Essigsäure und Ethanol

Diese Reaktion entspricht der Umkehrung der Kondensation und wird als **Hydrolyse** bezeichnet. Die Hydrolyse ist die Spaltung einer chemischen Verbindung durch Reaktion mit Wasser. Kondensation und Hydrolyse sind **umkehrbare chemische Reaktionen**. Die Edukte der Kondensation sind gleichzeitig die Produkte der Hydrolyse und umgekehrt:

$$\text{Carbonsäure} + \text{Alkohol} \underset{\text{Hydrolyse}}{\overset{\text{Kondensation}}{\rightleftharpoons}} \text{Ester} + \text{Wasser}$$

Ester entstehen in einer Kondensationsreaktion von Alkansäuren mit Alkanolen unter Abspaltung von Wasser. Aufgrund ihrer gering polaren Ester-Gruppe bilden Ester-Moleküle untereinander nur schwache intermolekulare Wechselwirkungen aus. Sie haben daher vergleichsweise niedrige Siedetemperaturen und lösen sich gut in lipophilen Lösemitteln. Die Rückreaktion der Kondensation ist die Hydrolyse.

AUFGABEN

A1 Entwickeln Sie unter Verwendung von Valenzstrichformeln die Reaktionsgleichungen für die Reaktionen von a) Essigsäure und Butan-1-ol, b) Methansäure und Pentan-1-ol und c) Butansäure und Propan-1-ol. Benennen Sie die jeweiligen Ester.

A2 Zeichnen Sie die Halbstrukturformeln von Pentansäureethylester und Essigsäurepentylester. Vergleichen Sie den Aufbau beider Moleküle.

A3 Begründen Sie die unterschiedlichen Siedetemperaturen der Stoffe in **B4**. (gestufte Hilfen unter QR-/Mediencode 06001-47)

06001-47

Verbindung	molare Masse in g/mol	Siedetemperatur in °C
C_3H_7COOH	88	163
C_4H_9OH	74	118
$CH_3COOC_2H_5$	88	77
C_6H_{14}	86	69

B4 Molare Massen und Siedetemperaturen im Vergleich

A4 Es sind folgende Stoffe gegeben: Essigsäurepropylester, Heptan, Hexan-1-ol und Pentansäure. Ordnen Sie die folgenden Siedetemperaturen den oben genannten Stoffen zu und begründen Sie die Zuordnung auf Teilchenebene sowie unter Berücksichtigung der Molekülmasse: 184 °C, 102 °C, 157 °C und 98 °C.

2.6.3 Verwendung von Estern

Die Vielfalt der Ester ist durch die Länge ihrer Alkyl-Reste und die Anzahl an Ester-Gruppen in den Molekülen gekennzeichnet. Neben ihrer Verwendung als Aromastoffe (**B5**) werden Ester z. B. als Lösemittel in Klebstoffen eingesetzt. Diese bestehen aus einem z. B. in Essigsäureethylester gelösten Kunststoff. Verdunstet das Lösemittel, bleibt der Kunststoff zwischen den zu verklebenden Flächen zurück.

B6 Das Aroma in Gummibärchen kommt von Fruchtestern, Wachse an der Oberfläche schützen die Süßigkeit vor dem Austrocknen.

Alkansäure	Alkanol	Alkansäurealkylester	Aroma
Methansäure	Ethanol	Methansäureethylester	Rum
Ethansäure	Pentanol	Ethansäurepentylester	Banane
Ethansäure	Octanol	Ethansäureoctylester	Orange
Propansäure	Ethanol	Propansäureethylester	Eisbonbon
Butansäure	Ethanol	Butansäureethylester	Ananas

B5 Zusammensetzung und Aromen verschiedener Ester

Ester als Aromastoffe

Als **Fruchtester** bezeichnet man Ester mit kurzen Alkyl-Gruppen mit bis zu fünf Kohlenstoff-Atomen in den Molekülen. Der Name leitet sich von ihrem fruchtigen Geruch ab, den man aufgrund der niedrigen Siedetemperaturen und damit verbundenen Flüchtigkeit wahrnehmen kann (**B6**).

Wachse und Fette

Ester mit längeren Alkyl-Gruppen werden als **Wachse** bezeichnet. Manche Pflanzen schützen sich durch Ausbildung von Wachsen auf ihrer Oberfläche vor Austrocknung. Holzoberflächen schützt man durch das Wachsen vor eindringender Feuchtigkeit. Wasser kann die hydrophobe Esterschicht nicht durchdringen.

Fette und **Öle** sind die wichtigsten natürlichen Ester. Ihre Moleküle bestehen aus Fettsäure-Resten als langkettige Alkansäure-Komponenten und einem Glycerin-Rest als Alkohol-Komponente. Da Glycerin (Propan-1,2,3-triol) ein dreiwertiger Alkohol ist, enthält jedes Fett-Molekül drei Ester-Gruppen, an die meist unterschiedliche Fettsäure-Reste gebunden sind (**B7**).

Zusammensetzung der Fett-Moleküle

Fette sind keine Reinstoffe. Sie enthalten ein Gemisch verschiedener Fett-Moleküle mit charakteristischen Kombinationen von Fettsäure-Resten. Fette haben daher keine Schmelztemperatur, sondern einen **Schmelzbereich**. Die langen Alkyl-Ketten in den Fettsäure-Resten

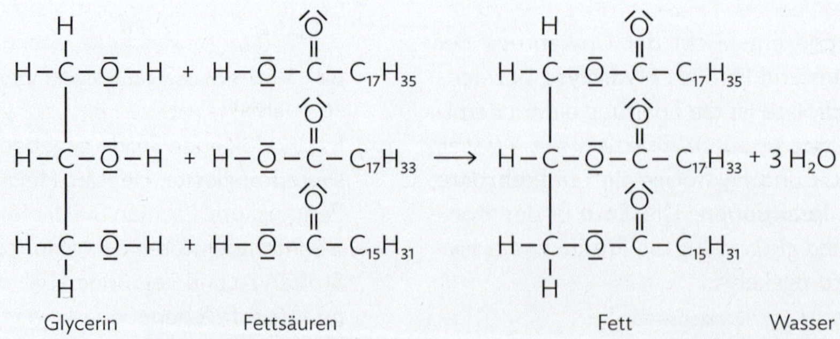

B7 Bildung eines Fettes aus Glycerin und Fettsäuren

können Einfach- und Mehrfachbindungen enthalten. Die zugrundeliegenden Fettsäuren unterteilt man entsprechend in **gesättigte** und **ungesättigte Fettsäuren**: Die Moleküle gesättigter Fettsäuren enthalten nur Einfachbindungen in der Alkyl-Gruppe (z. B. Stearinsäure), die Moleküle ungesättigter Fettsäuren enthalten mindestens eine Mehrfachbindung in der Alkyl-Gruppe (z. B. Ölsäure). Die Art der Fettsäure-Reste, die in den Fett-Molekülen gebunden sind, bestimmt daher die Eigenschaften eines Fettes.

Eigenschaften von Fetten und Ölen

Die Fettaugen auf der Suppe verraten es: Fette sind schlecht wasserlöslich. Dagegen lösen sie sich gut in unpolaren Lösemitteln wie Heptan und Benzin. Fett-Moleküle bestehen zu einem großen Teil aus unpolaren Alkyl-Gruppen, die für die Löslichkeit verantwortlich sind: Zwischen den Molekülen eines Fettes und denen eines Lösemittels treten im Wesentlichen VAN-DER-WAALS-Kräfte auf. Diese Wechselwirkungen bestimmen auch, für welche Stoffe sich Fette und Öle als Extraktionsmittel eignen. So löst Speiseöl den Farbstoff Carotin aus Möhrenraspeln, da Carotin-Moleküle unpolar sind. Wasser ist in diesem Fall als Extraktionsmittel nicht geeignet.

Kunststoffe aus Estern

Erhitzt man Glycerin (**B7**) und Citronensäure miteinander, entsteht ein zähflüssiger Stoff, der lange Fäden zieht (**V5**). Glycerin-Moleküle weisen je drei Hydroxy-Gruppen, Citronensäure-Moleküle je drei Carboxy-Gruppen auf. Bei der Reaktion der beiden Edukte bilden sich Ester-Gruppen: Die Hydroxy-Gruppen aus dem Glycerin-Molekül können mit Carboxy-Gruppen verschiedener Citronensäure-Moleküle reagieren und umgekehrt. Es entsteht ein großes, verhältnismäßig starres Molekül-Netzwerk (**B8**), das die zähflüssigen Eigenschaften des entstandenen Stoffes erklärt. Da die Kondensationsreaktion an vielen Stellen stattfindet, spricht man von einer **Polykondensation** (griech. *poly*, viel). Das Reaktionsprodukt ist ein Kunststoff und wird als **Polyester** bezeichnet.

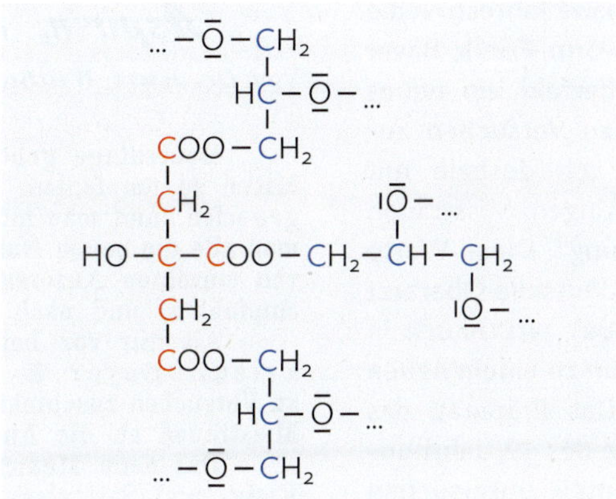

B8 Ausschnitt der Molekülstruktur des Polyesters aus Glycerin und Citronensäure

Ester mit kurz- bzw. langkettigen Alkyl-Gruppen in den Molekülen sind Fruchtester bzw. Wachse. Bei Estern, die aus Glycerin und langkettigen Fettsäuren gebildet werden, handelt es sich um Fette und Öle. Stoffe mit mindestens zwei funktionellen Gruppen in Form einer Hydroxy- und einer Carboxy-Gruppe bilden durch eine Polykondensationsreaktion einen Polyester.

AUFGABEN

A1 MK Lebensmittel enthalten oft Zusatzstoffe, die mit E-Nummern gekennzeichnet sind. Recherchieren Sie die Verbindungen und deren Verwendung hinter folgenden E-Nummern und ordnen Sie sie einer Stoffklasse zu: E 214, E 215, E 218 und E 219.

A2 Butansäureethylester riecht nach Ananas. Lässt man den Ester längere Zeit mit Wasser verdünnt stehen, fällt ein unangenehm ranziger Geruch auf. Erklären Sie diese Beobachtung mit den Versuchsergebnissen bei **V4**.

A3 Begründen Sie, dass die Hydroxy-Gruppe im Citronensäure-Molekül ebenfalls an einer Veresterungsreaktion teilnehmen kann.

A4 MK Recherchieren Sie Einsatzbereiche von Polyestern und Biokunststoffen.

Citronensäure → S. 95

06001-48
Video zum Thema „Kunststoffe aus Estern" unter QR-/Mediencode 06001-48

2.6.4 Acetylsalicylsäure ASS

„Als mir vor beinahe Jahresfrist die Farbenfabriken vorm. Friedr. Bayer & Comp. in Elberfeld ein neues Salicylpräparat zu Versuchen zuschickten, ging ich deshalb mit einem nicht geringen Misstrauen an die Anwendung“. Diese Worte formulierte der deutsche Oberarzt und Internist KURT WITTHAUER in seiner Publikation zu einem neuen Präparat (B1). Das Präparat, das WITTHAUER Ende des 19. Jahrhunderts experimentell untersuchen sollte, ist heute eines der weltweit am häufigsten verwendeten Medikamente: Aspirin®.

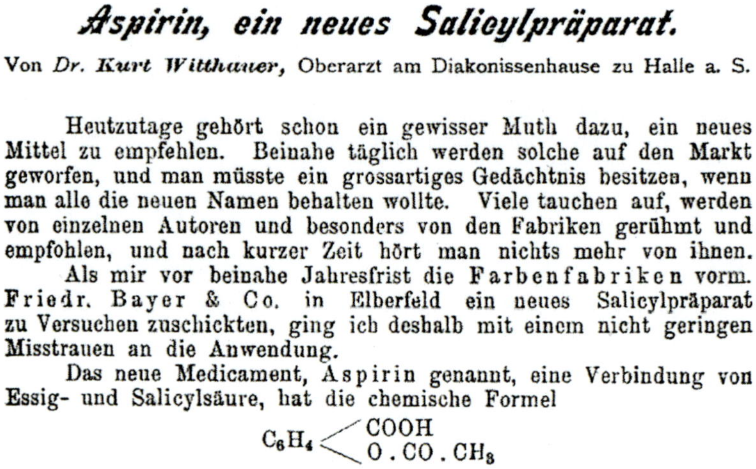

Aspirin, ein neues Salicylpräparat.

Von *Dr. Kurt Witthauer*, Oberarzt am Diakonissenhause zu Halle a. S.

Heutzutage gehört schon ein gewisser Muth dazu, ein neues Mittel zu empfehlen. Beinahe täglich werden solche auf den Markt geworfen, und man müsste ein grossartiges Gedächtnis besitzen, wenn man alle die neuen Namen behalten wollte. Viele tauchen auf, werden von einzelnen Autoren und besonders von den Fabriken gerühmt und empfohlen, und nach kurzer Zeit hört man nichts mehr von ihnen.

Als mir vor beinahe Jahresfrist die Farbenfabriken vorm. Friedr. Bayer & Co. in Elberfeld ein neues Salicylpräparat zu Versuchen zuschickten, ging ich deshalb mit einem nicht geringen Misstrauen an die Anwendung.

Das neue Medicament, Aspirin genannt, eine Verbindung von Essig- und Salicylsäure, hat die chemische Formel

$$C_6H_4 < \begin{matrix} COOH \\ O.CO.CH_3 \end{matrix}$$

B1 Publikation zu Acetylsalicylsäure ASS aus dem Jahr 1899

Historische Entwicklung

Zur Schmerzbekämpfung und zum Senken von Fieber wurde schon in frühen Hochkulturen sowie im Altertum die Weidenrinde verwendet. Der griechische Arzt HIPPOKRATES (460 – 377 v. Chr.) z. B. sah die Weidenrinde als Arznei an und empfahl die Einnahme bei rheumatischen Schmerzen. Kelten und Germanen kochten Weidenbaumrinden und gewannen auf diese Weise Extrakte, die zu Heilzwecken verwendet wurden. Der in der Weidenrinde enthaltene Wirkstoff **Salicylsäure** wurde nach der Weide (lat. *salix*) benannt (**B2**).

B2 Salicylsäure kann aus der Rinde von Weiden gewonnen werden.

Als erstes industriell hergestelltes und abgepacktes Medikament wurde die großtechnische Herstellung von Salicylsäure ab dem Jahr 1874 durch den deutschen Chemiker FRIEDRICH VON HEYDEN aufgenommen. Der unangenehme bittere Geschmack und die häufig auftretenden Nebenwirkungen wie Übelkeit und Magenschleimhautentzündungen, die mit diesem Wirkstoff verbunden waren, schränkten jedoch die Einsatzmöglichkeiten von Salicylsäure als Medikament ein und machten Verbesserungen notwendig.

Der deutsche Chemiker und Apotheker FELIX HOFFMANN (**B3**), dessen Vater an Rheuma litt und die Salicylsäure nicht vertrug, forschte für das heutige Pharmaunternehmen Bayer an alternativen Schmerzmitteln und der Entwicklung neuartiger Medikamente. Am 10. August 1897 gelang es HOFFMANN in Leverkusen, die Salicylsäure chemisch zu modifizieren und auf diese Weise die Einnahme erheblich verträglicher zu gestalten. Ihm war es gelungen, erstmals reinen Essigsäuresalicylester, besser bekannt unter dem Namen **Acetylsalicylsäure** (**ASS**), aus Salicylsäure herzustellen.

KURT WITTHAUER untersuchte im darauffolgenden Jahr dieses neue Medikament auf seine Vorzüge und führte Testreihen zu dessen Eigenschaften an über 50 Patientinnen und Patienten durch, bei welchen sich auch die bessere Verträglichkeit von ASS gegenüber anderen Salicylpräparaten herauskristallisierte.

Diese pharmazeutische Prüfung dauerte ein Jahr und bereits im Jahre 1899 wurde Acetylsalicylsäure von der Firma Bayer unter dem Markennamen Aspirin® beim Patentamt angemeldet und anschließend weltweit vermarktet.

B3 FELIX HOFFMANN (1868 – 1946)

Synthese von ASS

Die Synthese von ASS kann als eine **Veresterungsreaktion** (vgl. S. 100) von Essigsäure mit Salicylsäure durchgeführt werden, wobei die Salicylsäure als Alkoholkomponente wirkt. Dabei reagieren die Hydroxy-Gruppen der Salicylsäure-Moleküle (**B4** links) mit den Carboxy-Gruppen der Essigsäure-Moleküle unter Bildung der Ester-Gruppen der Acetylsalicylsäure-Moleküle (**B4** rechts).

Eigenschaften von ASS

Acetylsalicylsäure ist schlecht in Wasser löslich, jedoch sehr gut in Ethanol. Die schlechte Wasserlöslichkeit lässt sich auf intramolekulare Wechselwirkungen zurückführen: Die Carboxy-Gruppe im ASS-Molekül wechselwirkt innerhalb des eigenen Moleküls mit der Ester-Gruppe. Zudem ist der unpolare Anteil im ASS-Molekül recht groß. Mit steigendem pH-Wert nimmt die Wasserlöslichkeit zu, da sich mehr Acetylsalicylat-Anionen bilden. Aufgrund dieser pH-Abhängigkeit der Löslichkeit löst sich der Wirkstoff ASS im Speichel (pH = 6,8 – 7,2) schlecht und in der Magensäure (pH = 1,0 – 1,5) gar nicht. Erst im alkalischen Milieu des Dünndarms (pH = 7,0 – 9,0) wird die Acetylsalicylsäure resorbiert und in ihre Bestandteile gespalten. Dadurch werden die unangenehmen Nebenwirkungen beseitigt und das Medikament ist besser verträglich,

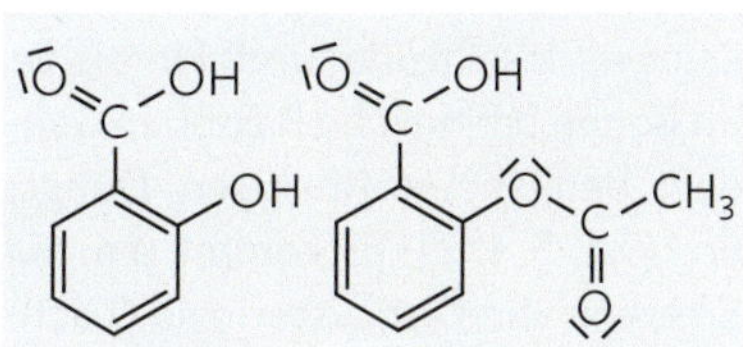

B4 Valenzstrichformeln des Salicylsäure- (links) und Acetylsalicylsäure-Moleküls (rechts)

B5 Alte Verpackungen aus Zinn für das Medikament Aspirin®

aber die schmerzlindernde Wirkung bleibt erhalten.

Wirkung von ASS

Obwohl Acetylsalicylsäure bereits seit Ende des 19. Jahrhunderts als Arzneimittel flächendeckend eingesetzt wurde, dauerte die Aufklärung ihrer Wirkungsweise auf den menschlichen Körper vergleichsweise lange. Erst im Jahre 1971 konnte der britische Biochemiker JOHN ROBERT VANE die Funktionsweise von Acetylsalicylsäure aufklären, wofür er 1982 zusammen mit SUNE KARL BERGSTRÖM und BENGT SAMUELSSON den Nobelpreis für Medizin erhielt.
Neben der schmerzstillenden und fiebersenkenden Wirkung von ASS wurde zudem nachgewiesen, dass das Medikament die **Aggregation** (Zusammenlagerung) sowie die **Disaggregation** (Auflösung der Zusammenlagerungen) der roten Blutkörperchen beeinflusst und daher auch bei einem erhöhten Thromboserisiko und zur Nachbehandlung von z. B. Herzinfarkten oder Schlaganfällen eingesetzt werden kann.
Die Einnahme von hohen Dosen wie etwa 10 g ASS kann bei Erwachsenen bereits zu einer lebensgefährlichen Übersäuerung des Blutes mit Atemlähmung und Bewusstlosigkeit führen. ASS-Tabletten, die über einen längeren Zeitraum großer Wärme und Feuchtigkeit ausgesetzt waren, können durch einen unangenehmen Geruch nach Essig auffallen. Diese Präparate sollten nicht mehr verwendet werden, da dadurch die Wirkung des Medikaments beeinträchtigt wird.
Heute ist ASS eines der weltweit am meisten verwendeten Medikamente (**B5**). Jährlich werden etwa 36.000 Tonnen industriell hergestellt.

AUFGABE

A1 Aus Salicylsäure und Methanol entsteht Salicylsäuremethylester, der ein intensives minzartiges Aroma besitzt und im natürlichen Wintergrünöl vorkommt, das z. B. zum Einreiben bei Muskelschmerzen verwendet wird. Geben Sie die Valenzstrichformel von Salicylsäuremethylester an und vergleichen Sie diese mit der der Acetylsalicylsäure (**B4** rechts).

2.6.5 Biokraftstoffe und die Teller-oder-Tank-Debatte

An der Tankstelle hat man die Wahl: Super E10, Diesel B7 oder andere. Hinter den Kürzeln verbirgt sich die Kennzeichnung des Anteils von Biokraftstoffen, die dem Kraftstoff an der Tankstelle zugemischt sind. Diese werden aus nachwachsenden Rohstoffen gewonnen. Welche Folgen hat das?

Da die weltweiten Erdölreserven endlich sind, suchen Wissenschaftler und Wissenschaftlerinnen nach Alternativen, mit denen man den Bedarf an Kraftstoffen decken kann. Es ist unbestritten und sinnvoll, dass die Menschen zur Deckung ihres stetig wachsenden Energie- und Kraftstoffbedarfs umdenken und Alternativen zu den nur begrenzt vorhandenen fossilen Energieträgern erforschen sowie einsetzen müssen.

Herstellung von Biokraftstoffen aus Pflanzen

Biokraftstoffe sind Ersatzstoffe für Benzin und Diesel bzw. werden diesen beigemischt. Sie können aus Pflanzen hergestellt werden.
In Europa wird zur Gewinnung von **Biodiesel** vorwiegend Raps angebaut (**B1**). Da der direkte Einsatz der in Ölmühlen extrahierten Pflanzenöle zu einer Verkürzung der Lebensdauer einiger Automotoren führen kann, ist eine Weiterverarbeitung der Rohöle nötig. Dabei wird das Öl im alkalischen Milieu mit Methanol zur Reaktion gebracht. Es entstehen Fettsäuremethylester (**B1**) und als Begleitprodukt Glycerin. Die festen Rückstände der Samen werden in der Futtermittelindustrie verwendet.
Der Biokraftstoff **Bioethanol** unterscheidet sich chemisch gesehen nicht von Trinkethanol. Die Rohstoffe für Bioethanol sind in Deutschland schnell wachsende Pflanzen, hauptsächlich Getreide, Mais oder Zuckerrüben. Aus ihnen wird **Stärke** gewonnen, die enzymatisch in ihren kleinsten Baustein, die Glucose, gespalten wird. Mithilfe von Hefepilzen wird die Glucose dann zu Ethanol vergoren, was als **alkoholische Gärung** bezeichnet wird (vgl. S. 70). Bioethanol wird nicht pur im Motor verbrannt, sondern dem herkömmlichen Benzin beigemischt.
Die Kürzel E10 oder E5 geben den Anteil von Bioethanol und das Kürzel B7 den Anteil von Biodiesel am Gesamtgemisch des jeweiligen Kraftstoffs in Volumenprozent an. In Deutschland wurden im Jahr 2020 ca. 3 Millionen Tonnen Biodiesel und ca. 1,2 Millionen Tonnen Bioethanol verbraucht. Zu den weiteren Biokraftstoffen zählen reine oder hydrierte Pflanzenöle sowie **Biogas** (Methan).

B1 Raps und Frittierfett für Biodiesel sowie ein Fettsäuremethylester-Molekül

Vorteile von Biokraftstoffen

Bei der Verbrennung von Biokraftstoffen entstehen wie bei der Verbrennung herkömmlicher Kraftstoffe Kohlenstoffdioxid und Wasser. Als Vorteil der Verwendung von Biokraftstoffen wird genannt, dass bei der Verbrennung genau so viel Kohlenstoffdioxid emittiert wird, wie die Pflanze zuvor während ihres Wachstums aus der Luft gebunden hat, die **CO_2-Bilanz** also neutral ist (**B2**).
Ein Vorteil der in Pflanzen gespeicherten Energie ist zudem, dass, sofern die Pflanzen lokal erzeugt und gelagert werden, eine Unabhängigkeit von Importen gegeben und keine weiten Transportwege notwendig wären. Eine Verringerung der Nutzung fossiler Brennstoffe wie Erdöl könnte auch dazu führen, dass zukünftig weniger Unfälle bei der Förderung von Erdöl oder weniger Havarien von Hochseetankern erfolgen.

Biokraftstoffe und Nachhaltigkeit

Zur Beurteilung der **Nachhaltigkeit** eines Produkts, z. B. eines Biokraftstoffs, muss man differenziertere Betrachtungen vornehmen. So erfordert der Anbau der meisten in großem Maßstab benötigten **Energiepflanzen** den Einsatz großer Mengen Dünger, Insektizide und Herbizide. Im Boden befindliche Bakterien wandeln den stickstoffhaltigen Dünger um (vgl. S. 172). Es kommt u. a. zur Emission von Distickstoffoxid (Lachgas), das ein ca. 300-fach stärkeres Treibhausgas als Kohlenstoffdioxid ist. Die aufgrund des Klimawandels

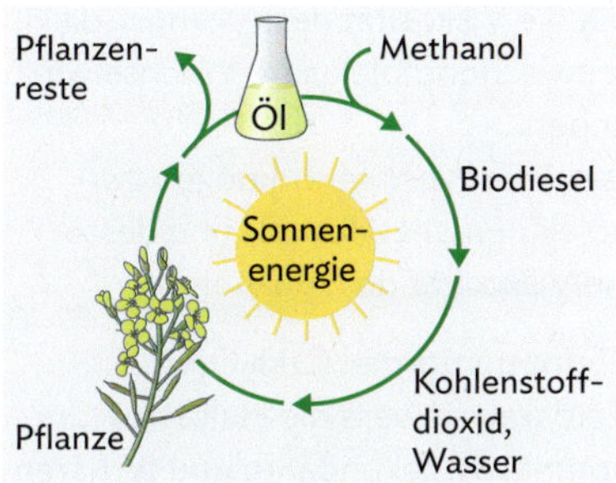

B2 Kohlenstoffkreislauf und CO_2-Bilanz bei der Herstellung und Verbrennung von Biodiesel

zunehmend notwendige künstliche Bewässerung hat Einfluss auf den Grundwasserspiegel, der in einigen Regionen ohnehin bereits sinkt.
Weiter sind die erforderliche Energiemenge für die Aufbereitung der Energiepflanzen und ggf. im Falle importierter Rohstoffe wie Zuckerrohr aus Mittel- und Südamerika anfallende Transportkosten zu berücksichtigen sowie nicht zuletzt auch die Arbeitsbedingungen vor Ort.

Teller oder Tank?

In Zusammenhang mit der Förderung des Einsatzes von Biokraftstoffen besteht das Risiko einer Landnutzungsänderung und es stellen sich verschiedene Fragen: Welchen Anteil darf die Nutzung landwirtschaftlicher Flächen zum Anbau von Energiepflanzen für Kraftstoffe haben? Welcher Anteil muss für die Erzeugung von Lebensmitteln und Futtermitteln gegeben sein? Daraus ergibt sich eine **Teller-oder-Tank-Debatte**, in die ethische, ökologische, ökonomische und politische Aspekte eingehen. Einerseits muss die Ernährung der Bevölkerung gesichert sein, optimalerweise anhand von Lebensmitteln, die regional produziert werden. Andererseits müssen Menschen teils große Strecken zum Arbeitsort pendeln, um ihren Lebensunterhalt verdienen zu können. Weitere Fragen, die sich stellen, sind die nach Kraftstoffeinsparungen durch Tempolimits, nach dem Bau effizienterer Verbrennungsmotoren und nach einer verstärkten Nutzung alternativer Antriebe oder der Nutzung öffentlicher Verkehrsmittel bzw. des Fahrrads. Diese und weitere Aspekte haben Einfluss auf den jeweiligen Flächenbedarf für den Pflanzenanbau.

Politische Steuerung – Chancen und Risiken

Es ist die Aufgabe eines Staates, Gesetze zu verabschieden, die das Ziel des Wohlergehens der Bevölkerung und der dafür notwendigen Lebensgrundlagen haben. Das betrifft auch Gesetze, die die Wirtschaft und industrielle Prozesse beeinflussen. Mit dem Ziel, dem Klimawandel zu begegnen, wurde eine sogenannte **Treibhausgasminderungsquote** beschlossen, die dazu beitragen soll, dass die Nutzung von Kraftstoffen im Verkehrssektor zukünftig weniger klimawirksame Emissionen verursacht. Dies soll u. a. durch den Einsatz von Biokraftstoffen erzielt werden.
Die Subventionierung des Anbaus von Energiepflanzen in einigen Ländern führt aber auch zur Vernichtung von tropischen Urwäldern durch Brandrodung, wobei das darin gebundene Kohlenstoffdioxid wieder freigesetzt wird. Insbesondere in Entwicklungsländern kann die Nutzung von Agrarflächen für Energie- statt für Nahrungsmittelpflanzen zu steigenden Lebensmittelpreisen und Hungersnöten führen. Andersherum kann durch anders gelenkte Subventionen und eine entsprechende Gesetzgebung eine Förderung nachhaltiger Strategien forciert werden.

Teller und Tank?

Viele Dinge, die wir in den Abfall geben, können immer noch als Energieträger verwendet werden, und das nicht nur im Sinne des „**energetischen Recyclings**" beim Verbrennen in Müllverbrennungsanlagen. So ist es möglich, Altfette wie altes Frittierfett (**B1**) nach Aufbereitung als Dieselzusatz einzusetzen. Synthetischer Diesel kann so schrittweise durch **Cracken**, **Desoxigenieren** (Entfernen von gebundenem Sauerstoff), **Destillation** und **Hydrierung** hergestellt werden. Der Kraftstoff ist dann chemisch analog zu den Kohlenwasserstoffen aus herkömmlichem Diesel. Auch Plastikmüll kann zu synthetischen Kraftstoffen umgewandelt werden. Diese Alternativen gepaart mit effizienteren Motoren könnten erste Schritte Richtung nachhaltiger Mobilität sein.

AUFGABEN

A1 Ergänzen Sie **B2** um die Begriffe Fotosynthese, Emission, CO_2-Fixierung, Extraktion und Verbrennung.

A2 **B2** suggeriert eine neutrale CO_2-Bilanz. Diskutieren Sie dies.

A3 Erklären Sie den Vorteil des Entfernens von gebundenem Sauerstoff bei der Herstellung synthetischer Kraftstoffe.

A4 Bewerten Sie Bestrebungen, ausschließlich auf Verbesserungen bestehender Technologien wie Kraftstoffe für Verbrennungsmotoren oder im Bereich Optimierung von E-Autos zu setzen.

Zum Üben und Weiterdenken

A1 Viele Medikamente und Reinigungsmittel enthalten
MK Alkohole, z. B. Ethanol oder Isopropanol. Suchen Sie auf mindestens drei Etiketten der im Haushalt vorhandenen Medikamente und Reinigungsmittel nach den darin enthaltenen Alkoholen. Führen Sie die Verwendung des jeweiligen Alkohols auf dessen Eigenschaften zurück. Übernehmen Sie dazu die folgende Tabelle in Ihr Heft.

Name des Produkts	Name des Alkohols	Alkoholgehalt in %	genutzte Eigenschaft

A2 a) Beschreiben Sie die Löslichkeit von Pentan-1-ol in Heptan bzw. in Wasser und begründen Sie dies unter Verwendung von Fachbegriffen.
b) Erläutern Sie die veränderte Löslichkeit, wenn statt Pentan-1-ol nun Pentan-1,2,4-triol verwendet und in Heptan oder Wasser gegeben wird.

A3 Propan-1-ol hat eine Siedetemperatur von 97 °C, die Siedetemperatur von Propanal liegt bei 49 °C. Erklären Sie die höhere Siedetemperatur von Propan-1-ol im Vergleich zu Propanal.

A4 In den beiden Laboren a) und b) befinden sich drei Flaschen ohne Etikett, die jeweils mit einer farblosen Flüssigkeit gefüllt sind. Man weiß, dass es sich bei den Chemikalien um
a) Pentan, Ethanol und Ethanal bzw.
b) Propan-1-ol, 2-Methylpropan-2-ol und Propanal handelt.
Planen Sie für beide Fälle Experimente, mit denen der Inhalt jeder der drei Flaschen identifiziert werden kann. Beschreiben Sie das experimentelle Vorgehen und die Beobachtungen, die Sie für beide Versuchsreihen erwarten.

A5 Geben Sie begründet an, welche der folgenden Aussagen richtig sind. Je länger die Molekül-Kette eines Alkanol-Moleküls ist,
a) desto höher ist die Viskosität des Alkanols, da zunehmende zwischenmolekulare Wechselwirkungen herrschen.
b) desto niedriger sind die Wechselwirkungen zwischen den Molekülen des Alkanols und damit seine Viskosität.
c) desto höher ist die Viskosität des Alkanols, da abnehmende zwischenmolekulare Wechselwirkungen herrschen.
d) desto höher sind die Wechselwirkungen zwischen den Molekülen des Alkanols und desto geringer ist die Viskosität des Alkanols.

A6 Gegeben ist die Summenformel C_4H_9OH.
a) Entwickeln Sie daraus jeweils die Halbstrukturformel eines primären, sekundären und tertiären Alkohols.
b) Benennen Sie die entsprechenden Verbindungen.
c) Ordnen Sie die drei Alkohole aus a) begründet nach steigender Siedetemperatur.

A7 Salze lösen sich unterschiedlich gut in unterschiedlich hydrophilen Lösemitteln. Die Abbildung zeigt das Ergebnis eines Versuchs, bei dem die gleiche Menge an Kupfer(II)-chlorid in Methanol (links) und in Hexan-1-ol (rechts) gelöst werden sollte.

a) Beschreiben Sie die Polarität eines Methanol-Moleküls und eines Hexan-1-ol-Moleküls.
b) Erklären Sie die unterschiedliche Löslichkeit von Kupfer(II)-chlorid in Methanol und in Hexan-1-ol.

A8 In einigen Nagellackentfernern ist Aceton (Propanon) enthalten. Erläutern Sie, weshalb sich Aceton für diese Anwendung eignet.

A9 Aldehyde und Ketone sind Oxidationsprodukte von Alkoholen. Gegeben ist die Summenformel C_3H_6O.
a) Entwickeln Sie mithilfe eines Programms für
MK chemische Strukturen aus der Summenformel die Valenzstrichformel eines Aldehyds und eines Ketons.
b) Benennen Sie beide Verbindungen und kontrol-
MK lieren Sie Ihre Benennung mithilfe des Programms.
c) Geben Sie die Namen und Formeln der Alkohole an, aus denen der Aldehyd bzw. das Keton entstanden ist.

A10 Tertiäre Alkohole lassen sich weder zum Aldehyd, noch zum Keton oxidieren. Begründen Sie diesen Sachverhalt anhand der Valenzstrichformel eines selbst gewählten Beispiels für einen tertiären Alkohol.

A11 Reine Essigsäure ist brennbar, Essigessenz dagegen nicht.
- a) Stellen Sie eine Vermutung an, die diesen Sachverhalt erklärt.
- b) Mit Watesmo-Papier und der Kalkwasserprobe kann man die bei der Verbrennung gebildeten Reaktionsprodukte nachweisen. Formulieren Sie die Reaktionsgleichung der vollständigen Verbrennung von reiner Essigsäure unter Angabe von Valenzstrichformeln.
- c) Bestätigen Sie durch Ermittlung der Oxidationszahlen, dass es sich bei dieser Reaktion um eine Redoxreaktion handelt.

A12 Ameisensäure (Methansäure) hat eine Siedetemperatur von 100 °C, Methanol eine Siedetemperatur von 65 °C.
- a) Zeichnen Sie die Valenzstrichformeln beider Moleküle. Kennzeichnen und benennen Sie jeweils die funktionellen Gruppen.
- b) Beschreiben Sie die Wechselwirkungen, die zwischen den Methansäure-Molekülen und diejenigen, die zwischen den Methanol-Molekülen auftreten.
- c) Erläutern Sie mithilfe von b) die Unterschiede in der Siedetemperatur dieser Stoffe.

A13 Gegeben ist der Reinstoff Butansäure (Buttersäure). Stellen Sie eine Hypothese wichtiger Eigenschaften auf und begründen Sie sie.

A14 In Handwärmern findet man Natriumacetat-Trihydrat. Das hierzu nötige Salz Natriumacetat lässt sich z. B. durch eine Neutralisationsreaktion herstellen.

- a) Formulieren Sie die Reaktionsgleichung einer Neutralisation zur Bildung von Natriumacetat.
- b) Recherchieren Sie die Funktionsweise eines Handwärmers auf Natriumacetat-Trihydrat-Basis.

A15 Milchsäure heißt mit systematischem Namen 2-Hydroxypropansäure.
- a) Zeichnen Sie die Valenzstrichformel eines Milchsäure-Moleküls und kennzeichnen sowie benennen Sie die funktionellen Gruppen dieses Moleküls.
- b) Begründen Sie, dass Milchsäure sehr gut in Wasser löslich ist.
- c) Um den Milchsäuregehalt in Lebensmitteln zu bestimmen, wird eine Lösung des milchsäurehaltigen Lebensmittels mit Natronlauge als Maßlösung titriert. Formulieren Sie die Reaktionsgleichung für die Reaktion von Milchsäure mit Natronlauge.

A16 Oxalsäure (Ethandisäure), Äpfelsäure (2-Hydroxybutandisäure), Weinsäure (2,3-Dihydroxybutandisäure) und Citronensäure (2-Hydroxypropan-1,2,3-tricarbonsäure) gehören zu den mehrwertigen Carbonsäuren. Entwickeln Sie für die Reaktion jeder Säure mit Natrium die Reaktionsgleichung unter Verwendung von Valenzstrichformeln.

A17 Rumaroma enthält einen Ester, der aus Methansäure und Ethanol hergestellt wird. Formulieren Sie die Reaktionsgleichung für die Bildung dieses Esters in Valenzstrichformelschreibweise.

A18 Formulieren Sie die Reaktionsgleichungen für die Bildung der folgenden Ester:
- a) Methansäurebutylester
- b) Butansäuremethylester

A19 In einem Fett-Molekül kann die Anordnung der Fettsäure-Reste variieren. In der folgenden Abbildung ist eine mögliche Kombination dargestellt:

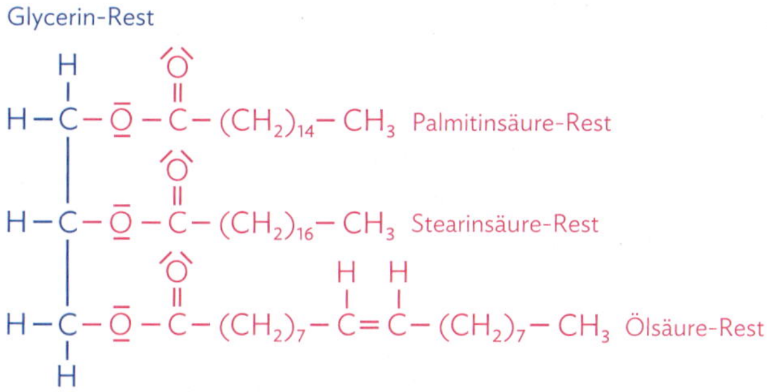

- a) Nennen Sie die maximale Anzahl unterschiedlicher Fett-Moleküle, die aus einem Glycerin-Rest und den drei verschiedenen Fettsäure-Resten konstruiert werden können. Alle drei Fettsäure-Reste sollen dabei verwendet werden.
- b) Zeichnen Sie die Moleküle der fehlenden Fette mit dem Ölsäure-Rest in der Mitte.

Alles im Blick

1 Ethanol

Ethanol-Moleküle haben die Summenformel C_2H_6O und bestehen aus einem Ethyl-Rest und einer **Hydroxy-Gruppe –OH**. Die Hydroxy-Gruppe bestimmt maßgeblich die Eigenschaften von Ethanol. Sie enthält eine **polare** Elektronenpaarbindung, während die Bindungen im Ethyl-Rest **unpolar** sind. Aufgrund dieser Strukturmerkmale ist Ethanol in **hydrophilen** und in **lipophilen** Stoffen löslich. Zwischen den polaren Hydroxy-Gruppen der Ethanol-Moleküle bilden sich **Wasserstoffbrücken**. Deshalb hat Ethanol eine vergleichsweise hohe Siedetemperatur (78 °C).

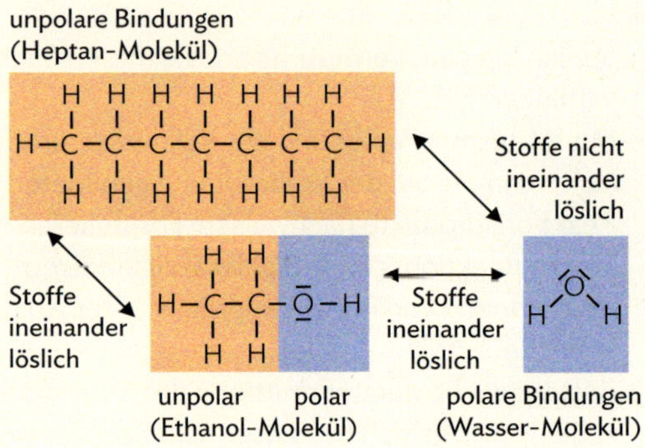

2 Alkanole und mehrwertige Alkohole

Alkohole bilden eine Stoffklasse, deren Moleküle als gemeinsames Strukturmerkmal mindestens eine **Hydroxy-Gruppe** aufweisen: Die Hydroxy-Gruppe wird als deren **funktionelle Gruppe** bezeichnet. Alkohole, die sich von den Alkanen ableiten lassen, nennt man **Alkanole**. **Einwertige** Alkanole, deren Moleküle nur eine Hydroxy-Gruppe besitzen, haben die allgemeine Summenformel $C_nH_{2n+1}OH$ und bilden ähnlich wie die Stoffklasse der Alkane eine **homologe Reihe**.
Innerhalb der homologen Reihe nehmen die Siedetemperatur und die Viskosität mit zunehmender Kettenlänge der Alkanol-Moleküle zu, da die Wechselwirkungen zwischen den temporären Dipolen der Alkyl-Reste mit deren Länge stärker werden.
Bei einem **primären** Alkanol bindet das Kohlenstoff-Atom mit der Hydroxy-Gruppe an ein weiteres Kohlenstoff-Atom, bei einem **sekundären** Alkanol an zwei weitere und bei einem **tertiären** Alkanol an drei weitere Kohlenstoff-Atome.
Die polare Hydroxy-Gruppe bewirkt bei kurzkettigen Alkanol-Molekülen durch Bildung von Wasserstoffbrücken mit Wasser-Molekülen die Löslichkeit in Wasser. Mit steigender Anzahl der Kohlenstoff-Atome nimmt der Einfluss der Alkyl-Kette auf die Löslichkeit zu: Die Löslichkeit in Wasser nimmt ab.
Mehrwertige Alkohole besitzen mehr als eine Hydroxy-Gruppe im Molekül. Mit jeder weiteren Hydroxy-Gruppe erhöht sich die Anzahl möglicher Wasserstoffbrücken zu benachbarten Molekülen. Dies führt zu einer besseren Wasserlöslichkeit und einer höheren Siedetemperatur dieser Alkohole.

3 Alkanale und Alkanone

Aldehyde sind die Oxidationsprodukte primärer Alkohole. Aldehyde, die durch Oxidation von Alkanolen entstehen, heißen **Alkanale**. Alkanale bestehen aus einem Alkyl-Rest und einer **endständigen Aldehyd-Gruppe –CHO**.

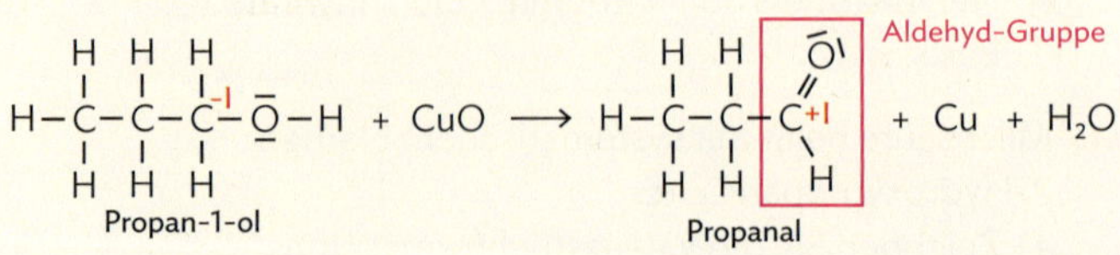

Da Alkanal-Moleküle untereinander keine Wasserstoffbrücken ausbilden, sind die Siedetemperaturen der Alkanale niedriger als die Siedetemperaturen der entsprechenden Alkanole.
Wichtige Nachweisverfahren für Aldehyde sind die FEHLING- und die TOLLENS-**Probe**.
Ketone sind die Oxidationsprodukte sekundärer Alkohole. Ketone, die durch Oxidation von sekundären Alkanolen entstehen, bezeichnet man als **Alkanone**. Alkanone enthalten eine **nicht endständige Carbonyl-Gruppe >C=O**, die an zwei Kohlenstoff-Atome gebunden ist (Keto-Gruppe).

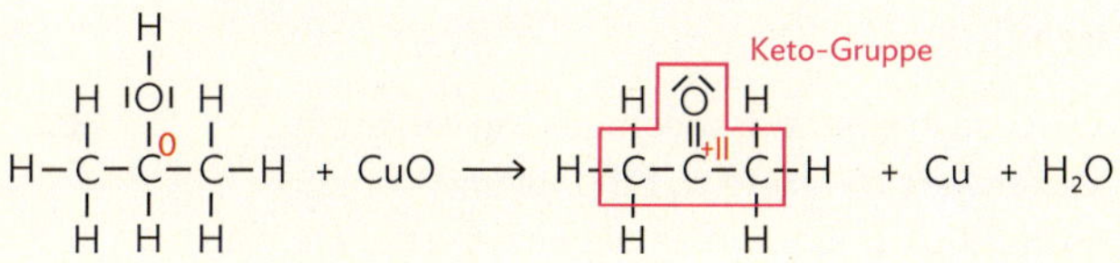

4 Essigsäure

Essig ist eine Lösung von **Essigsäure** in Wasser. Die Moleküle der Essigsäure sind aus einer Methyl-Gruppe und einer **Carboxy-Gruppe –COOH** aufgebaut. Diese reagiert als Protonendonator in Gegenwart von Wasser-Molekülen. Dabei entstehen Oxonium- und Säurerest-Ionen. Die Säurerest-Ionen der Essigsäure heißen **Ethanoat**- bzw. **Acetat-Ionen**. Essigsäure reagiert ähnlich wie anorganische Säuren, z. B. Salzsäure, jedoch weniger heftig.

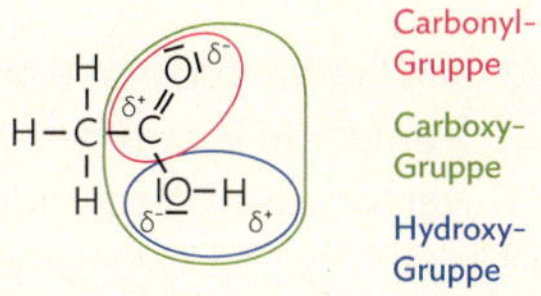

5 Carbonsäuren

Zur Stoffklasse der **Carbonsäuren** gehören alle organischen Stoffe, deren Moleküle mindestens eine Carboxy-Gruppe als funktionelle Gruppe enthalten. Die Moleküle von **Alkansäuren** sind aus je einem Alkyl-Rest und einer Carboxy-Gruppe aufgebaut und bilden eine homologe Reihe. Sie haben die allgemeine Summenformel $C_nH_{2n+1}COOH$.
Alkansäuren entstehen bei der Oxidation eines primären Alkanols über das entsprechende Alkanal. Die Löslichkeit der Alkansäuren nimmt mit zunehmender Länge der Alkyl-Gruppe in den Molekülen in hydrophilen Lösemitteln ab und in lipophilen Lösemitteln zu. Bei Alkansäuren mit kürzerer Alkyl-Gruppe in den Molekülen überwiegt der Einfluss der polaren Carboxy-Gruppe. Zwischen den Carboxy-Gruppen der Säure-Moleküle und den Wasser-Molekülen bilden sich Wasserstoffbrücken aus.
Carbonsäuren mit mehreren Carboxy-Gruppen in ihren Molekülen, bezeichnet man als **mehrwertige Carbonsäuren**.

6 Ester

Alkansäurealkylester entstehen in einer **Kondensationsreaktion** von Alkansäuren mit Alkanolen unter Abspaltung von Wasser und Bildung der **Ester-Gruppe –COO-** als funktionelle Gruppe.
Aufgrund der gering polaren Ester-Gruppe bilden Ester-Moleküle nur schwache Wechselwirkungen zwischen den permanenten Dipolen der Ester-Gruppen aus. Sie haben daher niedrige Siedetemperaturen und lösen sich gut in lipophilen Lösemitteln.
Die Rückreaktion der Kondensation ist die **Hydrolyse**.

Ziel erreicht?

Verfügen Sie über die Kompetenzen dieses Kapitels? Lösen Sie die entsprechenden Aufgaben (Arbeitsblatt unter QR-/Mediencode 06001-49) und bewerten Sie sich mithilfe der Tabelle rechts unten.

06001-49

KOMPETENZ A: Vorgänge der alkoholischen Gärung erklären

A1 Glucose in einer wässrigen Lösung vergärt in Gegenwart von Hefe zu Ethanol und Kohlenstoffdioxid. Dabei wirken die Enzyme der Hefe als Katalysatoren. Hefezellen gewinnen Energie für ihre Lebensprozesse durch Gärung.
a) Formulieren Sie für die Vergärung von Glucose die Reaktionsgleichung.
b) Geben Sie den energetischen Charakter dieser chemischen Reaktion an.

A2 Ein Gärballon für die private Weinherstellung wird immer mit einem mit Wasser gefüllten Gärröhrchen verschlossen. Begründen Sie diese Maßnahme.

KOMPETENZ B: Stoffeigenschaften aus Molekülstrukturen ableiten und begründen

B1 Obwohl es sich bei Butan-1,2,3,4-tetraol (Trivialname: Erythrit), Butan-1-ol und 2-Methylpropan-2-ol jeweils um Alkohole handelt, besitzen sie unterschiedliche Eigenschaften.
a) Zeichnen Sie die Halbstrukturformeln der drei Alkohole.
b) Ordnen Sie den Alkoholen die passenden Siedetemperaturen zu: 83 °C, 118 °C und 330 °C. Begründen Sie die unterschiedlichen Siedetemperaturen anhand der Molekülstrukturen.
c) Benennen Sie zwei weitere Eigenschaften, in denen sich die drei Alkohole unterscheiden.

KOMPETENZ C: Zusammenhänge zwischen Eigenschaften und Verwendung von Alkoholen herstellen

C1 Isopropanol (Propan-2-ol) wird in vielen kosmetischen Produkten als Lösemittel und in der Industrie zur Herstellung von Aceton (Propanon) verwendet.
a) Stellen Sie die Reaktionsgleichung für die Reaktion von Propan-2-ol mit Kupfer(II)-oxid zu Propanon auf.
b) Begründen Sie die Verwendung von Aceton als Lösemittel.

C2 Ordnen Sie den Verwendungsmöglichkeiten von Ethanol jeweils die Eigenschaften zu, die man für die jeweilige Anwendung ausnutzt.

Verwendung Ethanol	Eigenschaft Ethanol
1. Kraftstoff	a) berauschend
2. Desinfektionsmittel	b) brennbar
3. in Medikamenten	c) antibakteriell
4. Haushaltsreiniger	d) lipophil
5. Brennspiritus	e) hydrophil
6. Getränk	

KOMPETENZ D: Die IUPAC-Nomenklaturregeln auf die Stoffklassen der Alkanole und Alkanale anwenden

D1 Benennen Sie die folgenden Verbindungen nach IUPAC.

a)
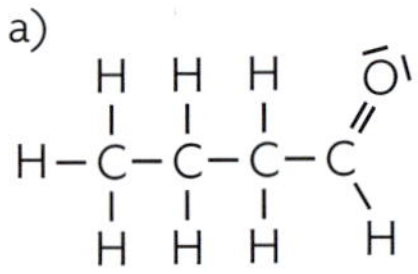

b)
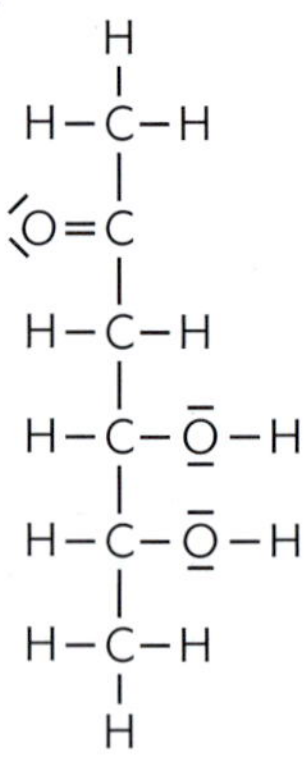

c)
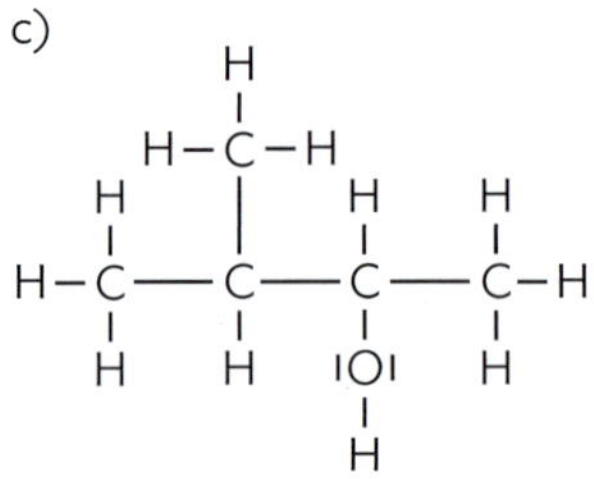

D2 Zeichnen Sie die Valenzstrichformeln der folgenden Verbindungen inklusive aller freien Elektronenpaare.
a) Propan-2-ol
b) 3-Hydroxybutan-2-on
c) 2-Methylbutanal

Lernanwendung unter QR-/Mediencode 06001-50

06001-50

KOMPETENZ E: Organische Kohlenstoffverbindungen mithilfe von Strukturelementen ordnen

E1 a) Geben Sie die funktionellen Gruppen der folgenden Verbindungen an und benennen Sie die zwischenmolekularen Wechselwirkungen, die deren Moleküle jeweils untereinander ausbilden können.
- Butanal
- 3-Methylpentan-2-on
- Essigsäure

b) Zeichnen Sie die Valenzstrichformeln der Moleküle aus a) u. a. mithilfe eines Formelzeichenprogramms. MK

c) Bestimmen Sie jeweils alle Oxidationszahlen der Atome der Moleküle aus a). Vergleichen Sie die Oxidationszahlen der Kohlenstoff-Atome, die an der jeweiligen funktionellen Gruppe beteiligt sind, miteinander.

KOMPETENZ F: Eigenschaften von Carbonsäuren aufgrund ihrer Strukturmerkmale erklären

F1 Zeichnen Sie diejenige funktionelle Gruppe, die alle Carbonsäuren gemeinsam haben und beschreiben Sie, aus welchen funktionellen Untereinheiten sie aufgebaut ist.

F2 Innerhalb der homologen Reihe der Alkansäuren nimmt die Wasserlöslichkeit von Methansäure bis zur Decansäure ab, die Löslichkeit in Benzin nimmt hingegen zu. Begründen Sie diesen Sachverhalt.

F3 Begründen Sie, dass Essigsäure eine höhere Siedetemperatur als Ethanol hat.

KOMPETENZ G: Die Bildung von Estern mithilfe von Reaktionsgleichungen beschreiben

G1 Die Moleküle eines nach Birne riechenden Esters haben die folgende Valenzstrichformel.

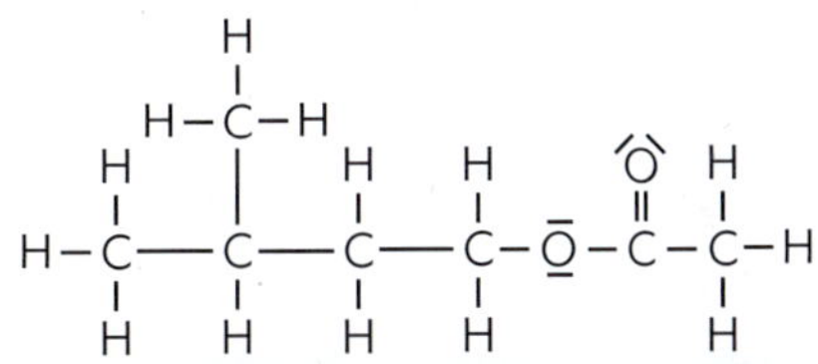

Benennen Sie die Edukte, aus denen dieser Ester hergestellt wurde und zeichnen Sie deren Halbstrukturformeln.

G2 Propansäure wird mit Butan-1-ol verestert.

a) Formulieren Sie die Reaktionsgleichung unter Verwendung von Valenzstrichformeln mit allen bindenden und nichtbindenden Elektronenpaaren.

b) Erläutern Sie die Bildung von Wasser-Molekülen bei dieser Reaktion.

c) Benennen Sie den Reaktionstyp und geben Sie den Namen der Rückreaktion an.

Vergleichen Sie Ihre Antworten mit den Lösungen auf Seite 197 und kreuzen Sie auf dem Arbeitsblatt an.

Kompetenz	ja	nein	zum Nachlesen
A Vorgänge der alkoholischen Gärung erklären			S. 68 – 71
B Stoffeigenschaften aus Molekülstrukturen ableiten und begründen			S. 74 – 77
C Zusammenhänge zwischen Eigenschaften und Verwendung von Alkoholen herstellen			S. 74 – 77
D Die IUPAC-Nomenklaturregeln auf die Stoffklassen der Alkanole und Alkanale anwenden			S. 48 – 49
E Organische Kohlenstoffverbindungen mithilfe von Strukturelementen ordnen			S. 80 – 84, 88 – 89
F Eigenschaften von Carbonsäuren aufgrund ihrer Strukturmerkmale erklären			S. 90 – 95
G Die Bildung von Estern mithilfe von Reaktionsgleichungen beschreiben			S. 98 – 101

Klausuraufgaben

T1 Methanol

Schon im Alten Ägypten benutzten die Menschen zur Einbalsamierung ihrer Toten ein Substanzgemisch, das unter anderem giftiges Methanol enthielt. Bei der alkoholischen Gärung entstehen neben Ethanol als Nebenprodukte sogenannte Begleitalkohole bzw. Fuselalkohole. Häufig ist in diesen verunreinigten Fuselalkoholen auch Methanol zu finden. Dieses wird im menschlichen Körper zum hoch giftigen Methanal (Formaldehyd) umgewandelt, welches, anders als Ethanal, vom menschlichen Körper nicht weiter abgebaut werden kann (vgl. S. 85). Methanal kann Proteine miteinander vernetzen und stoppt die Fäulnis von Gewebeproben. Dies macht sie dauerhaft haltbar (**B1**).

B1 In Formaldehydlösung eingelagerte Präparate

AUFGABEN

A1 Definieren Sie den Begriff Alkanol und schlussfolgern Sie, ob man diesem den Begriff Alkohol gleichsetzen kann.

A2 Vergleichen Sie die Struktur und Eigenschaften von Methanol CH_3OH und Natriumhydroxid $NaOH$. Planen Sie zwei Experimente, durch die man beweisen kann, dass die strukturellen Besonderheiten im Aufbau beider Stoffe nicht identisch sein können.

A3 Im Modellsport werden z. B. Flugzeugmodelle mit Verbrennungsmotoren häufig mit methanolhaltigem Kraftstoff betrieben. Entwickeln Sie die Reaktionsgleichung für die vollständige Verbrennung von Methanol und benennen Sie den Reaktionstyp.

A4 Die elektromagnetische Strahlung einer Mikrowelle wird durch Speisen und Getränke absorbiert, wodurch polare Molekülteile in Schwingung versetzt und Speisen und Getränke erwärmt werden. Erklären Sie die folgende Aussage: „Hochprozentige alkoholische Getränke dürfen nicht im Mikrowellenherd erhitzt werden."

A5 Formulieren Sie eine begründete Vermutung über die Rolle von Methanol im Substanzgemisch zur Einbalsamierung der Toten in der Antike.

T2 Carbonylverbindungen

Beim Destillieren eines Gemisches aus Alkohol, Schwefelsäure und Mangandioxid entdeckte CARL WILHELM SCHEELE 1781 einen neuen Stoff. JUSTUS LIEBIG stellte diesen Stoff auf verschiedene Weisen dar, beschrieb seine Eigenschaften, erkannte, dass es sich dabei um ein Oxidationsprodukt (Dehydrierungsprodukt) des Alkohols handelt und führte 1835 die Bezeichnung Aldehyde ein.

AUFGABEN

A1 Erläutern Sie die Bezeichnung „Aldehyde".

A2 Die Elementaranalyse von LIEBIG ergab eine molare Masse von 44 g/mol und folgende Massenanteile an Elementen: $w(H) = 0{,}091$, $w(O) = 0{,}364$ und $w(C) = 0{,}545$. Bestimmen Sie die Summenformel der Verbindung.

A3 Die Carbonyl-Gruppe >C=O ist stark polar. Bestätigen Sie dies durch eine Berechnung und leiten Sie zwei Eigenschaften von Carbonylverbindungen ab.

A4 Beschreiben Sie jeweils eine Möglichkeit der Synthese von Propanal und Propanon aus den entsprechenden Alkanolen. Formulieren Sie die Reaktionsgleichungen und benennen Sie den Reaktionstyp.

A5 In **B2** sind für fünf unverzweigte Carbonylverbindungen (A – E) mit den Summenformeln C_2H_4O, C_3H_6O und C_4H_8O Versuchsergebnisse und Siedetemperaturen dokumentiert. Ermitteln Sie begründet aus diesen Angaben die Valenzstrichformeln der Verbindungen A – E.

Carbonylverbindung	A	B	C	D	E
FEHLING-Probe	–	+	+	–	+
Siedetemp. in °C	56	49	76	80	20

B2 Eigenschaften der unbekannten Carbonylverbindungen

T3 Methansäure – eine besondere Säure

B3 Brennnesseln enthalten Ameisensäure.

Der Trivialname von Methansäure ist Ameisensäure (lat. *acidum formicum* von *formica*, Ameise). Es handelt sich dabei um eine farblose, ätzende und in Wasser lösliche Flüssigkeit, die in der Natur vielfach von Lebewesen wie z. B. Ameisen, Quallen oder Skorpionen zu Verteidigungszwecken genutzt wird. Auch in den Brennhaaren der Brennnessel (**B3**) befindet sich ein Nesselgift, das u. a. Ameisensäure enthält.
In geringen Mengen kommt sie auch im Bienenhonig vor. Imker setzen eine 60 %-ige Methansäurelösung zur Bekämpfung von Milben ein, da die Milben beim Kontakt mit der Säure absterben. Dadurch erhöht sich die Methansäurekonzentration im Honig geringfügig.
Den Wissenschaftlerinnen und Wissenschaftlern der Universität Rostock ist es gelungen, Methansäure durch einen Katalysator bereits bei Raumtemperatur in Wasserstoff und Kohlenstoffdioxid zu zerlegen und damit Methansäure als Energiespeicher zu nutzen.

AUFGABEN

A1 Die charakteristischen Eigenschaften verschiedener organischer Verbindungsklassen beruhen auf den funktionellen Gruppen in den Molekülen.
Geben Sie die allgemeinen Summenformeln für Alkohole, Alkanale und Alkansäuren an. Kennzeichnen Sie jeweils die funktionellen Gruppen und benennen Sie diese.

A2 Erklären Sie unter Einbeziehung der Molekülstrukturen und intermolekularer Wechselwirkungen die Abstufung der Siedetemperaturen von Methan, Methanol, Methanal und Methansäure.

A3 Die Moleküle von Methanol und Methansäure enthalten jeweils eine Hydroxy-Gruppe. Die beiden Verbindungen unterscheiden sich in ihrem Verhalten gegenüber Wasser. Erklären Sie diesen Sachverhalt.

A4 Entwickeln Sie die Reaktionsgleichungen für die einzelnen Reaktionsschritte der Wege A und B zur Darstellung von Methansäure in **B4**.

A5 Formulieren Sie die Reaktionsgleichung für die katalysierte Zersetzung von Methansäure. Beurteilen Sie die folgende Aussage:
„Zur Produktion von Wasserstoff ist Methansäure aus ökonomischer und ökologischer Sicht besser geeignet als Wasser."

A6 Begründen Sie, welche Schutzmaßnahmen der Imker beim Umgang mit Methansäure treffen muss. Der von behandelten Bienen erzeugte Honig darf noch als „Honig ohne fremde Zusätze" verkauft werden. Nehmen Sie zu dieser Aussage Stellung.

A7 Beim Erwärmen von Methansäure mit Ethanol in Gegenwart von Schwefelsäure entsteht eine angenehm duftende Verbindung. Formulieren Sie die Reaktionsgleichung für diese Reaktion.
Erläutern Sie die Rolle der Schwefelsäure.

A8 Gedankenexperiment:
Ammoniakalische Silbernitratlösung wird mit
a) Methansäurelösung (Reagenzglas A) und
b) Ethansäurelösung (Reagenzglas B)
versetzt und im Wasserbad vorsichtig erhitzt. Nach einigen Minuten bildet sich im Reagenzglas A ein Silberspiegel an der Reagenzglasinnenwand. Im Reagenzglas B wird keine Veränderung festgestellt.
Begründen Sie anhand der Molekülstruktur das unterschiedliche Verhalten der beiden Säuren.

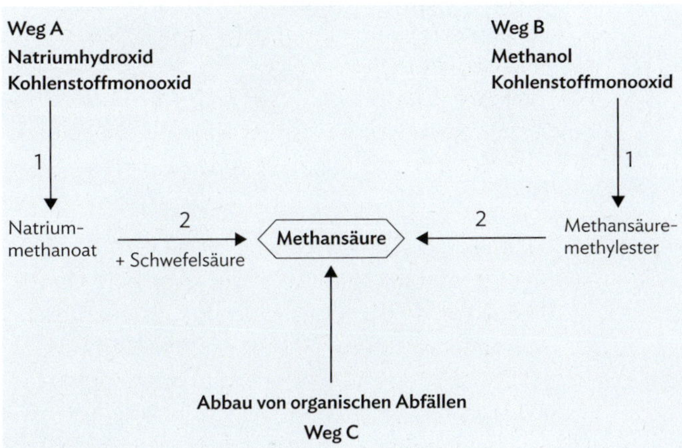

B4 Synthesewege für Methansäure

3 Reaktionsgeschwindigkeit und chemische Gleichgewichte

06001-51

Arbeitsblatt unter
QR-/Mediencode
06001-51

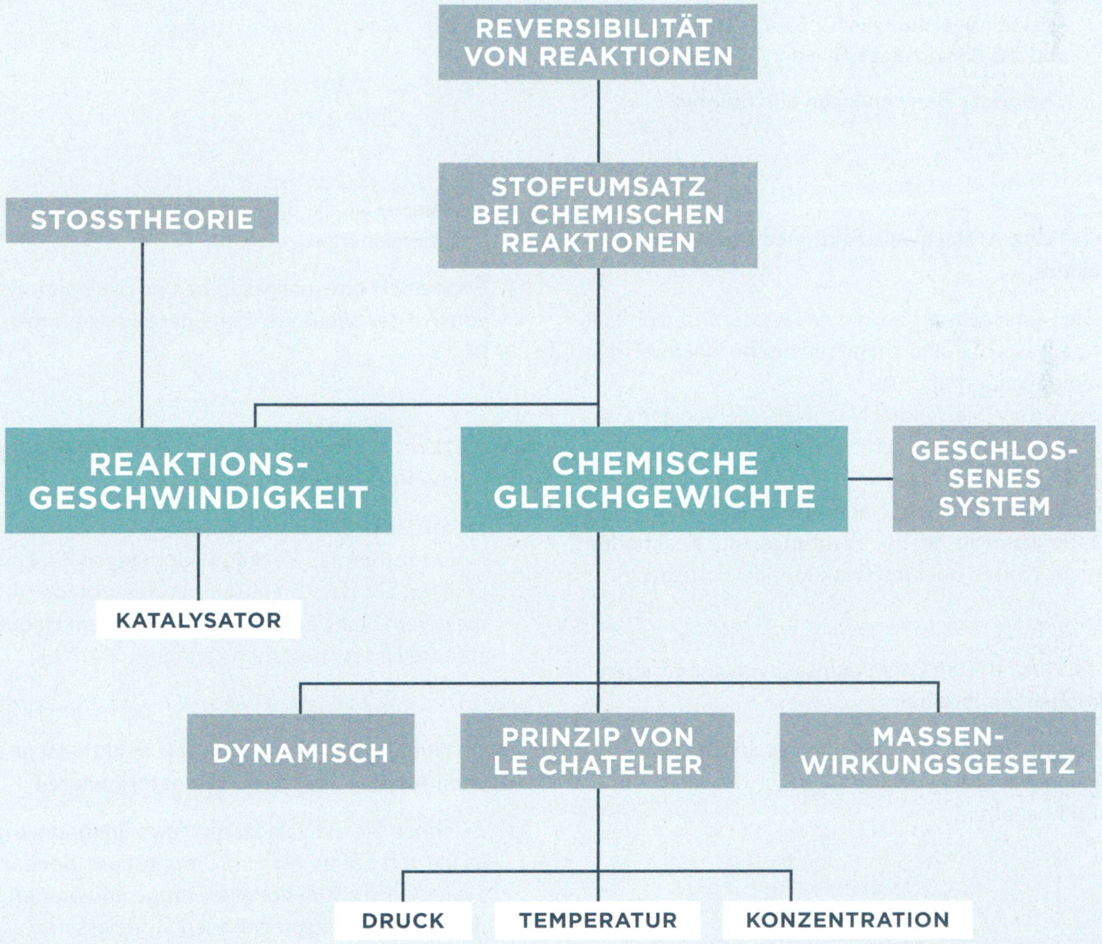

Startklar?

Schätzen Sie Ihre Kompetenz in den Bereichen A bis G ein und prüfen Sie sich anhand der entsprechenden Aufgaben (Arbeitsblatt unter QR-/Mediencode 06001-52).

06001-52

	Kompetenz	sehr gut	gut	schwierig
A	Nachweisreaktionen von Gasen beschreiben			
B	Den Energieumsatz von chemischen Reaktionen beschreiben			
C	Den Einfluss des Zerteilungsgrades auf chemische Reaktionen erklären			
D	Die Veresterung als Reaktionstyp zwischen Alkohol und Carbonsäure formulieren			
E	Eigenschaften von Estern auf Teilchenebene begründen			
F	Reaktionsgleichungen für Säure-Base-Reaktionen formulieren und das Prinzip einer Titration erklären			
G	Chemische Berechnungen durchführen			

KOMPETENZ A: Nachweisreaktionen von Gasen beschreiben

A1 Die Glimmspanprobe, die Kalkwasserprobe und die Knallgasprobe sind charakteristische Nachweisreaktionen für drei Gase.
a) Ordnen Sie die drei Nachweise denjenigen Gasen zu, die sich damit nachweisen lassen.
b) Beschreiben Sie jeweils kurz Durchführung und Beobachtung der Nachweisexperimente.
c) Erklären Sie die Beobachtungen der Reaktionen in Worten oder mit Reaktionsgleichungen.

KOMPETENZ B: Den Energieumsatz von chemischen Reaktionen beschreiben

B1 Beschreiben Sie die beiden abgebildeten Energiediagramme a) und b) unter Verwendung von Fachbegriffen.

a)
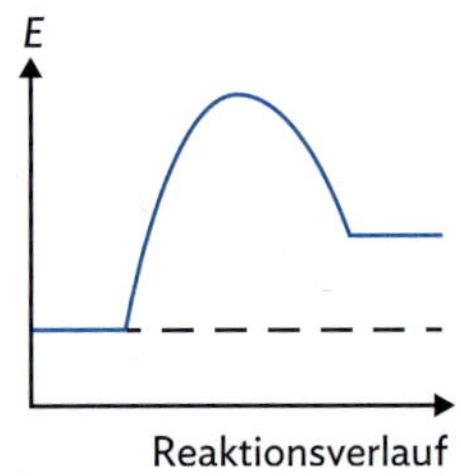

b)
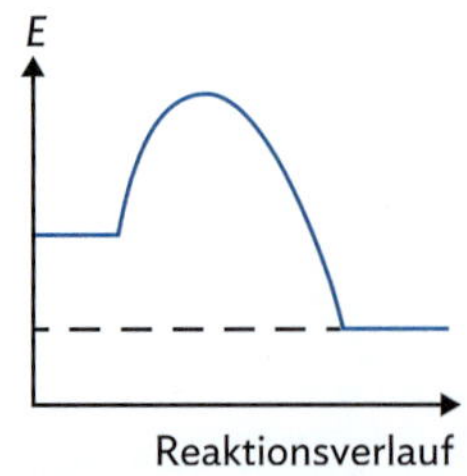

B2 Definieren Sie die Begriffe Aktivierungsenergie und Reaktionsenergie.

B3 Ordnen Sie die Knallgasprobe und die Elektrolyse von Wasser begründet den Energiediagrammen aus **B1** zu.

KOMPETENZ C: Den Einfluss des Zerteilungsgrades auf chemische Reaktionen erklären

C1 Eisenspäne verbrennen in der Brennerflamme in einer exothermen Reaktion mit orangen Funken. Erklären Sie, dass Brandschutztüren trotzdem aus massivem Stahl, einer Legierung mit dem Hauptbestandteil Eisen, bestehen können.

KOMPETENZ D: Die Veresterung als Reaktionstyp zwischen Alkohol und Carbonsäure formulieren

D1 Zeichnen Sie die Valenzstrichformeln für die Moleküle von Butan-1-ol und Propansäure. Benennen Sie jeweils die funktionelle Gruppe und ordnen Sie die Moleküle entsprechenden Stoffklassen zu.

D2 Butan-1-ol und Propansäure können miteinander unter Abspaltung von Wasser reagieren. Formulieren Sie die Reaktionsgleichung dafür unter Verwendung von Valenzstrichformeln.

Lernanwendung unter QR-/Mediencode 06001-53

06001-53

D3 Markieren Sie die Ester-Gruppe in der Reaktionsgleichung aus **D2** und benennen Sie den Reaktionstyp.

KOMPETENZ E: Eigenschaften von Estern auf Teilchenebene begründen

E1 Benennen Sie die Eigenschaft, auf der die im Text angedeuteten Verwendungen von Essigsäureethylester beruhen. Erklären Sie sie auf Teilchenebene.
Essigsäureethylester löst sich kaum in Wasser. In Ethanol oder Propanon (Aceton) ist Essigsäureethylester dagegen sehr gut löslich. Essigsäureethylester ist ein gutes Lösemittel für Öle, Fette, Lacke und Kunstharze. Die Dämpfe der nach Nagellackentferner oder Klebstoff riechenden Flüssigkeit reizen Atemwege und Augen und sind wie die Flüssigkeit brennbar.

E2 Erklären Sie auf Teilchenebene, wovon es abhängt, ob Wachse und Fette bei Zimmertemperatur fest oder flüssig sind.

KOMPETENZ F: Reaktionsgleichungen für Säure-Base-Reaktionen formulieren und das Prinzip einer Titration erklären

F1 Kreuzen Sie alle richtigen Aussagen an. Verbessern Sie falsche Aussagen.

- ☐ Bei Säure-Base-Reaktionen werden Protonen von der Base auf die Säure übertragen.
- ☐ Eine Neutralisation bezeichnet die Reaktion einer Säure mit einer Base unter Bildung von Wasser und einem Salz.
- ☐ Ein pH-Indikator gibt Aufschluss über die Konzentration einer Lösung.

F2 Formulieren Sie die Neutralisationsreaktion zwischen Salzsäure und Natronlauge.

KOMPETENZ G: Chemische Berechnungen durchführen

G1 Ergänzen Sie die folgendeTabelle:

chem. Größe	Größenzeichen	Einheit	Formel
Stoffmenge	n		
	m	g	$m = M \cdot n$
	M	g/mol	
Konzentration			$c =$
		m^3 oder L	$= V_m \cdot n$

G2 Berechnen Sie das Volumen einer Kochsalzlösung der Konzentration c = 0,5 mol/L, in der eine Stoffmenge $n(Na^+)$ = 0,35 mol gelöst ist.

G3 Ermitteln Sie die Masse an Essigsäure in 100 mL Essigsäurelösung der Konzentration c = 0,5 mol/L.

Vergleichen Sie Ihre Antworten mit den Lösungen auf Seite 198 und geben Sie sich die entsprechende Punktzahl.

Kompetenz	sehr gut	gut	schwierig	zum Nachlesen
A Nachweisreaktionen von Gasen beschreiben	18 – 14	13 – 9	8 – 5	S. 23
B Den Energieumsatz von chemischen Reaktionen beschreiben	14 – 11	10 – 8	7 – 5	S. 12 – 13
C Den Einfluss des Zerteilungsgrades auf chemische Reaktionen erklären	3	2	1	S. 13
D Die Veresterung als Reaktionstyp zwischen Alkohol und Carbonsäure formulieren	12 – 10	9 – 7	6 – 4	S. 100 – 101
E Eigenschaften von Estern auf Teilchenebene begründen	6 – 5	4 – 3	2	S. 100 – 103
F Reaktionsgleichungen für Säure-Base-Reaktionen formulieren und das Prinzip einer Titration erklären	9 – 7	6 – 5	4 – 3	S. 20 – 21
G Chemische Berechnungen durchführen	17 – 14	13 – 9	8 – 6	S. 21

3.1.2 Reaktionsgeschwindigkeit und Stoßtheorie

Essigsäure → S. 88

Citronensäure → S. 95

Reaktionsgeschwindigkeit

Im Alltag verwendet man häufig saure Lösungen, die z. B. Essigsäure oder Citronensäure enthalten, um Kalkreste zu entfernen. Dabei reagiert die saure Lösung mit dem Calciumcarbonat (Kalk) unter Bildung von Kohlenstoffdioxid und Wasser (**V1**):

$$2\ H_3O^+\ (aq) + CaCO_3\ (s) \longrightarrow CO_2\ (g) + 3\ H_2O\ (l) + Ca^{2+}\ (aq)$$

Bei der Verwendung solcher Entkalker im Haushalt stellen sich vor allem zwei Fragen: Wie schnell wirkt der Reiniger und wie kann die Reaktion beschleunigt werden? Zur Beantwortung dieser Fragen muss die Reaktionsgeschwindigkeit näher betrachtet werden.

Reaktionsgeschwindigkeiten messen

Die **Reaktionsgeschwindigkeit** beschreibt den Stoffumsatz bei einer chemischen Reaktion in Abhängigkeit zur Reaktionszeit. So kann man bei der Reaktion von Essigsäure mit Kalk die Massenänderung des Reaktionsgemischs auf einer Waage untersuchen. Mit fortlaufender Bildung von Kohlenstoffdioxid, das aus dem Reaktionsgefäß entweicht, nimmt die Masse des Reaktionsansatzes ab (**V2**). Diese Massenänderung entspricht der Masse des gebildeten Kohlenstoffdioxids. Aus den Messwerten lassen sich die gebildeten Stoffmengen an Kohlenstoffdioxid berechnen. Trägt man diese gegen die Zeit auf, lässt sich aus dem Diagramm die Reaktionsgeschwindigkeit als Änderung der Stoffmenge Δn in einem Zeitintervall Δt berechnen (**B1**).

Diese Änderung der Stoffmenge Δn eines Edukts oder Produkts in einem bestimmten Zeitintervall Δt wird **mittlere Reaktionsgeschwindigkeit** $\bar{v}_r$ (vgl. Info Momentangeschwindigkeit) genannt:

$$\bar{v}_r = \frac{\Delta n}{\Delta t} \qquad [\bar{v}_r] = 1\,\frac{\text{mol}}{\text{s}} = 1\ \text{mol} \cdot \text{s}^{-1}$$

Für Reaktionen in Lösungen bezieht man sich auf die Stoffmengenkonzentration $c = \frac{n}{V}$ und definiert:

$$\bar{v}_r = \frac{\Delta c}{\Delta t} \qquad [\bar{v}_r] = 1\,\frac{\text{mol}}{\text{L} \cdot \text{s}} = 1\ \text{mol} \cdot \text{L}^{-1} \cdot \text{s}^{-1}$$

Dies ist die üblichere Darstellungsweise.

Betrachtet man die Reaktionsgeschwindigkeit als die Konzentrationsabnahme eines Eduktes in einem Zeitintervall, so hat ihr Wert ein negatives Vorzeichen. Bezieht man sich hingegen auf die Zunahme der Konzentration eines Produkts, erhält sie ein positives Vorzeichen.

INFO Von der mittleren Reaktionsgeschwindigkeit $\bar{v}_r$, der Geschwindigkeit der Reaktion in einem Zeitintervall, wird die **Momentangeschwindigkeit** v_r abgegrenzt, bei der t_1 mathematisch als Grenzwert definiert wird, d. h. als ein gegen Null gehendes Zeitintervall.

Änderung der Reaktionsgeschwindigkeit

Wie schnell reagiert Essigsäurelösung nun mit Kalk? Diese Frage ist nicht eindeutig zu beantworten, denn die Kalkentfernung scheint direkt nach der Zugabe des Essigreinigers schneller abzulaufen als nach einigen Minuten. Offenbar verändert sich die Reaktionsgeschwindigkeit im Verlauf des Experiments. Die Messdaten bestätigen diesen Eindruck.

Aus **B1** lässt sich ablesen, dass im Zeitintervall von 0 bis 60 s ca. 4,5 mmol Kohlenstoffdioxid gebildet werden. Nach einiger Zeit wird die in einem vergleichbar großen Zeitintervall gebildete Stoffmenge an Gas kleiner. Im Zeitintervall von 120 bis 180 s sind es nur ca. 0,6 mmol. Nach ca. 300 s kommt es zu keiner Gasbildung mehr. Zu diesem Zeitpunkt ist die Reaktionsgeschwindigkeit gleich Null. Die Reaktion kommt zum Er-

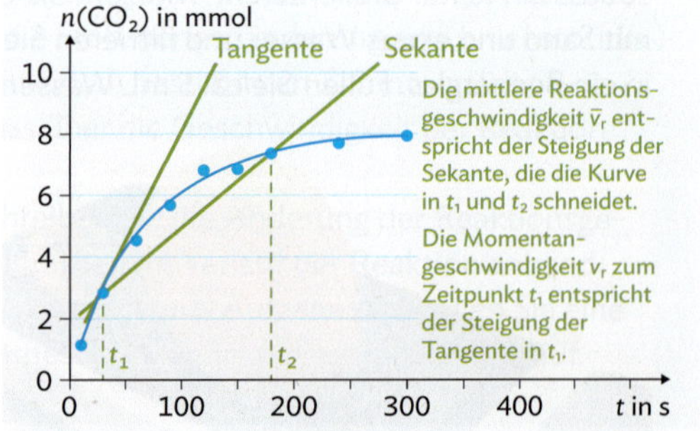

B1 Zeit-Stoffmengen-Diagramm bei der Reaktion von Kalk mit einer sauren Lösung

liegen. Womit lässt sich diese Veränderung der Reaktionsgeschwindigkeit erklären?

Stoßtheorie

Die **Stoßtheorie** besagt, dass Edukt-Teilchen wirksam zusammenstoßen müssen, damit sie miteinander reagieren können. In einer Lösung ist die Anzahl der möglichen Stöße zwischen den Edukt-Teilchen und damit die Reaktionsgeschwindigkeit umso größer, je mehr Teilchen in einem bestimmten Volumen enthalten sind, je höher also die Stoffmengenkonzentration ist. Da bei fortschreitender Reaktion immer mehr Edukt-Teilchen zu Produkt-Teilchen reagieren, ist die Konzentration der reaktionsfähigen Edukt-Teilchen am Anfang am höchsten und nimmt im Laufe der Reaktion ab. Somit kann die Reaktion zu Beginn an vielen Stellen gleichzeitig ablaufen und die Reaktionsgeschwindigkeit ist höher als nach einiger Zeit. Sind nicht mehr ausreichend reaktionsfähige Teilchen vorhanden, kommt die Reaktion gänzlich zum Erliegen.
Die Grafik **B2** zeigt das genaue mathematische Verhältnis von Konzentration und möglichen Stößen: Die Stoßzahl z ist proportional zum Produkt der Teilchenanzahlen in einem bestimmten Volumen, also proportional zum Produkt der Konzentrationen der beiden Edukte A und B:

$$z \sim c(\text{A}) \cdot c(\text{B})$$

Unter der Annahme, dass die Momentangeschwindigkeit v_r proportional zur Stoßzahl z ist, gilt für die Reaktionsgeschwindigkeit:

$$v_r = k \cdot c(\text{A}) \cdot c(\text{B})$$

In dieser Geschwindigkeitsgleichung stellt k die **Geschwindigkeitskonstante** dar. Sie hat für jede Reaktion unter bestimmten Bedingungen einen charakteristischen Wert.

Die mittlere Reaktionsgeschwindigkeit beschreibt die Änderung der Stoffmenge bzw. der Stoffmengenkonzentration eines Reaktanten in einem bestimmten Zeitintervall:

$$\bar{v}_r = \frac{\Delta n}{\Delta t} \quad \text{bzw.} \quad \bar{v}_r = \frac{\Delta c}{\Delta t}$$

Sie nimmt im Laufe der Reaktion ab.

AUFGABEN

A1 Magnesium wird mit Methansäure (Ameisensäure) versetzt. Es entsteht ein Gas, bei dessen Nachweis die Knallgasprobe positiv verläuft. Stellen Sie eine Reaktionsgleichung auf. Formulieren Sie eine begründete Vermutung über die zeitabhängige Gasentwicklung und skizzieren Sie diese.

Methansäure → S. 92

A2 Bei der Reaktion von 100 mL Salzsäure der Konzentration c = 0,5 mol/L mit Magnesium bilden sich in fünf Minuten 10 mL Wasserstoff. Berechnen Sie die mittlere Reaktionsgeschwindigkeit in Bezug auf Magnesiumchlorid und Salzsäure.

06001-54
gestufte Hilfen zu **A2** unter QR-/Mediencode 06001-54

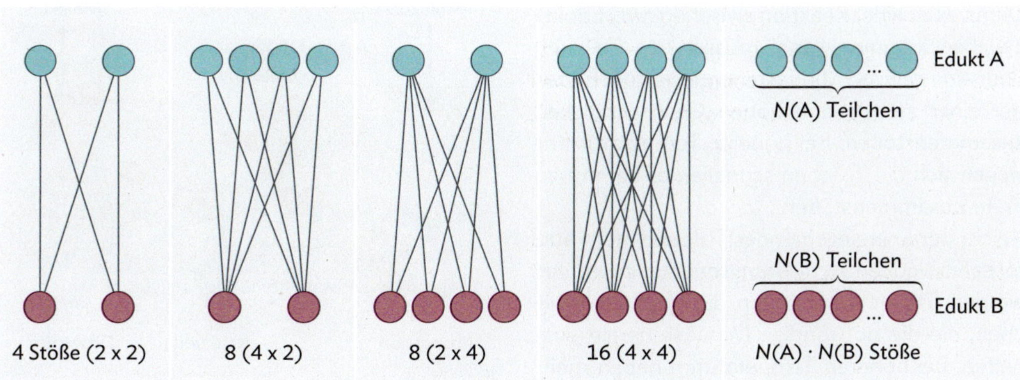

B2 Modell zur Abhängigkeit der möglichen Stoßanzahl von der Edukt-Teilchenkonzentration

3.1.3 Beeinflussung der Reaktionsgeschwindigkeit

Einfluss der Konzentration

Die Stoßtheorie erklärt auch, wie die Reaktionsgeschwindigkeit beeinflusst werden kann. Die Gasbildung verläuft bei Zugabe einer höher konzentrierten Essigsäurelösung zu Kalk lebhafter und damit schneller als bei Zugabe einer Lösung niedrigerer Konzentration (**V3**).
Der Grund dafür ist, dass in der höher konzentrierten sauren Lösung mehr reaktionsfähige Teilchen vorhanden sind, die zusammenstoßen können.

06001-55

Einfluss des Zerteilungsgrades

Ebenso erklärt die Stoßtheorie die unterschiedlich heftige Reaktion bei der Zugabe von Essigsäurelösung zu Kalk als Pulver, in gekörnter Form oder als Stück. Je feiner zerteilt der Kalk ist, d. h. je größer der **Zerteilungsgrad** ist, desto heftiger und schneller verläuft die Reaktion (**V3**). Der Grund dafür ist, dass bei einem Feststoff nur die Teilchen, die sich an der Oberfläche befinden, reagieren können. Je größer der Zerteilungsgrad, desto größer ist die Oberfläche des Kalks, an der nun gleichzeitig an vielen Stellen die Reaktion stattfinden kann.

HABER-BOSCH-Verfahren → S. 172

Einfluss der Temperatur

Auch die Temperatur beeinflusst die Reaktionsgeschwindigkeit. Wird die Essigsäurelösung vor der Zugabe zum Kalk erwärmt, ist die Gasbildung lebhafter als bei Zugabe einer Lösung mit Raumtemperatur (**V3**). Auch dieses Phänomen kann mit der Stoßtheorie erklärt werden.
Damit es zu einer Reaktion zwischen zwei Edukt-Teilchen kommen kann, müssen die Teilchen über eine gewisse Mindestenergie verfügen bzw. mit einer ausreichend hohen Geschwindigkeit zusammenstoßen. Bei höherer Temperatur bewegen sich die Teilchen schneller, es kommt zu mehr Zusammenstößen.
Reicht der Energiegehalt der Teilchen nicht aus, muss von außen Aktivierungsenergie zugeführt werden. Damit erhöht man die Zahl der Teilchen, die die notwendige Mindestenergie enthalten. Bei höheren Temperaturen haben mehr Teilchen die notwendige Mindestenergie.

Als Faustregel kann die sogenannte **Reaktionsgeschwindigkeits-Temperatur-Regel (RGT-Regel)** betrachtet werden. Diese besagt, dass eine Temperaturerhöhung der Umgebung um 10 °C eine Verdopplung bis Verdreifachung der Reaktionsgeschwindigkeit bewirkt.

Einfluss eines Katalysators

Ein weiterer Faktor, der besonders für technische Synthesen wichtig ist, ist der Einsatz eines **Katalysators**. Gibt man Platinpellets in Wasserstoffperoxidlösung, bilden sich Gasbläschen (**V4**). Ohne die Platinpellets ist dies nicht beobachtbar (Video unter QR-/Mediencode 06001-55). Die Platinpellets ermöglichen erst die Reaktion, bei der Sauerstoff und Wasser entstehen.
Der Katalysator nimmt zwar auch an der Reaktion teil, er geht daraus aber unverändert wieder hervor. Lange Zeit waren die Prozesse an Katalysatoroberflächen gar nicht genau bekannt, obwohl Katalysatoren bereits großtechnisch, z. B. bei der Ammoniaksynthese, eingesetzt wurden. Katalysierte Reaktionen folgen allgemein einem Dreischritt: Adsorption, Reaktion, Desorption. Bei der katalysierten Reaktion von Wasserstoff mit Sauerstoff kommt es an der Katalysatoroberfläche zunächst zur Adsorption der Edukte. Dabei bilden sich Wechselwirkungen zwischen den Edukt-Teilchen und den Atomen von der Katalysatoroberfläche aus. Das führt zur Lockerung oder gar Spaltung der Bindungen in den Edukt-Molekülen und versetzt sie in einen „aktiven", reaktionsfähigen Zustand. Es folgt die eigentliche Reaktion, also die Umgruppierung der Atome aus den Edukt-Molekülen zu den Produkt-Molekülen, dann deren Desorption von der Katalysatoroberfläche und schließlich die Diffusion in die Umgebung (**B3**).
Die Funktionsweise eines Katalysators basiert also darauf, dass ein anderer Reaktionsweg mit

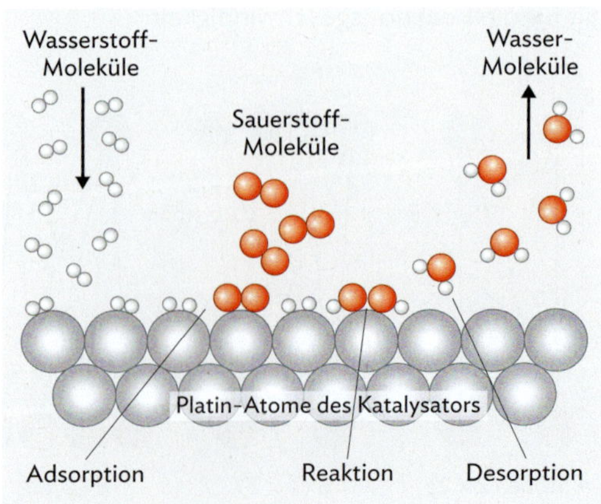

B3 Teilschritte der Katalyse

niedrigerer Aktivierungsenergie eingeschlagen wird (**B4**). Insgesamt führt der Katalysatoreinsatz dazu, dass die Reaktionsgeschwindigkeit steigt. Neben herkömmlichen Katalysatoren werden bei technischen Synthesen auch **Biokatalysatoren** eingesetzt.

Biokatalysatoren

Biokatalysatoren bzw. **Enzyme** sind nicht nur bei technischen Synthesen, sondern bei nahezu allen chemischen Reaktionen in lebenden Organismen, z. B. bei der Verdauung oder anderen Stoffwechselprozessen, von Bedeutung. Heute kennt man etwa 2.700 verschiedene Enzyme, die im menschlichen Organismus wirken, und es werden ständig neue Enzyme entdeckt.
Genau wie technische Katalysatoren erhöhen Enzyme die Geschwindigkeit der Reaktionen, indem sie andere Reaktionswege mit niedrigeren Aktivierungsenergien ermöglichen. So kann z. B. ein Enzym-Molekül des Enzyms Katalase, das in Kartoffeln vorkommt, in jeder Sekunde 40 Millionen Wasserstoffperoxid-Moleküle in Sauerstoff- und Wasser-Moleküle zerlegen (**V5**).
Die Aktivität von Enzymen wird durch zahlreiche Faktoren beeinflusst, z. B. durch die Temperatur (**V6**). Bei zu hohen Temperaturen kann ein Enzym zerstört werden. Die Enzymaktivität kann auch durch die Anwesenheit von Schwermetall-Ionen beeinflusst werden. Hierauf beruht z. B. die giftige Wirkung von Schwermetall-Salzen auf den menschlichen Organismus. Schwermetall-Salze zählen daher zu den sogenannten Katalysatorgiften.
Die spezifische Katalysatorwirkung der Enzyme macht man sich auch außerhalb lebender Organismen zunutze. So enthalten viele Waschmittel eiweiß- und fettspaltende Enzyme.

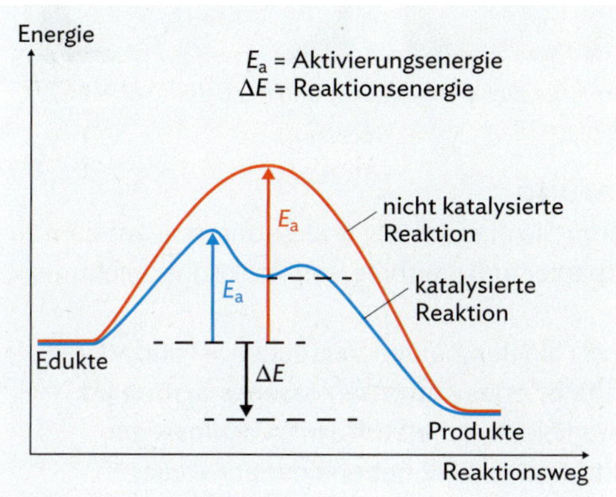

B4 Energieprofile einer katalysierten und einer nicht katalysierten Reaktion

> Die Reaktionsgeschwindigkeit wird durch die Konzentration der Reaktanten, den Zerteilungsgrad, die Temperatur und die Gegenwart eines Katalysators beeinflusst. Die Stoßtheorie erklärt dieses Phänomen. Sie besagt, dass für das Stattfinden einer Reaktion Edukt-Teilchen mit einer Mindestenergie zusammenstoßen müssen.

AUFGABEN

A1 Benennen Sie die Bedingungen der Stoßtheorie für das Zustandekommen einer chemischen Reaktion.

A2 Erklären Sie unter Bezug auf die Stoßtheorie, wie man die Reaktionsgeschwindigkeit einer Verbrennung verändern kann.

A3 Recherchieren Sie den Begriff RGT-Regel.
MK Stellen Sie einen Bezug zur Bedeutung dieser Regel in Lebewesen her.

A4 Recherchieren Sie ein Beispiel für die Be-
MK deutung von Katalysatoren in der Technik.

A5 Die Grüne Chemie, auch „Green Chemistry" genannt, strebt Umweltverträglichkeit und Nachhaltigkeit an. Eines ihrer Prinzipien lautet: „Katalysatoren sind stöchiometrischen Reagenzien zu bevorzugen." Erklären Sie diese Aussage.

A6 Manche Kontaktlinsenpflegemittel enthalten eine die Augen reizende Wasserstoffperoxidlösung. Bevor sie danach genutzt werden können, müssen sie zur „Neutralisation" für einige Stunden in ein spezielles platinhaltiges Gefäß. Begründen Sie dieses Vorgehen. Beurteilen Sie, ob der Begriff der Neutralisation für diese Reaktion passt.

3.2 Chemisches Gleichgewicht

Vielen Kuchen, Desserts und auch Süßigkeiten werden bei der Zubereitung Aromastoffe zugesetzt. Bei diesen Aromastoffen handelt es sich häufig um Ester, die bei falscher Aufbewahrung ihren Geschmack und Geruch verlieren oder sogar ungenießbar werden können. Was passiert mit Estern, wenn sie nicht verschlossen, kühl und trocken gelagert werden?

3.2.1 Versuche und Material

V Umkehrbare Reaktionen im offenen und geschlossenen System

5 6 7 9

Einige Aromastoffe verlieren mit der Zeit ihren charakteristischen Geruch. Diese und andere stark riechende Stoffe zersetzen sich sukzessive wieder in ihre Edukte. Man sollte sie verschlossen aufbewahren. Warum ist dies so?

V1 Tropfen Sie etwas Thymolphthalein-Indikatorlösung auf ein angefeuchtetes Filterpapier. Entnehmen Sie mit einer 20 mL-Spritze Ammoniakgas aus der Gasphase über konzentrierter Ammoniaklösung und düsen Sie es auf das Filterpapier. Schwenken Sie das Filterpapier anschließend.

V2 Wiederholen Sie **V1**. Legen Sie das Filterpapier in einen Standzylinder und verschließen Sie diesen mit einer Glasplatte.

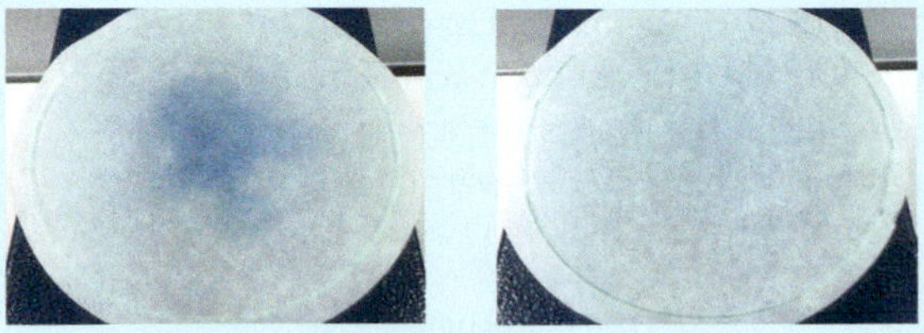

B1 Filterpapier aus **V1** vor (links) und nach dem Schwenken (rechts)

AUSWERTUNG

a) Erklären Sie die Färbung und Entfärbung auf dem Filterpapier in **B1** mithilfe von Reaktionsgleichungen.
b) Ordnen Sie den beiden Versuchen **V1** und **V2** die Begriffe offenes und geschlossenes System zu.
c) Erklären Sie, welche Stoffe im geschlossenen Standzylinder in **V2** nebeneinander vorliegen.

ENTSORGUNG R

V Gleichgewichtseinstellung

Die Veresterung ist eine Gleichgewichtsreaktion. Ihre Rückreaktion ist die Esterhydrolyse. Wie viel Carbonsäure wird hierbei umgesetzt bzw. gebildet?

V3 Setzen Sie in je einem 100 mL-Erlenmeyerkolben die folgenden Mischungen an. Vermengen Sie dazu die angegebenen Edukte in einem Messzylinder und füllen Sie sie mit Aceton als Lösemittel auf ein Gesamtvolumen von 50 mL auf.

A *Veresterung:* 0,25 mol (15 g) Essigsäure CH_3COOH, 0,25 mol (11,5 g) Ethanol CH_3CH_2OH und 0,005 mol (0,48 g) konz. Schwefelsäure

B *Esterhydrolyse:* 0,25 mol (22 g) Essigsäureethylester $CH_3COOCH_2CH_3$, 0,25 mol (4,5 g) Wasser und 0,005 mol konz. Schwefelsäure

C *Blindprobe:* 0,005 mol konz. Schwefelsäure

Verschließen Sie die Ansätze und rühren Sie **A** und **B** drei bis vier Tage. Entnehmen Sie jedem Versuchsansatz 1 mL und verdünnen Sie diesen mit ca. 50 mL Wasser. Geben Sie einige Tropfen Thymolphthalein-Indikatorlösung hinzu und titrieren Sie mit Natronlauge der Konzentration $c = 0{,}1$ mol/L bis zum Farbumschlag. (Durchführung einer Titration unter QR-/Mediencode 06001-38)

06001-38

AUSWERTUNG

a) Notieren Sie den Verbrauch an Natronlauge tabellarisch und berechnen Sie die Mittelwerte der jeweiligen Titrationsergebnisse.

b) Stellen Sie Reaktionsgleichungen für die Veresterung und die Esterhydrolyse auf.

c) Berechnen Sie mithilfe des Ergebnisses für **C**, welches Volumen an Natronlauge bei den Ansätzen **A** und **B** jeweils auf die Neutralisation der Essigsäure entfällt. Vergleichen Sie die Volumina.

d) Zwischen der Stoffmenge *n*, der Konzentration *c* und dem Volumen *V* besteht die Beziehung $n = c \cdot V$. Das Stoffmengenverhältnis für die Neutralisation von Essigsäure mit Natronlauge ist $n(CH_3COOH) : n(NaOH) = 1 : 1$. Berechnen Sie mithilfe dieser Angaben die Stoffmenge *n* von Essigsäure in beiden Ansätzen. Beachten Sie, dass Sie nur 1 mL des Ansatzes titriert haben.

e) Berechnen Sie die Stoffmenge an Ethanol, Essigsäureethylester und Wasser für beide Ansätze im Gleichgewicht aus der Ausgangsstoffmenge n_0 und der experimentell ermittelten Stoffmenge an Essigsäure.

gestufte Hilfen zu e) unter QR-/Mediencode 06001-56

06001-56

ENTSORGUNG G3

V Modellversuch zum chemischen Gleichgewicht

Im chemischen Gleichgewicht ändert sich die Konzentration der Edukte und Produkte nicht mehr. Kommt die Reaktion dabei zum Erliegen?

V4 Füllen Sie einen 100 mL-Messzylinder A mit 70 mL Wasser. Ein zweiter 100 mL-Messzylinder B ist zunächst leer. Stellen Sie nun zwei Glasrohre a und b mit unterschiedlichen Durchmessern in die Zylinder und verschließen Sie die Rohre oben mit Ihren Fingerkuppen. Entleeren Sie die Glasrohre in den jeweils anderen Zylinder. Stellen Sie nun Glasrohr a erneut in Zylinder A und Glasrohr b in Zylinder B. Wiederholen Sie die Überführungsprozedur. Notieren Sie nach jeder Überführung die Füllstände in den Zylindern. Beenden Sie den Versuch, wenn sich die Füllstände in den Messzylindern nicht mehr ändern.

AUSWERTUNG

a) Dokumentieren Sie die Wasserstände in einer Tabelle und tragen Sie den Wasserstand grafisch gegen die Anzahl der Wiederholungen auf.

b) Erklären Sie anhand des Diagramms aus **a)**, dass der Versuch als Modellversuch zum chemischen Gleichgewicht herangezogen werden kann.

c) Beantworten Sie die Frage in der Einleitung zu **V4** anhand Ihrer Erkenntnisse zum Modellversuch.

d) Formulieren Sie eine Hypothese zum Ausgang des Experiments, wenn man nicht Zylinder A, sondern Zylinder B mit 70 mL Wasser befüllen würde und Zylinder A zunächst leer wäre. Überprüfen Sie Ihre Hypothese experimentell.

ENTSORGUNG A

3.2.2 Hin- und Rückreaktion im Gleichgewicht

Ester
→ S. 98

Umkehrbare Reaktionen

Aromastoffe aus Estern sind aufgrund ihres charakteristischen Geschmacks zur Verfeinerung von Speisen oder beim Backen sehr beliebt. Wegen des charakteristischen Geruchs nach Früchten wie Apfel, Banane, Ananas oder Orange, bezeichnet man einige auch als sogenannte Fruchtester (vgl. S. 102). Lagert man diese Aromastoffe jedoch falsch, können sie ungenießbar werden. Der Grund dafür ist, dass die Ester wieder in die Alkohole und Carbonsäuren gespalten werden, aus denen sie ursprünglich durch Veresterung entstanden sind. Die chemische Reaktion, die bei der Veresterung stattfindet, läuft dabei umgekehrt ab.

Zunutze macht man sich die Umkehrung einer chemischen Reaktion zum Beispiel bei der Verwendung von Akkus. Im Akku läuft eine chemische Reaktion ab, die die Energie freisetzt, um ein Gerät zu betreiben. Beim Laden wird die chemische Reaktion durch Energiezufuhr wieder umgekehrt, sodass der Akku wieder benutzt werden kann.

Exkurs
Künstliche Fotosynthese und Fixierung von Kohlenstoffdioxid
→ S. 170

Manchmal ist die Umkehrung einer chemischen Reaktion vielschrittig und kompliziert, wie z. B. bei Fotosynthese und Zellatmung (**B1**). Prinzipiell ist jedoch jede chemische Reaktion umkehrbar, also **reversibel**. Ausschlaggebend dafür, ob die **Hin-** oder die **Rückreaktion** überwiegt, sind die Reaktionsbedingungen.

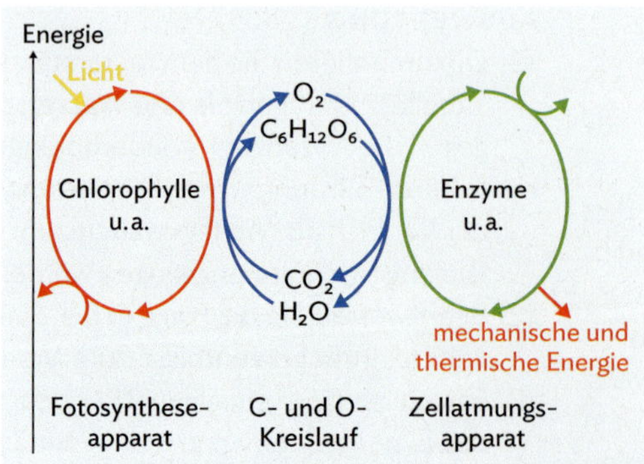

Zellatmung und Fotosynthese
→ S. 164

B1 Durch Zellatmung gewinnt unser Körper Energie: Kohlenhydrate werden mit Sauerstoff zu Kohlenstoffdioxid und Wasser oxidiert. Durch Fotosynthese wird diese chemische Reaktion umgekehrt, sodass Kohlenstoffdioxid und Wasser durch Energiezufuhr wieder zu Kohlenhydraten und Sauerstoff reagieren.

Offene und geschlossene Systeme

Sprüht man Ammoniakgas auf ein mit Wasser angefeuchtetes und mit Thymolphthalein-Indikatorlösung beträufeltes Filterpapier, färbt sich der Indikator blau und zeigt an, dass eine alkalische Lösung entstanden ist (**V1**). Bei der chemischen Reaktion entstehen neben Ammonium-Ionen Hydroxid-Ionen, die zur Färbung des Indikators führen:

$$NH_3\,(g) + H_2O\,(l) \longrightarrow NH_4^+\,(aq) + OH^-\,(aq)$$

Nach einiger Zeit verschwindet die Farbe des Indikators jedoch wieder (**V1**). Es findet die Rückreaktion statt, bei der aus den Produkten wieder die Edukte Ammoniak und Wasser gebildet werden:

$$NH_4^+\,(aq) + OH^-\,(aq) \longrightarrow NH_3\,(g) + H_2O\,(l)$$

Da es sich um ein **offenes System** handelt, bei dem ein Stoffaustausch mit der Umgebung stattfinden kann, diffundiert das Ammoniakgas mit der Zeit in die Raumluft. Seine Konzentration wird so gering, dass kein Ammoniak mehr für die Hinreaktion zur Verfügung steht.

Wiederholt man den Versuch in einem **geschlossenen System**, das keinen Stoffaustausch mit der Umgebung erlaubt, z. B. in einem verschlossenen Standzylinder, entfärbt sich das Filterpapier nicht wieder (**V2**). Auch in diesem Fall findet die Rückreaktion statt. Da der neu gebildete Ammoniak jedoch nicht aus dem Standzylinder entweichen kann, steht er wieder als Edukt für die Hinreaktion zur Verfügung.

Die Hin- und Rückreaktion laufen hier gleichzeitig nebeneinander ab. Solche Reaktionen nennt man **Gleichgewichtsreaktionen** und kennzeichnet sie mit einem **Gleichgewichtspfeil** in der Reaktionsgleichung:

$$NH_3\,(g) + H_2O\,(l) \rightleftharpoons NH_4^+\,(aq) + OH^-\,(aq)$$

Chemisches Gleichgewicht

Anhand der Veresterung und ihrer Rückreaktion, der Esterhydrolyse, kann man den Verlauf von Gleichgewichtsreaktionen untersuchen. In jeweils einem geschlossenen System verestert man 0,25 mol Essigsäure mit 0,25 mol Ethanol bzw. hydrolysiert man 0,25 mol Essigsäureethylester mit 0,25 mol Wasser (**V3**):

$$CH_3COOH\ (l) + CH_3CH_2OH\ (l) \underset{\text{Esterhydrolyse}}{\overset{\text{Veresterung}}{\rightleftharpoons}} CH_3COOCH_2CH_3\ (l) + H_2O\ (l)$$

Aus beiden Reaktionsansätzen wird täglich eine Probe entnommen und mit Natronlauge titriert. Bei der Titration wird die im Reaktionsansatz enthaltene Essigsäure neutralisiert. Je mehr Natronlauge zur Neutralisation benötigt wird, desto höher ist die Konzentration der Essigsäure im Ansatz. Bei der Veresterung nimmt der Verbrauch an Natronlauge im Laufe der Zeit ab, wohingegen er bei der Hydrolyse zunimmt. Nach einigen Tagen ist der Verbrauch an Natronlauge bei beiden Ansätzen identisch und verändert sich auch in den darauffolgenden Tagen nicht mehr. Das bedeutet, dass auch die Konzentration der Essigsäure in beiden Ansätzen gleich groß und konstant ist (**B2**).

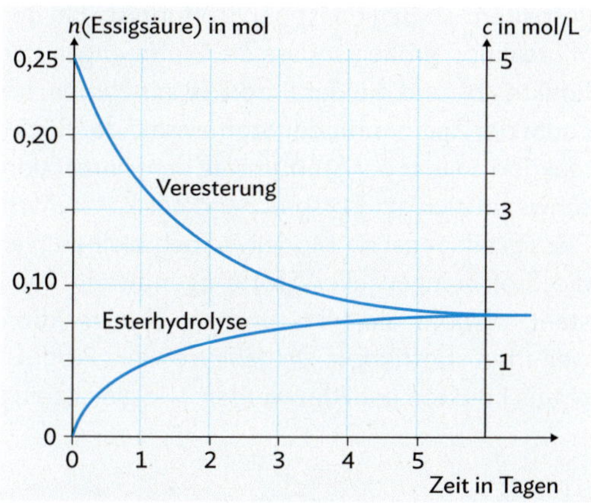

B2 Änderung der Stoffmenge bzw. Konzentration von Essigsäure bei der Veresterung und bei der Esterhydrolyse im geschlossenen System.

Da in beiden Ansätzen nach Tagen noch Essigsäure enthalten ist, müssen beide Reaktionen **unvollständig** abgelaufen sein. Bei der Veresterung hat nur ein Teil der Essigsäure mit einem Teil des Ethanols zu Essigsäureethylester und Wasser reagiert. Der Rest der Edukte liegt neben den Produkten im Reaktionsgemisch vor. Ebenso hat bei der Esterhydrolyse nur ein Teil des Essigsäureethylesters mit Wasser zu Essigsäure und Ethanol reagiert und liegt neben den Produkten der Reaktion im Reaktionsgemisch vor. Da die Konzentration der Essigsäure in beiden Ansätzen konstant bleibt, bleiben auch die Konzentrationen von Ethanol, Essigsäureethylester und Wasser konstant.

Diese Beobachtungen gelten auch für andere Gleichgewichtsreaktionen in geschlossenen Systemen. Die Reaktionen verlaufen unvollständig und nach einiger Zeit liegen alle Edukte und Produkte in konstanten Konzentrationen im Reaktionsansatz vor. Diesen Zustand nennt man **chemisches Gleichgewicht**.

Gleichgültig, ob man von der Hin- oder der Rückreaktion ausgeht, stellt sich ein identisches chemisches Gleichgewicht ein.

In geschlossenen Systemen laufen Gleichgewichtsreaktionen nicht vollständig ab, sodass sich bei konstanter Temperatur nach einiger Zeit ein chemisches Gleichgewicht einstellt, in dem die Konzentrationen aller an der Reaktion beteiligten Stoffe konstant bleiben. Gleichgewichtsreaktionen kennzeichnet man in Reaktionsgleichungen durch einen Gleichgewichtspfeil:

$$A + B \rightleftharpoons C + D$$

Eine energetische Angabe hinter einer Reaktionsgleichung bezieht sich immer auf die von links nach rechts abgebildete Hinreaktion.

AUFGABEN

A1 Lesen Sie aus dem Diagramm in **B2** die ungefähre Konzentration der Essigsäure im chemischen Gleichgewicht ab und bestimmen Sie damit die Konzentration des Esters im chemischen Gleichgewicht.

A2 „Chemisches Gleichgewicht“ bedeutet, dass alle Stoffe die gleiche Konzentration haben.“ Beurteilen Sie diese Aussage.

A3 Beschreiben Sie, unter welchen Bedingungen sich auch in einem offenen System ein chemisches Gleichgewicht einstellen kann.

06001-57
gestufte Hilfen zu **A3** unter QR-/Mediencode 06001-57

3.2.3 Einstellung des chemischen Gleichgewichts

Im chemischen Gleichgewicht ändern sich die Konzentrationen und Stoffmengen aller beteiligten Stoffe nicht mehr. Wie kann man sich diesen Gleichgewichtszustand vorstellen?

Modellversuch

Die Vorgänge während der Gleichgewichtseinstellung veranschaulicht ein Modellversuch (**V4**, **B3**). Am Anfang befindet sich nur in Zylinder A Flüssigkeit. Beim Eintauchen der Rohre in die beiden Zylinder füllen sich diese abhängig davon, wie viel Flüssigkeit im Zylinder ist. Im ersten Schritt füllt sich nur Rohr a mit Flüssigkeit, die in Zylinder B überführt wird. Beim nächsten Schritt befindet sich in beiden Zylindern Flüssigkeit, sodass sich beide Rohre füllen. Da in Zylinder A mehr Flüssigkeit ist als in Zylinder B und Rohr a einen größeren Durchmesser hat als Rohr b, wird aus Zylinder A mehr Flüssigkeit in Zylinder B überführt als Flüssigkeit von Zylinder B in Zylinder A. Der Flüssigkeitspegel nimmt deshalb in Zylinder A ab und in Zylinder B zu. Nach einiger Zeit haben sich die Flüssigkeitspegel so eingestellt, dass sich die beiden Rohre immer mit identischen Volumina füllen. Die aus dem jeweiligen Zylinder entnommene Flüssigkeitsportion entspricht dann dem in den anderen Zylinder überführten Volumen. Die Flüssigkeitspegel in den Zylindern ändern sich daher nicht mehr, obwohl weiterhin Flüssigkeit zwischen ihnen ausgetauscht wird. Dieser Modellversuch ist ein Beispiel für die einfachste Gleichgewichtsreaktion: $A \rightleftharpoons B$

Modell und Estergleichgewicht

Überträgt man die Vorgänge des Modellversuchs aus **V4** auf das Estergleichgewicht, entspricht das Überführen der Flüssigkeit von A nach B der Hinreaktion (Veresterung) und das Überführen der Flüssigkeit von B nach A der Rückreaktion (Esterhydrolyse). Die Flüssigkeitspegel in den Zylindern stehen für die Stoffmengen der Edukte (A) bzw. Produkte (B) und die Volumina in den Rohren a und b repräsentieren die jeweiligen Stoffmengen der reagierenden Edukte (a) bzw. gebildeten Produkte (b) während der Reaktion.
Beim Estergleichgewicht reagieren zunächst Carbonsäure und Alkohol zu Ester und Wasser (Hinreaktion). Mit Bildung der Produkte setzt die Rückreaktion ein. Der Ester wird mit Wasser wieder in die Carbonsäure und den Alkohol gespalten. Zu Beginn ist der Stoffumsatz bei der Hinreaktion größer, sodass die Stoffmengen der Edukte ab- und die der Produkte zunehmen. Im Laufe der Zeit nimmt der Stoffumsatz der Rückreaktion zu und der Stoffumsatz der Hinreaktion schwächt sich ab. Entsprechend der konstanten Flüssigkeitspegel im Modellversuch bleiben hier die Stoffmengen aller Stoffe irgendwann konstant, obwohl die Hin- und die Rückreaktion weiterhin stattfinden. Da genauso viele Produkte aus Edukten gebildet werden, wie gleichzeitig

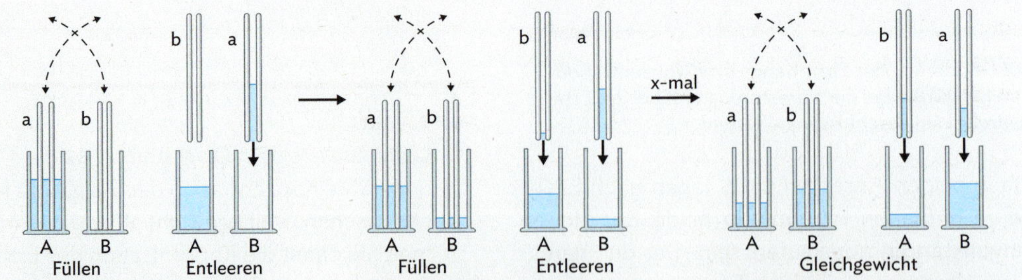

Flüssigkeit gelangt von A nach B, wenn die Rohre a und b gleichzeitig oben mit dem Finger verschlossen und dann über Kreuz entleert werden. Die „umkehrbare Reaktion" setzt mit der **„Hinreaktion"** ein.

Nun gelangt auch Flüssigkeit von B zurück nach A. Es findet auch eine **„Rückreaktion"** statt. Die „Hinreaktion" wirkt sich aber noch stärker aus als die „Rückreaktion".

Nach einiger Zeit sind die in den Rohren im gleichen Takt beförderten Volumina gleich groß geworden. Die „Hinreaktion" und „Rückreaktion" heben sich gegenseitig auf: Modell des **dynamischen Gleichgewichtszustandes.**

B3 Durchführung und Ergebnis des Modellversuchs zum chemischen Gleichgewicht

Produkte zu Edukten reagieren, entspricht die Stoffmengenänderung der Edukte der der Produkte: Das chemische Gleichgewicht hat sich eingestellt. Weil sich Stoffmengen und Konzentrationen der Stoffe nicht ändern, obwohl die Hin- und die Rückreaktion nicht zum Erliegen kommen, spricht man von einem **dynamischen Gleichgewicht**.

Vorgänge auf Teilchenebene

Warum gleichen sich die Stoffmengenänderungen während der Einstellung des chemischen Gleichgewichts an?

Am Beispiel des Estergleichgewichts kann man sich die Vorgänge auf Teilchenebene so vorstellen: Zu Beginn der Veresterung liegen ausschließlich Carbonsäure- und Alkohol-Moleküle vor. Stoßen ein Carbonsäure- und ein Alkohol-Molekül aufeinander, findet eine Reaktion statt, bei der aus ihnen ein Ester- und ein Wasser-Molekül gebildet werden. Mit der Zeit nimmt die Anzahl der Carbonsäure- und der Alkohol-Moleküle und damit auch die Anzahl ihrer Zusammenstöße ab. Es entstehen immer weniger Ester- und Wasser-Moleküle. Gleichzeitig findet bei einem erfolgreichen Zusammenstoß eines Ester-Moleküls mit einem Wasser-Molekül die Rückreaktion statt und ein Carbonsäure- und ein Alkohol-Molekül werden gebildet. Anfänglich kommen solche Zusammenstöße selten vor, da es nur wenige Ester- und Wasser-Moleküle gibt. Mit der Zeit nehmen die Zusammenstöße jedoch zu und aus den Produkt-Teilchen werden immer mehr Carbonsäure- und Alkohol-Moleküle gebildet.

Sobald genauso viele Ester- und Wasser-Moleküle aus Carbonsäure- und Alkohol-Molekülen gebildet werden, wie gleichzeitig Ester- und Wasser-Moleküle in Carbonsäure- und Alkohol-Moleküle gespalten werden, hat sich das chemische Gleichgewicht eingestellt.

Stoßtheorie → S. 123

Reaktionsgeschwindigkeit im Gleichgewicht

Da im chemischen Gleichgewicht pro Zeitintervall genauso viele Produkte aus Edukten gebildet werden, wie Produkte in Edukte zerlegt werden, ändern sich die Stoffmengen und damit die Konzentrationen der Edukte und Produkte nicht mehr. Da die Änderung der Stoffmenge in einem Zeitintervall die Reaktionsgeschwindigkeit beschreibt, kann man sagen, dass im chemischen Gleichgewicht die Reaktionsgeschwindigkeit der Hinreaktion der Reaktionsgeschwindigkeit der Rückreaktion entspricht: $v_{hin} = v_{rück}$ (**B4**).

Für die Gesamtreaktionsgeschwindigkeit im Gleichgewicht v_{GG} gilt: $v_{GG} = v_{hin} - v_{rück} = 0$ (**B4**).

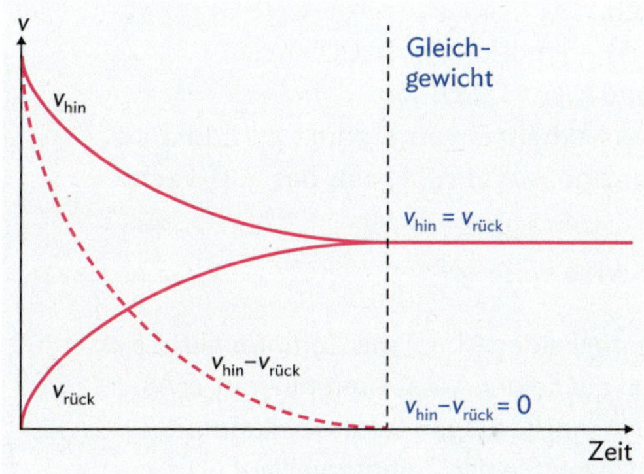

B4 Änderung der Reaktionsgeschwindigkeiten der Hin- und Rückreaktion und der Reaktionsgeschwindigkeit im Gleichgewicht

> Das chemische Gleichgewicht ist ein dynamisches Gleichgewicht, bei dem die Hin- und die Rückreaktion weiterhin zeitgleich ablaufen. Die Konzentrationen aller beteiligten Stoffe sind konstant, da zeitgleich identische Stoffmengen an Produkten und Edukten gebildet und zerlegt werden. Im chemischen Gleichgewicht gilt: $v_{hin} = v_{rück}$

AUFGABEN

A1 Vergleichen Sie das Gleichgewicht auf einer Wippe mit dem chemischen Gleichgewicht.

A2 Unter Reaktionsgeschwindigkeit v_r versteht man bei Stoffen in Lösung die Änderung der Konzentration Δc eines Reaktionsteilnehmers in einem Zeitintervall Δt. Begründen Sie, dass im Gleichgewicht $v_r = 0$ gilt.

06001-58
Arbeitsblatt zum Thema „Chemisches Gleichgewicht" unter QR-/Mediencode 06001-58

3.2.4 Das chemische Gleichgewicht simulieren

Um den Einfluss der Ausgangskonzentration c_0 und der Geschwindigkeitskonstanten k auf die Einstellung des chemischen Gleichgewichts zu untersuchen, kann man dieses mithilfe eines Tabellenkalkulationsprogramms simulieren.

Während der Einstellung des chemischen Gleichgewichts bei der Gleichgewichtsreaktion A $\rightleftharpoons$ B reagiert Edukt A mit der Geschwindigkeit $v_{hin} = \frac{\Delta c(A)}{\Delta t} = k_{hin} \cdot c(A)$ zu Produkt B. Gleichzeitig reagiert Produkt B mit der Geschwindigkeit $v_{rück} = \frac{\Delta c(B)}{\Delta t} = k_{rück} \cdot c(B)$ zu Edukt A. Mit $\Delta c(A)$ und $\Delta c(B)$ kann man $c(A)$ und $c(B)$ zu verschiedenen Zeitpunkten berechnen.

Gegeben sind $c_0(A)$ = 1 mol/L; k_{hin} = 0,005 1/s; $c_0(B)$ = 0 mol/L und $k_{rück}$ = 0,001 1/s.

Berechnen Sie das Verhältnis von Produkt zu Edukt im Gleichgewichtszustand, wenn $c_0(A)$ um das 100-Fache erhöht wird.

VORGEHEN

1. Benennen Sie die Felder A1–C1 mit Zeitintervall in s, *khin*, *krück* und die Felder A4–C4 mit *t* in min, *c*(A) in mol/L, *c*(B) in mol/L. Tragen Sie die bekannten Werte ein und legen Sie das Zeitintervall auf 60 s fest. Legen Sie unter *t* in min 50 Zeitpunkte mit fortlaufender Nummerierung, beginnend mit 0, an (**B1**).

2. Nach einer Minute hat sich die Anfangskonzentration von A $c_0(A)$ bzw. B $c_0(B)$ um $\Delta c(A)$ bzw. $\Delta c(B)$ verändert. Da A bei der Reaktion von A zu B verbraucht und gleichzeitig bei der Reaktion von B zu A gebildet wird, hängt $\Delta c(A)$ von den Reaktionsgeschwindigkeiten von A und B ab. Stellen Sie die Gleichung zur Berechnung von $c(A)$ und $c(B)$ zum Zeitpunkt 1 auf.

$c_1(A) = c_0(A) + \Delta c(A)$ bzw. $c_1(B) = c_0(B) + \Delta c(B)$

mit $\frac{\Delta c(A)}{\Delta t} = -k_{hin} \cdot c(A) + k_{rück} \cdot c(B)$

bzw. $\frac{\Delta c(B)}{\Delta t} = -k_{rück} \cdot c(B) + k_{hin} \cdot c(A)$

$c_1(A) = c_0(A) + [-k_{hin} \cdot c_0(A) + k_{rück} \cdot c_0(B)] \cdot \Delta t$

$c_1(B) = c_0(B) + [-k_{rück} \cdot c_0(B) + k_{hin} \cdot c_0(A)] \cdot \Delta t$

3. Übertragen Sie die zuvor aufgestellten Gleichungen zur Berechnung in das Tabellenkalkulationsprogramm (**B1**).
(*Hinweis:* $ kennzeichnet, dass diese Werte bei der Übernahme der Formeln für spätere Zeitpunkte gleich bleiben.)

$c_1(A) = c_0(A) + [-k_{hin} \cdot c_0(A) + k_{rück} \cdot c_0(B)] \cdot \Delta t$
B6 = B5 +(−B$2 * B5 + C$2 * C5) * A$2
$c_1(B) = c_0(B) + [-k_{rück} \cdot c_0(B) + k_{hin} \cdot c_0(A)] \cdot \Delta t$
C6 = C5 +(−C$2 * C5 + B$2 * B5) * A$2

Übernehmen Sie die Formeln für die übrigen Zeitpunkte, indem Sie in der Formel B5 bzw. C5 automatisch durch B6 bzw. C6 usw. ersetzen. Klicken Sie dazu die Zelle B5 bzw. C5 an und fahren Sie mit dem Cursor auf die untere rechte Ecke der Zelle. Ziehen Sie das erscheinende + bei gedrückter linker Maustaste nach unten.

	A	B	C
1	Zeitintervall in s	khin	krück
2	60	0,005	0,001
3			
4	t in min	c(A) in mol/L	c(B) in mol/L
5	0	1,000	0,000
6	1	=B5+(-B$2*B5+C$2*C5)*A$2	

B1 Ansicht im Tabellenkalkulationsprogramm

4. Lesen Sie ab, wann sich das Gleichgewicht eingestellt hat und berechnen Sie mit den Gleichgewichtskonzentrationen $c_{GG}(A)$ und $c_{GG}(B)$ das Verhältnis von Produkt und Edukt.
Das Gleichgewicht hat sich nach 16 Minuten mit $c_{GG}(A)$ = 0,167 mol/L und $c_{GG}(B)$ = 0,833 mol/L eingestellt. Das Verhältnis von Produkten zu Edukten ist ≈ 4,99. (Hinweis: Je nach Rundung können die Werte abweichen).

5. Erhöhen Sie $c_0(A)$ auf 100 mol/L und beschreiben Sie, wie sich das Verhältnis von Edukt und Produkt im Gleichgewichtszustand verändert.
Das Verhältnis zwischen Produkten zu Edukten im Gleichgewichtszustand beträgt unverändert 4,99.

AUFGABEN

A1 MK Stellen Sie den Konzentrationsverlauf des Edukts und Produkts im Tabellenkalkulationsprogramm mit einem Diagramm für $c_0(A)$ = 1 mol/L und einem Diagramm für $c_0(A)$ = 100 mol/L dar. Vergleichen Sie die beiden Diagramme. (Informationen zur Diagrammerstellung unter QR-/Mediencode 06001-59)

06001-59

A2 MK Beschreiben Sie die Auswirkungen auf das chemische Gleichgewicht, wenn
a) k_{hin} halbiert wird, b) $k_{rück}$ 0,009 1/s ist und
c) k_{hin} und $k_{rück}$ 0,005 1/s sind.

3.2.5 Massenwirkungsgesetz

Bei allen Gleichgewichtsreaktionen stellt sich nach einer gewissen Zeit das chemische Gleichgewicht ein. Untersucht man diese Gleichgewichte näher, zeigt sich, dass man drei Gleichgewichtszustände unterscheiden kann:

1. Die Konzentration der Edukte ist höher als die der Produkte.
2. Die Konzentrationen der Edukte und Produkte sind gleich.
3. Die Konzentration der Produkte ist höher als die der Edukte.

Wie lassen sich die Gleichgewichtzustände quantitativ beschreiben?
Dazu betrachtet man eine allgemeine Modellreaktion:

$$A + B \rightleftharpoons C + D$$

Ein Kennzeichen des chemischen Gleichgewichts ist es, dass die Reaktionsgeschwindigkeiten der Hin- und der Rückreaktion gleich groß sind:

$$v_{hin} = v_{rück}$$

Neben der Geschwindigkeitskonstanten k hängen die Reaktionsgeschwindigkeiten von den Konzentrationen der beteiligten Stoffe ab:

$$v_{hin} = k_{hin} \cdot c(A) \cdot c(B)$$
$$v_{rück} = k_{rück} \cdot c(C) \cdot c(D)$$

Also gilt beim Gleichgewicht:

$$k_{hin} \cdot c(A) \cdot c(B) = k_{rück} \cdot c(C) \cdot c(D)$$

Durch Umformen erhält man:

$$\frac{k_{hin}}{k_{rück}} = \frac{c(C) \cdot c(D)}{c(A) \cdot c(B)}$$

Den Quotienten der Geschwindigkeitskonstanten fasst man als **Gleichgewichtskonstante K_c** zusammen.

$$K_c = \frac{c(C) \cdot c(D)}{c(A) \cdot c(B)}$$

Dieser Zusammenhang zwischen den Konzentrationen der Edukte und denen der Produkte im chemischen Gleichgewicht wird als **Massenwirkungsgesetz** (**MWG**) bezeichnet. Für eine Reaktionsgleichung mit verschiedenen Stöchiometriefaktoren gilt:

$$a\,A + b\,B \rightleftharpoons c\,C + d\,D$$

$$K_c = \frac{c^c(C) \cdot c^d(D)}{c^a(A) \cdot c^b(B)}$$

Mithilfe des Werts von K_c kann man eine Aussage über die Lage des Gleichgewichts machen:

	Die Konzentration der Edukte ...
$K_c < 1$	... ist größer als die der Produkte.
$K_c = 1$	... ist gleich der der Produkte.
$K_c > 1$	... ist kleiner als die der Produkte.

Das MWG wurde bereits Mitte des 19. Jahrhunderts von den Forschern CATO MAXIMILIAN GULDBERG und PETER WAAGE aufgestellt. Sie untersuchten dazu über 300 Gleichgewichte und konnten zeigen, dass K_c unabhängig von den Anfangskonzentrationen der Stoffe, aber abhängig von der Temperatur ist.

> Das MWG beschreibt das konstante Verhältnis der Konzentration von Produkten zu Edukten im chemischen Gleichgewicht.
>
> Die stöchiometrischen Faktoren aus der Reaktionsgleichung gehen als Exponenten der Konzentration in das MWG ein.

AUFGABEN

A1 Formulieren Sie das MWG für die folgenden Reaktionen.

a) $H_2O\ (l) + HCl\ (g) \rightleftharpoons H_3O^+\ (aq) + Cl^-\ (aq)$

b) $CH_4\ (g) + NH_3\ (g) \rightleftharpoons HCN\ (l) + 3\ H_2\ (g)$

c) $2\ SO_2\ (g) + O_2\ (g) \rightleftharpoons 2\ SO_3\ (g)$

A2 a) Stellen Sie für die Reaktion von Essigsäure mit Ethanol das MWG auf und geben Sie die Einheit für K_c an.

b) Erklären Sie, dass die Einheit für K_c bei einer anderen Reaktion auch L/mol sein kann.

A3 Für die Herstellung von Essigsäureethylester gilt im Gleichgewicht bei 20 °C: $K_c = 4$. Leiten Sie daraus ab, ob im Gleichgewicht der Anteil der Produkte oder der Edukte überwiegt.

3.3.2 Einfluss der Konzentration

Erhöhung der Eduktkonzentration

Wie lässt sich die Ausbeute eines gewünschten Produkts bei Gleichgewichtsreaktionen durch Veränderung der Konzentrationen der Stoffe beeinflussen?
Gibt man die wässrigen Lösungen von Eisen(III)-chlorid und Kaliumthiocyanat zusammen, färbt sich die Lösung rot (**V1**). Die Eisen(III)-Ionen Fe^{3+} reagieren in einer Gleichgewichtsreaktion mit den Thiocyanat-Ionen SCN^- zu Eisen(III)-thiocyanat-Ionen $[Fe(SCN)]^{2+}$, die der Lösung die rote Farbe verleihen:

Bei $[Fe(SCN)]^{2+}$ handelt es sich um eine eine sogenannte **Komplexverbindung**, die nach außen zweifach positiv geladen ist. Man kennzeichnet sie durch eckige Klammern.

$$Fe^{3+}\,(aq) + SCN^-\,(aq) \rightleftharpoons [Fe(SCN)]^{2+}\,(aq)$$

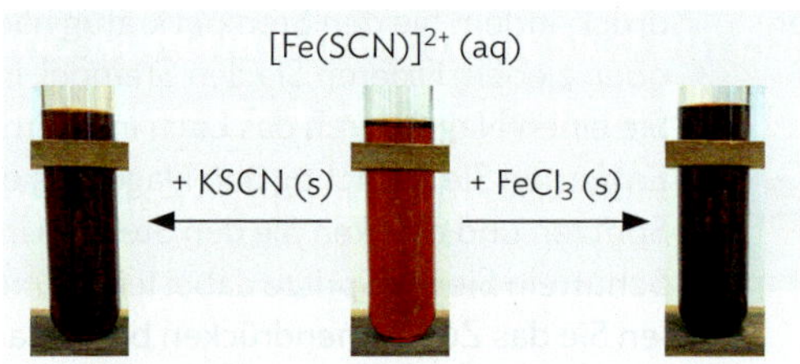

B1 Erhöhung der Konzentration der Edukte

Erhöht man die Konzentration der Edukte durch Zugabe von Eisen(III)-chlorid oder Kaliumthiocyanat (**V2**, **B1**), vertieft sich die Farbe der Lösung, da sich die Konzentration an Eisen(III)-thiocyanat-Ionen ebenfalls erhöht. Zusätzlich zu den gebildeten Eisen(III)-thiocyanat-Ionen müssen noch sowohl Thiocyanat-Ionen als auch Eisen(III)-Ionen in der Lösung vorgelegen haben, die Reaktion ist also nicht vollständig abgelaufen. Diese noch vorhandenen Ionen reagieren nun mit den hinzugegebenen Edukten. In beiden Fällen bilden sich zusätzliche Eisen(III)-thiocyanat-Ionen in der Lösung.

Wiedereinstellung des Gleichgewichts

Das chemische Gleichgewicht der Reaktion wird durch die Konzentrationsänderung gestört. Es wird wieder hergestellt, sodass das Verhältnis von Produkten zu Edukten wieder dem ursprünglichen Verhältnis im Gleichgewicht und damit K_c entspricht:

$$K_c = \frac{c([Fe(SCN)]^{2+})}{c(Fe^{3+}) \cdot c(SCN^-)}$$

Auf die Erhöhung der Konzentration der Eisen(III)- oder Thiocyanat-Ionen reagiert das System im Gleichgewicht, indem mehr Eisen(III)-thiocyanat-Ionen gebildet werden: Die Hinreaktion zur Bildung von Eisen(III)-thiocyanat-Ionen wird gegenüber der Rückreaktion, bei der diese wieder in Eisen(III)- und Thiocyanat-Ionen zerfallen, begünstigt. Die Konzentration der Eisen(III)-thiocyanat-Ionen steigt und die Konzentration von Eisen(III)-Ionen und Thiocyanat-Ionen fällt. Dadurch verändert sich das Zahlenverhältnis der Konzentrationen von Produkten und Edukten. Die Konzentration der Eisen(III)-thiocyanat-Ionen im Zähler steigt und die Konzentrationen der Eisen(III)- und Thiocyanat-Ionen im Nenner sinken. Das System reagiert solange auf die Veränderungen, bis das ursprüngliche Verhältnis der Konzentrationen von Produkten zu Edukten hergestellt ist und damit den Wert von K_c erreicht.

Verringerung der Eduktkonzentration

Gibt man andere Substanzen als die Edukte zum Gemisch, können ganz andere Beobachtungen gemacht werden. Die Zugabe von Silbernitratlösung bzw. Natronlauge zur Eisen(III)-thiocyanatlösung führt zu einer deutlichen Aufhellung. Dies ist darauf zurückzuführen, dass sich die schwerlöslichen Salze Eisen(III)-hydroxid bzw. Silberthiocyanat bilden:

$$Fe^{3+}\,(aq) + 3\,OH^-\,(aq) \rightleftharpoons Fe(OH)_3\,(s)$$
$$Ag^+\,(aq) + SCN^-\,(aq) \rightleftharpoons AgSCN\,(s)$$

Die in den ausgefallenen Salzen gebundenen Ionen nehmen nicht mehr an der Gleichgewichtsreaktion teil. Die Eisen(III)-thiocyanatlösung hellt sich auf, da sich auch die Konzentration an Eisen(III)-thiocyanat verringert (**V3**).

Wiedereinstellung des Gleichgewichts

Durch die Konzentrationsverringerung der Edukte wird das chemische Gleichgewicht gestört und muss erneut vom System eingestellt werden. Um das ursprüngliche Verhältnis von Produkten zu Edukten wieder zu erreichen, muss die Rückreaktion, bei der die entfernten Stoffe gebildet werden, gegenüber der Hinreaktion begünstigt werden: Es zerfällt mehr Eisen(III)-thiocyanat, als neu gebildet wird. Die Konzentration von Eisen(III)-thiocyanat verringert sich und die Konzentrationen von Eisen(III)- und Thiocyanat-Ionen erhöhen sich, bis ihr Verhältnis wieder dem ursprünglichen Wert von K_c entspricht.

Die Erhöhung der Konzentration eines Edukts verlagert das Gleichgewicht auf die Seite der Produkte.

↑Fe^{3+} ↑SCN^-

$$Fe^{3+}(aq) + SCN^-(aq) \rightleftharpoons [Fe(SCN)]^{2+}(aq)$$

↓Fe^{3+} ↓SCN^-

Die Verringerung der Konzentration eines Edukts verlagert das Gleichgewicht auf die Seite der Edukte.

Einfluss der Produktkonzentration

Anstelle der Eduktkonzentration kann man die Konzentration eines Produkts ebenfalls verändern. Auch hier reagiert das System auf die Konzentrationsänderung:
Wird die Konzentration des Produkts erhöht, wird die Rückreaktion begünstigt, die das Produkt in seine Edukte zerlegt.

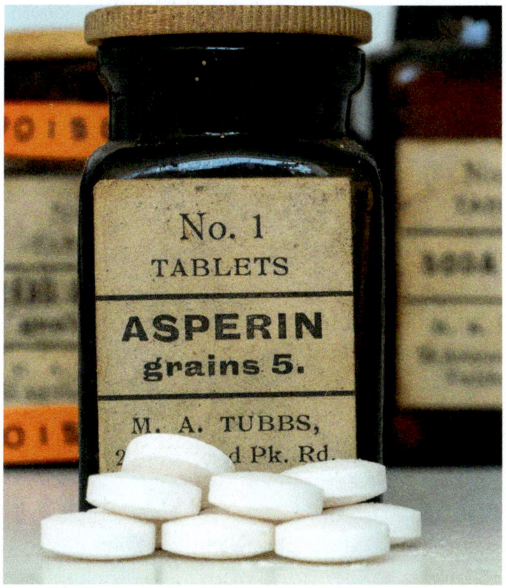

B2 Früher wurden Medikamente häufig in Gläsern gelagert.

Wird die Konzentration des Produkts verringert, wird die Hinreaktion begünstigt, die zur Bildung des Produkts führt. Besonders diese Möglichkeit ist für die Ausbeute bei der Synthese eines Produkts interessant. Entfernt man bei einem großchemischen Prozess konstant das gewünschte Produkt (z. B. durch Destillation) aus dem Reaktionsgemisch, wird dieses stets nachgebildet und damit ein vollständiger Umsatz der Edukte und eine hohe Ausbeute ermöglicht.

Gleichgewichtsreaktionen lassen sich durch Konzentrationsänderung der Edukte und Produkte beeinflussen.
Das System reagiert bei Konzentrationsänderungen immer so, dass die Reaktion begünstigt wird, die den Stoff, dessen Konzentration erhöht wurde, verbraucht bzw. den Stoff, dessen Konzentration verringert wurde, nachbildet.
Der Wert von K_c bleibt unverändert.

AUFGABEN

A1 Erläutern und begründen Sie die Wirkungen der auf dieser Seite dargestellten Konzentrationsänderungen beim Gleichgewicht $Fe^{3+}(aq) + SCN^-(aq) \rightleftharpoons [Fe(SCN)]^{2+}(aq)$ mithilfe des MWG.

A2 Bananenaromastoff (Essigsäurepentylester) wird durch Veresterung von Essigsäure mit Pentan-1-ol hergestellt. Formulieren Sie die Reaktionsgleichung für diese Reaktion. Erklären Sie, wie man eine hohe Ausbeute an Ester erhält.

A3 Acetylsalicylsäure-Tabletten wurden früher in Gläsern aufbewahrt (**B2**). Bildete sich an feuchter Luft ein Geruch nach Essig, sollten die Tabletten nicht mehr verwendet werden. Begründen Sie diese Empfehlung unter Verwendung einer Reaktionsgleichung. Erklären Sie diese Lagerempfehlung auch im Hinblick auf die Einstellung des chemischen Gleichgewichts bei der Veresterung. (gestufte Hilfen unter QR-/Mediencode 06001-61)

Exkurs
Acetylsalicylsäure ASS
→ S. 104

06001-61

3.3.3 Einfluss der Temperatur und des Drucks

Gekoppelte Gleichgewichte

Kohlensäurehaltiges Mineralwasser ist sehr beliebt. Das Trinkwasser wird dazu mit Kohlenstoffdioxid versetzt. Dabei löst sich das Gas in Wasser ① und ein Teil des gelösten Kohlenstoffdioxids reagiert mit dem Wasser zu Kohlensäure ②. Die sehr instabilen Kohlensäure-Moleküle reagieren mit Wasser-Molekülen in einer Säure-Base-Reaktion zu Hydrogencarbonat-Ionen und Oxonium-Ionen ③, die für den sauren Charakter der Lösung verantwortlich sind:

① $CO_2\,(g) \rightleftharpoons CO_2\,(aq)$
② $CO_2\,(aq) + H_2O\,(l) \rightleftharpoons H_2CO_3\,(aq)$
③ $H_2CO_3\,(aq) + H_2O\,(l) \rightleftharpoons HCO_3^-\,(aq) + H_3O^+\,(aq)$

In diesen Gleichgewichten fungiert ein Produkt aus der einen Reaktion als Edukt in der nächsten. Man spricht von **gekoppelten Gleichgewichten**.

Gekoppelte Gleichgewichte → S. 158

Einfluss der Temperatur

Stellt man sein kohlensäurehaltiges Mineralwasser zuhause mithilfe eines Wassersprudlers selbst her, wird empfohlen, möglichst kaltes Wasser zu verwenden, wenn man viel Kohlenstoffdioxid im Wasser lösen möchte. Auf der anderen Seite kommt es leicht zum Übersprudeln von kohlensäurehaltigen Getränken, wenn man diese im Sommer unvorsichtig öffnet.
Die Löslichkeit von Kohlenstoffdioxid in Wasser nimmt mit steigender Wassertemperatur ab (**V5**, **B3**), da das Lösen von Kohlenstoffdioxid in Wasser ① und die darauffolgende Bildung von Kohlensäure ②, Hydrogencarbonat- und Oxonium-Ionen ③ insgesamt exotherm verläuft.
Nimmt die Temperatur zu, passt sich das Gleichgewicht der neuen Temperatur an und die endotherme Bildung von gasförmigem Kohlenstoffdioxid ① wird begünstigt. Umgekehrt nimmt die Löslichkeit von Kohlenstoffdioxid in Wasser bei geringerer Wassertemperatur zu: Das System reagiert auf die Abkühlung, indem der exotherme Lösungsvorgang von Kohlenstoffdioxid in Wasser ② und die Bildung von Kohlensäure, Hydrogencarbonat- und Oxonium-Ionen ③ begünstigt wird.
Ist bei einer Gleichgewichtsreaktion die Hinreaktion exotherm, ist die Rückreaktion endotherm und umgekehrt. Somit führt eine Temperaturverringerung zu einer Begünstigung der exothermen Hinreaktion, eine Temperaturerhöhung zu einer Begünstigung der endothermen Rückreaktion.

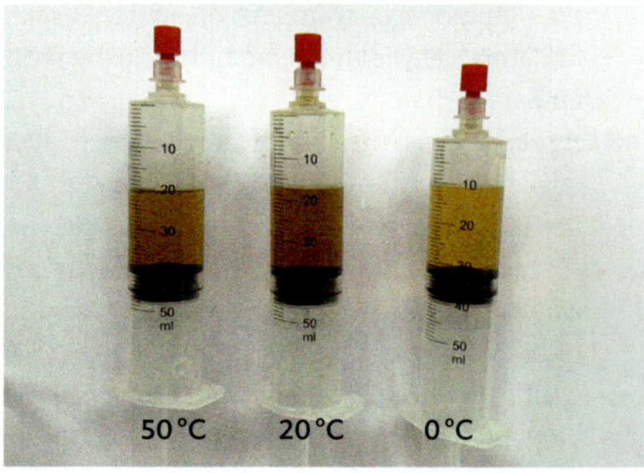

B3 In 20 mL Wasser (mit Bromthymolblau-Indikator) wurden 30 mL Kohlenstoffdioxid gelöst. Wassertemperatur: 50 °C, 20 °C, 0 °C.

Neueinstellung des Gleichgewichts

Stellt sich ein chemisches Gleichgewicht aufgrund von Temperaturänderung neu ein, beeinflusst dies auch die Gleichgewichtskonstante K_c. Bei einer exothermen Hinreaktion wird K_c bei Temperaturabnahme größer und bei Temperaturzunahme kleiner, vorausgesetzt, die Reaktionsgleichung der exothermen Reaktion ist von links nach rechts notiert.

Einfluss des Drucks

In einem geschlossenen System stellt sich ein Gleichgewicht zwischen gasförmigem und in Wasser gelöstem Kohlenstoffdioxid ein ① (**V4**). Vermindert man den Druck in dem System, kann man beobachten, dass sich Gasblasen bilden und sich die Farbe der Lösung ändert. Zugesetzter Bromthymolblau-Indikator zeigt an, dass sich der pH-Wert erhöht (**V6**, **B4**).
Durch die Druckverminderung verschiebt sich das chemische Gleichgewicht zur Seite des gasförmigen Kohlenstoffdioxids. Die Konzentration des im Wasser gelösten Kohlenstoffdioxids nimmt ab und die chemischen Gleichgewichte

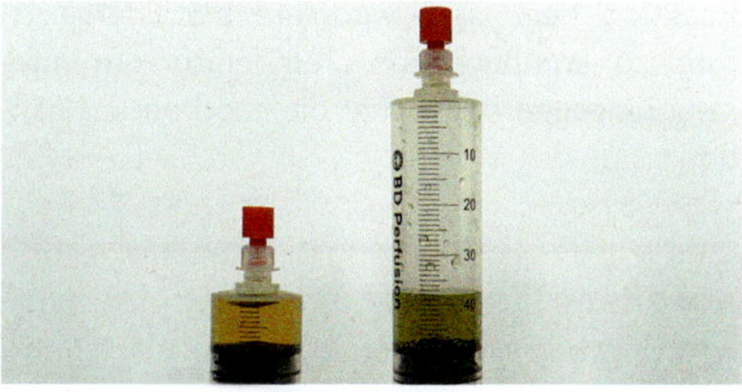

B4 Löslichkeit von Kohlenstoffdioxid in Wasser bei Normaldruck (links) und bei vermindertem Druck (rechts)

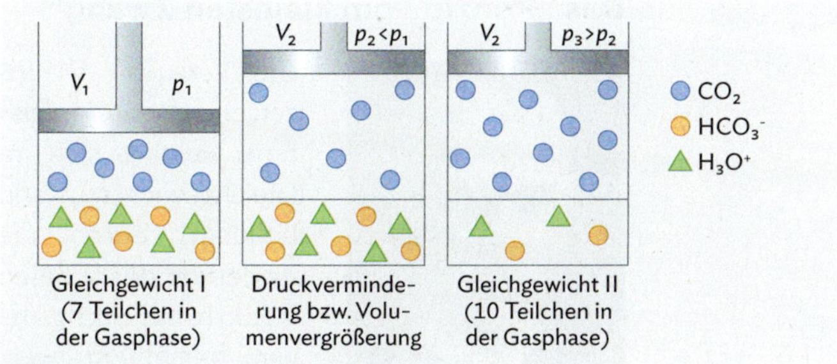

B5 Modell zum Einfluss des Drucks

in ② und ③ begünstigen die Bildung der Edukte. Die Abnahme der Konzentration der Oxonium-Ionen führt zu einer Erhöhung des pH-Werts.
Erhöht man den Druck wieder, verschiebt sich das chemische Gleichgewicht in die umgekehrte Richtung. Durch das verringerte Volumen der Gasphase löst sich das gasförmige Kohlenstoffdioxid im Wasser. Die Systeme in den chemischen Gleichgewichten ② und ③ reagieren entsprechend auf die Erhöhung der Konzentration des in Wasser gelösten Kohlenstoffdioxids und werden zur Seite der Produkte verschoben: Die Konzentration der Oxonium-Ionen steigt und der pH-Wert sinkt (**V6**).

Wiedereinstellung des Gleichgewichts

Bei Gleichgewichtsreaktionen, an denen Gase beteiligt sind, lässt sich die Lage des chemischen Gleichgewichts durch Druckänderung beeinflussen.
Wird der Druck vermindert, stellt sich das chemische Gleichgewicht erneut ein, indem sich die Anzahl der Moleküle in der Gasphase erhöht. Eine Druckerhöhung hingegen führt dazu, dass sich die Anzahl der Moleküle in der Gasphase vermindert (**B5**).
Die Druckänderung beeinflusst die Gleichgewichtskonstante K_c (genauso wie bei der Konzentrationsänderung) nicht. Durch die Volumenvergrößerung nimmt die Konzentration der gasförmigen Stoffe ab. In Reaktion ① nimmt daher die Konzentration beider Stoffe ab. Es entsteht solange gasförmiges Kohlenstoffdioxid, bis der Quotient im MWG wieder den Wert von K_c erreicht.

Bei Gleichgewichtsreaktionen begünstigt eine Temperaturerhöhung den Ablauf der endothermen und eine Temperaturverminderung den Ablauf der exothermen Reaktion. In diesem Fall stellt sich ein neues chemisches Gleichgewicht mit einem neuen Wert für K_c ein. K_c ist eine temperaturabhängige Konstante.

Gleichgewichtsreaktionen, an denen gasförmige Stoffe beteiligt sind, werden durch Druckänderung beeinflusst. Eine Druckerhöhung begünstigt die Reaktion, bei der die Teilchenanzahl in der gasförmigen Phase geringer ist. Umgekehrt verschiebt eine Druckverminderung die Reaktion, bei der die Teilchenanzahl in der Gasphase höher ist. K_c bleibt unverändert.

AUFGABEN

A1 Bei der Herstellung von kohlensäurehaltigem Mineralwasser wird unter hohem Druck Kohlenstoffdioxid in das Wasser eingeleitet. Öffnet man die Mineralwasserflasche, bilden sich im Wasser kleine Gasblasen. Erklären Sie diese Beobachtung.

A2 Erläutern Sie die Temperaturabhängigkeit von K_c anhand der auf dieser Seite beschriebenen Versuchsergebnisse und mithilfe des MWG.

3.3.4 Das Prinzip von LE CHATELIER

Das „Prinzip vom kleinsten Zwang"

B6 HENRY LOUIS LE CHATELIER (1850 – 1936)

Die Versuche **V1 - V6** zeigen, dass ein System, welches sich im Gleichgewichtszustand befindet, durch die Änderung der äußeren Reaktionsbedingungen beeinflusst werden kann. Bereits im Jahr 1884 beschrieb dies der französische Chemiker HENRY LOUIS LE CHATELIER (**B6**) in dem nach ihm benannten **Prinzip von LE CHATELIER** bzw. dem Prinzip vom kleinsten Zwang:

„Übt man auf ein im Gleichgewicht befindliches System durch Änderung der äußeren Bedingungen einen Zwang aus, so reagiert das System derart, dass es dem äußeren Zwang ausweicht."

Wirkung äußerer Zwänge

Bei Konzentrationsänderung eines Stoffes reagiert das System so, dass der zugesetzte Stoff verbraucht wird, bis sich das System wieder im Gleichgewicht befindet.
Ändert sich der Druck, weicht das System so aus, dass die Druckänderung teilweise kompensiert wird: Eine Druckerhöhung führt dazu, dass die Reaktion begünstigt wird, die unter Volumenabnahme erfolgt. Bei Druckverminderung hingegen wird die Reaktion begünstigt, die unter Volumenzunahme erfolgt.
Die Beeinflussung der Temperatur führt dazu, dass bei Temperaturerhöhung die endotherme Reaktion begünstigt wird, um die Energiezufuhr zu kompensieren. Temperaturverminderung hingegen begünstigt die exotherme Reaktion.

AUFGABEN

A1 Gegeben sind folgende Reaktionsgleichungen:

$2\,NO\,(g) + O_2\,(g) \rightleftharpoons 2\,NO_2\,(g)$ | exotherm

$CO\,(g) + NO_2\,(g) \rightleftharpoons CO_2\,(g) + NO\,(g)$ | endotherm

$3\,N_2O\,(g) + 2\,NH_3\,(g) \rightleftharpoons 4\,N_2\,(g) + 3\,H_2O\,(g)$ | exotherm

Leiten Sie für diese Reaktionen begründet ab, welche der folgenden Maßnahmen jeweils eine Erhöhung der Produktkonzentration zur Folge hat: Temperaturerhöhung, Druckverminderung, Temperaturverminderung, Druckerhöhung.

A2 a) Im geschlossenen System stellt sich zwischen braunem Stickstoffdioxid und farblosem Distickstofftetraoxid ein Gleichgewicht ein:

$2\,NO_2\,(g) \rightleftharpoons N_2O_4\,(g)$
braun — farblos

Komprimiert man das Gasgemisch, hellt sich die Farbe des Gemischs auf. Erklären Sie diese Beobachtung.

b) Erwärmt man das Gemisch, färbt es sich deutlich dunkler. Erklären Sie damit, ob es sich bei der Bildung von Distickstofftetraoxid um eine endotherme oder eine exotherme Reaktion handelt.

Änderung ...	begünstigt die Reaktion, die ...
Konzentration ↑	... den Stoff mit erhöhter Konzentration verbraucht.
Konzentration ↓	... den Stoff mit verminderter Konzentration entstehen lässt.
Druck ↑	... unter Volumenabnahme erfolgt.
Druck ↓	... unter Volumenzunahme erfolgt.
Temperatur ↑	... endotherm verläuft.
Temperatur ↓	... exotherm verläuft.

3.3.5 Ozon - der Filter für unser Leben

„Wir leben am Grunde eines Ozeans aus Luft" - stellte im Jahr 1640 der italienische Physiker EVANGELISTA TORRICELLI fest. Dieser Ozean ist unsere Atmosphäre. Das gesamte Ozon aus der Atmosphäre, vom Erdboden bis in die obere Stratosphäre, ergäbe in reiner Form bei normalem Luftdruck eine nur 3 mm dünne Schicht. Ungefähr 90 % des Ozons befinden sich in Höhen zwischen 15 und 35 km. In dieser sogenannten Ozonsphäre wird Ozon ständig aus Sauerstoff aufgebaut und wieder zu Sauerstoff abgebaut. Wie kommt es dazu?

$$O_2 \xrightarrow[h\nu_1]{\lambda < 240\ \text{nm}} O + O$$

$$O + O_2 + M \longrightarrow O_3 + M$$

$$O_3 + O \longrightarrow 2\,O_2$$

$$O_3 \xrightarrow[h\nu_2]{\lambda < 300\ \text{nm}} O_2 + O$$

$$3\,O_2 \underset{+h\nu_2}{\overset{+h\nu_1;\ -\Delta}{\rightleftharpoons}} 2\,O_3$$

B1 Aus dem Weltall sieht man die Atmosphäre als dünne Schicht über der Erde (links). Reaktionen beim Ozon-Gleichgewicht in der Stratosphäre („M" ist ein Stoßpartner, ein reaktionsträges Molekül, das Wärmeenergie Δ aufnimmt) (rechts)

Die **Erdatmosphäre** gleicht einem riesigen Fotoreaktor, der in zwei Kammern gegliedert werden kann: unten in die **Troposphäre** und oben in die **Stratosphäre**. Dazwischen liegt die um ca. 50 °C kältere Tropopause, durch die der Stoffaustausch stark gehemmt ist. Die größten Ozonkonzentrationen finden sich in Höhen zwischen 20 und 30 km.
Das Ozon in der Stratosphäre dient als Filter für die sehr energiereiche UV-Strahlung. Dadurch wird die Biosphäre vor einer zu hohen Intensität an schädlicher UV-Strahlung geschützt.

Bildung und Spaltung von Ozon

In der Stratosphäre werden Sauerstoff-Moleküle durch energiereiches, sehr kurzwelliges Licht (Wellenlänge $\lambda < 240$ nm) in Sauerstoff-Atome gespalten, die wiederum mit Sauerstoff-Molekülen zu Ozon-Molekülen reagieren (**B1** rechts). Diese absorbieren ebenfalls UV-Licht im Wellenlängenbereich von 200 nm bis 300 nm. Zwischen molekularem Sauerstoff O_2 und Ozon O_3 stellt sich ein **fotostationäres Gleichgewicht**, d.h. ein durch Lichteinstrahlung erzeugtes und aufrecht gehaltenes Gleichgewicht, ein. Dabei wird kurzwelliges UV-Licht teils in längerwelliges Licht, teils in Wärme umgewandelt. Der Energiegehalt von Licht kann durch das Produkt der Frequenz des Lichts ν und der Konstante h, dem sogenannten PLANCK'schen Wirkungsquantum, angegeben werden. Ozon wird durch energiereicheres UV-Licht $h\nu_1$ gebildet und durch energieärmeres UV-Licht $h\nu_2$ zerlegt.

Das Ozonloch

Das Ozon-Gleichgewicht in der Stratosphäre ist für das Leben auf unserem Planeten unentbehrlich. Seit dem Jahr 1984 wird das sogenannte **Ozonloch** beobachtet und dessen Größe intensiv gemessen und untersucht. Im Jahr 1995 erhielten P. J. CRUTZEN, M. J. MOLINA und F. S. ROWLAND den Chemie-Nobelpreis für eine auch heute noch allgemein anerkannte Erklärung zum Abbau des Ozons. Es gilt als gesichert, dass die FCKW, die Fluorchlorkohlenwasserstoffe, zur Ausbildung des Ozonlochs beitragen. Sie gelangen als anthropogene Emissionen in die Atmosphäre. FCKW wie z.B. Dichlordifluormethan CCl_2F_2 sind an Reaktionszyklen beteiligt, die erst durch das UV-Licht in der Stratosphäre ausgelöst werden und zum Ozon-Abbau führen. Dabei werden Chlor-Radikale Cl• und Chlormonooxid-Radikale ClO•, beides sehr reaktive Teilchen mit ungepaarten Elektronen, gebildet. Reaktionszyklen, bei denen Ozon abgebaut wird, bezeichnet man als **Ozonsenken**.

$$CCl_2F_2 \xrightarrow[h\nu]{\lambda < 340\ \text{nm}} F_2ClC\bullet + Cl\bullet$$

$$Cl\bullet + O_3 \longrightarrow ClO\bullet + O_2$$

$$ClO\bullet + O \longrightarrow Cl\bullet + O_2$$

$$ClO\bullet + NO_2\bullet \underset{\text{Frühjahr}}{\overset{\text{Winter}}{\rightleftharpoons}} ClNO_3$$

AUFGABEN

A1 Erläutern Sie den Einfluss der Reaktionen aus dem Text auf das fotostationäre Gleichgewicht.

A2 Begründen Sie, dass das fotostationäre Gleichgewicht aus **B1** nicht auf die troposphärische Bildung von Ozon anzuwenden ist.

A3 MK Recherchieren Sie die Bildung von bodennahem Ozon.

3.3.6 Ozon und Systemisches Denken

Ozon wurde durch CHRISTIAN FRIEDRICH SCHÖNBEIN, der die Anwesenheit von Ozon in der Atmosphäre in Zusammenhang mit elektrischen Entladungen bei Gewittern brachte, um 1840 entdeckt. Von 1877 an maß ALBERT LEVY über 30 Jahre hinweg täglich den Ozongehalt der Luft in Bodennähe. Diese qualitativen und quantitativen Betrachtungen erlaubten, zusammen mit den Erkenntnissen aus anderen Wissenschaftsdiziplinen, ein umfassenderes Verständnis über Ozon und dessen Funktion bzw. Vorkommen, später auch in höheren Schichten unserer Atmosphäre (B1 links). Die Kenntnis der Auswirkungen dieses Wechselspiels auf Menschen und die weitere Umwelt können eine Basis für politische Entscheidungen liefern und das Leben auf der Erde in verschiedenen Dimensionen beeinflussen. Systemisches Denken liefert eine Basis dafür.

Unter **Systemischem Denken** versteht man das Denken in größeren Gesamtzusammenhängen und die Fähigkeit, komplexe Systeme zu erfassen und zu interpretieren. Die Grundlage dafür ist die Annahme, dass ein Ganzes in der Regel mehr ist als die bloße Summe seiner Einzelkomponenten. Systemisches Denken wird neben naturwissenschaftlichtechnischen Domänen auch schon lange in wirtschaftlichen und soziologischen Zusammenhängen propagiert und erfordert interdisziplinäre Bezüge.

Voraussetzungen für Systemisches Denken

Systemisches Denken erfordert mehrere unterschiedliche Voraussetzungen: Von besonderer Bedeutung sind die Fähigkeiten,

1. Komponenten eines Systems und die darin enthaltenen Prozesse zu identifizieren,
2. dynamische Beziehungen zwischen den Komponenten eines Systems zu erkennen,
3. dynamische Beziehungen innerhalb des Systems zu identifizieren,
4. die Komponenten und Prozesse in einen Rahmen von Beziehungen zu setzen,
5. die zyklische Natur eines Systems zu erkennen,
6. Generalisierungen vorzunehmen,
7. versteckte Dimensionen innerhalb des Systems zu verstehen sowie
8. rückblickend und vorausschauend zu denken.

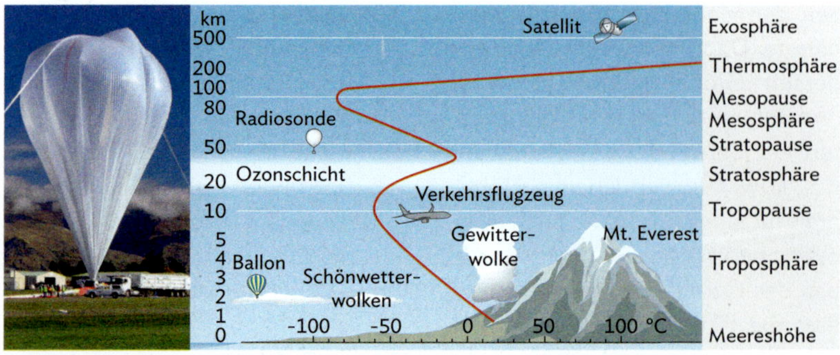

B1 Stratosphärenballon zur Ozonmessung in der Ozonschicht (links) und Schichtung der Atmosphäre mit Temperaturprofil (rechts)

Systemisches Denken und der CHAPMAN-Zyklus

Der Mathematiker und Geophysiker SYDNEY CHAPMAN veröffentlichte 1929 eine Studie zu Prozessen, die die Bildung und den Zerfall des stratosphärischen Ozons erklären. Der erste Schritt ist die Spaltung von Sauerstoff-Molekülen durch kurzwellige Sonnenstrahlung. Dieser Schritt sowie die Folgeschritte (vgl. S. 143) werden im **CHAPMAN-Zyklus** berücksichtigt, der mit dem folgenden fotostationären Gleichgewicht zusammengefasst werden kann:

$$3\,O_2\,(g) \rightleftharpoons 2\,O_3\,(g)$$

Bezogen auf die Bildung und die Zerlegung von Ozon im CHAPMAN-Zyklus, der für die Stratosphäre und die dort herrschenden Bedingungen beschrieben ist, reicht es nicht aus, lediglich die Systemkomponenten Sauerstoff und Ozon sowie Lichteinstrahlung und anthropogene Emissionen bzw. menschliche Organismen separat in den Fokus zu nehmen.
Vielmehr ist es notwendig, genauer die Wellenlängen einstrahlenden Lichts den Einzelprozessen wie der Bildung von Ozon-Molekülen oder deren Zerfall nach Absorption von Lichtquanten zuzuordnen oder aber die Auswirkungen der Emission von chlorierten Kohlenwasserstoffen auf den Abbau von Ozon und die Wirkmächtigkeit von Chlor-Radikalen zu erkennen. So können diese mit Ozon-Molekülen reagieren und dabei Sauerstoff-Moleküle und Chlormonooxid-Radikale bilden (vgl. S. 143). Aus letzteren können erneut Chlor-Radikale gebildet werden, sodass hier ein Kreislauf entsteht, innerhalb dessen im Schnitt pro Chlor-Radikal 10.000 Ozon-Moleküle abgebaut werden können. Im Winter können Chlormo-

nooxid-Radikale über eine exotherme Reaktion als Chlornitrat gebunden werden, das als **Reservoirsubstanz** betrachtet werden kann. Im Frühjahr wird Chlornitrat wieder zerlegt und es kommt zum erneuten Abbau von Ozon durch Chlor-Radikale.
Verallgemeinernd kann man feststellen, dass mehrere Gleichgewichte miteinander wechselwirken, manche Prozesse **Ozonsenken** darstellen, andere hingegen **Ozonquellen**. Diese sind miteinander in Beziehung zu setzen. Ergänzend müssen scheinbar unsichtbare Prozesse identifiziert werden. So spielen für die Ozonverteilung in der Atmosphäre auch die Dynamik der Luftmassen und der Einstrahlwinkel der Sonnenstrahlung auf verschiedene Gegenden der Erde eine erhebliche Rolle, die bei einer allein chemiebezogenen Betrachtung vernachlässigt würde. Dies führt zu geografisch unterschiedlich verteilten Ozongehalten und auch einem unterschiedlich starken Aufkommen des Ozonlochs, verbunden mit unterschiedlich hoher UV-Strahlung, die schließlich die Troposphäre erreicht. Daraus können Zukunftsszenarien abgeleitet und konkrete Maßnahmen wie Sonnenschutz oder Verbote des Einsatzes von FCKW getroffen werden.

Systemisches Denken über längere Zeiträume

Wenngleich die Zukunft nicht präzise vorhersagbar ist, lassen sich aufgrund wissenschaftlicher Erkenntnisse Prognosen treffen. **Fluorchlorkohlenwasserstoffe FCKW** wurden bis in die 1980er Jahre als Kältemittel, z. B. in Kühlschränken, eingesetzt. Unter den Bedingungen in Bodennähe sind FCKW recht reaktionsträge. Aufgrund ihrer Masse und der Schichtung der Atmosphäre in unterschiedlich warme Zonen (**B1** rechts), brauchte es ca. 30 Jahre, bis FCKW in die Stratosphäre gelangt sind. Unter den dortigen Bedingungen sind sie überaus reaktiv, da die dortige Sonnenstrahlung genau zur Bindungsenergie von Chlor-Kohlenstoff-Bindungen passt, die fotochemisch gespalten werden. Der langsame Stofftransport von der Troposphäre in die Stratosphäre gehört zu den „unsichtbaren" Prozessen.
Politische Beschlüsse zur Regulierung der anthropogenen Emissionen konnten dann aber in Kenntnis der Zusammenhänge dazu führen, dass langfristig Einfluss auf die Größe des Ozonlochs genommen werden kann, solange nicht **Kipppunkte** überschritten werden.

Zusammenhänge in erweiterten Conceptmaps

Möchte man Zusammenhänge zwischen einzelnen Faktoren oder Komponenten eines Systems und die Verknüpfungen mehrerer Wissenschafts- und Gesellschaftsbereiche grafisch darstellen, kann man **erweiterte Conceptmaps** verwenden. Wie in einer einfachen Conceptmap wird ein Hauptthema ins Zentrum gesetzt, darüber hinaus aber grafisch eine Clusterung in verschiedene Untersysteme vorgenommen. Für die beschriebenen Prozesse kann eine erweiterte Conceptmap wie in **B2** gestaltet werden.

AUFGABEN

A1 Begründen Sie, dass Verbraucherverhalten und Ozonloch in einem Zusammenhang stehen.

A2 Ergänzen Sie **B2** um weitere Aspekte und Verknüpfungen. MK

A3 Erklären Sie, dass zum Erreichen der 17 Ziele für nachhaltige Entwicklung global verbindliche Maßnahmen beschlossen und umgesetzt werden müssen. MK

A4 Stellen Sie einen Zusammenhang zwischen einem erhöhten Kohlenstoffdioxidanteil in der Troposphäre und dem Ozonloch in der Ozonschicht her.

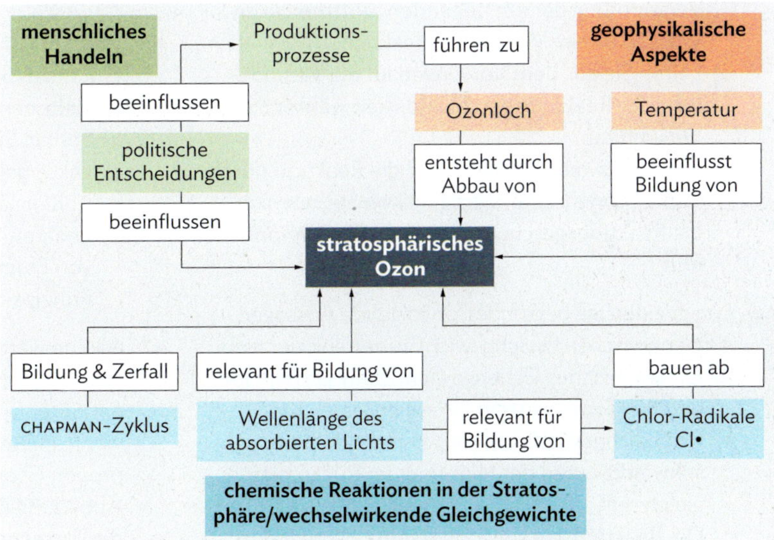

B2 Erweiterte Conceptmap zu stratosphärischem Ozon (ausschnitthaft)

06001-62 vollständige erweiterte Conceptmap unter QR-/Mediencode 06001-62

Zum Üben und Weiterdenken

A1 Mit dem folgenden Versuchsaufbau wird im Laborversuch die Reaktionsgeschwindigkeit der Reaktion von Zink mit Salzsäure untersucht.

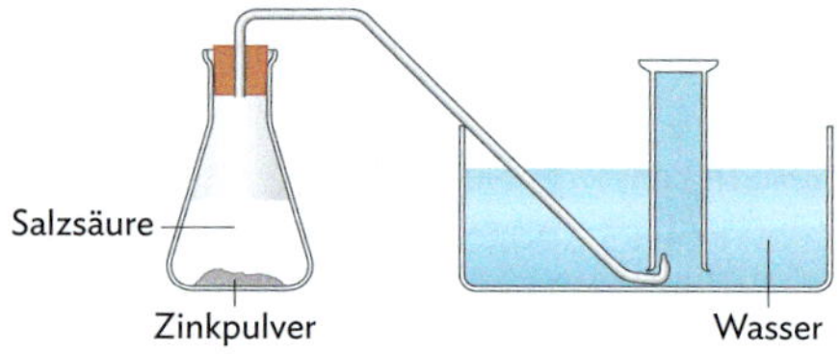

a) Stellen Sie die Reaktionsgleichung für die gezeigte Reaktion auf.
b) Erklären Sie, wie mithilfe der Apparatur die Reaktionsgeschwindigkeit ermittelt werden kann.
c) Schlagen Sie eine Möglichkeit vor, wie die Reaktionsgeschwindigkeit der Reaktion erhöht werden kann.
d) Erstellen Sie ein Erklärvideo (vgl. QR-/Mediencode 06001-63), das den zeitlichen Verlauf der Reaktion von Zink mit Salzsäure mithilfe der Stoßtheorie darstellt.

06001-63 MK

A2 Die Stoffmenge an Wasserstoff, die während der Reaktion von Zink mit verdünnter Schwefelsäure entsteht, verändert sich während der Reaktion.

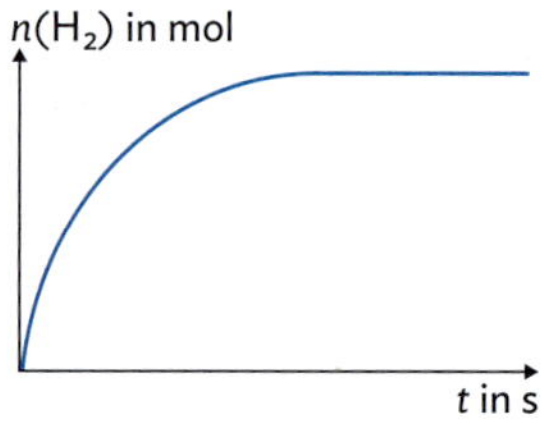

a) Beschreiben Sie die Veränderung der entstehenden Stoffmenge an Wasserstoff im Verlauf der Reaktion.
b) Leiten Sie aus dem Kurvenverlauf die Veränderung der Reaktionsgeschwindigkeit während des Versuchs ab.
c) In einem zweiten Ansatz wird die Reaktion durch Kupfer-Ionen katalysiert. Erklären Sie, wie sich die Reaktionsgeschwindigkeit dadurch verändert.

A3 Entscheiden Sie begründet, ob folgende Aussagen zum chemischen Gleichgewicht zutreffen oder nicht:
a) Ein chemisches Gleichgewicht kann sich nur im geschlossenen System einstellen.
b) Im Gleichgewichtszustand sind die Reaktionsgeschwindigkeiten der Hin- und der Rückreaktion gleich null.
c) Die Reaktionsgeschwindigkeit der Hinreaktion beträgt im Gleichgewichtszustand null.
d) Wenn gasförmige Stoffe an der Gleichgewichtsreaktion beteiligt sind, kann sie durch Druckänderung beeinflusst werden.
e) Erhöht man die Konzentration der Edukte einer Gleichgewichtsreaktion, erhöht sich auch K_c.

A4 Bei der Synthese von Ammoniak NH_3 stellt sich ein chemisches Gleichgewicht ein:
$3\,H_2 + N_2 \rightleftharpoons 2\,NH_3$

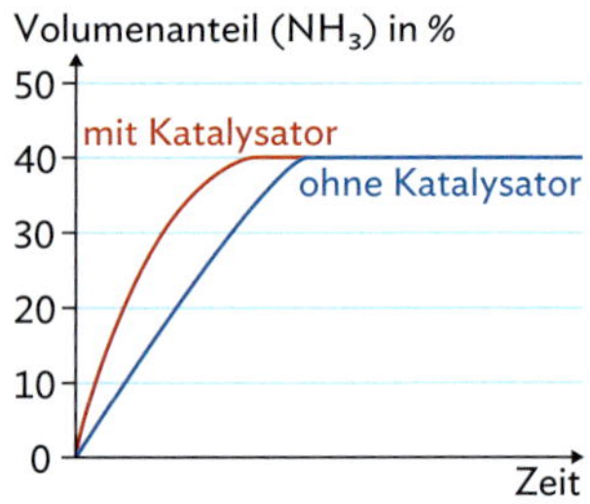

a) Beschreiben Sie den Kurvenverlauf im Hinblick auf die Steigung, die Reaktionsgeschwindigkeit und den Gleichgewichtszustand.
b) Leiten Sie aus dem Diagramm ab, ob die Gleichgewichtskonstante kleiner oder größer Eins ist.
c) Beschreiben Sie den Einfluss des Katalysators auf die Einstellung des Gleichgewichtszustands.

A5 In einem geschlossenen Kolben (1 L) werden 0,4 mol Methansäuremethylester mit 0,4 mol Wasser hydrolysiert und die Konzentration der entstehenden Methansäure bestimmt. Nach 15 Minuten bleibt die Konzentration der Methansäure konstant bei 0,15 mol/L. Berechnen Sie die Gleichgewichtskonstante K_c.

A6 Gießt man kohlensäurehaltiges Mineralwasser zu Fruchtsaft, kommt es aufgrund der in den Säften enthaltenen Fruchtsäuren zur Schaumbildung.
a) Stellen Sie die Reaktionsgleichungen für die gekoppelten Gleichgewichtsreaktionen der Kohlensäure in Mineralwasser auf.
b) Erklären Sie die Beobachtung beim Mischen von Fruchtsaft mit Mineralwasser mithilfe des Prinzips von LE CHATELIER.

A7 Alkene werden großtechnisch durch Cracken von Alkanen langkettiger Moleküle, die in Erdöl enthalten sind, hergestellt. Aus der Fraktion, die die vier isomeren Butene C_4H_8 enthält, wird 2-Methylpropen (Isobuten) mithilfe des Prozesses, wie in der Abbildung dargestellt, abgetrennt. Man nutzt dabei die Tatsache, dass von den Isomeren nur Isobuten bei den angegebenen Temperaturen reagiert.

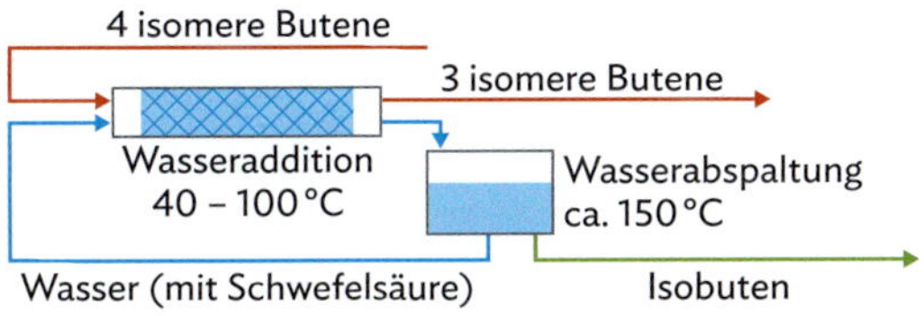

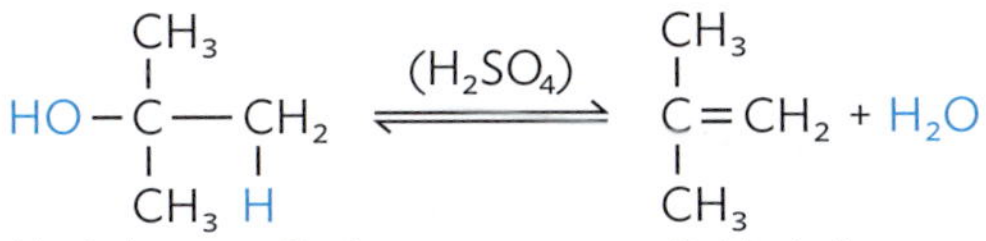

2-Methylpropan-2-ol (*tert*-Butanol) — 2-Methylpropen (Isobuten)

a) Geben Sie die Valenzstrichformeln und Namen der isomeren Butene an.
b) Beschreiben Sie die Vorgänge beim Trennverfahren. Gehen Sie dabei auch auf den Kreislauf eines Teils der eingesetzten Stoffe ein.
c) Leiten Sie aus den Angaben in der Abbildung den Einfluss der Temperatur auf das Gleichgewicht zwischen *tert*-Butanol und Isobuten ab und erläutern Sie seine Bedeutung für die Verwirklichung des Verfahrens.
d) Erklären Sie die Funktionsweise eines Katalysators am Beispiel des *tert*-Butanol/Isobuten-Gleichgewichts.

A8 Planen Sie einen Versuch, mit dem Sie die Temperaturabhängigkeit des Eisen(III)-thiocyanat-Gleichgewichts (vgl. S. 138) untersuchen können. Erklären Sie, wie Sie damit herausfinden können, welche der Reaktionen im chemischen Gleichgewicht exotherm ist.

A9 2 mol Wasserstoff und 2 mol Sauerstoff werden in einem 1 L-Gefäß zur Reaktion gebracht. Im Gleichgewichtszustand liegen 2/3 der maximal möglichen Wasserportion vor.
a) Stellen Sie den Term für die Gleichgewichtskonstante K_c auf.
b) Berechnen Sie K_c unter Einbezug der Reaktionsgleichung.

A10 MK Stellen Sie den Zusammenhang der folgenden Begriffe zum chemischen Gleichgewicht in einer Conceptmap dar:
Chemisches Gleichgewicht, dynamisches Gleichgewicht, umkehrbare Reaktion, Hinreaktion, Rückreaktion, Gleichgewichtspfeil, Gleichgewichtskonstante, $K_c > 1$, $K_c < 1$, Massenwirkungsgesetz, Prinzip von LE CHATELIER, Konzentration, Druck, Temperatur, Katalysator, exotherm, endotherm.

A11 Bei folgenden Vorgängen stellen sich Gleichgewichte ein:
A: Wasserstoff und Chlor reagieren exotherm zu Chlorwasserstoffgas.
B: Chlorwasserstoff und Sauerstoff reagieren exotherm zu Chlor und Wasserdampf.
C: Bariumchlorid- und Natriumsulfatlösung werden zusammengegeben, wobei sich ein Niederschlag bildet, der sich beim Erwärmen teilweise wieder auflöst.
a) Formulieren Sie für alle drei Vorgänge jeweils die Reaktionsgleichung und das Massenwirkungsgesetz.
b) Beschreiben Sie jeweils eine möglicherweise auftretende Änderung der Gleichgewichtszusammensetzung und geben Sie an, ob und gegebenenfalls wie sich die Gleichgewichtskonstante ändert bei 1) Zugabe eines Katalysators zu A; 2) Erwärmung des Gemisches A; 3) Druckerhöhung bei A; 4) Zugabe von Chlor zu B; 5) Druckerniedrigung bei B; 6) Zugabe von Wasser zu C; 7) Zugabe von Wasser zu A.

A12 Der Einfluss der Konzentrationsänderung auf die Gleichgewichtszusammensetzung soll am Beispiel $A + P \rightleftharpoons AP$ untersucht werden. Dabei sind alle drei Stoffe in demselben Lösemittel löslich und unterscheiden sich in der Farbe. A ist farblos, P ist gelb und AP ist rot. Es werden verschiedene Maßnahmen zur Versuchsdurchführung vorgeschlagen. Beurteilen Sie bei jedem der folgenden Vorschläge, ob die Maßnahme sinnvoll ist, begründen Sie Ihre Meinung und geben Sie für die sinnvollen Vorschläge an, welche Beobachtungen zu erwarten sind.
a) Reagenzglas halbvoll mit Lösemittel füllen und eine Spatelspitze AP darin lösen.
b) Lösung gleichmäßig auf zwei Reagenzgläser verteilen.
c) In eines der beiden Reagenzgläser Lösemittel zugeben.
d) Beide Reagenzgläser von der Seite vor einem weißen Hintergrund betrachten.
e) Beide Reagenzgläser von oben auf weißem Untergrund betrachten.
f) Nach Schritt a) das gesamte Lösemittel in einem Reagenzglas durch Erwärmen vertreiben.

Alles im Blick

1 Reaktionsgeschwindigkeit und Stoßtheorie

Unter **Reaktionsgeschwindigkeit** versteht man den Stoffumsatz einer chemischen Reaktion in Abhängigkeit zur Reaktionszeit.
Da die Reaktionsgeschwindigkeit sich während der Reaktion verändert, unterscheidet man zwischen der **mittleren Reaktionsgeschwindigkeit** $\bar{v}_r$ und der **Momentangeschwindigkeit** v_r. Die mittlere Reaktionsgeschwindigkeit beschreibt die Änderung der Stoffmenge Δn oder (bei Lösungen) der Konzentration Δc eines Stoffes in einem bestimmten Zeitintervall Δt.

$\bar{v}_r = \frac{\Delta n}{\Delta t}$ $[\bar{v}_r] = 1\,\frac{\text{mol}}{\text{s}} = 1\,\text{mol} \cdot \text{s}^{-1}$ bzw.

$\bar{v}_r = \frac{\Delta c}{\Delta t}$ $[\bar{v}_r] = 1\,\frac{\text{mol}}{\text{L} \cdot \text{s}} = 1\,\text{mol} \cdot \text{L}^{-1} \cdot \text{s}^{-1}$

Für die Momentangeschwindigkeit wird Δt als ein gegen Null strebendes Zeitintervall definiert. Da die Konzentration der Reaktanten im Verlauf der Reaktion abnimmt, wird auch die Reaktionsgeschwindigkeit geringer.

Es gilt:

$v_r = k \cdot c(\text{A}) \cdot c(\text{B})$ (k: Geschwindigkeitskonstante)

Die Reaktionsgeschwindigkeit ist hoch, wenn ...

... die **Konzentration** der Reaktanten hoch ist.

... der **Zerteilungsgrad** der Reaktanten hoch ist.

... die **Temperatur** hoch ist.

... ein **Katalysator** zum Einsatz kommt.

Die Beeinflussung der Reaktionsgeschwindigkeit kann auf Teilchenebene mit der **Stoßtheorie** erklärt werden. Sie besagt, dass für die Umwandlung von Edukt-Teilchen in Produkt-Teilchen die Edukt-Teilchen mit einer ausreichend hohen Geschwindigkeit zusammenstoßen müssen. Die dafür nötige Mindestenergie entspricht der Aktivierungsenergie der Reaktion.

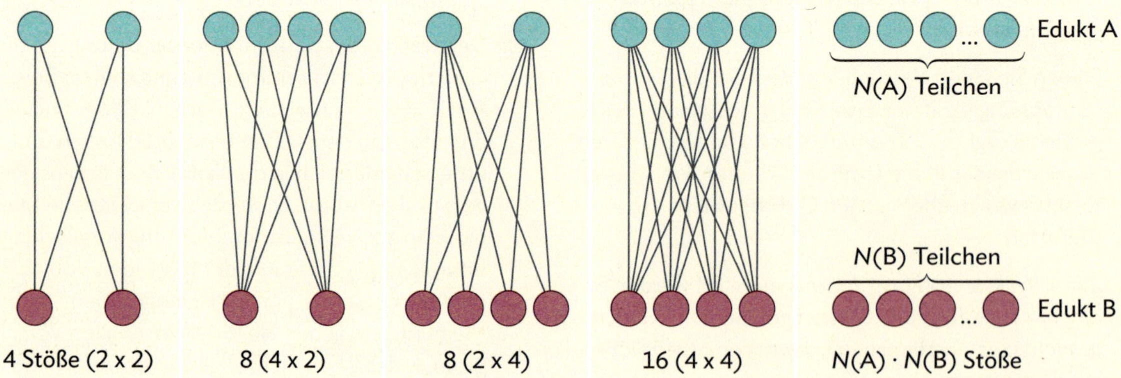

2 Chemisches Gleichgewicht

Chemische Reaktionen sind **reversibel**. Bei **Gleichgewichtsreaktionen** laufen Hin- und Rückreaktion gleichzeitig ab, wodurch Edukte und Produkte nur **unvollständig umgesetzt** werden. Gleichgewichtsreaktionen kennzeichnet man mit einem **Gleichgewichtspfeil** ($\rightleftharpoons$). Im geschlossenen System, das nur einen Energie-, nicht jedoch einen Stoffaustausch mit der Umgebung zulässt, stellt sich bei konstanter Temperatur ein Gleichgewichtszustand, das **chemische Gleichgewicht**, ein. Dieses chemische

Gleichgewicht bedeutet jedoch keinen Reaktionsstillstand. Es haben sich aber die Reaktionsgeschwindigkeiten der Hin- und Rückreaktion angeglichen:

$v_{hin} = v_{rück}$

Kennzeichen des chemischen Gleichgewichts:

- im Gleichgewichtszustand **konstante Konzentrationen** der Edukte und Produkte
- zeitgleiche Bildung und Zerlegung identischer Stoffmengen an Produkten und Edukten: **dynamisches Gleichgewicht**
- gleich große Reaktionsgeschwindigkeiten der Hin- und der Rückreaktion (**$v_{hin} = v_{rück}$**)

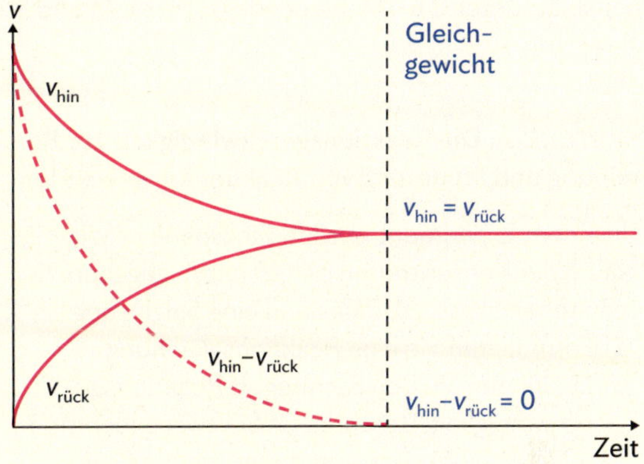

3 Das Massenwirkungsgesetz (MWG)

Die Lage des chemischen Gleichgewichts wird mithilfe des **Massenwirkungsgesetzes (MWG)** durch den Wert der **Gleichgewichtskonstante K_c** beschrieben:

$$a\,A + b\,B \rightleftharpoons c\,C + d\,D \qquad K_c = \frac{c^c(C) \cdot c^d(D)}{c^a(A) \cdot c^b(B)}$$

K_c besitzt bei gegebener Temperatur für jede Reaktion einen charakteristischen Wert. Es gilt:

	Die Konzentration der Edukte ...
$K_c < 1$	... ist größer als die der Produkte.
$K_c = 1$	... ist gleich der der Produkte.
$K_c > 1$	... ist kleiner als die der Produkte.

4 Das Prinzip von LE CHATELIER

Stört man ein System im chemischen Gleichgewicht durch Änderung der äußeren Bedingungen (Konzentration, Druck, Temperatur), weicht das chemische Gleichgewicht diesem äußeren Zwang aus. Dazu findet die Reaktion verstärkt statt, die der Änderung entgegenwirkt. Nach LE CHATELIER bezeichnet man dies als **Prinzip vom kleinsten Zwang**.

Nach Konzentrations- oder Druckänderungen stellt sich der ursprüngliche Gleichgewichtszustand wieder ein und der **Wert für K_c verändert sich nicht**.
Nach Temperaturänderungen stellt sich ein neuer Gleichgewichtszustand ein und **K_c nimmt den für die neue Temperatur charakteristischen Wert** an.

Die Verwendung eines **Katalysators** beeinflusst das chemische Gleichgewicht nicht, führt aber dazu, dass sich der **Gleichgewichtszustand schneller einstellt**.

Änderung ...	begünstigt die Reaktion, die ...
Konzentration ↑	... den Stoff mit erhöhter Konzentration verbraucht.
Konzentration ↓	... den Stoff mit verminderter Konzentration entstehen lässt.
Druck ↑	... unter Volumenabnahme erfolgt.
Druck ↓	... unter Volumenzunahme erfolgt.
Temperatur ↑	... endotherm verläuft.
Temperatur ↓	... exotherm verläuft.

Ziel erreicht?

Verfügen Sie über die Kompetenzen dieses Kapitels? Lösen Sie die entsprechenden Aufgaben (Arbeitsblatt unter QR-/Mediencode 06001-64) und bewerten Sie sich mithilfe der Tabelle rechts unten.

06001-64

KOMPETENZ A: Die Reaktionsgeschwindigkeit zur Beschreibung und Steuerung von Reaktionen verwenden

A1 In einem Experiment werden Zinkspäne in Salzsäure der Konzentration $c = 0{,}5$ mol/L gegeben. Es entstehen Wasserstoffgas und eine Salzlösung.
a) Formulieren Sie eine Reaktionsgleichung.
b) Definieren Sie den Fachbegriff Reaktionsgeschwindigkeit. Beschreiben Sie zwei experimentelle Möglichkeiten, mit denen Sie die Reaktionsgeschwindigkeit dieser Reaktion ermitteln können.
c) Nennen Sie mögliche Faktoren, mit denen Sie die Reaktion beschleunigen können. Begründen Sie mithilfe der Stoßtheorie den Ablauf chemischer Reaktionen.

A2 Erstellen Sie ein Geschwindigkeits-Zeit-Diagramm für die Einstellung des chemischen Gleichgewichtszustands einer Gleichgewichtsreaktion. Zu Beginn der Reaktion liegen ausschließlich Edukte vor. Zeichnen Sie in das Diagramm jeweils den Kurvenverlauf der Reaktionsgeschwindigkeiten für die Hin- und Rückreaktion.

KOMPETENZ B: Einstellung und Zustand eines chemischen Gleichgewichts erläutern

B1 Beurteilen Sie, ob folgende Aussagen richtig sind und korrigieren Sie falsche Aussagen.
a) Bei jeder chemischen Reaktion stellt sich nach einer gewissen Zeit ein Gleichgewicht ein.
b) Wenn sich in einem System ein chemisches Gleichgewicht eingestellt hat, liegen Edukte und Produkte in gleicher Konzentration vor.
c) Im Gleichgewicht ändern sich die Konzentrationen von Edukten und Produkten nicht mehr.
d) Sobald sich in einem System ein chemisches Gleichgewicht eingestellt hat, kommen Hin- und Rückreaktion zum Erliegen und die Konzentrationen aller Stoffe bleiben konstant.

B2 In gesunden ökologischen Systemen herrscht ein Gleichgewicht bei Räuber-Beute-Systemen. Vergleichen Sie dieses System mit dem Modellversuch zum chemischen Gleichgewicht auf S. 130.

B3 Die Abbildung zeigt eine Waage in einem statischen Gleichgewichtszustand. Erläutern Sie die Unterschiede zum chemischen Gleichgewicht.

KOMPETENZ C: Mithilfe des Massenwirkungsgesetzes (MWG) die Lage chemischer Gleichgewichte beschreiben und Berechnungen dazu durchführen

C1 Definieren Sie den Begriff Massenwirkungsgesetz. Beschreiben Sie, welche Aussagen über eine Reaktion mit dem MWG ermöglicht werden.

C2 Bei der Veresterung von Essigsäure mit Ethanol bei einer Temperatur von 20 °C ergibt sich aus dem MWG die Gleichgewichtskonstante $K_c = 4$.
a) Stellen Sie die Reaktionsgleichung und das MWG für diese Reaktion auf.
b) Beschreiben Sie die Lage dieses Gleichgewichts.

C3 Übertragen Sie die folgende Tabelle in Ihr Heft und füllen Sie die leeren Felder aus. Ergänzen Sie die fehlenden Einheiten bei K_c.

Reaktion	MWG	K_c	Gleichgewichtslage
$2\,A + B \rightleftharpoons 2\,C$		$K_c = 0{,}5$ ...	
	$K_c = \frac{c^2(E) \cdot c(N)}{c(K)}$	$K_c = 2{,}7$ ...	
$2\,X + Y \rightleftharpoons 2\,Z$			auf Seiten der Produkte

C4 In einem 1 Liter-Kolben werden 8,1 mol Wasserstoffgas zusammen mit 2,94 mol Iod auf 448 °C

Lernanwendung unter QR-/Mediencode 06001-65

06001-65

erhitzt. Nach Einstellung des Gleichgewichts liegen 5,64 mol Iodwasserstoff im Kolben vor.

a) Berechnen Sie die Stoffmengen an Wasserstoff und Iod im Gleichgewicht.

b) Bestimmen Sie die Gleichgewichtskonstante.

C5 a) Berechnen Sie die Stoffmenge an Ester, die beim Gleichgewicht gebildet wird, wenn man Ethanol, n = 2 mol, mit Essigsäure, n = 5 mol, zur Reaktion bringt.
Hinweise: 1. Für T = 76,3 °C beträgt der Wert für K_c = 3,76. Rechnen Sie mit dem gerundeten Wert K_c = 4; 2. Die Berechnungen können in diesem Beispiel vereinfacht werden, indem man mit den Stoffmengen anstelle der Konzentrationen rechnet.

b) Begründen Sie anschließend, dass das Vorgehen nach dem zweiten Hinweis in diesem Fall möglich ist.

KOMPETENZ D: Die Beeinflussung der Lage chemischer Gleichgewichte mithilfe des Prinzips von LE CHATELIER erklären

D1 Das Prinzip von LE CHATELIER wird auch als „Prinzip vom kleinsten Zwang" bezeichnet. Erläutern Sie dies und benennen Sie mögliche „Zwänge".

D2 Kreuzen Sie alle richtigen Aussagen an.

- ☐ Wird der Druck auf ein System erhöht, läuft die Hinreaktion verstärkt ab.
- ☐ Wird die Konzentration eines Reaktionsprodukts erhöht, fördert das die Rückreaktion, die Produkte verbraucht und mehr Edukte erzeugt.
- ☐ Ändert man Konzentration, Druck oder Temperatur eines im Gleichgewicht befindlichen Systems, weicht das System stets so aus, dass sich der ursprüngliche Wert von K_c einstellt.

D3 Beim ersten Öffnen einer Sprudelwasserflasche zischt es und es steigen kleine Gasbläschen auf. Erklären Sie dies mit dem Prinzip von LE CHATELIER.

D4 Die Bildung der nitrosen Gase NO_x (NO und NO_2) durch Reaktion von Stickstoff mit Sauerstoff verläuft endotherm, ihre Umsetzung zu Stickstoff N_2 und anderen Produkten (CO_2 und H_2O) am Autoabgaskatalysator verläuft exotherm. Erläutern und begründen Sie, wie die Temperatur im Katalysatorraum im Vergleich zu der Temperatur im Verbrennungsraum sein sollte, damit möglichst viel von den nitrosen Gasen umgesetzt wird.

D5 Begründen Sie mithilfe der Zahlenwerte der folgenden Tabelle, dass es sich bei der Bildung von Iodwasserstoff um einen exothermen Vorgang handelt:

$H_2 (g) + I_2 (g) \rightleftharpoons 2\,HI (g)$ | exotherm

Temperatur T in K	Gleichgewichtskonstante K_c
629	66,7
666	58,8
716	50,0
731	48,8
781	40,0

D6 Erläutern und begründen Sie, ob die Aktivierungsenergie der Hinreaktion die Lage eines chemischen Gleichgewichts beeinflusst oder nicht.

Vergleichen Sie Ihre Antworten mit den Lösungen auf Seite 200 und kreuzen Sie auf dem Arbeitsblatt an.

	Kompetenz	ja	nein	zum Nachlesen
A	Die Reaktionsgeschwindigkeit zur Beschreibung und Steuerung von Reaktionen verwenden			S. 122 – 125
B	Einstellung und Zustand eines chemischen Gleichgewichts erläutern			S. 128 – 132
C	Mithilfe des Massenwirkungsgesetzes (MWG) die Lage chemischer Gleichgewichte beschreiben und Berechnungen dazu durchführen			S. 133 – 135
D	Die Beeinflussung der Lage chemischer Gleichgewichte mithilfe des Prinzips von LE CHATELIER erklären			S. 138 – 142

Klausuraufgaben

T1 Reinigung von Kontaktlinsen

Bei der Reinigung von Kontaktlinsen wird Wasserstoffperoxid H_2O_2 verwendet, welches in Wasser und Sauerstoff zerfällt. Der Sauerstoff oxidiert organische Ablagerungen, sodass sich diese von der Linsenoberfläche ablösen. Außerdem ist Wasserstoffperoxid für alle Mikroorganismen stark toxisch, wodurch die Kontaktlinsen gleichzeitig desinfiziert werden. Nach der Reinigung durch Oxidation muss jedoch Wasserstoffperoxid vollständig verbraucht sein, da dieser Stoff auch für menschliche Zellen gefährlich sein kann. Daher wird die Konzentration des Wasserstoffperoxids in der Gebrauchslösung so eingestellt, dass es nach einer bestimmten Zeit verbraucht ist.
Zur Entwicklung einer Gebrauchsanweisung wurde die Geschwindigkeit des Zerfalls von Wasserstoffperoxid gemessen. Es wurden 100 mL einer Wasserstoffperoxidlösung der Stoffmengenkonzentration von c = 0,1 mol/L mit einem Katalysator zur Reaktion gebracht (**B1**).

t in s	0	20	40	60	80	100
$V(O_2)$ in mL	0	44,6	89,0	99,0		111,7
$n(O_2)$ in mol	0		0,00364	0,00400	0,00431	0,00457
$n(H_2O_2)$ in mol	0,01	0,00635	0,00272		0,00137	0,00085
$c(H_2O_2)$ in mol/L						

B1 Messergebnisse beim Zerfall von Wasserstoffperoxid (Standardbedingungen)

AUFGABEN

A1 Skizzieren Sie eine geeignete Versuchsanordnung zur Ermittlung des in **B1** angegebenen Volumens an Sauerstoff und beschreiben Sie die Durchführung des Versuchs.

A2 Formulieren Sie die Reaktionsgleichung für den Zerfall von Wasserstoffperoxid. Berechnen Sie aus den Angaben in **B1** die fehlenden Stoffmengen von Sauerstoff und Wasserstoffperoxid. Ermitteln Sie zusätzlich die Stoffmengenkonzentrationen von Wasserstoffperoxid.

A3 Stellen Sie Ihre erhaltenen Ergebnisse aus **B1** in geeigneter Weise in einem Diagramm dar. Interpretieren Sie das Diagramm.

A4 Skizzieren Sie in das Diagramm aus **A3** den zu erwartenden Reaktionsverlauf für eine um 10 K höhere Reaktionstemperatur. Begründen Sie Ihre Entscheidung.

T2 Das BOUDOUARD-Gleichgewicht

Bei der Gewinnung von Eisen aus Eisenoxiden im Hochofenprozess wird im unteren Teil des Hochofens der Koks zunächst zu Kohlenstoffdioxid verbrannt. Das entstandene Kohlenstoffdioxid reagiert aufgrund sehr hoher Temperaturen in einer endothermen Gleichgewichtsreaktion (BOUDOUARD-Gleichgewicht) mit dem in Koks gebundenen Kohlenstoff zu Kohlenstoffmonooxid, das als Reduktionsmittel fungiert.

AUFGABEN

A1 Formulieren Sie die Reaktionsgleichung für die Reaktion von Eisen(III)-oxid mit Kohlenstoffmonooxid. Berechnen Sie die Masse von Kohlenstoffdioxid, die bei der Reduktion von einer Tonne Eisen(III)-oxid entsteht.

A2 Zeichnen Sie ein Diagramm anhand der Messwerte aus **B2**, das die Temperaturabhängigkeit des Volumenverhältnisses von Kohlenstoffmonooxid und Kohlenstoffdioxid zeigt. Interpretieren Sie das Diagramm unter Einbeziehung des Prinzips von LE CHATELIER.

A3 Formulieren Sie für diese Reaktion das Massenwirkungsgesetz und erläutern Sie daran die Veränderung der Gleichgewichtskonstante mit steigender Temperatur.

A4 Begründen Sie, ob und inwiefern die Lage des BOUDOUARD-Gleichgewichts durch eine Veränderung des Drucks während der Reaktion beeinflusst werden kann.

Temperatur in °C	450	500	600	700	800	900	950
Volumenanteil in %	2	5	23	58	90	97	99

B2 Ausbeute an Kohlenstoffmonooxid in Abhängigkeit von der Temperatur

T3 Vom Synthesegas zum Methanol

Methanol ist der einfachste Vertreter der Stoffklasse der Alkohole und mit einer Jahresproduktion von über 100 Millionen Tonnen eine der wichtigsten organischen Grundchemikalien weltweit. Unter Standardbedingungen ist Methanol eine klare, farblose und leicht entzündliche Flüssigkeit. Es wird großtechnisch in einer Gleichgewichtsreaktion aus Synthesegas synthetisiert. Synthesegas ist ein Gemisch aus Kohlenstoffmonooxid und Wasserstoff, die im Verhältnis 1:1 vorliegen, und kann z. B. durch Kohlevergasung hergestellt werden. Durch eine Konvertierungsreaktion, bei der Synthesegas unter Zugabe von Wasserdampf zu Kohlenstoffdioxid und Wasserstoff reagiert, kann der Kohlenstoffmonooxidanteil verringert und der Wasserstoffanteil erhöht werden. Sowohl Kohlenstoffdioxid als auch Kohlenstoffmonooxid reagieren mit Wasserstoff zu Methanol.

AUFGABEN

A1 Prüfen Sie die Richtigkeit der folgenden allgemeinen Aussagen zum chemischen Gleichgewichtszustand und verbessern Sie falsche Aussagen:
a) Die Konzentrationen der Edukte und Produkte sind gleich.
b) Die Produktausbeute liegt bei 50 %.
c) Die Reaktionsgeschwindigkeiten der Hin- und Rückreaktion sind gleich.
d) Es findet keine Reaktion mehr statt.
e) Die Reaktionsgeschwindigkeit beträgt null.

A2 Geben Sie die Reaktionsgleichung für die beschriebene Konvertierungsreaktion aus dem Text an.
Für die Konvertierungsreaktion beträgt die Gleichgewichtskonstante $K_c = 3$ bei 900 K und $K_c = 4{,}5$ bei 800 K. Leiten Sie über den Vergleich der Gleichgewichtskonstanten den thermischen Verlauf dieser Reaktion ab.

A3 Um im Konvertierungsgleichgewicht den Wasserstoffanteil zu erhöhen, könnte man verschiedene Möglichkeiten der Beeinflussung des chemischen Gleichgewichts anwenden. Beurteilen Sie folgende Vorschläge:
a) Konzentrationserhöhung von Kohlenstoffdioxid
b) Abkühlung des Systems
c) ständiges Abführen von Wasserstoff
d) Reaktion unter einem hohen Druck
e) Einsetzen eines Katalysators

A4 In einer Versuchsreihe wurde der Einfluss verschiedener Faktoren auf die Lage des chemischen Gleichgewichts sowie auf den zeitlichen Verlauf der Gleichgewichtseinstellung bei der Herstellung von Methanol untersucht.
a) Formulieren Sie die Reaktionsgleichung für die Bildung von Methanol aus Kohlenstoffdioxid und Wasserstoff.
Hinweis: Neben Methanol entsteht bei dieser Reaktion ein weiteres Produkt.
b) Ordnen Sie die Graphen A und B aus **B3** den Reaktionsbedingungen der Versuche 1 und 2 in **B4** begründet zu.
c) Zeichnen Sie in **B3** einen Graphen für Versuch 3 ein und begründen Sie den Verlauf.

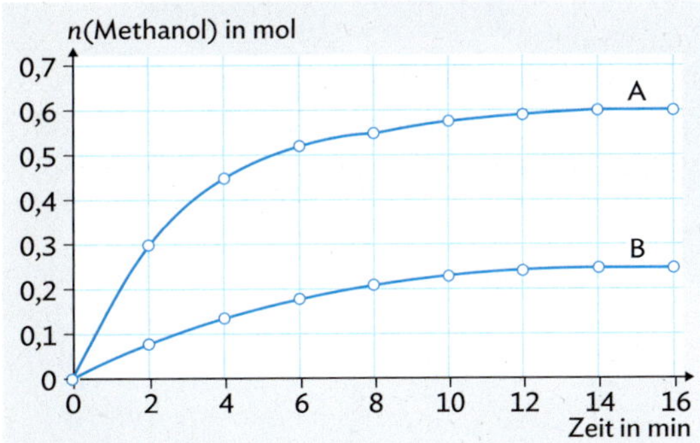

B3 Zeitlicher Verlauf der Gleichgewichtseinstellung bei der Synthese von Methanol

Versuch	Temperatur in K	Druck in MPa	Katalysator
1	400	1	nein
2	400	5	nein
3	400	5	ja

B4 Reaktionsbedingungen der Versuchsreihe

A5 Für die Synthese von Methanol aus Kohlenstoffmonooxid und Wasserstoff wird ein Gasgemisch verwendet, in dem die Edukte im Stoffmengenverhältnis $n(H_2) : n(CO) = 2:1$ vorliegen.
Überprüfen Sie rechnerisch, ob ein Zusatz von 0,6 mol Wasserdampf pro 1 mol Kohlenstoffmonooxid bei der Konvertierungsreaktion ausreicht, um das erforderliche Stoffmengenverhältnis zu sichern ($K_c = 6$).

4 Gleichgewichte in Natur und Technik

06001-66
Arbeitsblatt unter QR-/Mediencode 06001-66

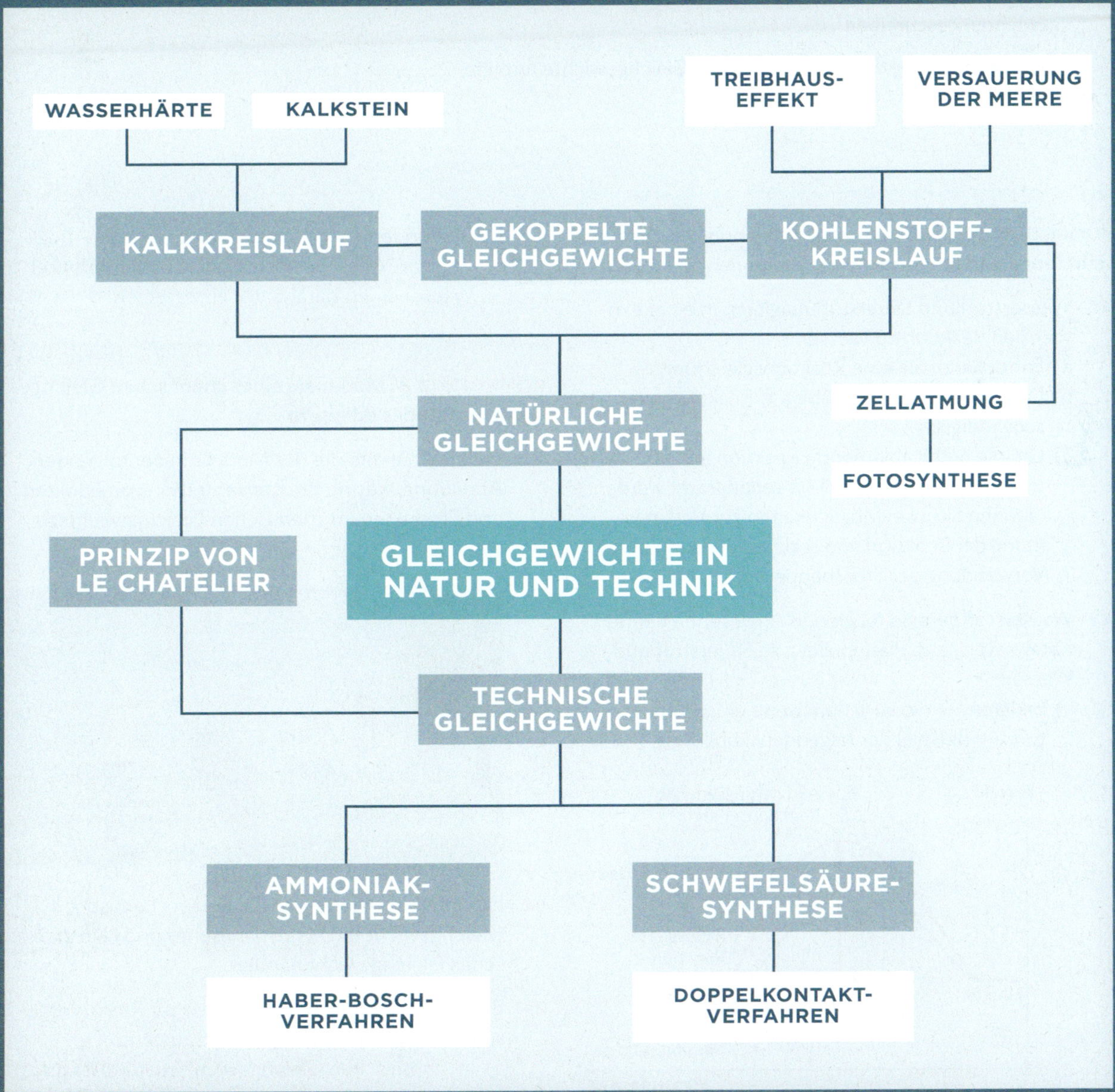

Startklar?

Schätzen Sie Ihre Kompetenz in den Bereichen A bis D ein und prüfen Sie sich anhand der entsprechenden Aufgaben (Arbeitsblatt unter QR-/Mediencode 06001-67).

06001-67

Kompetenz	sehr gut	gut	schwierig
A Die Reaktionsgeschwindigkeit zur Beschreibung und Steuerung von Reaktionen anwenden			
B Merkmale eines chemischen Gleichgewichtszustandes erläutern			
C Mithilfe des Massenwirkungsgesetzes (MWG) die Lage von Gleichgewichten beschreiben			
D Die Beeinflussung der Lage chemischer Gleichgewichte mithilfe des Prinzips von LE CHATELIER erklären			

KOMPETENZ A: Die Reaktionsgeschwindigkeit zur Beschreibung und Steuerung von Reaktionen anwenden

A1 Wasserstoff und Sauerstoff reagieren in einer exothermen Reaktion zu Wasser.
a) Formulieren Sie eine Reaktionsgleichung.
b) Definieren Sie den Fachbegriff Reaktionsgeschwindigkeit.
c) Um die heftig ablaufende Reaktion im Labor betrachten zu können, soll sie verlangsamt werden. Nennen Sie zwei Möglichkeiten zur Verlangsamung der Reaktion und erklären Sie diese unter Verwendung der Stoßtheorie.

A2 Wasserstoffperoxid reagiert in Anwesenheit eines Katalysators, z. B. Platinpellets, zu Sauerstoff und Wasser.
a) Erklären Sie die Funktionsweise eines Katalysators am Beispiel der folgenden Abbildung.

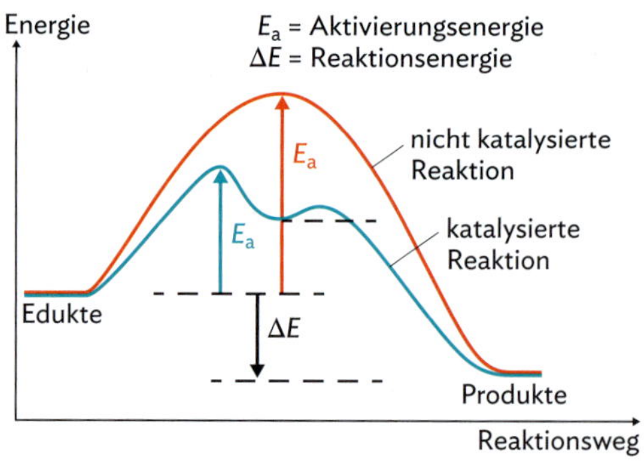

b) Begründen Sie die Notwendigkeit, bei der Reaktion von Wasserstoffperoxid zu Sauerstoff und Wasser einen Katalysator einzusetzen.

KOMPETENZ B: Merkmale eines chemischen Gleichgewichtszustandes erläutern

B1 Erklären Sie mithilfe des Modells in der folgenden Abbildung, was für die Konzentration von Edukten und Produkten im chemischen Gleichgewichtszustand gilt.

B2 Erklären Sie, dass es sich bei einem chemischen Gleichgewicht um ein dynamisches und kein statisches Gleichgewicht handelt.

B3 Beurteilen Sie folgende Aussagen zur Reaktionsgeschwindigkeit im Gleichgewichtszustand.
a) Im chemischen Gleichgewichtszustand ist die Geschwindigkeit der Hinreaktion $v_r = 0$.

Lernanwendung unter QR-/Mediencode 06001-68

06001-68

b) Im chemischen Gleichgewichtszustand ist die Geschwindigkeit der Hinreaktion identisch mit der Geschwindigkeit der Rückreaktion.
c) Im chemischen Gleichgewichtszustand ist die Gesamtreaktionsgeschwindigkeit $v_{GG} = 0$.
d) Im chemischen Gleichgewicht gilt: $v_{hin} - v_{rück} = 0$.

KOMPETENZ C: Mithilfe des Massenwirkungsgesetzes (MWG) die Lage von Gleichgewichten beschreiben

C1 Erläutern Sie den Zusammenhang zwischen Massenwirkungsgesetz, chemischem Gleichgewicht und Reaktionsgeschwindigkeit der Hin- und Rückreaktion.

C2 Formulieren Sie das Massenwirkungsgesetz für die folgende Reaktion: $2\,X + Y \rightleftharpoons 2\,Z$

C3 Ergänzen Sie die folgende Tabelle:

	Die Konzentration der Edukte ...
	... ist größer als die der Produkte.
$K_c = 1$	
	... ist kleiner als die der Produkte.

C4 Bei der Esterhydrolyse von Essigsäureethylester bei einer Temperatur von 20 °C liegt das Gleichgewicht auf der Seite der Edukte.
a) Formulieren Sie die Reaktionsgleichung und das MWG für diese Reaktion.
b) Begründen Sie, welcher Wert für K_c auf die Reaktion zutrifft: $K_c = 4$ oder $K_c = 0{,}25$.

KOMPETENZ D: Die Beeinflussung der Lage chemischer Gleichgewichte mithilfe des Prinzips von LE CHATELIER erklären

D1 Benennen Sie die Möglichkeiten zur Beeinflussung des chemischen Gleichgewichts nach dem Prinzip von LE CHATELIER.

D2 Prüfen Sie folgende Aussagen auf ihre Richtigkeit und korrigieren Sie falsche Aussagen.
- Katalysatoren beeinflussen die Lage des chemischen Gleichgewichts, weil sie die Reaktion beschleunigen.
- Bei einer exothermen chemischen Reaktion kann das Gleichgewicht auf die Seite der Produkte verschoben werden, indem man die Reaktion bei höheren Temperaturen ablaufen lässt.
- Bei der Estersynthese aus Ethanol und Essigsäure kann die Lage des chemischen Gleichgewichts durch Änderung des Drucks nicht beeinflusst werden.
- Druck- und Temperaturänderungen beeinflussen die Gleichgewichtskonstante K_c.
- Durch Entzug des Produkts bei Fällungsreaktionen oder entweichenden Gasen wird das Gleichgewicht auf die Seite der Produkte verschoben.

Vergleichen Sie Ihre Antworten mit den Lösungen auf Seite 203 und geben Sie sich die entsprechende Punktzahl.

Kompetenz	sehr gut	gut	schwierig	zum Nachlesen
A Die Reaktionsgeschwindigkeit zur Beschreibung und Steuerung von Reaktionen anwenden	19 – 15	14 – 10	9 – 6	S. 122 – 125
B Merkmale eines chemischen Gleichgewichtszustandes erläutern	12 – 10	9 – 7	6 – 4	S. 128 – 132
C Mithilfe des Massenwirkungsgesetzes (MWG) die Lage von Gleichgewichten beschreiben	15 – 12	11 – 8	7 – 5	S. 133 – 135
D Die Beeinflussung der Lage chemischer Gleichgewichte mithilfe des Prinzips von LE CHATELIER erklären	12 – 10	9 – 7	6 – 4	S. 138 – 142

4.1 Gekoppelte Gleichgewichte

Tropfsteinhöhlen begeistern durch ihre besonderen Formationen und sind häufig beliebte Touristenattraktionen. Für ihr Entstehen sind Wasser, Kohlenstoffdioxid und Kalkstein verantwortlich. In welchem chemischen Zusammenhang stehen diese Stoffe und wie kommt es zur Bildung der besonderen Gesteinsformationen in diesen Höhlen?

4.1.1 Versuche und Material

V Gleichgewichte im Wechselspiel

Das Entstehen von Tropfsteinhöhlen beruht auf verschiedenen voneinander abhängigen Gleichgewichtsreaktionen. Beeinflussen sich Gleichgewichtsreaktionen gegenseitig?

V1 Leiten Sie in Kalkwasser über einen längeren Zeitraum Kohlenstoffdioxid bis zum Trüben und erneuten Aufklaren ein.

AUSWERTUNG

a) Recherchieren Sie die Herstellungsweise von MK Kalkwasser.

b) Durch das Einleiten von Kohlenstoffdioxid in **V1** entsteht zunächst Calciumcarbonat, nach weiterem Einleiten lösliches Calciumhydrogencarbonat. Formulieren Sie Reaktionsgleichungen für beide Prozesse, bei denen es sich um Gleichgewichtsreaktionen handelt.

c) Bei den Reaktionen aus **b)** ist der Stoff Calciumcarbonat Produkt der ersten Reaktion und Edukt der Folgereaktion. Erklären Sie, dass das fortwährende Einleiten von Kohlenstoffdioxid in **V1** zur Bildung von Calciumhydrogencarbonat führt.

d) Die beiden Reaktionen aus **b)** stellen gekoppelte Gleichgewichte dar. Wenden Sie darauf das Prinzip von LE CHATELIER (vgl. S. 142) an.

e) Misst man während der Kohlenstoffdioxideinleitung in **V1** die Stromstärke, erhält man den Kurvenverlauf in **B1**. Erläutern Sie die Änderung der Stromstärke in Abhängigkeit von der Zeit.

ENTSORGUNG A

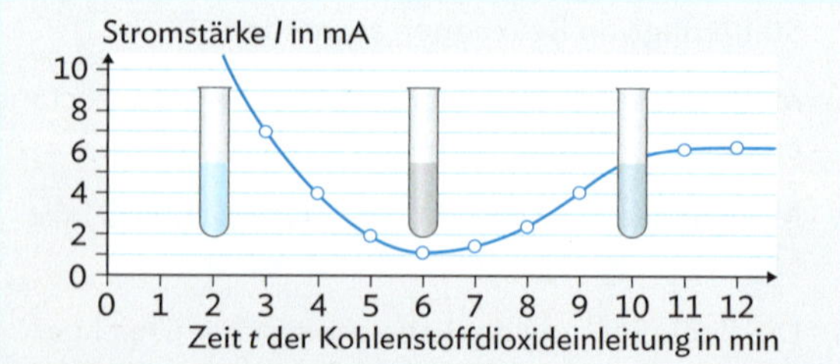

B1 Veränderung der Stromstärke in V1

V Qualitative Bestimmung des Kalkgehalts in Bodenproben

Hartes Wasser entsteht dann, wenn Wasser in der Quellregion durch kalk- und sandsteinhaltigen Boden sickert. Was genau versteht man unter hartem Wasser und welche Stoffe spielen bei der Entstehung eine Rolle?

V2 Versetzen Sie auf einem Uhrglas verschiedene Gesteinsproben, Marmor und Calciumcarbonat mit jeweils 10 Tropfen Salzsäure der Konzentration c = 2 mol/L.

V3 Geben Sie in einem Reagenzglas zu einer kleinen Portion kalkhaltigen Gesteins einige Tropfen Salzsäure der Konzentration c = 2 mol/L und verschließen Sie das Reagenzglas mit einem durchbohrten Stopfen mit gewinkeltem Glasrohr. Leiten Sie das entstehende Gas in Kalkwasser ein.

V4 Leiten Sie Kohlenstoffdioxid in destilliertes Wasser und geben Sie drei Tropfen Universalindikatorlösung hinzu. Wiederholen Sie **V2** mit dieser Lösung anstelle von Salzsäure.

AUSWERTUNG

a) Die Heftigkeit der Gasentwicklung in **V2** gibt einen Hinweis auf den Kalkgehalt. Ordnen Sie die untersuchten Proben aus **V2** nach steigendem Kalkgehalt. Begründen Sie, dass für einen quantitativen Vergleich die Gesteinsproben vergleichbare Massen und Oberflächen haben müssen.

b) Formulieren Sie mithilfe der Beobachtungen aus **V2** und **V3** die Reaktionsgleichung für die Reaktion von Calciumcarbonat mit Salzsäure.

c) Erläutern Sie den Farbwechsel beim Einleiten von Kohlenstoffdioxid in destilliertes Wasser in **V4** auch mithilfe einer Reaktionsgleichung.

d) Formulieren Sie die Reaktionsgleichung für die Reaktion von Calciumcarbonat mit der sauren Lösung aus **V4**.

e) „Hartes Wasser“ wird unter anderem durch Calcium-Ionen im Wasser hervorgerufen. Erläutern Sie die Entstehung des „harten Wassers“ mithilfe von **B2**, **V3** und **V4** sowie der Reaktionsgleichung aus **b)**.

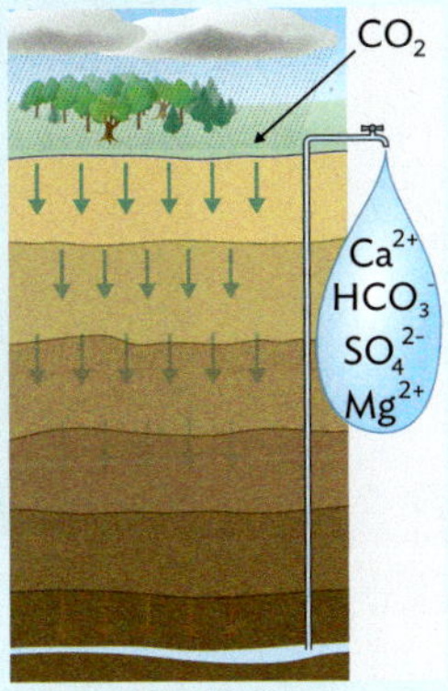

B2 Entstehung von hartem Wasser

ENTSORGUNG R, G1

V Quantitative Bestimmung des Kalkgehalts in Wasser

Die im Trinkwasser vorliegenden Ionen wie z. B. Calcium-Ionen verursachen die Härte des Wassers. Welches Wasser weist die höhere Wasserhärte auf – Leitungswasser oder Mineralwasser?

V5 Titrieren Sie in einer Vorrichtung für Leitfähigkeitstitrationen (**B3**) 200 mL Leitungswasser mit Ethandisäure (Oxalsäurelösung, vgl. S. 94) der Konzentration c = 0,01 mol/L.

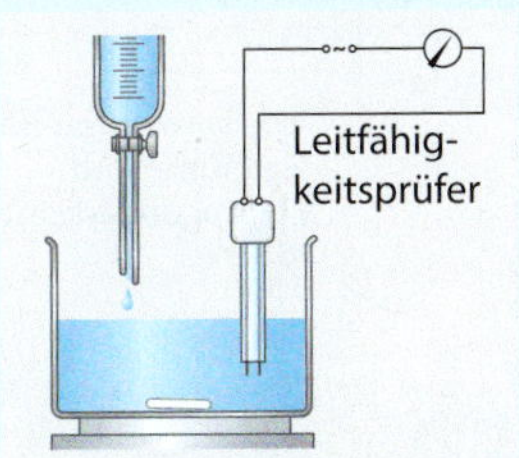

B3 Versuchsanordnung einer Leitfähigkeitstitration

V6 Führen Sie die Bestimmung des Gehalts an Calcium-Ionen gemäß **V5** mit verschiedenen Mineralwässern durch.

AUSWERTUNG

a) Legen Sie eine Wertetabelle für **V5** und **V6** an.

b) Zeichnen Sie Titrationskurven für Leitungswasser und die verschiedenen Mineralwässer mithilfe der Werte aus **a)**.

c) Formulieren Sie die Reaktionsgleichung für das Ausfällen von schwerlöslichem Calciumoxalat CaC_2O_4.

d) Erklären Sie den Verlauf der Titrationskurven aus **b)** mithilfe der Reaktionsgleichung aus **c)**. Beachten Sie, dass die Leitfähigkeit einer Lösung steigt, je mehr Ionen in ihr enthalten sind.

e) Folgern Sie aus **d)**, welche Wasserprobe die höchste Wasserhärte aufweist.

ENTSORGUNG A, G3

4.1.2 Der Kohlenstoffdioxid-Carbonat-Kreislauf in der Natur

Entstehung von Tropfsteinhöhlen

Tropfsteinhöhlen (**B1**) sind eindrucksvolle Beweise eines natürlichen **Stoffkreislaufs**, an dem vor allem Kalkstein, Calciumcarbonat $CaCO_3$ und Kohlenstoffdioxid CO_2 beteiligt sind. Die Prozesse dieses „natürlichen" **Kohlenstoffdioxid-Carbonat-Kreislaufs (Kalkkreislauf)** laufen in kalksteinhaltigen Gesteinsschichten über Millionen von Jahren hinweg ab.

B1 Tropfsteinhöhle auf Mallorca

Am Beginn des Kreislaufs steht in Wasser gelöstes Kohlenstoffdioxid:

$$CO_2\,(g) \rightleftharpoons CO_2\,(aq)$$

Prinzip von LE CHATELIER → S. 142

06001-69
Video zum Thema „Löslichkeit von Kohlenstoffdioxid" unter QR-/Mediencode 06001-69

Bei 20 °C und Normdruck lösen sich 88 mL/L bzw. 1,73 g/L Kohlenstoffdioxid in Wasser. Die Löslichkeit ist temperatur- und druckabhängig (vgl. S. 140). Die Kohlenstoffdioxid-Moleküle reagieren mit Wasser-Molekülen in einer Säure-Base-Reaktion:

$$2\,H_2O\,(l) + CO_2\,(aq) \rightleftharpoons H_3O^+\,(aq) + HCO_3^-\,(aq)$$

Diese **kohlensaure Lösung** sickert durch das kalkhaltige Gestein. Dabei reagieren Oxonium-Ionen mit Calciumcarbonat-Baueinheiten (**V2**):

$$CaCO_3\,(s) + H_3O^+\,(aq) \rightleftharpoons Ca^{2+}\,(aq) + HCO_3^-\,(aq) + H_2O\,(l)$$

Über Millionen von Jahren führt dieser Prozess im Gestein zur Entstehung von Hohlräumen.
Die Bildung der Tropfsteine ist auf die Umkehrung dieser Reaktion zurückzuführen. Die Calciumhydrogencarbonatlösung verdunstet langsam, sodass schwerlösliches Calciumcarbonat ausfällt und Kohlenstoffdioxid freigesetzt wird:

$$Ca^{2+}\,(aq) + 2\,HCO_3^-\,(aq) \rightleftharpoons H_2O\,(l) + CO_2\,(g) + CaCO_3\,(s)$$

Das ausgefällte Calciumcarbonat lässt die Stalagmiten und Stalaktiten wachsen (**B2**), allerdings mit einer Geschwindigkeit von nur 8 bis 15 mm in 100 Jahren.
Bei den beschriebenen Prozessen handelt es sich jeweils um Gleichgewichtsreaktionen. Da ein Produkt eines Gleichgewichts das Edukt eines anderen ist, spricht man von **gekoppelten Gleichgewichten**.
Gekoppelte Gleichgewichte liegen auch in **V1** vor. Leitet man Kohlenstoffdioxid in Kalkwasser ein, entsteht nach kurzer Zeit eine Trübung, die auf die Bildung von schwerlöslichem Calciumcarbonat (Kalk) zurückzuführen ist. Weiteres Einleiten von Kohlenstoffdioxid führt zum Verschwinden der Trübung. Die nun klare Lösung enthält lösliche Hydrogencarbonat-Ionen. Da die Lösung nun mehr leitfähige Ionen enthält, steigt die Messung der Stromstärke während des Versuchs nach einem anfänglichen Abfall wieder an (**V1**, **B1** auf S. 158).
Das Prinzip von LE CHATELIER lässt sich auch auf gekoppelte Gleichgewichte anwenden. Eine Erhöhung der Konzentration der Edukte des einen Gleichgewichts führt zu einer erhöhten Konzentration der Produkte des anderen Gleichgewichts.

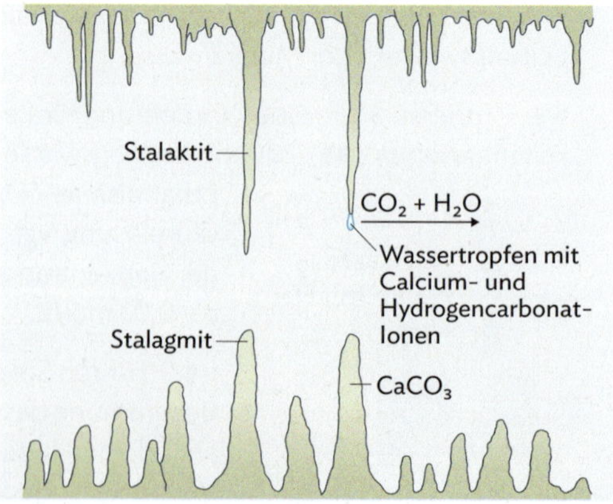

B2 Modell zur Bildung der Stalagmiten und Stalaktiten in einer Tropfsteinhöhle

Kalkstein

Kalkhaltiges Gestein, z. B. verschiedene Gesteinsproben oder Marmor, zeigt bei Einwirkung stärkerer Säuren wie Salzsäure eine Reaktion, bei der ein farbloses Gas entsteht (**V2**). Dieses trübt Kalkwasser (**V3**), es handelt sich um Kohlenstoffdioxid:

$$CaCO_3\ (s) + 2\ H_3O^+\ (aq) \rightleftharpoons Ca^{2+}\ (aq) + CO_2\ (g) + 3\ H_2O\ (l)$$

Je kalkhaltiger eine Gesteinsprobe ist, desto heftiger ist die Gasentwicklung bei der Reaktion der Probe mit einer Säure. Die schwächere Kohlensäure führt lediglich zur Bildung von Hydrogencarbonat-Ionen (vgl. S. 140 und **V4**).

Wasserhärte und Mineralwasser

Natürliches Mineralwasser „mit Sprudel" entsteht, wenn mineralstoffreiches Wasser mit Kohlenstoffdioxid angereichert wird. Viele Quellorte liegen in Regionen vulkanischen Ursprungs. Das im Wasser gelöste Kohlenstoffdioxid entstammt der unterirdischen vulkanischen Aktivität.

Liest man auf den Mineralwasserflaschen „mit Kohlensäure versetzt", ist das irreführend, da das in Wasser gelöste Kohlenstoffdioxid nur zu 0,2 % als **Kohlensäure H_2CO_3** vorliegt. Kohlenstoffdioxid-Moleküle reagieren mit Wasser-Molekülen zu Oxonium-Ionen und Hydrogencarbonat-Ionen:

$$2\ H_2O\ (l) + CO_2\ (aq) \rightleftharpoons H_3O^+\ (aq) + HCO_3^-\ (aq)$$

Bei dem natürlichen Kohlenstoffdioxid-Carbonat-Kreislauf dringt nun das mit Kohlenstoffdioxid angereicherte Wasser in die kalksteinhaltigen Gesteinsschichten ein. Es bildet sich das lösliche Calciumhydrogencarbonat $Ca(HCO_3)_2$. Die im Wasser vorliegenden hydratisierten Ionen verursachen die sogenannte **Härte** des Wassers. Die **Wasserhärte** wird durch Calcium-, Magnesium-, Hydrogencarbonat- und Sulfat-Ionen hervorgerufen und in der Einheit **Grad deutscher Härte °dH** angegeben.

Hartes Leitungswasser führt im Haushalt und in der Industrie zu Problemen, weil sich beim Erwärmen von hartem Wasser Calciumcarbonat absetzt. Solche Ablagerungen werden als **Kesselstein** bezeichnet und führen zum Verschleiß, z. B. von Heizstäben in Waschmaschinen, Geschirrspülern und Wasserkochern. Um Wasserhähne und die Heizflächen des Wasserkochers von Kalk zu befreien, können Säuren wie Essigsäurelösung oder Citronensäurelösung verwendet werden.

Der Kalkgehalt von Wasser, der im Wesentlichen auf gelöstem Calciumhydrogencarbonat beruht, lässt sich mithilfe einer Leitfähigkeitstitration bestimmen (**V5**). Dabei nutzt man aus, dass die in kalkhaltigem Wasser gelösten Calcium-Ionen mit Oxalsäure zu schwerlöslichem Calciumoxalat CaC_2O_4 reagieren. Die verminderte Anzahl an Ionen in der Lösung führt zu einer Abnahme der Leitfähigkeit (**V5**, **V6**).

Oxalsäure → S. 94

Gekoppelte Gleichgewichte treten in der Natur z. B. beim Kalkkreislauf auf. Sie beinhalten das Lösen von Kohlenstoffdioxid in Wasser, das Ausfällen von Calciumcarbonat, die Bildung von löslichem Hydrogencarbonat und das Freiwerden von Kohlenstoffdioxid bei der Reaktion einer sauren Lösung mit Kalk. Das Prinzip von LE CHATELIER kann auch auf gekoppelte Gleichgewichte angewendet werden.

AUFGABEN

A1 Formulieren Sie für die gekoppelten Gleichgewichte des Kalkkreislaufs bei der Bildung von Tropfsteinhöhlen relevante Reaktionsgleichungen und jeweils das Massenwirkungsgesetz. Erläutern Sie mithilfe des Prinzips von LE CHATELIER, wie das Gleichgewicht in den verschiedenen Reaktionen verschoben werden kann.

A2 Prüfen Sie die Aussage „Mineralwasser enthält Kohlensäure" auf ihre fachliche Richtigkeit und korrigieren Sie falls nötig.

A3 Erläutern Sie, dass Warm- und Kaltwasserhähne unterschiedlich schnell verkalken.

06001-70
gestufte Hilfen zu A3 unter QR-/Mediencode 06001-70

4.2 Umweltaspekte des Kohlenstoffkreislaufs

„Der Klimawandel ist da.“ Mit Schlagzeilen dieser Art werden wir von den Medien seit geraumer Zeit auf die Veränderungen des Klimas und die daraus resultierenden Folgen aufmerksam gemacht. In diesem Rahmen wird oftmals der durch Menschen verursachte zu hohe Kohlenstoffdioxidausstoß kritisiert. Durch welche Prozesse wird Kohlenstoffdioxid produziert, welche Veränderungen ergeben sich dadurch für die Umwelt und ist die Emission von Kohlenstoffdioxid per se problematisch?

4.2.1 Versuche und Material

V Zellatmung und Fotosynthese

5 7

Kohlenstoffdioxid ist nicht nur Produkt industrieller Prozesse, sondern auch der Mensch produziert das Gas. Pflanzen wiederum nutzen dieses Gas und entwickeln daraus andere Verbindungen. Wie stellt man Kohlenstoffdioxid her und was geschieht mit ihm?

V1 Blasen Sie einen Luftballon auf. Leiten Sie den Inhalt über ein Glasrohr in Kalkwasser ein.

V2 *Hinweis:* Bei diesem Versuch handelt es sich um einen Langzeitversuch.
Füllen Sie ein großes Becherglas mit Wasser und tauchen Sie einige frisch abgeschnittene Stängel Wasserpest hinein. Stülpen Sie anschließend einen großen Trichter über die Stängel und belichten Sie diese mit einer starken Lampe. Fangen Sie in einem mit Wasser gefüllten Reagenzglas das sich bildende Gas über dem Trichter auf. Führen Sie mit dem Gas die Glimmspanprobe durch. (Video zur Veranschaulichung unter QR-/Mediencode 06001-71)

06001-71

AUSWERTUNG

a) Schließen Sie aus **V1** auf einen Stoff, der in der ausgeatmeten Luft enthalten ist.
b) Schließen Sie aus der Glimmspanprobe auf das Reaktionsprodukt in **V2**.
c) Benennen Sie anhand von **V2** die für die Fotosynthese notwendigen Reaktionsbedingungen.
d) Stellen Sie eine Hypothese auf, in welcher Beziehung Zellatmung (**V1**) und Fotosynthese (**V2**) stehen. (Hilfen unter QR-/Mediencode 06001-72)

ENTSORGUNG A

06001-72

M Entstehung und Abbau von Kohlenstoffdioxid

Im Zuge des Klimawandels wird Kohlenstoffdioxid oftmals als ein zentraler Faktor herausgestellt. Woher kommt das Kohlenstoffdioxid, welchen Weg geht es?

M3 Die Abbildung **B1** stellt ausschnitthaft den Kohlenstoffkreislauf in der belebten Natur dar.

AUSWERTUNG

Erläutern Sie mithilfe von **B1** a) die Entstehung und den Abbau von Kohlenstoffdioxid und b) die Auswirkung des menschlichen Einflusses auf den Kohlenstoffkreislauf.

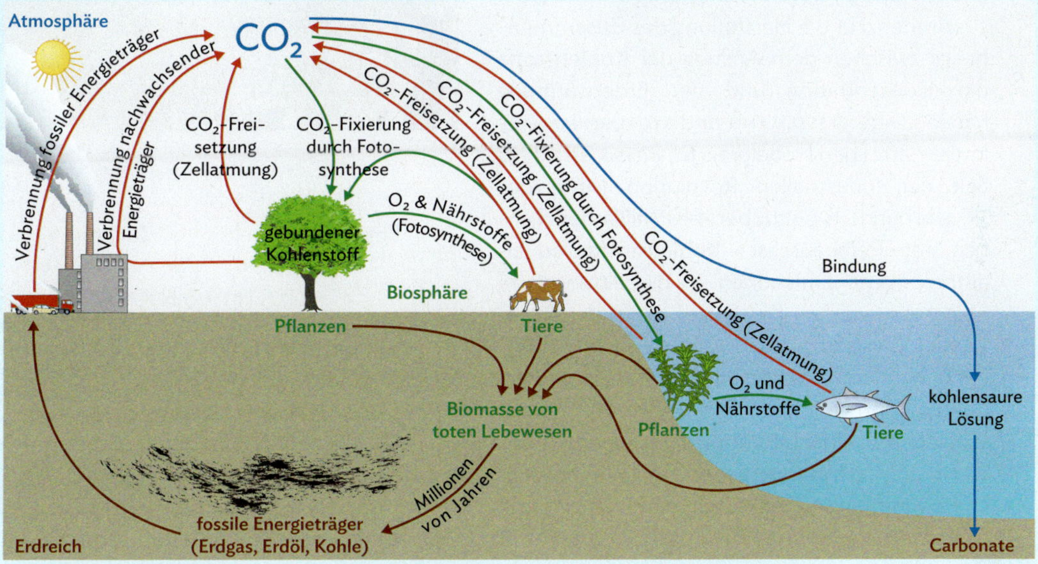

B1 Entstehung und Abbau von Kohlenstoffdioxid: Der Kohlenstoffkreislauf

V Versauerung der Meere

Kohlenstoffdioxid kann in zu großen Mengen eine Versauerung der Meere bewirken. Was versteht man darunter und welche Folgen drohen?

V4 Füllen Sie ein Becherglas mit 100 mL destilliertem Wasser, geben Sie 5 Tropfen Universalindikatorlösung hinzu und leiten Sie Kohlenstoffdioxid ein.

V5 Befüllen Sie ein Reagenzglas zu etwa ⅓ mit der Lösung aus **V4**. Erhitzen Sie die restliche Lösung auf der Heizplatte auf etwa 80 °C.

V6 Tropfen Sie etwas Salzsäure der Konzentration c = 2 mol/L auf ein Muschelstück. Beobachten Sie.

AUSWERTUNG

a) Folgern Sie aus der Färbung der Lösungen jeweils auf das Reaktionsprodukt in **V4** und **V5**.

b) Formulieren Sie die Reaktionsgleichungen für die Reaktionen in **V4** und **V5**.

c) Meere werden als „Kohlenstoffdioxidsenken" bezeichnet. Informieren Sie sich über diesen Begriff und nehmen Sie anhand der Beobachtungen in **V4** Stellung zu dieser Bezeichnung. MK

d) Erklären Sie das Löslichkeitsverhalten von Kohlenstoffdioxid in Abhängigkeit von der Temperatur anhand Ihrer Beobachtungen in **V5**.

e) Im Meer wird Calciumcarbonat (Kalk) von Organismen wie Muscheln und Korallen gebildet. Erläutern Sie anhand von **V6** und unter Verwendung einer Reaktionsgleichung die Problematik bei zunehmendem Kohlenstoffdioxidgehalt im Meer.

ENTSORGUNG R, G1

4.2.2 Entstehung und Abbau von Kohlenstoffdioxid

Problematik des Klimawandels

Die voranschreitende globale Erwärmung und damit verbunden Extremwetterphänomene hängen unmittelbar mit der Verbrennung der fossilen Energieträger Kohle, Erdgas und Erdöl zusammen. Für die Herstellung des Zusammenhangs zwischen dem Anstieg der Kohlenstoffdioxidkonzentration und der Erderwärmung haben KLAUS HASSELMANN und SYUKURO MANABE im Jahr 2021 den Nobelpreis für Physik erhalten.

Seit der Industriellen Revolution Mitte des 19. Jahrhunderts sind über 440 Milliarden Tonnen des Treibhausgases Kohlenstoffdioxid als anthropogene Emissionen in die Atmosphäre freigesetzt worden. Die Folge ist ein deutlicher Anstieg der globalen Jahresmittelwerte der bodennahen Lufttemperatur. Die Temperaturerhöhung führt durch das Schmelzen der polaren Eiskappen zu einer Erhöhung des Meeresspiegels und damit zu Veränderungen für die menschliche Zivilisation sowie die Tier- und Pflanzenwelt. Doch die Emission von Kohlenstoffdioxid ist nicht nur auf industrielle Prozesse zurückzuführen.

Seit der Industriellen Revolution erhöhte sich der CO_2-Gehalt der Luft von 0,033 % auf 0,04 %.

Zellatmung und Fotosynthese

Leitet man die Ausatemluft eines Menschen in Kalkwasser, kommt es zu einer Trübung (**V1**). Folglich atmet der Mensch auch Kohlenstoffdioxid aus. Dieses bildet der Körper durch die innere Atmung, die sogenannte **Zellatmung**: Bei dieser wird Glucose durch den Sauerstoff der Atemluft oxidiert. Dabei entstehen Kohlenstoffdioxid und Wasser. Die Zellatmung läuft stark vereinfacht nach der folgenden Reaktionsgleichung ab:

Gigatonne (Gt):
$1\,Gt = 1 \cdot 10^9\,t$
$= 1\,000\,000\,000\,t$

$$C_6H_{12}O_6\,(s) + 6\,O_2\,(g) \longrightarrow 6\,CO_2\,(g) + 6\,H_2O\,(l)$$

Die Zellatmung liefert die Energie zur Aufrechterhaltung der Lebensvorgänge im Körper.

Durch Zellatmung wird von Organismen somit auf ganz natürliche Weise Kohlenstoffdioxid in die Atmosphäre emittiert. Pflanzen wiederum sind in der Lage, Kohlenstoffdioxid aus der Atmosphäre für ihre Stoffwechselprozesse zu nutzen (**B1**). Wird ein Stängel Wasserpest in Wasser gehalten und mit einer starken Lampe bestahlt, sieht man kleine Gasblasen aufsteigen. Dieses Gas kann mittels Glimmspanprobe als Sauerstoff identifiziert werden (**V2**). Neben Sauerstoff erzeugen Pflanzen bei dieser Reaktion auch Glucose bzw. Kohlenhydrate. Als Edukte benötigen sie Kohlenstoffdioxid und Wasser. Dieser bei Lichteinstrahlung erfolgende Stoffwechselprozess wird **Fotosynthese** genannt und stellt die Rückreaktion der Zellatmung dar (**B1**).

Nährstoffe
→ S. 39

$C_6H_{12}O_6\,(s) + 6\,O_2\,(g)$

Fotosynthese ↑ ↓ Zellatmung

$6\,CO_2\,(g) + 6\,H_2O\,(l)$

B1 Pflanzen betreiben bei Lichteinstrahlung Fotosynthese. Der gegenläufige Prozess ist die Zellatmung.

Die Fotosynthese ist der wichtigste Biosyntheseprozess in der belebten Natur. Bisher sind nur grüne Pflanzen in der Lage, aus anorganischem Kohlenstoffdioxid organische Verbindungen wie Glucose aufzubauen. Durch die Fotosynthese werden der Atmosphäre der Erde jährlich etwa 100 Gt Kohlenstoff in Form von Kohlenstoffdioxid entzogen, woraus die Pflanzen etwa 700 Gt Biomasse produzieren. Weil sich von dieser Biomasse auch Menschen und Tiere ernähren, ist das gesamte Leben auf der Erde von der Fotosynthese abhängig.

Die bei der Fotosynthese gebildete Glucose wird in den Pflanzen zu weiteren Produkten wie Stärke, Cellulose, Fette und Eiweiße verarbeitet. Sie stellen für andere Lebewesen wichtige **Nährstoffe** dar.

Der Kohlenstoffkreislauf

Zellatmung und Fotosynthese stellen als Hin- und Rückreaktion einen Kreislauf der Kohlenstoff-Atome dar. Neben diesen beiden Prozessen existieren noch zahlreiche weitere Kreisläufe im sogenannten **Kohlenstoffkreislauf** (vgl. **B1** auf S. 163), bei denen somit Kohlenstoffdioxid entsteht bzw. chemisch umgesetzt wird (**M3**).

Glucose wird durch Zellatmung von Organismen zu Kohlenstoffdioxid oxidiert. Dieses kann durch Fotosynthese der Pflanzen wiederum in Glucose oder andere Kohlenhydrate reduziert und anschließend von Tieren an Land und unter Wasser als Nahrung aufgenommen werden. Sterben Pflanzen und Tiere, wird die Biomasse der toten Lebewesen durch einen Millionen von Jahren andauernden Prozess zu Erdgas, Erdöl und Kohle umgewandelt.

Natürlicher und anthropogener Treibhauseffekt

Die Entstehung von Kohlenstoffdioxid ist somit elementarer Bestandteil des Kohlenstoffkreislaufs. Das Gas ist darüber hinaus unerlässlich für das Leben auf unserem Planeten bei den notwendigen Temperaturen. Kohlenstoffdioxid fungiert als **Treibhausgas**: Trifft Sonnenstrahlung auf die Erde, wird diese teilweise reflektiert und teilweise absorbiert und in Wärmestrahlung umgewandelt. Die Treibhausgase absorbieren einen großen Teil der Wärmestrahlung und halten sie wie in einem Treibhaus fest (**B2**). Ohne diesen **natürlichen Treibhauseffekt** läge die Durchschnittstemperatur der Erde nicht bei 15 °C, sondern bei −18 °C. Leben wie wir es kennen, wäre dann nicht möglich.

Durch das Verbrennen fossiler Energieträger durch den Menschen wird zusätzliches Kohlenstoffdioxid emittiert, was eine weitere Erwärmung des Planeten zur Folge hat. Dieser **anthropogene Treibhauseffekt** ist vom Menschen gemacht und führt dazu, dass in Summe mehr Kohlenstoffdioxid emittiert als abgebaut wird.

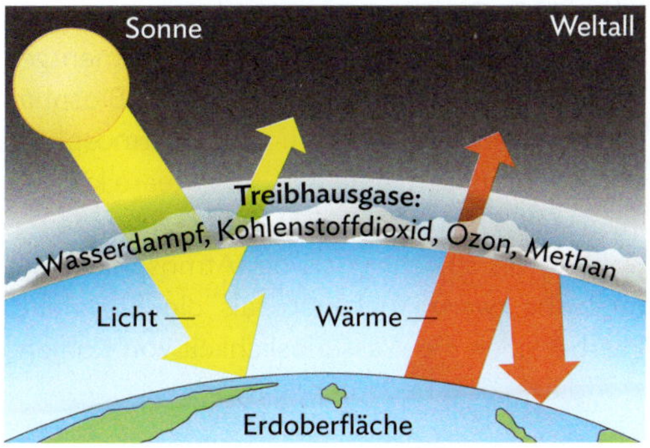

B2 Treibhauseffekt: Ein großer Teil des Sonnenlichts, das auf die Erde trifft, wird absorbiert, in Wärme umgewandelt und als solche zurückgestrahlt. Treibhausgase aus der Atmosphäre absorbieren die von der Erde zurückgestrahlte Wärme fast vollständig.

Kohlenstoffdioxid ist zentraler Bestandteil des Kohlenstoffkreislaufs. In diesem wird u. a. durch Zellatmung Kohlenstoffdioxid produziert und durch Fotosynthese gebunden. Kohlenstoffdioxid wirkt als Treibhausgas. Der natürliche Treibhauseffekt verhindert die Vereisung des Planeten, wohingegen der anthropogene Treibhauseffekt die übermäßige Erderwärmung zur Folge hat.

AUFGABEN

A1 Vergleichen Sie die Ursachen und Folgen des natürlichen und anthropogenen Treibhauseffekts.

A2 „Im Jahr 2030 wird sich die Durchschnittstemperatur der Erde um 3 °C erhöht haben." Nehmen Sie begründet Stellung zur Aussagekraft solcher Schlagzeilen.

A3 MK Recherchieren Sie aktuelle Forschungsvorhaben zur Verminderung der Kohlenstoffdioxidemission und zur Speicherung des Kohlenstoffdioxids. Vergleichen Sie die Ansätze hinsichtlich ihrer Vor- und Nachteile.

A4 Beschreiben Sie Möglichkeiten, wie Sie persönlich den Anstieg des Kohlenstoffdioxidgehalts in der Luft mindern können.

4.2.3 „Versauerung" der Meere

Kohlenstoffspeicher

Über 99% der Masse des Kohlenstoffvorkommens befindet sich gebunden als Sedimentgestein in der äußeren Hülle der Erde. Die Biosphäre (Pflanzen und Tiere) und die Atmosphäre sind „**Kohlenstoffspeicher**". Die Meere können im Meerwasser fünfzigmal mehr gebundenen Kohlenstoff speichern als die Atmosphäre und ungefähr zwanzigmal mehr als die Biosphäre. Hierbei spielt die Wasserlöslichkeit von Kohlenstoffdioxid eine bedeutende Rolle.

Wasserlöslichkeit von Kohlenstoffdioxid und deren Einfluss auf Meerwasser

Versetzt man destilliertes Wasser mit Universalindikatorlösung und leitet Kohlenstoffdioxid in das Wasser, so stellt man eine Verfärbung der Lösung fest, die auf einen zunehmend sauren pH-Wert schließen lässt (**V4**). Ursache dafür sind die Oxonium-Ionen H_3O^+. Sie bilden sich in einer Säure-Base-Reaktion von Wasser mit Kohlensäure H_2CO_3, die bei der Reaktion des eingeleiteten Kohlenstoffdioxids mit Wasser entsteht:

$$H_2O\ (l) + CO_2\ (aq) \rightleftharpoons H_2CO_3\ (aq)$$

Jeweils ein Kohlensäure-Molekül reagiert mit einem Wasser-Molekül zu einem Hydrogencarbonat-Ion und einem Oxonium-Ion:

$$H_2CO_3\ (aq) + H_2O\ (l) \rightleftharpoons HCO_3^-\ (aq) + H_3O^+\ (aq)$$

Bei der weiteren Reaktion mit Wasser-Molekülen reagieren die Hydrogencarbonat-Ionen weiter zu Carbonat-Ionen und wiederum Oxonium-Ionen:

$$HCO_3^-\ (aq) + H_2O\ (l) \rightleftharpoons CO_3^{2-}\ (aq) + H_3O^+\ (aq)$$

Der Durchschnitts-pH-Wert des Meerwassers beträgt etwa 8,1. Durch den erhöhten Kohlenstoffdioxid-Anteil im Wasser ist er in den letzten 100 Jahren um 0,1 Einheiten gesunken.

Bei der Löslichkeit von Kohlenstoffdioxid in Wasser spielt neben dem Druck die Temperatur eine wichtige Rolle. Erhitzt man mit Kohlenstoffdioxid gesättigtes Wasser, kann man ein Aufsteigen von Gasbläschen und eine Zunahme des pH-Wertes beobachten (**V5**). Kohlensäure zerfällt bei Temperaturerhöhung wieder zu Wasser und Kohlenstoffdioxid. Dessen Löslichkeit ist in warmem Wasser schlechter, sodass es schließlich entweicht.

Vorgänge in den Ozeanen

Die Ozeane bedecken mehr als zwei Drittel der Erdoberfläche. An der Wasseroberfläche findet ein Kohlenstoffdioxidaustausch statt, bei dem ein Teil des atmosphärischen Kohlenstoffdioxids aufgenommen wird. Man nennt Ozeane daher auch **Kohlenstoffdioxidsenken**. Etwas mehr als 30% des vom Menschen freigesetzten Kohlenstoffdioxids werden auf diese Weise im Wasser gebunden. Ohne diesen Kohlenstoffspeicher würde die Klimaerwärmung sehr viel schneller und intensiver voranschreiten, mit dramatischen Folgen (**B3**).

B3 Tote (oben) und lebendige Korallen (unten). Die Farben unten sind auf eingelagerte Algen zurückzuführen, die in Symbiose mit den Korallen leben.

Steigt in der Atmosphäre die Konzentration an Kohlenstoffdioxid, reagiert auch ein größerer Anteil mit Wasser. Die Versauerung der Ozeane nimmt dadurch stark zu.
Diese Entwicklung beeinflusst wiederum die Gleichgewichte im Meerwasser, an denen Hydrogencarbonat- und Carbonat-Ionen sowie Kohlenstoffdioxid beteiligt sind, z. B.:

$$HCO_3^-\ (aq) + H_2O\ (l) \rightleftharpoons CO_3^{2-}\ (aq) + H_3O^+\ (aq)$$

Dieses Gleichgewicht verschiebt sich durch die Versauerung auf die Seite der Edukte – mit gravierenden Folgen für die Tier- und Pflanzenwelt. Sind weniger Carbonat-Ionen im Wasser enthalten, verlangsamt sich das Wachstum der schützenden Schalen bzw. Panzer von Muscheln, Korallen, Krebsen und anderen Schalentieren. Setzt sich die Entwicklung des anthropogenen Treibhauseffekts fort, muss sogar mit dem Lösen der Schalen und Panzer aus Calciumcarbonat gerechnet werden (**V6**). Dadurch wären die unter Naturschutz stehenden Korallenriffe bedroht, die nicht nur Lebensraum für unzählige Tierarten bieten, sondern auch Küstenschutz sind (**B3**).

Biologische und physikalische Pumpe

Ozeane binden Kohlenstoffdioxid aus der Atmosphäre. Hierbei führen zwei Vorgänge dazu, dass das Kohlenstoffdioxid im Wasser verbleibt: die **biologische** und die **physikalische Pumpe** (**B4**). Bei der biologischen Pumpe wird Kohlenstoffdioxid durch Fotosynthese in organisches Material umgewandelt und sinkt dann als Partikel in tiefere Ozeanschichten. Die physikalische Pumpe beinhaltet den Transport von gelöstem Kohlenstoffdioxid in den tieferen Ozean durch das Absinken kalter Wassermassen, da diese u.a. eine höhere Dichte als warmes Gewässer haben. In kaltem Wasser ist das Gas besonders gut löslich. Durch steigende Temperaturen im Rahmen der Erderwärmung wird die physikalische Pumpe jedoch in ihrer Wirksamkeit beeinträchtigt, da weniger Kohlenstoffdioxid durch die Meere aufgenommen und in die Tiefe transportiert werden kann.

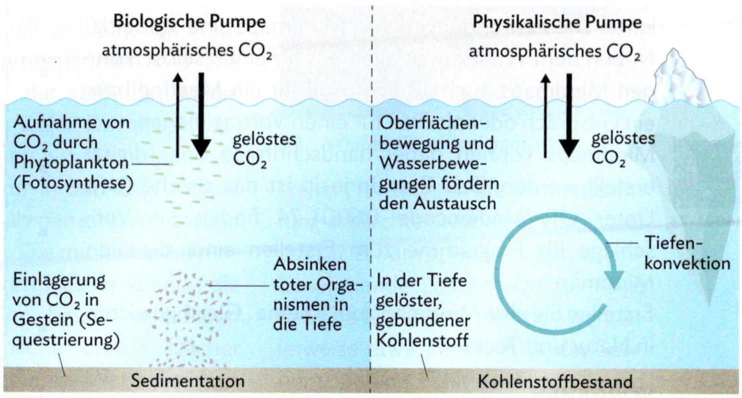

B4 Biologische und physikalische Pumpe

Ozeane sind Kohlenstoffdioxidsenken, da Kohlenstoffdioxid aus der Atmosphäre gelöst wird. Kohlenstoffdioxid-Moleküle reagieren mit Wasser-Molekülen zu Hydrogencarbonat-Ionen und Oxonium-Ionen. Bei zu hoher Kohlenstoffdioxidkonzentration in der Atmosphäre führt dies zur sogenannten Versauerung der Meere. Die Erderwärmung führt dazu, dass weniger Kohlenstoffdioxid von den Ozeanen aufgenommen werden kann und der Anteil des klimawirksamen Gases in der Luft steigt.

AUFGABEN

A1 Formulieren Sie die Reaktionsgleichungen für die im Meer ablaufenden Gleichgewichtsreaktionen und erläutern Sie an einer dieser Reaktionen die Merkmale eines chemischen Gleichgewichtszustandes.

A2 Die Gleichgewichtskonstante der Reaktion von Kohlenstoffdioxid-Molekülen mit Wasser-Molekülen zu Hydrogencarbonat-Ionen und Oxonium-Ionen beträgt bei 3,8 °C $K_c = 2{,}90 \cdot 10^{-7}$ mol/L. Begründen Sie anhand dieses Wertes, auf welcher Seite das Gleichgewicht dieser Reaktion liegt.

A3 Erläutern Sie die Folgen der Erderwärmung für die physikalische Pumpe unter Einbezug der Gleichgewichtsreaktionen und physikalischen Vorgänge.

A4 Erläutern Sie die Folge der Versauerung der Meere für die Funktion des Ozeans, Kohlenstoffdioxid aufzunehmen.

A5 MK Stellen Sie die sich aus **A3** und **A4** ergebenden Folgen für Umwelt und Gesellschaft dar. Recherchieren und beurteilen Sie anschließend die politischen Maßnahmen gegen die Versauerung der Meere.

06001-73 gestufte Hilfen zu A3 unter QR-/Mediencode 06001-73

Massenwirkungsgesetz → S. 133

4.3.2 Die technische Ammoniaksynthese

Bedeutung

Elementarer Stickstoff ist der Hauptbestandteil der Atmosphäre. Alle Lebewesen brauchen ihn für ihr Wachstum: Seine Atome stellen einen zentralen Bestandteil pflanzlicher, tierischer und menschlicher Proteine dar. Im Ackerbau werden Mist und Kompost auf die Felder ausgebracht, um den Pflanzen ausreichend Stickstoffverbindungen zur Verfügung zu stellen. Abgesehen vom Luftstickstoff, der nur von wenigen Organismen genutzt werden kann (**M1**), existieren auf der Erde nur vereinzelt stickstoffhaltige Mineralien.

Historischer Kontext

In Chile gibt es Lagerstätten von Natriumnitrat. Diese wurden im 19. Jahrhundert in großem Maßstab abgebaut und als Chilesalpeter nach Europa exportiert, um als Mineraldünger das Pflanzenwachstum zu verbessern. Der profitable Abbau führte um 1880 sogar zum Salpeterkrieg mehrerer Länder um diese Lagerstätten.
Verbesserte Lebensbedingungen während der Industriellen Revolution hatten eine enorme Zunahme der Bevölkerung zur Folge, die von der Landwirtschaft ernährt werden musste. Der britische Chemiker WILLIAM CROOKES warnte deshalb 1898 vor einer weltweiten Hungersnot durch fehlenden Stickstoffdünger und veranlasste, verstärkt nach Möglichkeiten zu forschen, den Stickstoff aus der Luft in für Pflanzen nutzbare Stickstoffverbindungen umzuwandeln. „Brot aus Luft!" avancierte zum Schlagwort der Zeit.
Nach jahrelangen Forschungen gelang es Anfang des 20. Jahrhunderts Wissenschaftlern und Wissenschaftlerinnen sowie Ingenieuren und Ingenieurinnen um FRITZ HABER und CARL BOSCH, einen Prozessablauf zu entwickeln, mit dem Luftstickstoff großtechnisch in Form von **Ammoniak** gebunden werden kann.

Ammoniak
farbloses, stechend riechendes Gas mit der Summenformel NH_3

Herstellung heute

Heute stellt Ammoniak eine wichtige Grundchemikalie dar: Über 200 Millionen Tonnen werden jährlich weltweit produziert. 80 % davon werden zu Düngemitteln umgewandelt, der Rest wird zur Herstellung zahlreicher anderer Produkte verwendet, ohne die unser tägliches Leben nicht denkbar wäre (**B1**).

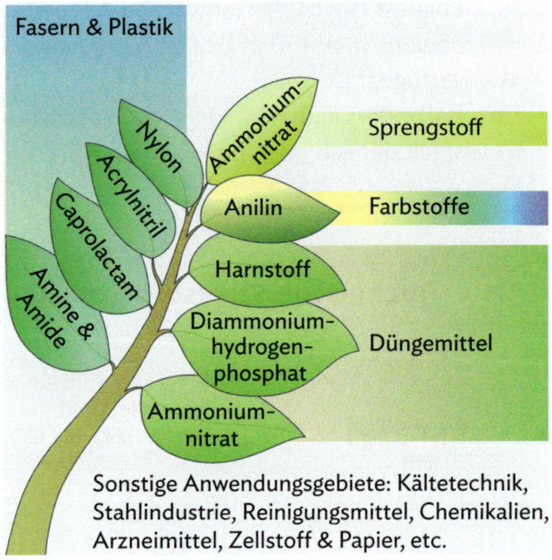

B1 Verwendung von Ammoniak

Im **HABER-BOSCH-Verfahren** (**B2** auf S. 173) wird Ammoniak aus den Elementen Stickstoff und Wasserstoff synthetisiert. Während Stickstoff in der Luft bereits elementar vorliegt, muss Wasserstoff in einem vorgeschalteten Prozess erst erzeugt werden.

Erzeugung des Synthesegasgemischs

Wasserstoff lässt sich durch Reduktion von Wasser herstellen. Großtechnisch wird diese Reduktion mit einer Oxidation kohlenstoffhaltiger Energieträger kombiniert – früher hauptsächlich Kohle, heute fast ausschließlich Erdgas. Da die resultierende Redoxreaktion bei hohen Temperaturen abläuft, liegt das Wasser dabei als Wasserdampf vor. Man spricht deshalb auch von **Dampfreformierung** (engl. *steam reforming*).
Im **Primärreformer** Ⓐ wird Wasserdampf mit entschwefeltem Erdgas (v. a. Methan) in einer stark endothermen Reaktion zu Wasserstoff und Kohlenstoffmonooxid bei etwa 800 °C an einem Katalysator umgesetzt:

$$CH_4\,(g) + H_2O\,(g) \rightleftharpoons CO\,(g) + 3\,H_2\,(g) \quad |\ \text{endotherm}$$

Im Primärreformer setzt sich das Methan nur unvollständig um. Erhöht wird die Ausbeute von Wasserstoff im **Sekundärreformer** Ⓑ durch die Zufuhr von Luft bei ca. 1.000 °C. Der Luftsauerstoff oxidiert verbleibendes Methan in einer exothermen Reaktion zu Kohlenstoffmonooxid. Dabei wird weiterer Wasserstoff freigesetzt:

$$2\,CH_4\,(g) + O_2\,(g) \rightleftharpoons 2\,CO\,(g) + 4\,H_2\,(g) \quad |\ \text{exotherm}$$

Durch die Luftzufuhr kommt an dieser Stelle auch der für die Synthese benötigte Stickstoff zu dem Gasgemisch. Er reagiert jedoch aufgrund der stabilen Dreifachbindung seiner Moleküle unter diesen Reaktionsbedingungen noch nicht. Durch Steuerung der zugeführten Luftmenge lässt sich bereits hier das richtige Volumenverhältnis von Stickstoff zu Wasserstoff auf 1 : 3 einstellen.
Neben Stickstoff und Wasserstoff liegt im Gasgemisch nun auch Kohlenstoffmonooxid vor, das als Katalysatorgift wirkt. Um es zu entfernen, wird das Gasgemisch als nächstes in der **Konvertierungsanlage** Ⓒ mit weiterem Wasserdampf versetzt. Damit reagiert das Kohlenstoffmonooxid an einem Katalysator in einer exothermen Reaktion zu weiterem Wasserstoff und Kohlenstoffdioxid:

$$CO\,(g) + H_2O\,(g) \rightleftharpoons CO_2\,(g) + H_2\,(g) \quad |\ \text{exotherm}$$

Das Kohlenstoffdioxid lässt sich durch **Gaswäsche** Ⓓ entfernen.

Synthese von Ammoniak

Das so vorliegende Gasgemisch aus atmosphärischem Stickstoff und Wasserstoff wird nun durch einen **Wärmetauscher** Ⓔ geleitet und dort vorgewärmt. Anschließend wird es in einem **Kompressor** Ⓕ verdichtet und in den **Reaktor** Ⓖ geleitet. Bei einer Temperatur von ca. 400 – 500 °C und einem Druck von ca. 15 – 30 MPa entsteht hier an einem Katalysator in einer exothermen Reaktion Ammoniak als Stickstoffverbindung:

$$N_2\,(g) + 3\,H_2\,(g) \rightleftharpoons 2\,NH_3\,(g) \quad |\ \text{exotherm}$$

Anschließend wird das Gasgemisch aus Ammoniak, Wasserstoff und Stickstoff abgekühlt Ⓗ, sodass Ammoniak kondensiert und im **Abscheider** Ⓘ als Flüssigkeit abgetrennt werden kann. Stickstoff und Wasserstoff werden wieder komprimiert und erneut im Kreislauf dem Reaktor zugeführt (**B2**).

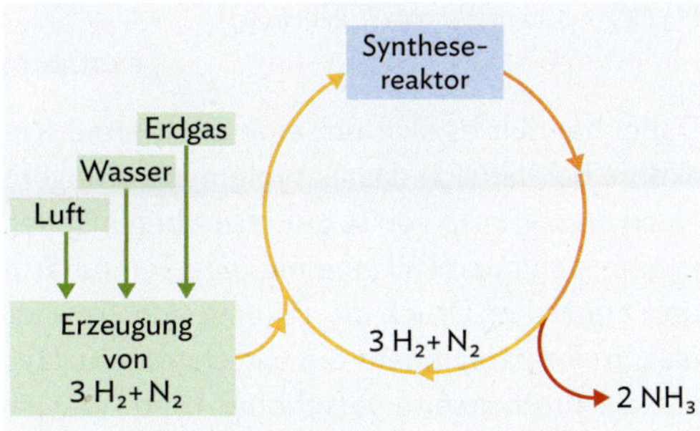

B2 Überblick über das HABER-BOSCH-Verfahren

06001-78
Abbildung zum HABER-BOSCH-Verfahren und Reaktionsgleichungen mit Standardreaktionsenthalpien unter QR-/Mediencode 06001-78

Das HABER-BOSCH-Verfahren ermöglicht die großtechnische Umwandlung von Luftstickstoff in eine reaktive Stickstoffverbindung:
Aus Methan, Luft und Wasserdampf wird über mehrere Gleichgewichtsreaktionen Ammoniak erzeugt.

AUFGABEN

A1 Nennen Sie wichtige Chemikalien, die aus Ammoniak hergestellt werden, sowie deren Bedeutung in unserem Alltag (**B1**).

A2 Analysieren Sie für die vier aufgeführten Gleichgewichtsreaktionen im HABER-BOSCH-Verfahren jeweils, welche Möglichkeiten bestehen, um das Gleichgewicht auf die Seite der Produkte zu verschieben.

A3 Erklären Sie, dass das Volumenverhältnis von Stickstoff zu Wasserstoff auf 1 : 3 eingestellt wird.

A4 Das Auswaschen von Kohlenstoffdioxidgas Ⓓ wird z. B. mit Kaliumcarbonatlösung durchgeführt. Formulieren Sie eine Reaktionsgleichung dafür.

A5 Begründen Sie die Abhängigkeit des Ammoniakpreises vom Preis fossiler Brennstoffe.

4.3.3 Reaktionsbedingungen

Reaktionsbedingungen der Synthese

Der Hauptteil des HABER-BOSCH-Verfahrens, die eigentliche Synthese von Ammoniak aus den Elementen im Reaktor Ⓖ, lässt sich wie bereits dargestellt mit folgender Reaktionsgleichung beschreiben:

$$N_2\,(g) + 3\,H_2\,(g) \rightleftharpoons 2\,NH_3\,(g) \quad | \text{ exotherm}$$

Prinzip von LE CHATELIER → S. 142

Dabei handelt es sich um eine exotherme Reaktion, bei der sich das Gasvolumen verringert. Nach dem Prinzip von LE CHATELIER begünstigen in einem solchen Fall eine niedrige Temperatur und ein hoher Druck die Bildung von Ammoniak im Reaktor, indem die Gleichgewichtslage auf die Produktseite verschoben wird. Warum wird die Reaktion trotzdem bei 450 °C durchgeführt?
Bei Raumtemperatur lässt sich im Reaktor keine Bildung von Ammoniak beobachten: Der Stickstoff ist so reaktionsträge, dass der Gleichgewichtszustand der Reaktion nicht erreicht wird. Die Aktivierungsenergie für die Reaktion ist zu hoch. Erst mithilfe eines Katalysators lässt sich die Reaktion so weit beschleunigen, dass sich das Gleichgewicht in relativ kurzer Zeit einstellt. Da dieser Katalysator aber erst ab 450 °C ausreichend wirksam ist, wählt man trotz ungünstigerer Gleichgewichtslage diese Temperatur im Reaktor – als Kompromiss zwischen ausreichend hoher Reaktionsgeschwindigkeit und brauchbarer Gleichgewichtslage.

Katalysator → S. 124

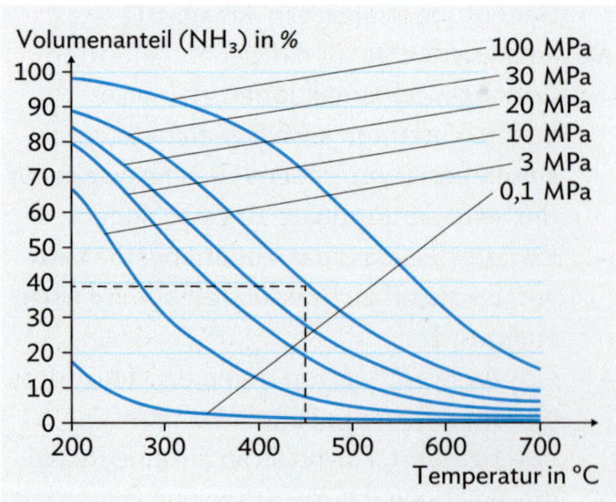

B3 Ammoniakausbeute in Abhängigkeit von Druck und Temperatur

Wie im Diagramm **B3** ersichtlich wird, ist die Ausbeute an Ammoniak unter den in der Industrie gewählten Bedingungen eher gering. Eine deutliche Verbesserung der Gleichgewichtslage ließe sich durch eine weitere Erhöhung des Drucks erreichen. Dies ist allerdings eingeschränkt durch die Umsetzbarkeit – die erforderliche Hochdrucktechnik stellt die Industrie vor große Herausforderungen.

Großtechnische Umsetzung

In HABERS Laboraufbau fand die Synthese von Ammoniak bei 17,5 MPa und 550 °C an einem Osmiumkatalysator statt. Dabei wurde eine Ausbeute von 8 % Ammoniak erzielt. Da HABER inzwischen mit der BASF (Badische Anilin- und Sodafabrik) in Ludwigshafen zusammenarbeitete, beschäftigte sich der dort angestellte CARL BOSCH von 1909 bis 1913 mit der großtechnischen Umsetzung dieses Laboraufbaus.
Insbesondere der hohe benötigte Druck bei gleichzeitig hoher Temperatur stellte BOSCH dabei vor Probleme: Üblicherweise wurden in der Industrie Stahlreaktoren verwendet. Der im Stahl enthaltene Kohlenstoff reagierte allerdings unter dem erforderlichen hohen Druck mit dem Wasserstoff zu Methan, wodurch die Stahlreaktoren spröde wurden und Risse bekamen. BOSCH ließ die Reaktoren daher von innen mit reinem, weichem Eisen beschichten, welches den äußeren, stabilen Stahlmantel vor dem Wasserstoff schützte. Außerdem versah er den Mantel mit kleinen Entgasungslöchern.
Für die Entwicklung chemischer Hochdruckverfahren wurde CARL BOSCH 1931 der Nobelpreis für Chemie verliehen.

Funktionsweise des Katalysators

Des Weiteren beschäftigten sich CARL BOSCH und sein Assistent ALWIN MITTASCH mit der Suche nach einem für die Industrie geeigneten Katalysator. Im Labor hatte HABER hierfür gute Ergebnisse mit Osmium erzielt, das jedoch selten und deshalb teuer war. In unzähligen Experimenten testete MITTASCH verschiedene Katalysatoren auf ihre Wirksamkeit bei der Ammoniaksyn-

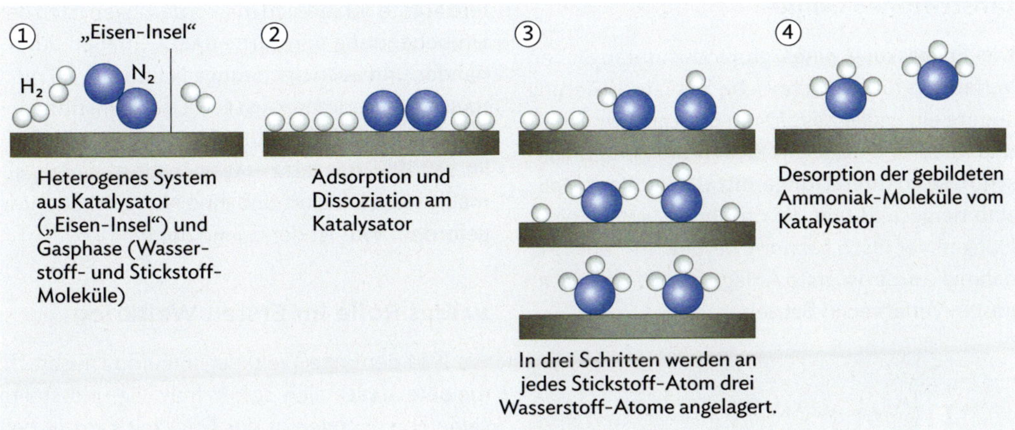

B4 Modell der heterogenen Katalyse bei der Ammoniaksynthese

these und fand schließlich ein überzeugendes Katalysatorsystem aus Eisen(II)-Eisen(III)-oxid mit Zusätzen von Aluminiumoxid, Kaliumoxid, Calciumoxid und Siliciumdioxid.
Noch heute ist der damals entwickelte Katalysator fast unverändert im Einsatz der zahlreichen Ammoniak-Produktionsanlagen weltweit. Wie genau diese Katalyse funktioniert, wurde erst Jahrzehnte später herausgefunden: GERHARD ERTL erhielt 2007 den Nobelpreis für Chemie für die vollständige Aufklärung der zugrundeliegenden Mechanismen (**B4**). (Weitere Informationen und Aufgaben unter QR-/Mediencode 06001-79)

Da Stickstoff sehr reaktionsträge ist, erfordert seine Reaktion mit Wasserstoff einen Katalysator. Dieser funktioniert erst ab Temperaturen von ca. 450 °C. Die hohe Temperatur wirkt sich allerdings ungünstig auf die Ammoniakausbeute im Gleichgewicht aus. Teilweise kompensieren lässt sich dieses Problem durch einen hohen Druck im Reaktor. Die herausfordernde Entwicklung der dafür notwendigen Hochdrucktechnologie gelang BOSCH.

06001-79

Umweltproblematik

Weltweit werden jedes Jahr über 150 Millionen Tonnen Ammoniak durch das HABER-BOSCH-Verfahren hergestellt. Etwa 80 % davon wird zu Düngemitteln weiterverarbeitet. Der hohe Energieaufwand, die Entstehung von Kohlenstoffdioxid in der Dampfreformierung sowie die Emission von Ammoniak und Stickstoffoxiden in die Atmosphäre beschleunigen über den Treibhauseffekt den Klimawandel.
Die Allzeitverfügbarkeit günstiger Dünger beförderte die Entstehung der industriellen Agrarproduktion. Dies führt heute vielerorts zur Überdüngung der Böden und Gewässer, was eine Verringerung der Artenvielfalt und eine Belastung von Grund- und Trinkwasser durch hohe Nitratwerte bewirkt.

Treibhauseffekt → S. 165

AUFGABEN

A1 Erläutern Sie die Wahl der Reaktionsbedingungen im Reaktor Ⓖ mit Bezug auf die Abbildung **B3**.

A2 Beschreiben Sie Probleme und Lösungen bei der Übertragung der Ammoniaksynthese vom Laborexperiment in den großindustriellen Maßstab.

A3 Beschreiben Sie die Funktionsweise des Katalysators bei der Ammoniaksynthese (**B4**).

A4 Ermitteln Sie mithilfe von **B3** die Ausbeute an Ammoniak, wenn man einen Katalysator finden würde, der die Reaktion bei 600 °C und einem Druck von 20 MPa ermöglicht.

A5 MK Vergleichen Sie die Funktion von Erdgas bei der technischen Ammoniaksynthese mit der Funktion in einem Gaskraftwerk.

4.3.4 FRITZ HABER

Umstrittenes Genie

Die Entdeckung eines großindustrietauglichen Verfahrens für die technische Stickstofffixierung läutete ein neues Zeitalter in der Landwirtschaft und in der Industrie ein. Durch die Ammoniaksynthese konnten **Düngemittel** in großem Maßstab hergestellt und die drohende Gefahr einer Hungersnot rasch gebannt werden. Im Jahr 1913 nahm die BASF die erste Anlage nach dem HABER-BOSCH-Verfahren in Betrieb.

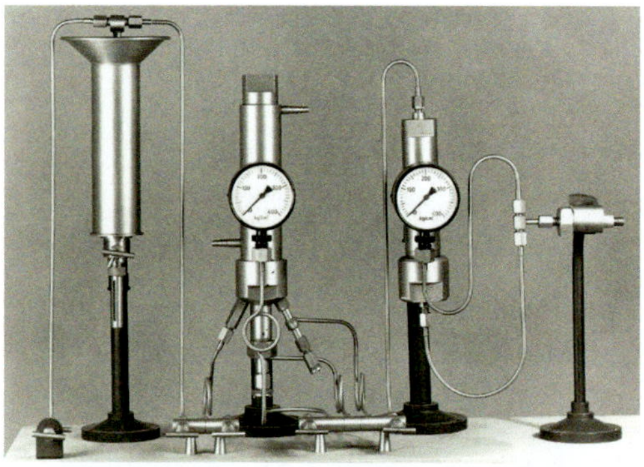

B5 Nachbau der Apparatur, in der HABER bei 550 °C und 17,5 MPa in Gegenwart eines Osmiumkatalysators 80 g Ammoniak pro Stunde synthetisierte. Eine vergleichbare Apparatur steht heute im Deutschen Museum in München.

Für seine Forschungen zur Ammoniaksynthese wurde FRITZ HABER (**B7** links) der **Nobelpreis für Chemie** für das Jahr 1918 verliehen.
Diese Entscheidung des Nobel-Komitees wurde bereits damals von großen internationalen Protesten begleitet. Auch heute noch wird HABER als Person und der Umgang mit ihm und seinem Lebenswerk immer wieder heftig diskutiert: Mehrere Städte setzen sich mit Forderungen nach der Umbenennung von FRITZ-HABER-Straßen auseinander, und auch der heutige Name des 1911 von HABER gegründeten KAISER-WILHELM-Instituts für Physikalische Chemie und Elektrochemie in Berlin, seit 1953 das FRITZ-HABER-Institut, wird regelmäßig stark kritisiert und eine Namensänderung gefordert. Was ist der Grund dafür?

B6 Die „Karlsruher Lösung" nach Diskussionen über eine Umbenennung der FRITZ-HABER-Straße

HABERS Rolle im Ersten Weltkrieg

Als 1914 der Erste Weltkrieg in Europa ausbrach, meldete HABER sich sofort freiwillig und stellte seine Forschungen in der Folgezeit ganz in den Dienst des deutschen Kriegsministeriums.
Für die Kriegsführung entwickelte er zunächst ein neues Produktionsverfahren für Ammoniumnitrat, welches für die Herstellung von **Sprengstoff** wichtig war: Durch Oxidation von Ammoniak konnte Salpetersäure hergestellt werden, welche sich mit weiterem Ammoniak zu Ammoniumnitrat neutralisieren ließ.
In der Folgezeit konzentrierte sich HABER in seinen Forschungen auf ein noch viel brisanteres Feld: die Entwicklung von **Giftgasen** als erste chemische Massenvernichtungswaffen. Er propagierte zunächst die Verwendung von Chlorgas und überwachte persönlich den ersten Einsatz 1915, der den Beginn des Gaskriegs markierte (**B7** Mitte). Da Chlor eine höhere Dichte als Luft aufweist, sank es in die französischen Schützengräben und führte dort zu tausenden Verletzten und Toten. Im weiteren Verlauf wurden unter HABERS Regie auch Senfgas und Phosgen als Giftgase eingesetzt. Insgesamt starben durch diesen Gaskrieg zwischen 1915 und 1918 ungefähr 90.000 Soldaten, etwa 1,2 Millionen Menschen wurden dadurch verletzt.
FRITZ HABER selbst zeigte keinerlei moralische Bedenken. Er war der Meinung, dass ein Wissenschaftler „im Frieden der Menschheit, im Krieg dem Vaterland" gehöre. Seine Beförderung zum Hauptmann nach den erfolgreichen Giftgaseinsätzen nahm er voller Begeisterung an. In dem von ihm geleiteten KAISER-WILHELM-Institut beschäftigten sich 1918 fast 1.450 Mitarbeiter mit der Entwicklung von Gaskampfstoffen und Gasschutzmasken.

B7 FRITZ HABER (links), Gaskrieg 1917 (Mitte) und CLARA IMMERWAHR (rechts)

„Ich war einer der mächtigsten Männer in Deutschland", schrieb HABER später. „Ich war mehr als ein großer Heerführer, mehr als ein Industriekapitän." Allerdings war der Einsatz von Giftgas schon damals durch die auch vom Deutschen Reich unterzeichnete Haager Landkriegsordnung untersagt. Wegen des Verstoßes dagegen wurde HABER nach dem Ende des Ersten Weltkrieges von den Alliierten als Kriegsverbrecher gesucht. Auch heute wird in manchen Kriegen Giftgas eingesetzt, obwohl dies gegen das internationale Verbot von Entwicklung und Einsatz chemischer Waffen durch die Chemiewaffenkonvention von 1997 verstößt, die von fast allen Staaten der Welt unterzeichnet wurde.

CLARA IMMERWAHR

Ähnlich rücksichtslos wie in seiner militaristischen Forschung zeigte HABER sich auch in seinem Privatleben. Als Doktorand lernte er CLARA IMMERWAHR (**B7** rechts), geboren 1870 in Schlesien, kennen. Gegen alle Widerstände der damaligen Zeit erlangte diese über Umwege mit Sondergenehmigungen das Abitur und die Erlaubnis, Vorlesungen an der Universität Breslau zu besuchen. Dort erhielt sie im Jahr 1900 als erste Frau an der Universität Breslau und zweite Frau deutschlandweit den Doktortitel der Chemie – ein Meilenstein für das Studium von Frauen in Deutschland. Im folgenden Jahr nahm IMMERWAHR den Heiratsantrag von FRITZ HABER an und wurde in dieser Ehe zu ihrem Leidwesen rasch aus der Wissenschaft und in die typische Frauenrolle der damaligen Zeit gedrängt.

Im Ersten Weltkrieg setzte sie sich zunehmend laut gegen HABERS Giftgasforschung ein. Kurz nach dem ersten großen Giftgaseinsatz unter HABERS Regie erschoss sie sich während des Fests zu seiner Beförderung im Garten mit seiner Dienstwaffe. Noch am selben Tag reiste HABER an die Ostfront.

Nach dem Ersten Weltkrieg forschte HABER an der Entwicklung von Pestiziden. Eines davon, Zyklon B, wurde im Zweiten Weltkrieg in den Gaskammern deutscher Konzentrationslager im Holocaust eingesetzt. HABER erlebte dies allerdings nicht mehr: Er starb 1934, nachdem er Deutschland wegen seiner jüdischen Wurzeln ein Jahr zuvor verlassen hatte.

FRITZ HABER wurde für sein Verfahren zur Ammoniaksynthese der Nobelpreis für Chemie für das Jahr 1918 verliehen.
Auf Grundlage dieser Forschungen wurde eine drohende Hungerkatastrophe gebannt.
Im Ersten Weltkrieg war er federführend bei der Entwicklung von Giftgas als Massenvernichtungswaffe.

AUFGABEN

A1 Diskutieren Sie die Vergabe des Nobelpreises an FRITZ HABER im Hinblick auf sein Lebenswerk.

A2 Beurteilen Sie die „Karlsruher Lösung" zur FRITZ-HABER-Straße (**B6**).

Zum Üben und Weiterdenken

A1 Mineralwasser gibt es „ohne“, „mit wenig“ und „mit viel“ Kohlensäure. Öffnen Sie eine neue Flasche Mineralwasser mit viel Kohlensäure und beobachten Sie. Verschließen Sie die Flasche wieder und beobachten Sie weiter. Erklären Sie Ihre Beobachtungen.

A2 Die Pflanzen entziehen der Atmosphäre pro Jahr ca. 100 Gigatonnen (Gt) Kohlenstoffdioxid. Berechnen Sie mithilfe der untenstehenden Tabelle den Zeitraum, innerhalb dessen die Landpflanzen den in der Atmosphäre als Kohlenstoffdioxid gebundenen Kohlenstoff durch Fotosynthese umgesetzt haben und kommentieren Sie das Ergebnis.

Speicherort	Stoffe	Masse in Gt
Sediment	Carbonate, Ölschiefer	100.000 000
Meerwasser	Kohlenstoffdioxid, Hydrogencarbonate	40.000
Fossile Brennstoffe	Kohle, Erdöl, Erdgas	5.000
Boden	Humus, Torf	1.500
Atmosphäre	Kohlenstoffdioxid	750
Vegetation	lebende Biomasse	550

A3 „Nicht nur die Verbrennung von fossilen Rohstoffen wie Erdgas, Erdöl und Kohle, sondern auch die Brandrodung und das Abholzen der Wälder führen zur Verstärkung des Treibhauseffektes.“ Erläutern Sie diese Aussage.

A4 Holzpellets, die aus Sägespänen sowie minderwertigem Holz hergestellt werden, gelten als nachwachsende Energieträger. Beurteilen Sie diesen Sachverhalt unter Nachhaltigkeitsaspekten.

A5 MK Recherchieren Sie die Anteile an Kohlenstoffdioxidemission durch Industrie, Verkehr und Privathaushalte sowie ausgewählte geplante politische Maßnahmen zur Reduktion der Emission in diesen Bereichen. Beurteilen Sie diese Maßnahmen anhand Ihrer Rechercheergebnisse.

A6 MK In den Mittelpunkt der negativen Folgen des Erdölverbrauchs ist die globale Erwärmung durch den Treibhauseffekt gerückt (Klimawandel). Dieser soll abgeschwächt werden, als ein Weg wird die Elektrifizierung des Verkehrs angesehen. Jedoch bieten moderne Verbrennungsmotoren weiterhin große Vorteile, vor allem im Lastwagen- und Schiffsverkehr. Entscheidend ist hierbei, dass in den Kohlenstoffkreislauf kein zusätzliches Material aus fossilen Brennstoffen gelangt. Daher entwickeln Forschungsinstitute und die Industrie sogenannte E-Fuels oder synthetische Kraftstoffe. Das sind Gemische aus Kohlenwasserstoffen, die zu 100 % aus erneuerbaren Energien und Rohstoffen gewonnen werden. Die Kohlenwasserstoffe werden hierbei aus Kohlenstoffdioxid und Wasserstoff hergestellt.

a) Dem aus Erdöl produzierten Benzin wird in verschieden hohem Anteil Ethanol aus biologischer Produktion („Bioethanol“) beigemengt. So enthält E10-Treibstoff 10 % „Bioethanol“. Bewerten Sie auf Grundlage einer Internetrecherche die Erzeugung dieses Treibstoffes im Hinblick auf den Umweltschutz.

b) Recherchieren Sie zu ausgewählten E-Fuels und erstellen Sie zu diesen einen Steckbrief.

c) Entwerfen Sie ein Fließdiagramm, das einen möglichen Weg zur Herstellung von E-Fuels darstellt. Berücksichtigen Sie dabei, dass in allen Produktionsschritten erneuerbare Energie und Ressourcen zum Einsatz kommen müssen.

A7 Erklären Sie die Tatsache, dass im Ozean in den Polregionen ein höherer Anteil an Kohlenstoffdioxid gelöst ist und die Versauerung des Wassers hier stärker ist als in tropischen Meeren in Äquatornähe.

A8 MK Informieren Sie sich über die Rolle des Golfstroms bei der Aufnahme von Kohlenstoffdioxid im Meerwasser unter Einbezug der Funktionsweise der physikalischen Pumpe.

A9 Nennen Sie Faktoren, die die Löslichkeit und Aufnahme von Kohlenstoffdioxid ins Meerwasser begünstigen bzw. erschweren. Begründen Sie die Einflussnahme der genannten Faktoren.

A10 Um den Kohlenstoffdioxidanstieg in der Atmosphäre zu verringern, sind verschiedene Maßnahmen denkbar. Unter anderem gibt es Überlegungen, ob das Einblasen von Kohlenstoffdioxid in große Tiefen des Meeres sinnvoll ist. Erläutern Sie die möglichen Vor- und Nachteile dieser Methode.

A11 Erläutern Sie anhand geeigneter Gleichgewichtsreaktionen, dass der pH-Wert des Meerwassers sinkt, wenn der Kohlenstoffdioxidgehalt der Luft steigt.

A12 MK Beurteilen Sie die Intention der Verfasser des folgenden Textausschnitts: „Die starke Erwärmung der Erdatmosphäre in den letzten Jahren ist durch den enorm gestiegenen Eintrag der Treibhausgase Kohlenstoffdioxid (CO_2), Methan (CH_4) sowie Lachgas (N_2O) in die Atmosphäre durch menschliche Aktivitäten verursacht. Weitere Treibhausgase sind die natürlichen Gase Wasserdampf und Ozon sowie die rein menschengemachten Fluorchlorkohlenwasserstoffe (FCKW)."
(© Greenpeace e. V., Thomas Hoffmann, Heisse Zeiten. Klima und Gesellschaft im Wandel. Bildungsmaterial ab Klasse 9, zitiert nach: https://www.greenpeace.de/bildungsmaterial/Heisse-Zeiten.pdf, S. 8, zuletzt aufgerufen am 08.07.2022)

A13 MK Die folgende Tabelle fasst Daten aus verschiedenen Quellen zusammen. Recherchieren Sie, welche Urheber hinter den genannten Kürzeln stehen. Begründen Sie, mit welcher Intention die verschiedenen Daten aus den angegebenen Quellen zusammengefasst wurden.

Spurengas	CO_2	CH_4	N_2O
Vorindustrielle Konzentration	280 ppm	~700 ppb	270 ppb
Konzentration 2018	408 ppm	1.869 ppb	331 ppb
Verweilzeit in Jahren	bis 1.000	12,4	121
Treibhauspotenzial	1	28	265

Quellen: Zeile 1: IPCC 2001, Zeile 2: WMO 2019, Zeile 3: UBA 2019, Zeile 4: IPCC AR 5 2014

A14 MK Erläutern Sie, welche Aussage das folgende Diagramm erlaubt. Begründen Sie auch, welche Aussagen zum Klimawandel sich nicht zwangsläufig daraus ableiten lassen. Beschreiben Sie, mit welchen Aussagen Vertreter der Erdöl-Lobby und Vertreter von erneuerbaren Energien nutzenden Industrien das Diagramm verwenden könnten.

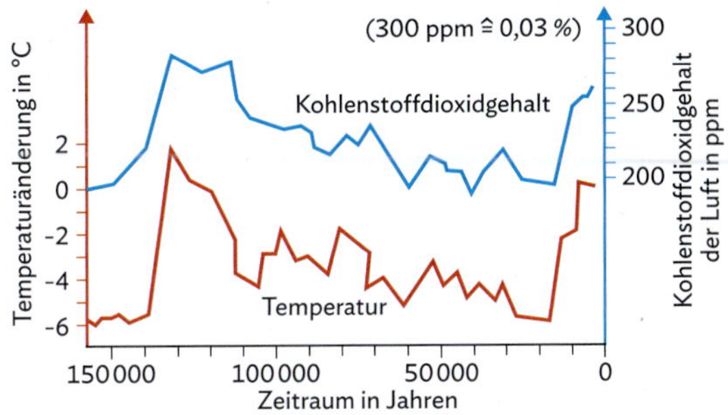

A15 Bewerten Sie die folgende Aussage und belegen Sie Ihre Wertung mit Beispielen: „Jede wissenschaftliche Entdeckung birgt Chancen und Risiken für die Menschheit in sich."

A16 Formulieren Sie je eine Aussage zur gesellschaftlichen Bedeutung der Ammoniaksynthese bezogen auf:
a) die Nahrungsmittelproduktion
b) die Auswirkungen auf die Umwelt
c) die Sprengstoffproduktion

A17 Die Ammoniaksynthese verläuft zwar exotherm, ist aber wegen der außerordentlich hohen Aktivierungsenergie kinetisch gehemmt. Beschreiben Sie den Zusammenhang zwischen dem untenstehenden Diagramm und den in **B4** auf S. 177 skizzierten Teilschritten.

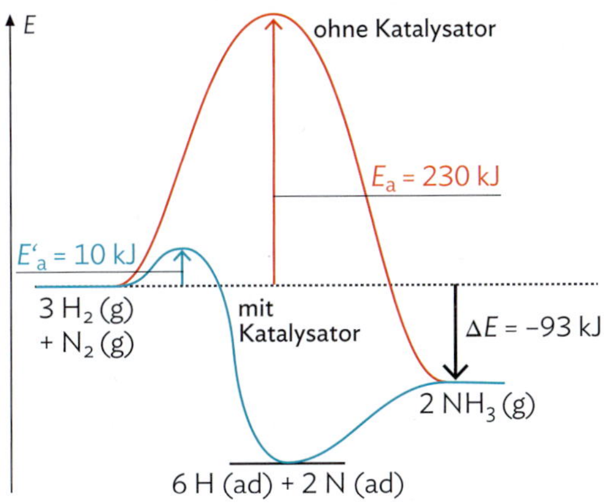

Alles im Blick

1 Der Kalkkreislauf

Die Prozesse des **Kohlenstoffdioxid-Carbonat-Kreislaufs (Kalkkreislauf)** laufen in kalksteinhaltigen Gesteinsschichten über Millionen von Jahren hinweg ab und sorgen für das Entstehen von Tropfsteinhöhlen. An diesem Stoffkreislauf sind vor allem die Stoffe **Calciumcarbonat $CaCO_3$** und **Kohlenstoffdioxid CO_2** beteiligt und reagieren dabei in mehreren Gleichgewichtsreaktionen miteinander:

$$CO_2\,(g) \rightleftharpoons CO_2\,(aq)$$

$$2\,H_2O\,(l) + CO_2\,(aq) \rightleftharpoons H_3O^+\,(aq) + HCO_3^-\,(aq)$$

$$CaCO_3\,(s) + H_3O^+\,(aq) \rightleftharpoons Ca^{2+}\,(aq) + HCO_3^-\,(aq) + H_2O\,(l)$$

$$Ca^{2+}\,(aq) + 2\,HCO_3^-\,(aq) \rightleftharpoons H_2O\,(l) + CO_2\,(g) + CaCO_3\,(s)$$

Da bei den beschriebenen Prozessen je ein Produkt eines Gleichgewichts das Edukt eines anderen ist, spricht man von **gekoppelten Gleichgewichten**.

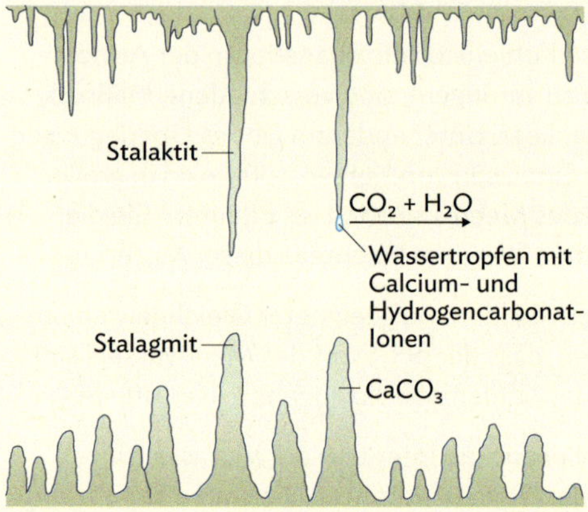

Das Prinzip von LE CHATELIER lässt sich auch auf gekoppelte Gleichgewichte anwenden. Eine Erhöhung der Konzentration der Edukte des einen Gleichgewichts führt zu einer erhöhten Konzentration der Produkte des anderen Gleichgewichts.

2 Wasserhärte

Kohlenstoffdioxid-Moleküle reagieren mit Wasser-Molekülen zu Oxonium-Ionen und Hydrogencarbonat-Ionen:

$$CO_2\,(aq) + 2\,H_2O\,(l) \rightleftharpoons H_3O^+\,(aq) + HCO_3^-\,(aq)$$

Beim natürlichen Kohlenstoffdioxid-Carbonat-Kreislauf dringt das mit Kohlenstoffdioxid angereicherte Wasser in die kalksteinhaltigen Gesteinsschichten ein, wobei sich das lösliche Calciumhydrogencarbonat $Ca(HCO_3)_2$ bildet. Die **Wasserhärte** wird durch die im Wasser vorliegenden hydratisierten Calcium-, Magnesium-, Hydrogencarbonat- und Sulfat-Ionen verursacht. Sie wird in der Einheit **Grad deutscher Härte °d** angegeben.

Hartes Leitungswasser kann zu Problemen führen, da sich beim Erwärmen von hartem Wasser Calciumcarbonat absetzt. Solche Ablagerungen werden als **Kesselstein** bezeichnet und können mit sauren Lösungen von Säuren wie Essigsäure oder Citronensäure entfernt werden.

3 Zellatmung und Fotosynthese

Kohlenstoffdioxid ist zentraler Bestandteil des **Kohlenstoffkreislaufs**. Es gelangt durch die Verbrennung von fossilen Energieträgern und durch die **Zellatmung** von Lebewesen in die Atmosphäre. Die Zellatmung beschreibt den gegenläufigen Prozess zur **Fotosynthese**, bei welchem Pflanzen Kohlenstoffdioxid aus der Atmosphäre zu Glucose (Traubenzucker) und Sauerstoff umwandeln

4 Der Treibhauseffekt

Kohlenstoffdioxid wirkt als **Treibhausgas**. Trifft Sonnenstrahlung auf die Erde, wird diese teilweise reflektiert, zu einem größeren Teil jedoch absorbiert und in Wärmestrahlung umgewandelt. Die Treibhausgase absorbieren einen Teil der Wärmestrahlung. Dieser **natürliche Treibhauseffekt** verhindert die Vereisung des Planeten.
Demgegenüber steht der **anthropogene Treibhauseffekt**, der vom Menschen gemacht ist. Durch das Verbrennen fossiler Energieträger durch den Menschen wird zusätzliches Kohlenstoffdioxid emittiert, was eine weitere Erwärmung des Planeten zur Folge hat.

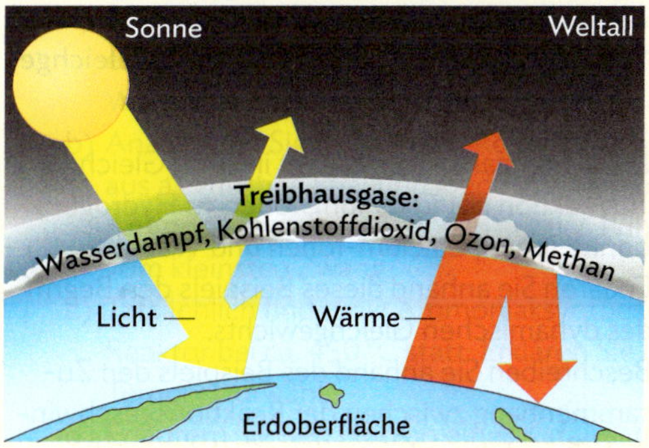

5 Versauerung der Meere

Kohlenstoffdioxid reagiert mit Wasser zu **Kohlensäure**, die schnell eine **kohlensaure Lösung** aus Hydrogencarbonat- und Oxonium-Ionen bildet:

$$H_2O\,(l) + CO_2\,(g) \rightleftharpoons H_2CO_3\,(aq)$$

$$H_2CO_3\,(aq) + H_2O\,(l) \rightleftharpoons HCO_3^-\,(aq) + H_3O^+\,(aq)$$

Die Ozeane dienen als **Kohlenstoffdioxidsenken**, da das gasförmige Kohlenstoffdioxid aus der Atmosphäre gelöst und im Meerwasser gespeichert wird. Dabei bewirken die biologische und die physikalische Pumpe, dass das Kohlenstoffdioxid im Wasser verbleibt. Bei der biologischen Pumpe wird Kohlenstoffdioxid durch Fotosynthese in organisches Material umgewandelt und sinkt dann als Partikel in tiefere Ozeanschichten. Die physikalische Pumpe beinhaltet den Transport von gelöstem Kohlenstoffdioxid in den tieferen Ozean durch das Absinken kalter Wassermassen. Bei zu hoher Kohlenstoffdioxidkonzentration in der Atmosphäre hat dies die sogenannte **Versauerung** der Meere zur Folge.
Die Erderwärmung führt dazu, dass wegen der schlechteren Löslichkeit in wärmerem Wasser weniger Kohlenstoffdioxid von den Ozeanen aufgenommen werden kann und der Anteil des klimawirksamen Gases in der Luft steigt.

6 Die technische Ammoniaksynthese

Großtechnisch wird Ammoniak nach dem **HABER-BOSCH-Verfahren** unter Verwendung eines **Katalysators** bei **400–500 °C** und ca. **15–30 MPa** aus Luftstickstoff und Wasserstoff hergestellt:

$$N_2\,(g) + 3\,H_2\,(g) \rightleftharpoons 2\,NH_3\,(g)$$

Bei der **exothermen** Hinreaktion handelt es sich um eine Reaktion unter **Volumenabnahme**. Um eine maximale Ausbeute zu erreichen, wären eine niedrige Temperatur und ein hoher Druck nötig. Da der Katalysator jedoch erst ab 450 °C ausreichend wirksam ist, wählt man trotz ungünstigerer Gleichgewichtslage diese Temperatur im Reaktor – als Kompromiss zwischen ausreichend hoher Reaktionsgeschwindigkeit und brauchbarer Gleichgewichtslage.

Klausuraufgaben

T1 Weißes Gold? – Kalk in der Natur und Technik

Kalkmörtel ist ein vielgenutzter Baustoff, der bereits seit der Antike bekannt ist und hergestellt wird. Dazu wird Calciumcarbonat (Kalkstein) zunächst zerkleinert und durch Erhitzen zu Calciumoxid (Branntkalk) zersetzt. Unter dosierter Zugabe von Wasser bildet sich festes Calciumhydroxid (Löschkalk). Vermischt man dieses mit Sand und Wasser, so entsteht ein streichfähiger Brei (Kalkmörtel), der nach dem Auftragen an der Luft langsam aushärtet. Während beim Abbinden des Mörtels zunächst nur das überschüssige Wasser innerhalb weniger Tage verdunstet, kommt es beim eigentlichen Erhärtungsvorgang zu einer chemischen Reaktion zwischen Calciumhydroxid und dem Kohlenstoffdioxid aus der Luft. Dieser Vorgang kann mehrere Jahre dauern.

AUFGABEN

A1 Formulieren Sie die Reaktionsgleichungen zur Herstellung und zum Erhärten von Kalkmörtel. Erläutern Sie, inwiefern es sich dabei um einen Stoffkreislauf handelt.

A2 Um das Abbinden von Kalkmörtel in Räumen zu beschleunigen, stellte man früher offene Koksöfen auf. Begründen Sie diese Maßnahme.

A3 Modellexperiment:
Zur Untersuchung der Aushärtungsreaktion von Kalkmörtel wird eine Calciumhydroxidlösung in ein Becherglas gegeben und in diese kontinuierlich Kohlenstoffdioxid eingeleitet. Dabei wird die elektrische Leitfähigkeit der Lösung gemessen.
Beobachtungen:
Die hohe elektrische Leitfähigkeit der Lösung nimmt nach Einleiten von Kohlenstoffdioxid zunächst ab und steigt bei weiterer Zugabe des Gases erneut an.
a) Fertigen Sie eine beschriftete Skizze zum Versuchsaufbau des Modellexperiments an.
b) Erklären Sie die Beobachtungen des Modellexperiments.
c) Nennen Sie sichtbare Beobachtungen im Becherglas während des Experiments.

A4 Nehmen Sie zu der Überschrift der Aufgabe Stellung.

T2 Stickstoffkreislauf

Elementarer Stickstoff N_2 ist mit 78 Vol.-% der Hauptbestandteil der Atmosphäre. Stickstoff wird von allen Lebewesen benötigt, da das chemische Element Bestandteil der Lebewesen selbst ist: Jede lebende Zelle enthält Stickstoffverbindungen. Der Stickstoffkreislauf (**B1**) beschreibt die stetige Wanderung und chemische Umsetzung von elementarem Stickstoff in Böden und Gewässern.

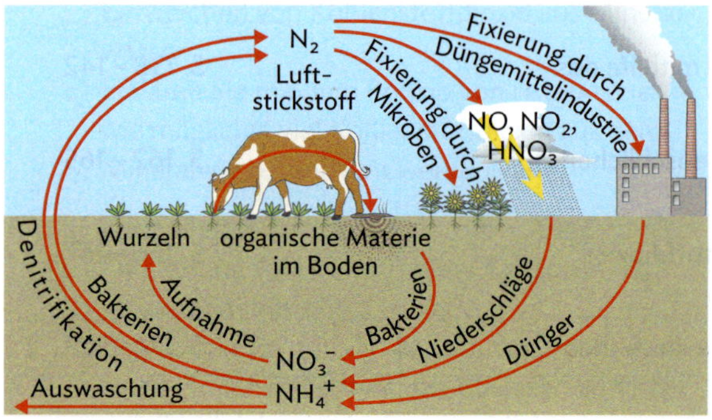

B1 Stickstoffkreislauf in der Natur

AUFGABEN

A1 Beschreiben Sie mithilfe von **B1** die einzelnen Schritte des Stickstoffkreislaufs. Beginnen Sie dabei mit der Aufnahme der Nährstoff-Ionen aus dem Boden.

A2 Geben Sie eine Reaktionsgleichung für die Bildung von Salpetersäure HNO_3 an.
Formulieren Sie eine Vermutung über die Herkunft von Ammonium-Ionen im Boden.

A3 Tiere und Menschen können das große Stickstoffreservoir aus der Luft nicht nutzen. Erklären Sie diesen Sachverhalt.

A4 Begründen Sie die Notwendigkeit der Düngung in der Landwirtschaft.

A5 Ein weit verbreitetes Düngesalz ist Ammoniumsulfat $(NH_4)_2SO_4$, das beim Lösen in Wasser sauer reagiert.
a) Formulieren Sie eine mögliche Reaktionsgleichung für die Bildung von Ammoniumsulfat.
b) Nach dem Einsatz dieses Düngemittels wird häufig Calciumcarbonat (Kalk) auf den Böden aufgebracht. Bewerten Sie diese Maßnahme.

T3 Salpetersäure

Salpetersäure HNO_3 ist eine der wichtigsten Industriechemikalien für die Produktion von Düngemitteln und einer Vielzahl stickstoffhaltiger Chemikalien. Sie wird durch moderne Versionen des dreistufigen OSTWALD-Verfahrens hergestellt. In einer modernen Anlage können täglich bis zu 1.200 Tonnen Salpetersäure ($w_{max.} \approx 68\,\%$) hergestellt werden (**B2**).

Bei diesem Verfahren wird zunächst Ammoniak am Platinkatalysator in Gegenwart von Sauerstoff zu Stickstoffmonooxid umgesetzt (Reaktion 1, $\Delta_r H$ = –908 kJ/mol). Zur Vermeidung von Nebenreaktionen darf das Gasgemisch nur kurzzeitig im Kontaktofen verweilen. Das Stickstoffmonooxid reagiert im Oxidationsturm mit Sauerstoff in einer Gleichgewichtsreaktion zu Stickstoffdioxid (Reaktion 2, $\Delta_r H$ = –114 kJ/mol). Im letzten Schritt wird durch Einleiten von Stickstoffdioxid in Wasser unter Sauerstoffzufuhr Salpetersäure HNO_3 gebildet (Reaktion 3).

Das restliche Gas enthält am Ende des Absorptionsturms noch ca. 0,02 – 0,05 % Stickstoffoxide (abgekürzt NO_x). Diese sind umweltschädlich und werden daher bei der Abgasreinigung in „DeNOx-Anlagen“ entfernt. Dabei reagieren die Stickstoffoxide an einem Katalysator bei einer Temperatur von etwa 400 °C mit zugesetztem Ammoniak zu Stickstoff und Wasser.

AUFGABEN

A1 Skizzieren Sie ein Fließdiagramm zur technischen Herstellung von Salpetersäure. Geben Sie ein bei diesem Verfahren angewandtes technisches Prinzip an.

A2 Formulieren Sie die Reaktionsgleichungen für die drei im Einleitungstext beschriebenen Schritte zur Herstellung von Salpetersäure. Berechnen Sie das Volumen von Ammoniak unter Normbedingungen, dass zur Herstellung von 1.200 Tonnen Salpetersäure ($w_{max.} \approx 68\,\%$) benötigt wird.

A3 Formulieren Sie die Reaktionsgleichung für die Reaktion bei der Abgasreinigung. Bewerten Sie diesen Prozess im Hinblick auf ökologische und ökonomische Aspekte.

A4 Erläutern Sie an diesem Verfahren die Wirkungsweise eines Katalysators unter Zuhilfenahme einer Skizze für den Energie-Reaktions-Verlauf. Begründen Sie den Einfluss eines Katalysators auf die Lage eines chemischen Gleichgewichts.

A5 Nennen und erläutern Sie zwei Merkmale des chemischen Gleichgewichtes anhand der Reaktion 2. Leiten Sie nach dem Prinzip von LE CHATELIER die für diese Reaktion theoretisch günstigsten Reaktionsbedingungen ab. Stellen Sie diese den praktischen Bedingungen in **B2** gegenüber und begründen Sie mögliche Unterschiede.

A6 Nehmen Sie an, dass im Oxidationsturm ein technischer Defekt auftritt. Begründen Sie die Auswirkungen folgender Veränderungen auf die Stickstoffdioxidausbeute:
1. der Druck steigt an,
2. die Temperatur steigt an,
3. die Zufuhr von Sauerstoff in den Oxidationsturm geht zurück.

A7 Bei einer Temperatur von 2.300 °C reagieren die in der Luft enthaltenen Gase Stickstoff (ca. 80 %) und Sauerstoff (ca. 20 %) in einem geschlossenen System unter Bildung von Stickstoffmonooxid. Die Gleichgewichtskonstante dieser Reaktion beträgt $K_c = 6{,}8 \cdot 10^{-2}$. Berechnen Sie die Ausbeute an Stickstoffmonooxid.

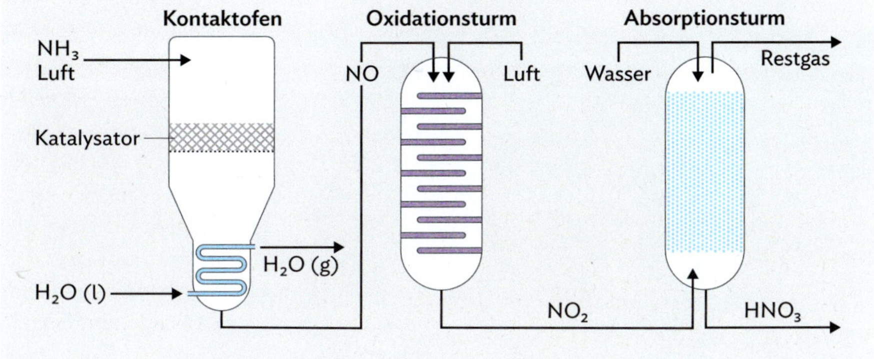

B2 Anlage zur Gewinnung von Salpetersäure

Anhang

Die folgenden Seiten enthalten die Lösungen zu den Aufgaben aller „Startklar?“- und „Ziel erreicht?“-Seiten. Verbessern Sie Ihre Lösungen und bewerten Sie sie anhand der angegebenen Punkte (**P**) neben jeder Aufgabe. Addieren Sie die Punkte für jeden Kompetenzbereich und vergleichen Sie mit den Auswertungstabellen der „Startklar?“-Seiten. Diese zeigen Ihnen, wie gut Sie die Kompetenzerwartungen erfüllen. **Beachten Sie**, dass es sich hier um erweiterte **Lösungsansätze** handelt, die teilweise sehr umfassend bzw. erklärend gestaltet sind.

Lösungen zu „Startklar?“ Kapitel 1

4 P A1 Aluminium-Atom: p^+ 13, n 14, e^- 13, Valenzelektronen 3
Aluminium-Ion: p^+ 13, n 14, e^- 10, Valenzelektronen 8

4 P A2

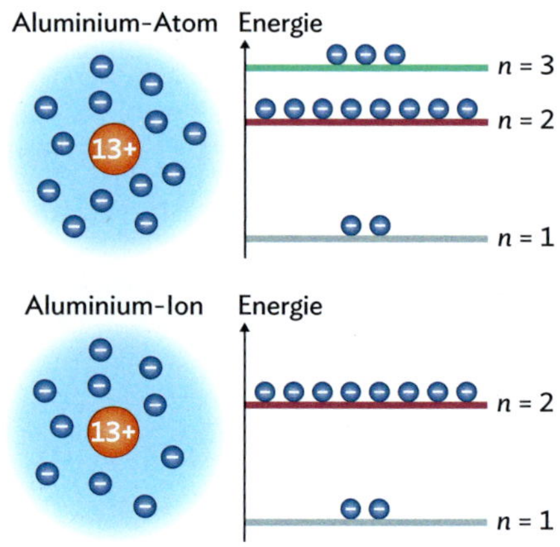

3 P A3

Aussage	Kern-Hülle-Modell	Energiestufenmodell
Anzahl Valenzelektronen	–	+
Energiegehalt Elektronen	–	+
Masse der Teilchen	–	–

4 P A4

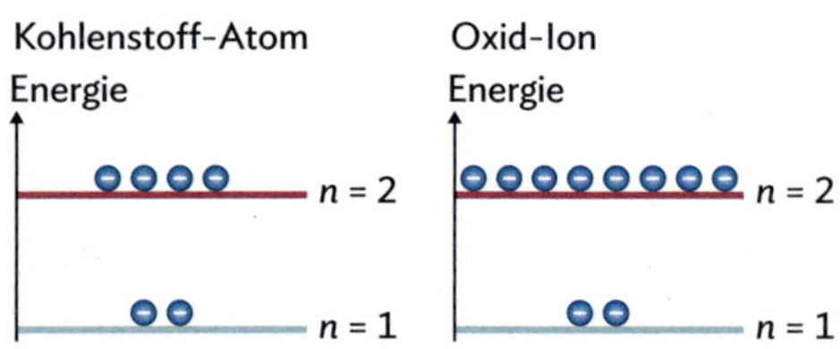

7 P B1 a) $2\,H_2\,(g) + O_2\,(g) \longrightarrow 2\,H_2O\,(g)$
b) $C\,(s) + O_2\,(g) \longrightarrow CO_2\,(g)$
c) $Ca(OH)_2\,(aq) + CO_2\,(g) \longrightarrow CaCO_3\,(s) + H_2O\,(l)$

B2 a) $2\,H_2O\,(l) \longrightarrow 2\,H_2\,(g) + O_2\,(g)$ **3 P**
b) $2\,Na\,(s) + Cl_2\,(g) \longrightarrow 2\,NaCl_{\cancel{2}}\,(s)$
c) $Ba(OH)_2\,(aq) + CO_2\,(g) \longrightarrow BaCO_3\,(s) + H_2O\,(l)$

C1 a) Aufgrund des Dipol-Charakters ziehen sich Wasser-Moleküle untereinander an. Die Anziehungskräfte wirken zwischen den partiell positiv geladenen Wasserstoff-Atomen eines Moleküls und einem nichtbindenden Elektronenpaar des partiell negativ geladenen Sauerstoff-Atoms eines anderen Wasser-Moleküls. Man nennt diese Kräfte zwischen den Molekülen Wasserstoffbrücken. Sie sind in der Abbildung durch eine grüne gestrichelte Linie gekennzeichnet. **6 P**
b) Zwischen den Dipolen der Wasser-Moleküle und den Ionen der Salze kommt es zu Dipol-Ionen-Wechselwirkungen. Wasser-Moleküle lagern sich mit den partiell negativ geladenen Sauerstoff-Atomen an die positiv geladenen Kationen an bzw. richten sich mit den partiell positiv geladenen Wasserstoff-Atomen im Wasser-Molekül zu den negativ geladenen Anionen hin aus. Es bildet sich eine Hydrathülle aus Wasser-Molekülen um die Ionen.

C2 **4 P**

C–C	ΔEN(C–C) = EN(C) – EN(C) = 2,5 – 2,5 = 0	unpolar
O–H	ΔEN(O–H) = EN(O) – EN(H) = 3,5 – 2,1 = 1,4	polar
C–H	ΔEN(C–H) = EN(C) – EN(H) = 2,5 – 2,1 = 0,4	unpolar
Cl–C	ΔEN(Cl–C) = EN(Cl) – EN(C) = 3,0 – 2,5 = 0,5	polar

D1 Bei der Molekülformel (H_2O) werden nur die Anzahlen aller Atome in einem Molekül berücksichtigt, während in der Valenzstrichformel (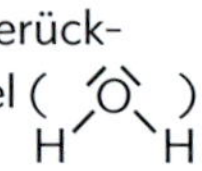) auch alle bindenden und nichtbindenden **4 P**

Elektronenpaare dargestellt sind. Dadurch sind mit der Valenzstrichformel zusätzlich Aussagen über die Anordnung der Atome in einem Molekül möglich.

8 P D2

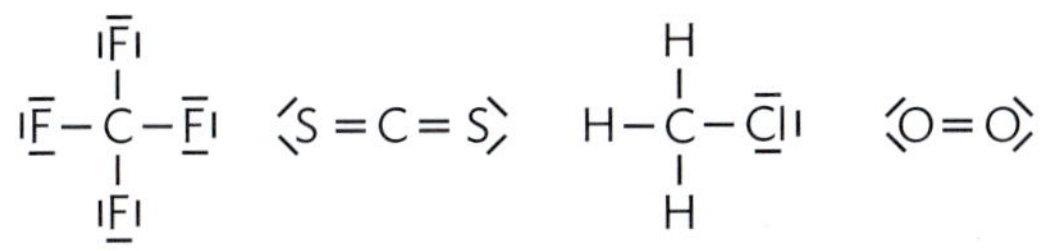

7 P E1 a)

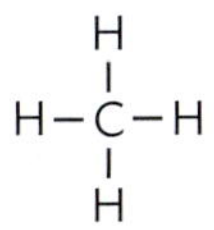

b) Die Bindungswinkel betragen im Modell B 90° bzw. 180°.

c) Da die Elektronenpaarbindungen in Modell A unsymmetrisch angeordnet sind, sind die Bindungswinkel unterschiedlich groß. In Modell B sind die Elektronenpaarbindungen symmetrisch angelegt und die Bindungswinkel nehmen zwei unterschiedliche Werte an. In Modell C sind alle Bindungswinkel gleich groß.

d) Das Modell C entspricht dem wirklichen Bau des Methan-Moleküls am besten, da die Bindungen alle den größtmöglichen Abstand voneinander haben und gleichmäßig im Raum verteilt sind.

6 P F1 a) Watesmo-Papier zum Nachweis von Wasser und Kalkwasser zum Nachweis von Kohlenstoffdioxid

b) Watesmo-Papier färbt sich bei Vorhandensein von Wasser blau; das klare Kalkwasser trübt sich bei Vorhandensein von Kohlenstoffdioxid ein, es bildet sich ein weißer Niederschlag.

c) $Ca(OH)_2\ (aq) + CO_2\ (g) \longrightarrow CaCO_3\ (s) + H_2O\ (l)$

Lösungen zu „Ziel erreicht?" Kapitel 1

A1 Diamant ist sehr hart, weil im Atomgitter des Diamanten jedes Kohlenstoff-Atom durch vier einfache Elektronenpaarbindungen an vier andere Kohlenstoff-Atome gebunden ist. Um einen Teil der Kohlenstoff-Atome aus dem Diamantgitter zu entfernen, müssten entsprechend viele Elektronenpaarbindungen aufgebrochen werden.

Graphit ist so weich, dass beim Streichen über Papier Schichten aus Kohlenstoff-Atomen abblättern, weil im Graphitgitter jedes Kohlenstoff-Atom nur mit drei Kohlenstoff-Atomen aus der gleichen Schicht durch Elektronenpaarbindungen gebunden ist. Zwischen den einzelnen Schichten herrschen dagegen nur schwache VAN-DER-WAALS-Kräfte. Diese werden relativ leicht überwunden, sodass beim Streichen auf Papier Schichten aus Kohlenstoff-Atomen aus dem Graphitgitter herausbrechen und am Papier haften bleiben.

A2 Im Atomgitter des Diamanten ist jedes Kohlenstoff-Atom durch vier einfache Elektronenpaarbindungen an vier weitere Kohlenstoff-Atome gebunden, im Fulleren und Graphit nur jeweils an drei weitere Kohlenstoff-Atome. Diese drei Elektronenpaarbindungen sind nicht alle Einfachbindungen, sondern alternierend (abwechselnd) Einfach- und Doppelbindungen.
(*Hinweis:* Die Begriffe „Mesomerie" und „delokalisierte Elektronen" sind an dieser Stelle noch nicht bekannt.)

B1 Alkan mit einem Kohlenstoff-Atom im Molekül:
Methan CH_4
Alkan mit drei Kohlenstoff-Atomen im Molekül:
Propan C_3H_8
Alkan mit fünf Kohlenstoff-Atomen im Molekül:
Pentan C_5H_{12}
Alkan mit sieben Kohlenstoff-Atomen im Molekül:
Heptan C_7H_{16}

B2 Unverzweigte Isomere des Hexens C_6H_{12}:
$CH_2{=}CH{-}CH_2{-}CH_2{-}CH_2{-}CH_3$ Hex-1-en
$CH_3{-}CH{=}CH{-}CH_2{-}CH_2{-}CH_3$ Hex-2-en
$CH_3{-}CH_2{-}CH{=}CH{-}CH_2{-}CH_3$ Hex-3-en

B3

Name	Ethan	Ethen	Ethin
Summenformel	C_2H_6	C_2H_4	C_2H_2
Valenzstrichformel	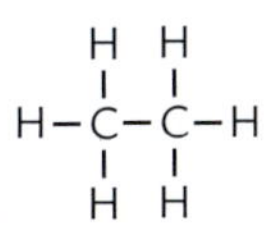	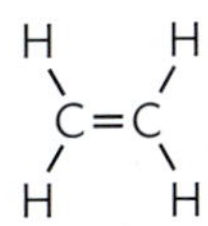	H−C≡C−H
Gemeinsamkeiten	Die Summen- und die Valenzstrichformeln weisen jeweils die gleiche Anzahl von Kohlenstoff- und Wasserstoff-Atomen auf.		

Name	Ethan	Ethen	Ethin
Unterschiede	Aus den Summenformeln lässt sich nur die atomare Zusammensetzung ablesen. In den Valenzstrichformeln sind die Verteilung der Atome und die chemischen Bindungen zwischen den Atomen erkennbar.		
Vorteile	Mit der Angabe von Summenformeln wird das Ausgleichen bei Reaktionsgleichungen erleichtert. Bei der Verwendung von Valenzstrichformeln bei Reaktionsgleichungen lässt sich der Umbau chemischer Bindungen bei chemischen Reaktionen darstellen.		
Nachteile	Hinter einer Summenformel können sich unterschiedliche Isomere verbergen. Die Valenzstrichformel gibt keinen Aufschluss über tatsächliche räumliche Anordnungen und Abstände zwischen den Atomen.		

B4

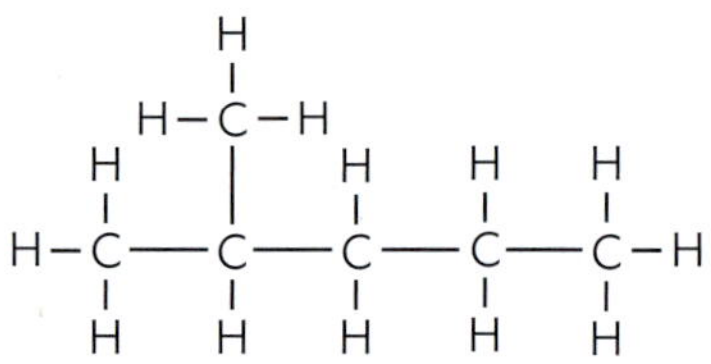

Der in der Aufgabenstellung angegebene Name ist falsch, da die Seitenkette nicht mit der niedrigsten Zahl nummeriert wurde. Der nach den Nomenklaturregeln korrekte Name lautet 2-Methylpentan.

B5 a) Die Endung -an weist auf Einfachbindungen zwischen allen Kohlenstoff-Atomen im Hexapentacontan-Molekül hin, d. h. diese Verbindung gehört zu den Alkanen.

b) $C_{56}H_{114}$

C1 a)

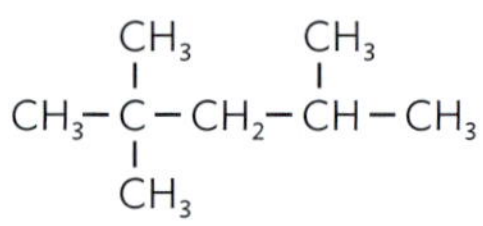

2,2,4-Trimethylpentan

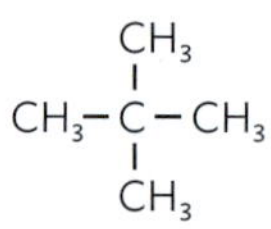

2,2-Dimethylpropan

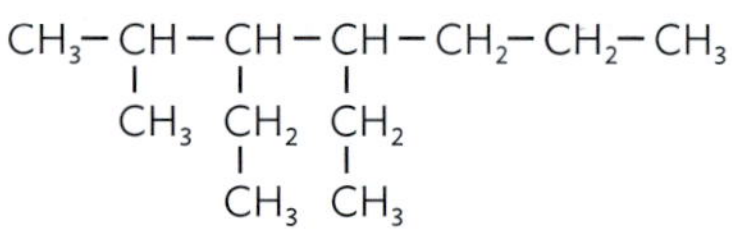

3,4-Diethyl-2-methylheptan

b) 2,2,4-Trimethylpentan: Isomer des Octans
3,4-Diethyl-2-methylheptan: Isomer des Dodecans
2,2-Dimethylpropan: Isomer des Pentans

C2

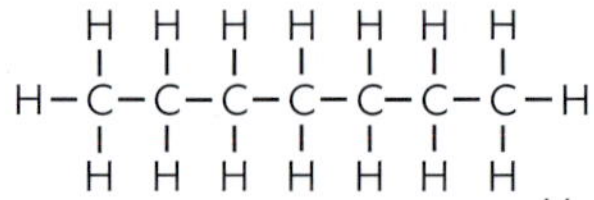

n-Heptan

2-Methylhexan

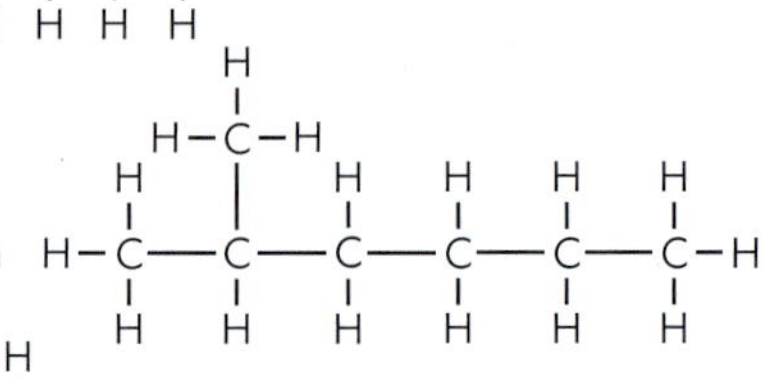

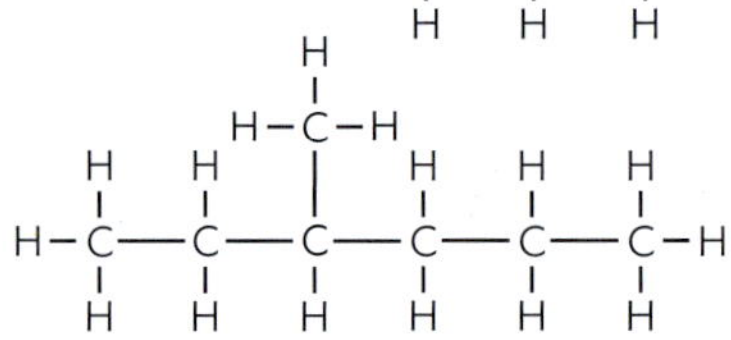

3-Methylhexan

2,2-Dimethylpentan

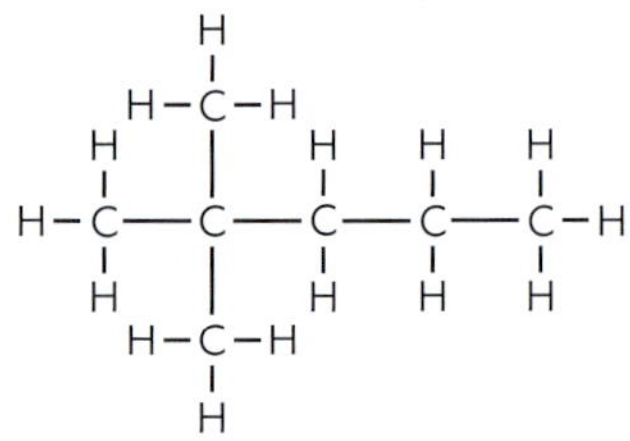

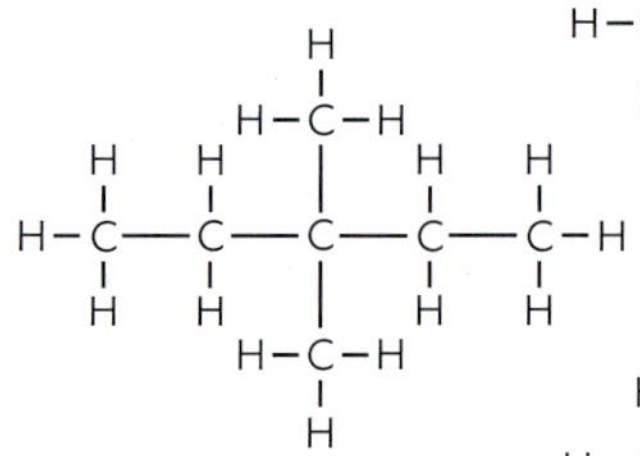

3,3-Dimethylpentan

2,3-Dimethylpentan

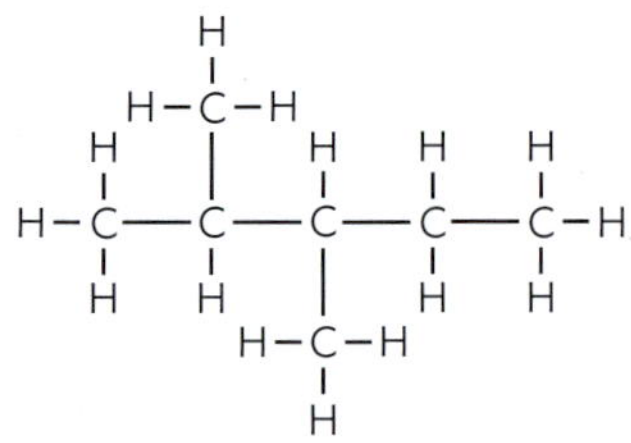

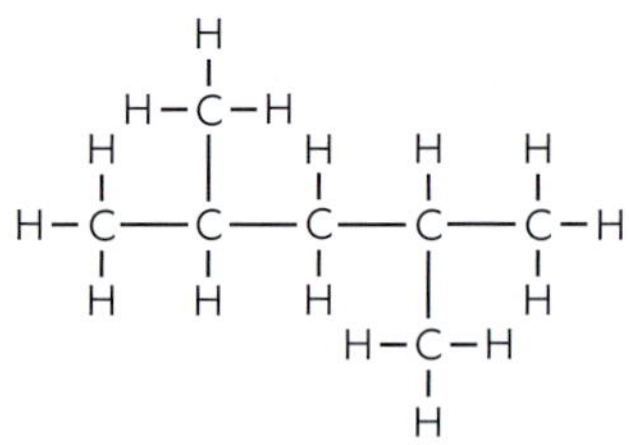

2,4-Dimethylpentan

3-Ethylpentan

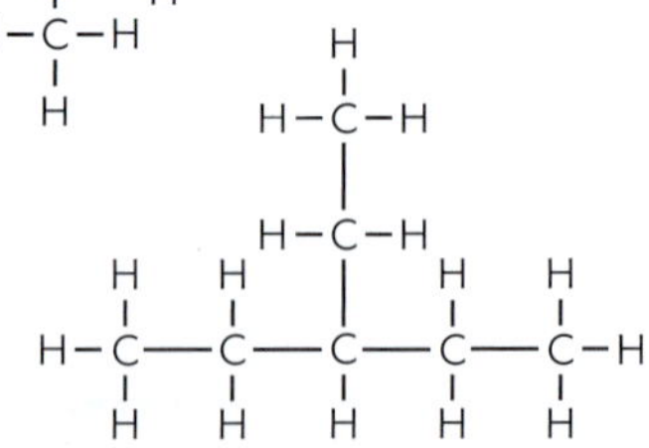

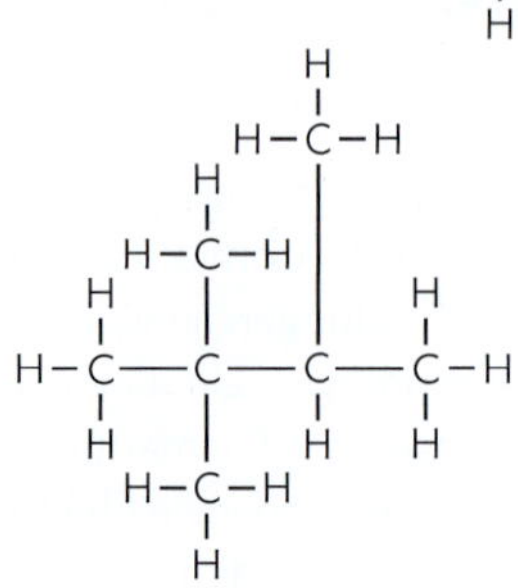

2,2,3-Trimethylbutan

D1 Die Probe Kochsalz löst sich nur im Lösemittel Wasser, nicht jedoch in den organischen Lösemitteln. Die Wasser-Moleküle lösen die Ionen aus dem Gitter über starke Ionen-Dipol-Wechselwirkungen. Die Moleküle von Stoffen wie Pentan, Hexen und Gemische wie Benzin verfügen über unpolare Bindungen und bilden nur temporäre Dipole aus. Die VAN-DER-WAALS-Kräfte reichen nicht aus, um die elektrostatischen Anziehungskräfte der Ionen im Gitter zu überwinden.

D2 Methan-Moleküle sind unpolar und können nur sehr schwache VAN-DER-WAALS-Kräfte ausbilden. Wasser-Moleküle sind Dipol-Moleküle und können Wasserstoffbrücken ausbilden. Um diese Wechselwirkungen zu überwinden, muss mehr Energie aufgebracht werden. Die Siedetemperatur von Wasser ist daher deutlich höher als die von Methan.

D3 Mit einer unterschiedlichen Verknüpfung der Atome im Molekül verändert sich auch dessen Oberfläche. Aufgrund einer verringerten Moleküloberfläche des 2,2,4-Trimethylpentans im Vergleich zum *n*-Octan sind die VAN-DER-WAALS-Kräfte weniger stark ausgeprägt. 2,2,4-Trimethylpentan verdunstet deshalb schneller und besitzt eine geringere Flammtemperatur.

D4 Methan (−161,5 °C), Propan (−42,1 °C), Isobutan (−11,7 °C), *n*-Butan (0,5 °C), *n*-Pentan (36,1 °C). Die Stärke der zwischenmolekularen Wechselwirkungen (VAN-DER-WAALS-Kräfte) steigt mit zunehmender Moleküloberfläche.

D5 a) Die kurzkettigen Alkane mit eins bis vier Kohlenstoff-Atomen in den Molekülen (Methan, Ethan, *n*-Propan, *n*-Butan) sind bei Raumtemperatur gasförmig. Mittellange Alkane mit z. B. fünf (*n*-Pentan), sechs (*n*-Hexan) oder sieben (*n*-Heptan) Kohlenstoff-Atomen in den Molekülen sind bei Raumtemperatur flüssig.

b) Je größer die zwischenmolekularen Wechselwirkungen sind, desto höher ist der Energiebedarf, der benötigt wird, um die Moleküle voneinander zu trennen, und desto höher ist die Siedetemperatur einer Verbindung. Je länger die Kohlenstoff-Kette in den Molekülen eines Alkans ist, umso größer ist die Oberfläche und umso stärker sind die VAN-DER-WAALS-Kräfte zwischen den Molekülen.

E1 1) 3-Methylbut-1-in
2) 2-Methylbut-1-en

E2

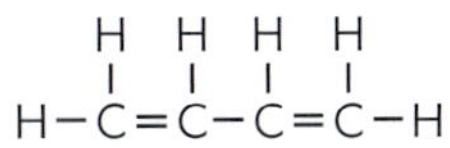

E3

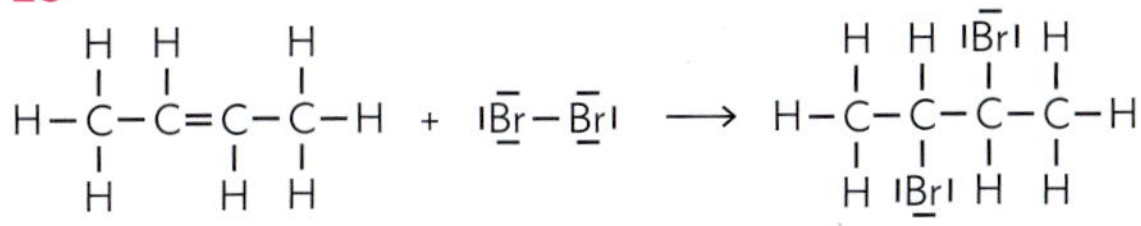

Produkt:
2,3-Dibrombutan

Lösungen zu „Startklar?" Kapitel 2

A1 Richtige Merkmale einer homologen Reihe: **5 P**

- Aufeinanderfolgende Vertreter einer homologen Reihe unterscheiden sich jeweils durch eine Methylen-Gruppe $-CH_2-$.
- Die Moleküle in einer homologen Reihe haben einen ähnlichen Aufbau.
- Der Begriff „homologe Reihe“ ist nur für organische Moleküle anwendbar.

A2 homologe Reihe der Alkane, homologe Reihe der Alkene, homologe Reihe der Alkine **3 P**

A3 **3 P**

allgemeine Summenformel	homologe Reihe
C_nH_{2n-2}	Alkine
C_nH_{2n+2}	Alkane
C_nH_{2n}	Alkene

A4 Die Endung -an bei den Alkanen bedeutet, dass nur Einfachbindungen zwischen den Kohlenstoff-Atomen im Molekül vorkommen. **3 P**
Die Endung -en bei den Alkenen bedeutet, dass eine Doppelbindung zwischen zwei Kohlenstoff-Atomen im Molekül vorkommt. Die restlichen Bindungen sind Einfachbindungen.
Die Endung -in bei den Alkinen bedeutet, dass eine Dreifachbindung zwischen zwei Kohlenstoff-Atomen im Molekül vorkommt. Die restlichen Bindungen sind Einfachbindungen.

5 P B1 Seitenketten bezeichnet man als Alken-Gruppen. → falsch. Richtig wäre: Seitenketten bezeichnet man als Alkyl-Gruppen.
Die waagerecht angeordnete Kohlenstoff-Kette gibt den Stammnamen an. → falsch. Richtig wäre: Die längste nicht verzweigte Kette aus Kohlenstoff-Atomen gibt den Stammnamen an.
Ist eine Alkyl-Gruppe mehrfach vorhanden, wird die Anzahl durch die Zahlwörter di-, tri-, tetra- usw. angegeben. → richtig.

2 P B2 a) 2-Methylpent-1-en
b) 3-Ethyl-2,3,4-trimethylheptan

2 P B3

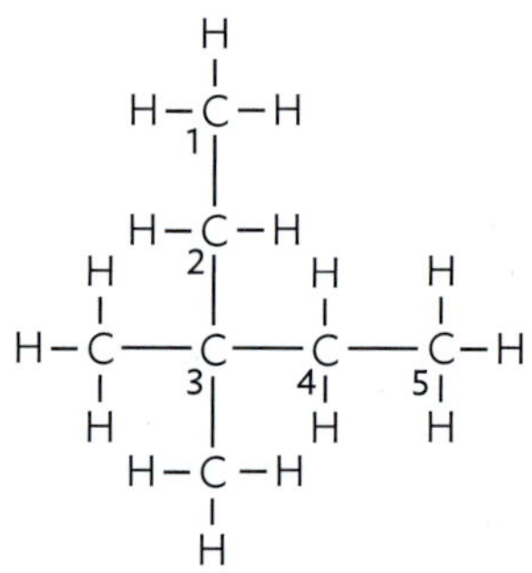

Die Ermittlung der längsten unverzweigten Kohlenstoff-Kette führt zum Stammnamen Pentan. Die angegebene Bezeichnung von 2-Ethyl-2-methylbutan ist daher falsch. Die korrekte Bezeichnung der Verbindung lautet 3,3-Dimethylpentan.

3 P B4 Summenformel: $C_{17}H_{36}$
Halbstrukturformel:

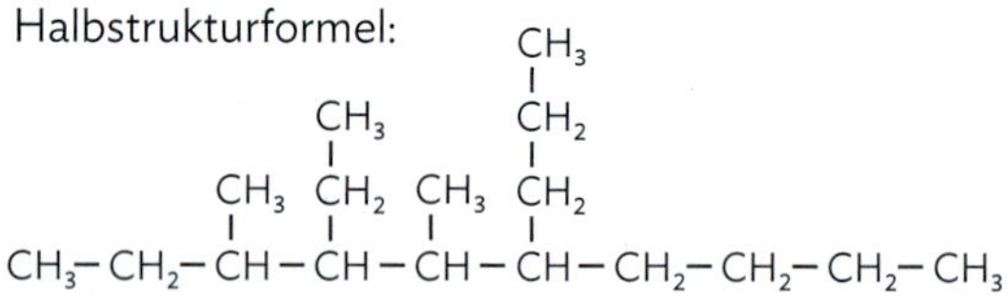

Valenzstrichformel:

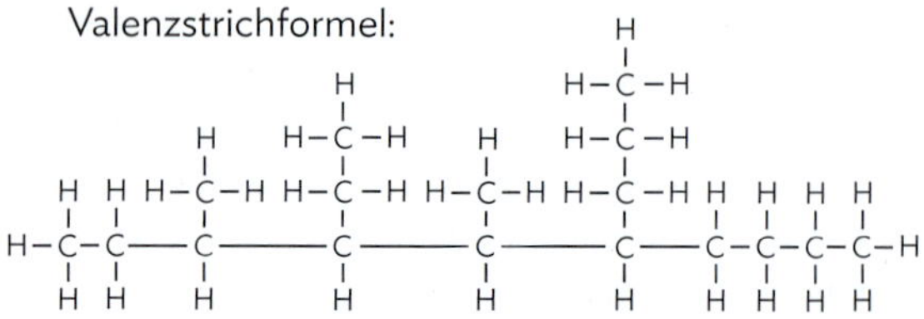

4 P C1 Richtige Aussagen:
- mit zunehmender Kettenlänge der Moleküle.
- mit zunehmender molekularer Masse der Moleküle.
- mit stärker werdenden VAN-DER-WAALS-Kräften zwischen den Molekülen.

C2 *n*-Butan (– 0,5 °C), 2-Methylbutan (27,8 °C), *n*-Pentan (36,1 °C). **3 P**
Butan-Moleküle haben die kleinste Masse und Oberfläche und daher die schwächsten zwischenmolekularen Wechselwirkungen. 2-Methylbutan und *n*-Pentan sind Isomere: verzweigte Isomere haben eine geringere Oberfläche, folglich schwächere zwischenmolekulare Wechselwirkungen und daher niedrigere Siedetemperaturen.

C3 Pentan ist hydrophob und die Wasserstoffbrücken zwischen den Wasser-Molekülen so stark, dass sich Pentan-Moleküle nicht dazwischen platzieren können. Pentan und Heptan sind lipophil. Zwischen ihren Molekülen bilden sich Wechselwirkungen zwischen temporären Dipolen aus. **4 P**

C4 Die Viskosität steigt mit zunehmender Kettenlänge der Moleküle an, da die Wechselwirkungen zwischen den Teilchen mit zunehmender Elektronenanzahl und Oberfläche der Moleküle zunehmen. Daher ist Hexan bei Raumtemperatur flüssig und Dodecan, dessen Moleküle doppelt so viele Kohlenstoff-Atome enthalten, nur noch zähflüssig. **2 P**

D1 Nachweis von **Wasser**: Prüfung der Flüssigkeit mit Watesmo-Papier. Das Papier färbt sich bei Anwesenheit von Wasser blau. **4 P**
Nachweis von **Kohlenstoffdioxid**: Einleiten des Gases in Kalkwasser. Das Kalkwasser trübt sich bei Anwesenheit von Kohlenstoffdioxid.

D2 **10 P**

Nachweismethode	nachzuweisender Stoff	Beobachtung
Kalkwasserprobe	Kohlenstoffdioxid	weißer Niederschlag
Knallgasprobe	Wasserstoff	Plopp-Geräusch und helle Flamme
Glimmspanprobe	Sauerstoff	glimmender Holzspan flammt auf
Prüfen einer Flüssigkeit mit Watesmo-Papier	Wasser	Blaufärbung des Watesmo-Papiers
Probe mit Universalindikator	Oxonium-Ionen, Säure Hydroxid-Ionen, alkalische Lösung	Rotfärbung Blaufärbung

3P D3 Wasserstoff: Ein mit Wasserstoffgas gefülltes Reagenzglas wird vorsichtig an die Flamme eines Bunsenbrenners gehalten (Knallgasprobe).
Reaktionsgleichung: $2\,H_2\,(g) + O_2\,(g) \longrightarrow 2\,H_2O\,(g)$
Sauerstoff: In ein mit Sauerstoffgas gefülltes Reagenzglas führt man einen glimmenden Holzspan ein (Glimmspanprobe).

Lösungen zu „Ziel erreicht?" Kapitel 2

A1 a) Die Reaktionsgleichung für die Vergärung von Glucose ist:
$C_6H_{12}O_6\,(aq) \longrightarrow 2\,C_2H_5OH\,(aq) + 2\,CO_2\,(g)$
b) Die Vergärung von Glucose ist eine exotherme Reaktion.

A2 Das erwünschte Produkt der Gärung Ethanol reagiert mithilfe von Essigsäurebakterien aus der Luft und Sauerstoff zur unerwünschten Essigsäure. Ein mit Wasser gefülltes Gärröhrchen ermöglicht einen Austritt des bei der Gärung entstehenden Kohlenstoffdioxids, verhindert aber gleichzeitig den Eintritt von Sauerstoff aus der Luft in den Gärballon und damit auch die Bildung der unerwünschten Essigsäure.

B1 a) 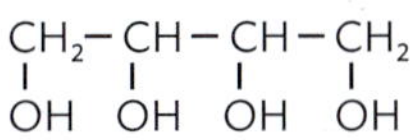
Butan-1,2,3,4-tetraol

$CH_3-CH_2-CH_2-CH_2-OH$
Butan-1-ol

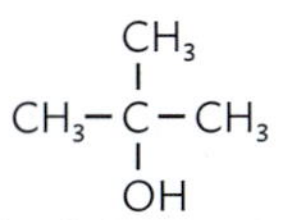
2-Methylpropan-2-ol

b) 2-Methylpropan-2-ol: 83 °C
Butan-1-ol: 118 °C
Butan-1,2,3,4-tetraol: 330 °C
Die Verzweigung beim 2-Methylpropan-2-ol-Molekül führt zu geringeren Wechselwirkungen unter den Molekülen als beim isomeren Butan-1-ol-Molekül. Zwischen Butan-1,2,3,4-tetraol-Molekülen wirken die stärkeren Wasserstoffbrücken aufgrund der hohen Anzahl an Hydroxy-Gruppen. Daher besitzt dieser mehrwertige Alkohol die höchste Siedetemperatur.
c) Löslichkeit, Viskosität

C1 a) 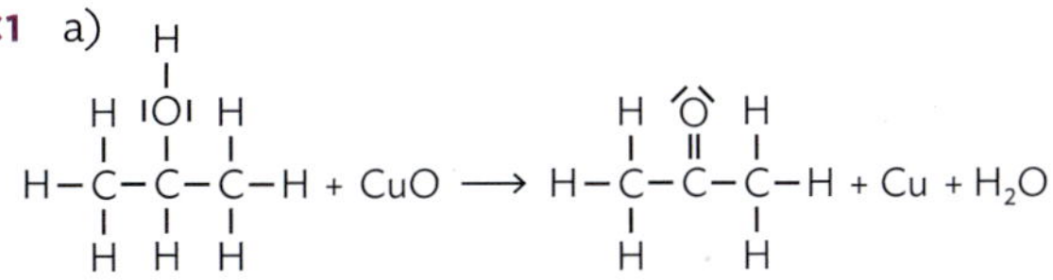
Propan-2-ol → Propanon

b) Die polare Doppelbindung zwischen dem Kohlenstoff-Atom und dem Sauerstoff-Atom der Carbonyl-Gruppe sorgt für einen permanenten Dipol-Molekülanteil. Mit den beiden unpolaren Methyl-Gruppen im Molekül ist Aceton daher für hydrophile und lipophile Stoffe als Lösemittel geeignet.

C2 Kraftstoff, Brennspiritus: brennbar
Desinfektionsmittel: antibakteriell
in Medikamenten: hydrophil
Haushaltsreiniger: lipophil
Getränk: berauschend

D1 a) Butanal
b) 4,5-Dihydroxyhexan-2-on
c) 3-Methylbutan-2-ol

D2 a) 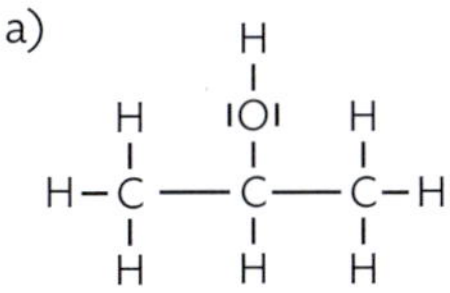

b) 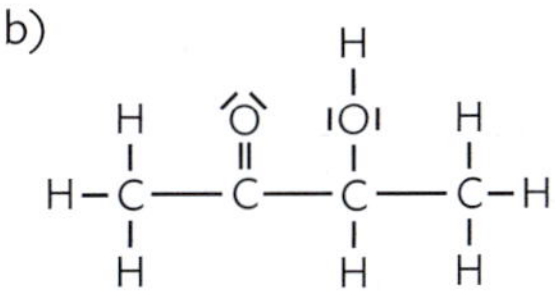

c) 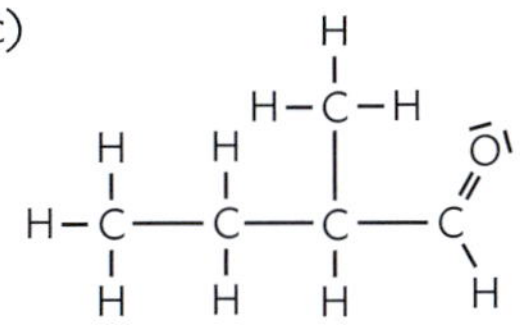

E1 a) Butanal: Aldehyd-Gruppe – Wechselwirkungen zwischen permanenten Dipolen
3-Methylpentan-2-on: Keto-Gruppe – Wechselwirkungen zwischen permanenten Dipolen
Essigsäure: Carboxy-Gruppe – Wasserstoffbrücken und VAN-DER-WAALS-Kräfte

b)

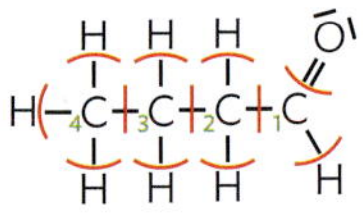

H: +I, O: -II, ${}_1$C: +I, ${}_2$C/${}_3$C: -II, ${}_4$C: -II

Butanal

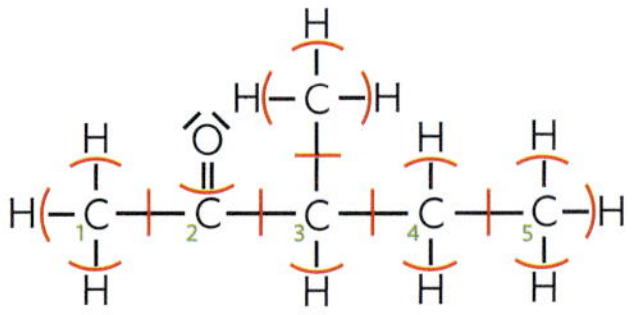

H: +I, O: -II, C/${}_1$C/${}_5$C: -III, ${}_2$C: +II, ${}_3$C: -I, ${}_4$C: -II

3-Methylpentan-2-on

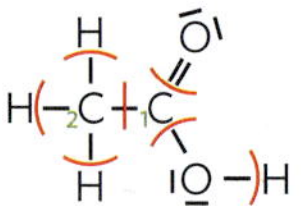

H: +I, O: -II, ${}_1$C: +III, ${}_2$C: -III

Essigsäure

c) Oxidationszahlen siehe b).
Aldehyd-Gruppe: +I
Keto-Gruppe: +II
Carboxy-Gruppe: +III

F1

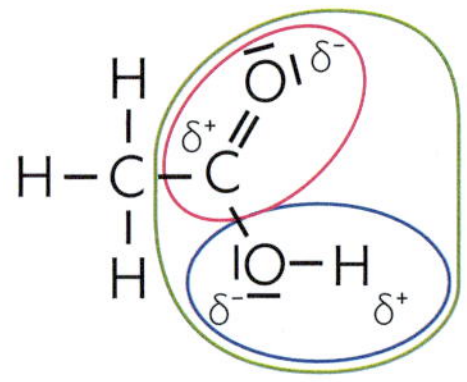

Carbonyl-Gruppe
Carboxy-Gruppe
Hydroxy-Gruppe

Die Carboxy-Gruppe –COOH ist aus einer Carbonyl- >C=O und einer Hydroxy-Gruppe –OH zusammengesetzt.

F2 Mit Zunahme der Kettenlänge nimmt der Einfluss der polaren Carboxy-Gruppe auf das Löslichkeitsverhalten einer Carbonsäure ab (Wasserstoffbrücken), der Einfluss der unpolaren Alkyl-Gruppe nimmt zu (Wechselwirkungen zwischen temporären Dipolen). Aus diesen Grund sinkt die Löslichkeit in Wasser und die Löslichkeit in Benzin steigt innerhalb der homologen Reihe der Alkansäuren.

F3 Die Carboxy-Gruppe eines Essigsäure-Moleküls kann über Wasserstoffbrücken mit der Carboxy-Gruppe eines anderen Essigsäure-Moleküls Dimere bilden. Diese besitzen eine größere Oberfläche bzw. Masse als Ethanol-Moleküle, was stärkere zwischenmolekulare Wechselwirkungen bewirkt.

G1

CH_3-COOH

Essigsäure

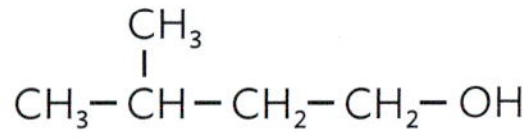

3-Methylbutanol

G2 a)

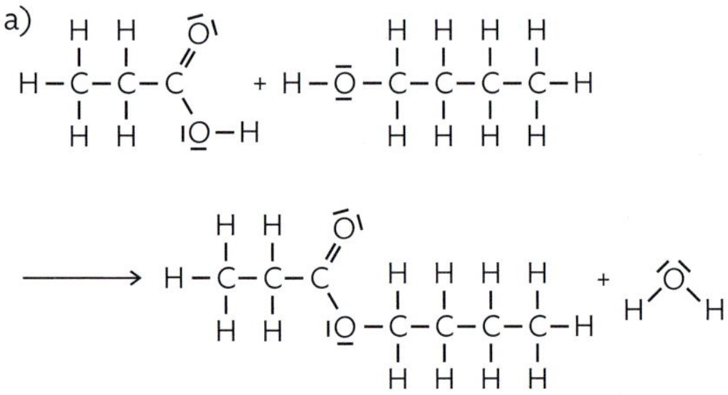

b) Durch die Verbindung des Säure- und des Alkohol-Moleküls zu einem Ester-Molekül wird ein Wasser-Molekül abgespalten (Kondensation), das sich aus der Hydroxy-Gruppe der Säure und dem Wasserstoff-Atom der Hydroxy-Gruppe des Alkohols zusammensetzt.

c) Es handelt sich bei dieser Reaktion um eine Kondensation. Die Rückreaktion der Kondensation ist die Hydrolyse.

Lösungen zu „Startklar?" Kapitel 3

A1 **18 P**

Glimmspanprobe
a) Sauerstoff b) Ein Holzspan wird angezündet, dann wieder ausgepustet, sodass er nur noch glimmt und sofort in ein Reagenzglas mit dem zu untersuchenden Gas gehalten. Wenn es sich bei dem Gas um Sauerstoff handelt, flammt der glimmende Holzspan hell auf. c) Sauerstoff ist brandfördernd und entfacht deshalb bei Kontakt den glimmenden Holzspan erneut.
Kalkwasserprobe
a) Kohlenstoffdioxid b) Das zu untersuchende Gas wird in eine gesättigte Calciumhydroxidlösung (Kalkwasser) geleitet. Wenn es sich bei dem Gas um Kohlenstoffdioxid handelt, trübt sich das Kalkwasser. c) $Ca(OH)_2\ (s) + CO_2\ (g) \longrightarrow CaCO_3\ (s) + H_2O\ (l)$ Es bildet sich Kalk $CaCO_3$, ein schwerlösliches Salz, das in Wasser eine Suspension bildet. → Das Wasser trübt sich.

Knallgasprobe

a) Wasserstoff

b) Das zu untersuchende Gas wird in einem Reagenzglas mit der Öffnung nach unten an eine Zündquelle gehalten. Wenn es sich bei dem Gas um Wasserstoff handelt, ist ein Knall oder Plopp zu hören. Wenn sich ein Wasserstoff-Luft-Gemisch im Reagenzglas befindet, ertönt ein Pfeifen.

c) $2\,H_2\,(g) + O_2\,(g) \longrightarrow 2\,H_2O\,(g)$
Da die Reaktion stark exotherm ist, wird viel Wärme freigesetzt. Dies führt zur schnellen Volumenausdehnung, die eine Druckwelle hervorruft, welche als Geräusch (Pfeifen, Knall oder Plopp) hörbar ist.

6 P **B1** Die beiden Energiediagramme zeigen den Energiegehalt der an der Reaktion beteiligten Stoffe (y-Achse) während des Reaktionsverlaufes (x-Achse). Das Energiediagramm a) zeigt eine endotherme Reaktion: Die Edukte (auf der linken Seite) weisen einen niedrigeren Energiegehalt als die Produkte auf. Es muss also Energie aus der Umgebung zugeführt werden. Das Energiediagramm b) zeigt eine exotherme Reaktion: Die Produkte (auf der rechten Seite) weisen einen geringeren Energiegehalt als die Edukte auf. Es wird also Energie in die Umgebung freigesetzt. Bei beiden Reaktionen muss zu Beginn Aktivierungsenergie zugeführt werden, um die Reaktion in Gang zu setzen.

4 P **B2** Aktivierungsenergie ist die Energiemenge, die den Reaktionspartnern (Edukten) einer Reaktion zugeführt werden muss, um sie in einen reaktionsfähigen Zustand zu versetzen und so die Reaktion in Gang zu setzen. Reaktionsenergie ist die bei einer chemischen Reaktion aus der Umgebung aufgenommene oder an die Umgebung abgegebene Energie.

4 P **B3** Knallgasprobe → Energiediagramm b)
(exotherme Reaktion, Reaktionsenergie wird in Form von Schall und Wärme freigesetzt)
Elektrolyse von Wasser → Energiediagramm a)
(endotherme Reaktion, Reaktionsenergie muss in Form von elektrischer Energie zugeführt werden)

3 P **C1** Eisen ist prinzipiell brennbar:
Eisen + Sauerstoff ⟶ Eisenoxid.
Ob die Verbrennung in relevantem Umfang stattfindet, hängt vom Zerteilungsgrad des Stoffes ab:
Eisenspäne weisen eine große Oberfläche auf, an der die Reaktion mit dem in der Luft befindlichen Sauerstoffgas gleichzeitig stattfinden kann. Im Gegensatz dazu besteht die Brandschutztür aus einem großen, massiven Block, bei dem nur die vergleichsweise wenigen Eisen-Atome an der Oberfläche mit Sauerstoff reagieren können, nicht aber die weiter innenliegenden Eisen-Atome im Block. Je feiner ein Stoff zerteilt ist, desto größer ist seine reaktionsfähige Oberfläche und desto stärker läuft eine chemische Reaktion ab.

D1 6 P
- Butan-1-ol: funktionelle Gruppe: Hydroxy-Gruppe –OH, Stoffklasse der Alkohole (Alkanole)

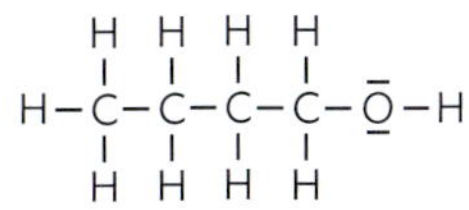

- Propansäure: funktionelle Gruppe: Carboxy-Gruppe –COOH, Stoffklasse der Carbonsäuren

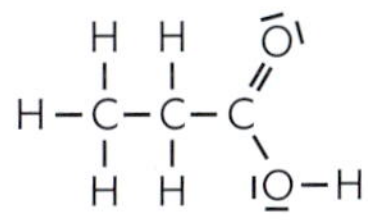

D2 4 P

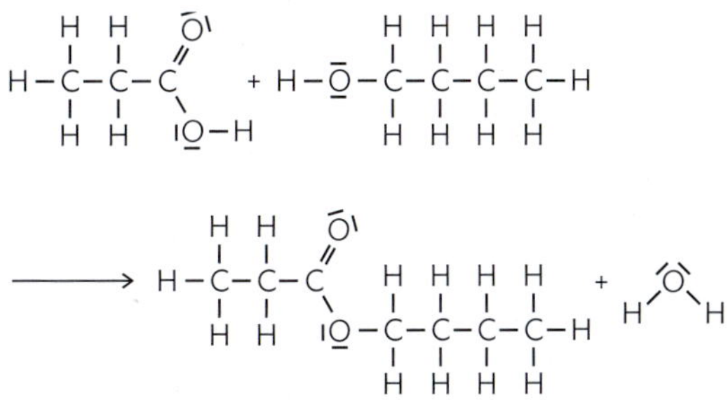

D3 Ester-Gruppe: 2 P

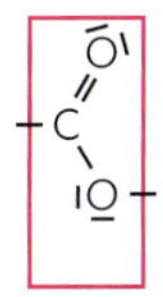

Reaktionstyp: Kondensation / Veresterung

E1 Löslichkeitsverhalten: Aufgrund der nur gering polaren Ester-Gruppe überwiegt der Einfluss der unpolaren Alkyl-Reste. Der Essigsäureethylester ist lipophil. 4 P
Niedrige Siedetemperatur: Es bilden sich ausschließlich VAN-DER-WAALS-Kräfte zwischen den Ester-Molekülen.

2P E2 Je längerkettig die Alkyl-Gruppen bei Wachsen bzw. die Fettsäure-Reste bei Fetten oder Ölen sind, desto größer sind Wechselwirkungen zwischen den temporären Dipolen dieser Molekülteile und desto höher sind die Schmelztemperaturen.

6P F1
- Bei Säure-Base-Reaktionen werden Protonen von der Base auf die Säure übertragen. → falsch.
  Verbessert: Bei Säure-Base-Reaktionen werden Protonen von der Säure auf die Base übertragen.
- Eine Neutralisation bezeichnet die Reaktion einer Säure mit einer Base unter Bildung von Wasser und einem Salz. → richtig.
- Ein pH-Indikator gibt Aufschluss über die Konzentration einer Lösung. → falsch.
  Verbessert: Ein pH-Indikator gibt Aufschluss über den pH-Wert einer Lösung.

3P F2 Neutralisationsreaktion zwischen Salzsäure und Natronlauge:

$H_3O^+ (aq) + Cl^- (aq) + Na^+ (aq) + OH^- (aq) \longrightarrow Na^+ (aq) + Cl^- (aq) + 2\, H_2O (l)$

oder

$HCl (g) + NaOH (l) \longrightarrow Na^+ (aq) + Cl^- (aq) + H_2O (l)$

12P G1

chem. Größe	Größenzeichen	Einheit	Formel
Stoffmenge	n	mol	$n = \frac{m}{M}$ oder $n = c \cdot V$
Masse	m	g	$m = M \cdot n$
Molare Masse	M	g/mol	$M = \frac{m}{n}$
Konzentration	c	mol/L	$c = \frac{n}{V}$
Volumen	V	m^3 oder L	$V = V_m \cdot n$ oder $V = \frac{n}{c}$

3P G2 Gegeben:
c(Natriumchloridlösung) = 0,5 mol/L;
$n(Na^+) = n(NaCl)$ = 0,35 mol
Gesucht:
V(Natriumchloridlösung)

Rechnung:

$c = \frac{n}{V} \Leftrightarrow V = \frac{n}{c}$

$V(\text{Natriumchloridlösung}) = \frac{0{,}35\ \text{mol}}{0{,}5\ \text{mol/L}} = 0{,}7\ \text{L} = 700\ \text{mL}$

G3 Gegeben: **2P**
V(Essigsäurelösung) = 100 mL = 0,1 L
c(Essigsäurelösung) = 0,5 mol/L
Gesucht:
m(Essigsäure)

Rechnung:

$c = \frac{n}{V} \Leftrightarrow n = c \cdot V$

n(Essigsäure) = 0,5 mol/L · 0,1 L = 0,05 mol

$n = \frac{m}{M} \Leftrightarrow m = n \cdot M$

m(Essigsäure) = 0,05 mol · 60,05 g/mol = 3,0025 g

Lösungen zu „Ziel erreicht?“ Kapitel 3

A1 a) $Zn (s) + 2\, H_3O^+ (aq) + 2\, Cl^- (aq) \longrightarrow Zn^{2+} (aq) + 2\, Cl^- (aq) + 2\, H_2O (l) + H_2 (g)$

b) Die Reaktionsgeschwindigkeit beschreibt die Änderung der Stoffmenge bzw. der Stoffmengenkonzentration eines Reaktanten in einem bestimmten Zeitintervall.
Die Reaktionsgeschwindigkeit der oben aufgeführten Reaktion lässt sich messen durch
- das Auffangen des Wasserstoffgases und das Aufzeichnen der Zunahme des Wasserstoffvolumens oder
- durch das Messen des pH-Werts der Salzsäure und das Aufzeichnen der Abnahme der Oxonium-Ionenkonzentration.

c) Die Reaktion lässt sich beschleunigen durch
- Erwärmen der Lösung (bewirkt schnellere Bewegung der Teilchen und erhöht so den Anteil der Teilchen, die die Mindestenergie für eine Reaktion aufweisen),
- Verwendung einer höher konzentrierten Salzsäure (erhöht die Wahrscheinlichkeit eines Zusammenstoßes zwischen Zink-Atomen und Oxonium-Ionen),
- Zugabe von mehr Zinkspänen (erhöht die Wahrscheinlichkeit eines Zusammenstoßes zwischen Zink-Atomen und Oxonium-Ionen) oder
- Verwendung von Zinkpulver statt Zinkspänen (bietet eine größere Oberfläche für die gleichzeitige Reaktion der Zink-Atome mit den Oxonium-Ionen an mehreren Stellen).

Bei der Stoßtheorie geht man davon aus, dass Edukt-Teilchen wirksam zusammenstoßen müssen, damit sie in einer chemischen Reaktion miteinander reagieren können. In einer Lösung ist die Anzahl der möglichen Stöße zwischen den Edukt-Teilchen und damit die Reaktionsgeschwindigkeit umso größer, je mehr Teilchen in einem bestimmten Volumen enthalten sind, je höher also die Stoffmengenkonzentration ist. Da bei fortschreitender Reaktion immer mehr Edukt-Teilchen zu Produkt-Teilchen reagieren, ist die Konzentration der reaktionsfähigen Edukt-Teilchen am Anfang am höchsten und nimmt im Laufe der Reaktion ab. Somit kann die Reaktion zu Beginn an vielen Stellen gleichzeitig ablaufen und die Reaktionsgeschwindigkeit ist höher als nach einiger Zeit. Sind nicht mehr ausreichend reaktionsfähige Teilchen zum Zusammenstoßen vorhanden, kommt die Reaktion zum Erliegen.

A2

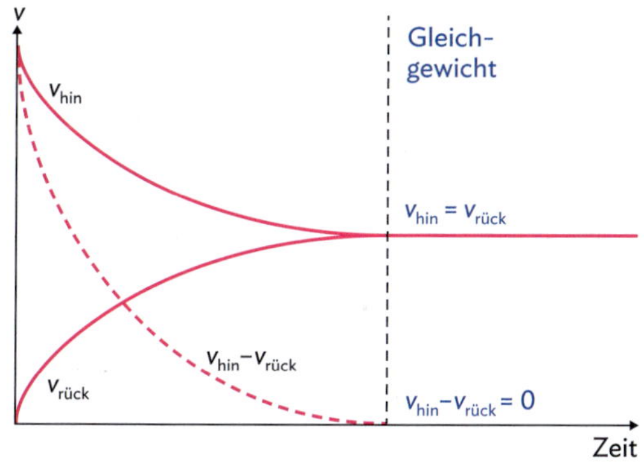

B1 a) Bei jeder chemischen Reaktion stellt sich nach einer gewissen Zeit ein Gleichgewicht ein. → falsch.
Verbessert: Diese Aussage stimmt nur, wenn die Reaktion in einem geschlossenen System abläuft, aus dem keine Stoffe entweichen können.

b) Wenn sich in einem System ein chemisches Gleichgewicht eingestellt hat, liegen Edukte und Produkte in gleicher Konzentration vor. → falsch.
Verbessert: Edukte und Produkte liegen nach Einstellung eines chemischen Gleichgewichts in gleichbleibenden, also konstanten Konzentrationen vor. Die Konzentrationen der einzelnen Stoffe können sich hierbei aber durchaus voneinander unterscheiden.

c) Im Gleichgewicht ändern sich die Konzentrationen von Edukten und Produkten nicht mehr. → richtig.

d) Sobald sich in einem System ein chemisches Gleichgewicht eingestellt hat, kommen Hin- und Rückreaktion zum Erliegen und die Konzentrationen aller Stoffe bleiben konstant. → falsch.
Verbessert: Die Konzentrationen aller Stoffe bleiben zwar konstant, das liegt aber nicht daran, dass Hin- und Rückreaktion beendet sind, sondern daran, dass sie sich in ihren Umsätzen gegenseitig ausgleichen. Es entstehen also durch die Hinreaktion genauso viele Produkte, wie sie durch die Rückreaktion im gleichen Zeitabschnitt zu Edukten reagieren.

B2 Das Räuber-Beute-System stellt die gegenseitige Abhängigkeit von der Populationsverteilung von Tieren in einem Ökosystem dar. In einem gesunden Räuber-Beute-System gibt es ein festes Verhältnis zwischen der Anzahl an Beutetieren und der Anzahl an Räubertieren. Während das Verhältnis konstant bleibt, ändert sich aber in bestimmten Intervallen die Anzahl an Tieren. Wenn es viele Beutetiere gibt, wird mit zeitlichem Versatz auch die Zahl der Räubertiere ansteigen, bis die Räuber nicht mehr genügend Beute finden. Dann nehmen beide Populationen wieder ab und ein neuer Zyklus beginnt. Diese Zyklen gibt es bei gewöhnlichen chemischen Gleichgewichten nicht. Doch auch in der Chemie gibt es Systeme, die gewisse Zyklen aufweisen, die sogenannten oszillierenden Systeme. Wie bei dem Modellversuch auf S. 130 der Durchmesser der Glasrohre die Reaktionsrate darstellt, gibt es auch bei der mathematischen Modellierung in Räuber-Beute-Systemen Raten, mit denen die Übergangsraten z. B. zwischen Jungtier, geschlechtsreifen Tieren, gestorbenen Tieren und geraubten Tieren modelliert werden. An diesem Beispiel sieht man, dass hier mehr Parameter zu berücksichtigen sind als im Modellversuch.

B3 Die Waage zeigt ein statisches Gleichgewicht, bei dem sich im Gleichgewichtszustand nichts mehr bewegt. Im Gegensatz dazu ist das chemische Gleichgewicht ein dynamisches Gleichgewicht: Auch im Gleichgewichtszustand laufen permanent Reaktionen darin ab, auf Teilchenebene ist also ständig alles in Bewegung. Das chemische Gleichgewicht wirkt nur nach außen hin wie ein Stillstand, da sich auf Stoffebene die Konzentrationen der Edukte und Produkte nicht mehr verändern.

C1 Das MWG beschreibt den Zusammenhang zwischen den Konzentrationen der Edukte und denen der Produkte im chemischen Gleichgewicht mithilfe der Gleichgewichtskonstante. Für eine allgemeine Reaktion der Form
$\text{a A} + \text{b B} \rightleftharpoons \text{c C} + \text{d D}$ gilt:
$$K_c = \frac{c^c(C) \cdot c^d(D)}{c^a(A) \cdot c^b(B)}$$
Mithilfe des MWG lässt sich eine Aussage über die Lage des Gleichgewichts machen: Ist $K_c < 1$, so ist die Konzentration der Edukte größer als die der Produkte. Ist $K_c > 1$, so ist die Konzentration der Produkte größer als die der Edukte. Ist $K_c = 1$, sind Konzentrationen von Edukten und Produkten gleich groß.

C2 a) $CH_3COOH\ (l) + CH_3CH_2OH\ (l) \rightleftharpoons CH_3COOCH_2CH_3\ (l) + H_2O\ (l)$
$$K_c = \frac{c(CH_3COOCH_2CH_3) \cdot c(H_2O)}{c(CH_3COOH) \cdot c(CH_3CH_2OH)}$$
b) $K_c = 4$, also $K_c > 1$: Das Gleichgewicht liegt also auf der Seite der Produkte, die Konzentration von Essigsäureethylester und Wasser ist höher als die Konzentration von Essigsäure und Ethanol.

C3

Reaktion	MWG	K_c	Gleichgewichtslage
$2\,A + B \rightleftharpoons 2\,C$	$K_c = \frac{c^2(C)}{c^2(A) \cdot c(B)}$	$K_c = 0{,}5$ L/mol	auf Seiten der Edukte
$K \rightleftharpoons 2\,E + N$	$K_c = \frac{c^2(E) \cdot c(N)}{c(K)}$	$K_c = 2{,}7\ mol^2/L^2$	auf Seiten der Produkte
$2\,X + Y \rightleftharpoons 2\,Z$	$K_c = \frac{c^2(Z)}{c^2(X) \cdot c(Y)}$	$K_c > 1$ L/mol	auf Seiten der Produkte

C4 a) Gegeben:
$V = 1$ L; $n_0(H_2) = 8{,}1$ mol; $n_0(I_2) = 2{,}94$ mol;
$n_{GG}(HI) = 5{,}64$ mol
Gesucht:
$n_{GG}(H_2)$; $n_{GG}(I_2)$

Rechnung:
Reaktionsgleichung: $H_2\ (g) + I_2\ (s) \rightleftharpoons 2\ HI\ (g)$
$$n_{GG}(H_2) = n_0(H_2) - \frac{5{,}64\ \text{mol}}{2} = 8{,}1\ \text{mol} - 2{,}82\ \text{mol} = 5{,}28\ \text{mol}$$
$$n_{GG}(I_2) = n_0(I_2) - \frac{5{,}64\ \text{mol}}{2} = 2{,}94\ \text{mol} - 2{,}82\ \text{mol} = 0{,}12\ \text{mol}$$
b) Für die Aufgabe müssen die Stoffmengen zuerst in Konzentrationen umgerechnet werden ($V = 1$ L). Es ergeben sich $c_{GG}\ (H_2) = 5{,}28$ mol/L; $c_{GG}\ (I_2) = 0{,}12$ mol/L; $c_{GG}\ (HI) = 5{,}64$ mol/L.
Daraus kann die Gleichgewichtskonstante berechnet werden:
$$K_c = \frac{c^2(HI)}{c(H_2) \cdot c(I_2)} = 50{,}2$$

C5 a) Es wird folgendes Gleichgewicht betrachtet:
$S + A \rightleftharpoons E + W$; mit S: Essigsäure, A: Ethanol, E: Essigsäureethylester und W: Wasser. Nach der Mischung stell sich ein Gleichgewicht aus 2 mol A und 5 Mol S ein.
MWG: $\frac{c(E) \cdot c(W)}{c(A) \cdot c(S)} = 4$, falls $T = 76{,}3$ °C.
Anstelle der Konzentrationen c werden die Stoffmengen n eingesetzt:
$\frac{n(E) \cdot n(W)}{n(A) \cdot n(S)} = 4$, falls $T = 76{,}3$ °C.
x sei die Stoffmenge an Alkohol A, die von den 2 mol der Anfangsstoffmenge reagiert, bis sich das Gleichgewicht eingestellt hat. Aus der Reaktionsgleichung ergeben sich folgende Stoffmengen im Gleichgewicht:
$n(A) = 2 - x$, $n(S) = 5 - x$, $n(E) = x$, $n(W) = x$,
wobei $0 < x < 2$.
Hinweis: Die Einheit mol wird für die Rechnung vereinfachend weggelassen.
$n(E)$ ist die gesuchte Größe.
Eingesetzt in das MWG ergibt sich:
$$\frac{x \cdot x}{(2 - x) \cdot (5 - x)} = 4, \text{ falls } T = 76{,}3\ °C.$$
$x^2 = 4 \cdot (10 - 2x - 5x + x^2)$
$0 = 3x^2 - 28x + 40$
$x_1 = 7{,}57$.
Dieses Ergebnis ist chemisch nicht sinnvoll. Es liegt nicht im Definitionsbereich für x, da $7{,}57 > 2$.
$x_2 = 1{,}76$.
Die Stoffmenge des Esters im Gleichgewicht beträgt $n = 1{,}76$ mol.
Hinweis: Zur Kontrolle kann überprüft werden, ob die berechneten Stoffmengen im Gleichgewicht auch den richtigen Zahlenwert für die eingesetzte Gleichgewichtskonstante ergeben.
b) In diesem Fall steht im Quotienten des MWG im Nenner und Zähler die Konzentration mit derselben Hochzahl. Beim Erweitern des Bruchs mit dem Volumen bleiben also sowohl im Nenner als auch im Zähler nur Stoffmengen. Der Zahlenwert ändert sich beim Erweitern aber nicht. Stünden im Zähler und Nenner Konzentrationen

mit verschiedenen Hochzahlen, ist diese Umformung durch Erweitern nicht möglich, da sich das Volumen nicht vollständig herauskürzen lässt.

D1 Das Prinzip von LE CHATELIER besagt, dass ein im Gleichgewicht befindliches System bei äußeren Einflüssen auf dieses Gleichgewicht immer so ausweicht, dass dieser „Zwang“ von außen minimiert wird. Mögliche Zwänge sind dabei Druckänderungen, Temperaturänderungen und Konzentrationsänderungen durch Zugabe oder Entfernung von Stoffen aus dem Gleichgewicht.

D2 Wird der Druck auf ein System erhöht, läuft die Hinreaktion verstärkt ab. → falsch.
Wird die Konzentration eines Reaktionsprodukts erhöht, fördert das die Rückreaktion, die Produkte verbraucht und mehr Edukte erzeugt. → richtig.
Ändert man Konzentration, Druck oder Temperatur eines im Gleichgewicht befindlichen Systems, weicht das System stets so aus, dass sich der ursprüngliche Wert von K_c einstellt. → falsch.

D3 Sprudelwasser wird hergestellt, indem Kohlenstoffdioxid unter Druck in Wasser eingeleitet wird, sich darin partiell löst (und mit Wasser weiterreagiert zu Hydrogencarbonat-Ionen):

$CO_2\ (g) + 2\ H_2O\ (l)$
$\rightleftharpoons CO_2\ (aq) + 2\ H_2O\ (l)\ (\rightleftharpoons HCO_3^- + H_3O^+)$

In der verschlossenen Sprudelwasserflasche stellt sich ein Gleichgewicht dieses Reaktionssystems ein, in welchem sich Kohlenstoffdioxidgas unter etwas Druck im Gasraum über der Flüssigkeit befindet. Öffnet man die Sprudelwasserflasche, entweicht ein Teil des Kohlenstoffdioxidgases aus der Flasche, sodass der Druck sinkt. Nach dem Prinzip von LE CHATELIER fördert das die Reaktion, die gasförmiges Kohlenstoffdioxid nachproduziert, also eine Volumenzunahme bewirkt. Da durch das Öffnen der Flasche gleichzeitig auch ein Stoff (CO_2 (g)) aus dem Gleichgewicht entzogen wird, läuft ebenfalls die Reaktion verstärkt ab, die diesen Stoff nachproduziert.

D4 Wenn die Umsetzung der nitrosen Gase zu Stickstoff und anderen Produkten exotherm verläuft, dann sollte die Temperatur im Katalysatorraum nicht so hoch sein wie im Verbrennungsraum des Motors. (*Hinweis*: Um eine ausreichende Reaktionsgeschwindigkeit zu erzielen, muss auch im Katalysatorraum eine ausreichend hohe Temperatur herrschen.)

D5 Aus der Tabelle kann die Tendenz abgelesen werden, dass die Gleichgewichtskonstante K_c mit steigender Temperatur kleiner wird. Das bedeutet eine Verschiebung auf die Seite der Edukte Wasserstoff und Iod durch Temperaturerhöhung. Nach dem Prinzip von LE CHATELIER werden endotherme Reaktionen dadurch begünstigt. Demnach muss die Umkehrung, also die Bildung von Iodwasserstoff, eine exotherme Reaktion sein.

D6 Die Aktivierungsenergie der Hinreaktion beeinflusst die Geschwindigkeit, mit der sich das chemische Gleichgewicht einstellt, nicht aber die Lage des Gleichgewichts.

Lösungen zu „Startklar?“ Kapitel 4

A1 a) $O_2\ (g) + 2\ H_2\ (g) \longrightarrow 2\ H_2O\ (g)$ **11 P**
b) Die mittlere Reaktionsgeschwindigkeit beschreibt die Änderung der Stoffmenge bzw. der Stoffmengenkonzentration eines Reaktanten in einem bestimmten Zeitintervall.
c) Die Reaktion kann durch eine Verringerung der Konzentration der Edukte und eine geringere Temperatur verlangsamt werden. Dies wird durch die Stoßtheorie erklärt. Diese besagt, dass eine Reaktion dann stattfindet, wenn zwei Edukt-Teilchen mit einer Mindestenergie zusammenstoßen. Die Anzahl potenzieller Reaktanten wird durch die Senkung der Konzentrationen der Edukte verringert. Die Anzahl potenzieller Reaktanten mit der notwendigen Mindestenergie wird ebenfalls durch Senkung der Temperatur verringert.

A2 a) Ein Katalysator erhöht die Reaktionsgeschwindigkeit, da er die Aktivierungsenergie senkt. Folglich verfügen Edukt-Teilchen, die zuvor nicht die notwendige Mindestenergie für einen wirksamen Zusammenstoß aufgewiesen haben, nun über ausreichend Energie, um beim Zusammenstoß mit einem anderen Edukt-Teilchen zu reagieren. Die Katalysatoren selbst gehen unverändert aus der Reaktion hervor. **8 P**
b) Wasserstoffperoxid reagiert nur in Anwesenheit eines Katalysators zu Wasser und Sauerstoff,

da die Aktivierungsenergie für die Reaktion bei Raumtemperatur zu hoch liegt. Der Katalysator ermöglicht, dass ein anderer Reaktionsweg mit niedrigerer Aktivierungsenergie eingeschlagen wird. Wasserstoff- und Sauerstoff-Moleküle werden zunächst an den Platin-Atomen des Katalysators adsorbiert, was zu einer Lockerung und Spaltung der Edukt-Moleküle führt. Erst in diesem reaktiven Zustand gruppieren sich die einzelnen Wasserstoff- und Sauerstoff-Atome um und bilden Wasser-Moleküle, die dann von der Katalysatoroberfläche desorbiert werden.

5 P B1 Im chemischen Gleichgewicht ändern sich die Konzentrationen und Stoffmengen aller beteiligten Stoffe nicht mehr – ebenso wie sich im Modell die die Anzahl der Pflaumen im Garten des Mannes und im Garten des Jungen nicht mehr ändern werden. Grund dafür ist, dass die Hin- und Rückreaktion zeitgleich und mit gleicher Geschwindigkeit ablaufen. Das führt dazu, dass zeitgleich identische Stoffmengen – in dem Modell Pflaumen – an Produkten und Edukten gebildet und zerlegt werden – bzw. im Modell von einem Garten zum anderen geworfen werden. Die Konzentration der Edukte ist dabei nicht zwangsläufig identisch mit der Konzentration der Produkte im Gleichgewichtszustand. Auch im Garten des Jungen liegen weniger Pflaumen als im Garten des Mannes.

2 P B2 Ein chemisches Gleichgewicht ist dynamisch, da Hin- und Rückreaktion weiterhin zeitgleich ablaufen. Bei einem statischen Gleichgewicht wäre dies nicht der Fall.

5 P B3 a) Die Aussage ist falsch, da die Hinreaktion nach wie vor abläuft, sodass $v_{hin} > 0$ sein muss.
b) Die Aussage ist korrekt.
c) Die Aussage ist korrekt.
d) Die Aussage ist korrekt.

3 P C1 Das Massenwirkungsgesetz beschreibt das konstante Verhältnis der Konzentration von Edukten zu Produkten im chemischen Gleichgewicht. Es resultiert aus der Annahme, dass im chemischen Gleichgewicht die Hin- und Rückreaktion gleich schnell ablaufen, sodass gilt: $v_{hin} = v_{rück}$. Folglich können die Geschwindigkeitsgleichungen für Hin- und Rückreaktion gleichgesetzt werden. Nach Umformen erhält man dann das Massenwirkungsgesetz.

C2 $K_c = \frac{c^2(Z)}{c(Y) \cdot c^2(X)}$ **2 P**

C3 **3 P**

	Die Konzentration der Edukte ...
$K_c < 1$	... ist größer als die der Produkte.
$K_c = 1$	... ist gleich der der Produkte.
$K_c > 1$	... ist kleiner als die der Produkte.

C4 **7 P** a) $CH_3COOC_2H_5\ (l) + H_2O\ (l) \rightleftharpoons CH_3COOH\ (l) + C_2H_5OH\ (l)$

$$K_c = \frac{c(CH_3COOH) \cdot c(C_2H_5OH)}{c(CH_3COOC_2H_5) \cdot c(H_2O)}$$

b) Der K_c-Wert von 0,25 ist zutreffend, da das Gleichgewicht auf der Seite der Edukte liegt. Folglich muss der K_c-Wert kleiner als 1 sein.

D1 Nach dem Prinzip von LE CHATELIER kann das Gleichgewicht durch Änderung der Konzentration, des Drucks und der Temperatur beeinflusst werden. **2 P**

D2 **10 P**
- Die Aussage ist nicht korrekt. Korrekt ist: Katalysatoren beschleunigen Reaktionen, beeinflussen aber nicht die Lage des chemischen Gleichgewichts.
- Die Aussage ist nicht korrekt. Korrekt ist: Bei einer endothermen chemischen Reaktion kann das Gleichgewicht auf die Seite der Produkte verschoben werden, indem man die Reaktion bei höheren Temperaturen ablaufen lässt.
- Die Aussage ist korrekt.
- Die Aussage ist nicht korrekt. Lediglich die Temperatur beeinflusst die Gleichgewichtskonstante K_c.
- Die Aussage ist korrekt.

Lösungen zu „Ziel erreicht?“ Kapitel 4

A1 a) Im chemischen Gleichgewichtszustand verändert sich Konzentration der Edukte und Produkte nicht mehr, folglich herrscht ein Gleichgewicht. Da die Hin- und Rückreaktion aber dennoch weiterhin zeitgleich mit derselben Geschwindigkeit ablaufen, ist das Gleichgewicht dynamisch.

Für das gegebene Beispiel heißt das: Aus Calciumcarbonat und Oxonium-Ionen entstehen in derselben Geschwindigkeit Hydrogencarbonat-Ionen, Calcium-Ionen und Wasser wie umgekehrt.

b) Die Reaktion von Calciumcarbonat mit Oxonium-Ionen, die Hinreaktion, läuft genauso schnell ab wie die Rückreaktion von Hydrogencarbonat-Ionen und Calcium-Ionen mit Wasser. Die Reaktionsgeschwindigkeiten der Hin- und Rückreaktion sind gleich groß, folglich ist die Gesamtreaktionsgeschwindigkeit der Reaktion null. Die Konzentration der Edukte und Produkte verändert sich nicht mehr.

A2 Die Definition 3 ist zutreffend. In einem gekoppelten Gleichgewicht ist das Produkt des einen Gleichgewichts das Edukt des anderen Gleichgewichts. Dies ist beim Kalkkreislauf der Fall, da die Oxonium-Ionen bzw. Calcium- und Hydrogencarbonat-Ionen in einem Schritt des Kreislaufs Edukt, in einem anderen Schritt Produkt sind.

$$2\ H_2O\ (l) + CO_2\ (aq) \rightleftharpoons H_3O^+\ (aq) + HCO_3^-\ (aq)$$

$$CaCO_3\ (s) + H_3O^+\ (aq) \rightleftharpoons Ca^{2+}\ (aq) + HCO_3^-\ (aq) + H_2O\ (l)$$

$$Ca^{2+}\ (aq) + 2\ HCO_3^-\ (aq) \rightleftharpoons H_2O\ (l) + CO_2\ (g) + CaCO_3\ (s)$$

B1 a) Nach dem Prinzip von LE CHATELIER kann das Gleichgewicht durch Änderung der Konzentration, des Drucks und der Temperatur beeinflusst werden.

b) $H_3O^+\ (aq) + HCO_3^-\ (aq) \rightleftharpoons 2\ H_2O\ (l) + CO_2\ (g)$

c) Durch Senken des Drucks kann Kohlenstoffdioxid entfernt werden, da eine Druckreduktion die Reaktion begünstigt, die unter Volumenzunahme erfolgt. Da Kohlenstoffdioxid der einzig gasförmige Reaktionspartner ist, wird das Gleichgewicht auf die Seite der Produkte verschoben. Zudem kann das Gleichgewicht durch Öffnen der Flasche auf die Seite der Produkte verschoben werden: Da das System dann offen und nicht mehr geschlossen ist, kann Kohlenstoffdioxid entweichen, was das Gleichgewicht auf die Seite der Produkte verschiebt und Kohlenstoffdioxid nachbildet. Auch kann durch Temperaturerhöhung das Gleichgewicht der endotherm verlaufenden Hinreaktion auf die Seite der Produkte verschoben werden. Zudem löst sich bei höherer Temperatur weniger Gas in Wasser, sodass mehr Kohlenstoffdioxid entweicht.

B2 a) $Ca^{2+}\ (aq) + 2\ HCO_3^-\ (aq) \rightleftharpoons H_2O\ (l) + CO_2\ (g) + CaCO_3\ (s)$

b) Das Ausfällen von Kalk führt zu einer Verschiebung des Gleichgewichts auf die Seite der Produkte, da das Prinzip von LE CHATELIER besagt, dass eine Senkung der Konzentration die Reaktion begünstigt, die den Stoff mit verminderter Konzentration entstehen lässt.

C1 Zellatmung und Fotosynthese sind Hin- und Rückreaktion einer Reaktion.

Zellatmung: $C_6H_{12}O_6\ (s) + 6\ O_2\ (g) \rightleftharpoons 6\ CO_2\ (g) + 6\ H_2O\ (l)$

Fotosynthese: $6\ CO_2\ (g) + 6\ H_2O\ (l) \rightleftharpoons C_6H_{12}O_6\ (s) + 6\ O_2\ (g)$

C2 a) Die Kohlenstoff-Atome, die in Form von Kohlenstoffdioxid bei der Fotosynthese zu Sauerstoff und Zucker (Glucose) umgewandelt werden, werden von Tieren durch Zellatmung wieder zu Kohlenstoffdioxid umgewandelt. Sie befinden sich daher in einem Kreislauf.

b) Neben natürlichen Kreislaufprozessen wie in a) produziert der Mensch durch industrielle Prozesse, die mit der Industrialisierung ihren Anfang nahmen, zusätzliches Kohlenstoffdioxid, welches in die Atmosphäre gelangt. In dieser Menge kann es nicht von Pflanzen durch Fotosynthese verwendet werden, sodass ein Großteil in der Atmosphäre verbleibt. Dieses zusätzliche Kohlenstoffdioxid beeinflusst u. a. das Klima durch den Treibhauseffekt und den pH-Wert des Meerwassers.

GHS – Das international gültige System zur Kennzeichnung von Gefahrstoffen

Es gibt viele verschiedene Länder auf der Welt, die alle mit Gefahrstoffen arbeiten und mit diesen untereinander Handel treiben. Um weltweit sichere Handhabung, Transport und Entsorgung zu gewährleisten, wurde das international gültige GHS-System ins Leben gerufen. Inzwischen sind die GHS-Angaben auf allen Chemikalienverpackungen Pflicht, die in den Verkauf gebracht werden, egal ob es Reinstoffe sind oder ob es sich um Stoffgemische handelt.
Eine Pflicht zur Umettiketierung von dem zuvor in Deutschland gültigen System existiert nicht. Es dürfen jedoch nicht beide Systeme auf ein und derselben Verpackung verwendet werden.
Die Gefahrstoffkennzeichnungen erfolgen über Piktogramme, ein Signalwort sowie über H- und P-Sätze, die über die Gefahren (Hazards) und Sicherheitsmaßnahmen (Precautions) Auskunft geben, wobei letztere ebenfalls über Piktogramme erfolgen können.

Piktogramme

GHS 1
Instabile explosive Stoffe und Gemische
Explosive Stoffe/Gemische und Erzeugnisse mit Explosivstoff
Selbstzersetzliche Stoffe und Gemische
Organische Peroxide

GHS 2
Entzündbare Gase/Aerosole/Flüssigkeiten/Feststoffe
Selbstzersetzliche Stoffe und Gemische
Pyrophore Flüssigkeiten/Feststoffe
Selbsterhitzungsfähige Stoffe und Gemische
Stoffe und Gemische, die bei Berührung mit Wasser entzündbare Gase abgeben
Organische Peroxide

GHS 3
Oxidierende Gase/Flüssigkeiten/Feststoffe

GHS 4
Gase unter Druck: verdichtete Gase/verflüssigte Gase/tiefgekühlt verflüssigte Gase/gelöste Gase

GHS 5
Auf Metalle korrosiv wirkend
Hautätzend
Schwere Augenschädigung

GHS 6
Akute Toxizität (oral, dermal, inhalativ)

GHS 7
Akute Toxizität (oral, dermal, inhalativ)
Reizung der Haut
Augenreizung
Sensibilisierung der Haut
Spezifische Zielorgan-Toxizität (einmalige Exposition)
Atemwegsreizung
Narkotisierende Wirkungen

GHS 8
Sensibilisierung der Atemwege
Keimzellmutagenität
Karzinogenität
Reproduktionstoxizität
Spezifische Zielorgan-Toxizität (einmalige Exposition)
Spezifische Zielorgan-Toxizität (wiederholte Exposition)
Aspirationsgefahr

GHS 9
Gewässergefährdend
— akut gewässergefährdend
— chronisch gewässergefährdend

Signalwörter
Die oben angegebenen Piktogramme werden mit Signalwörtern unterstützt, die eine relative Abstufung der von dem Stoff/der Mixtur ausgehenden Gefahr angeben sollen. Diese Wörter können jedoch auch ohne Piktogramm auftauchen:
Achtung warnt vor weniger schwerwiegenden Gefahrenkategorien, z. B. gesundheitsschädlich.
Gefahr warnt vor schwerwiegenden Gefahrenkategorien, z. B. giftig.

Hazard-Statements (H-Sätze, Gefahrensätze)
Die Gefahrsätze besitzen einen Code, der bereits bei den R- und S-Sätzen Verwendung fand. So sind jegliche H-Sätze mit dem Buchstaben H und einer dreistelligen Nummer versehen, wobei die erste Ziffer den Typ der Gefahr angibt. Sätze, die mit H2 beginnen, beziehen sich somit auf physikalische Gefahren (Explosionen, Feuergefahr etc.), Sätze, die mit H3 beginnen, auf gesundheitliche Gefahren (giftig, krebserregend etc.) und Sätze, die mit H4 beginnen, bezeichnen Umweltgefahren. Kombinationen der H-Sätze werden durch ein Plus-Zeichen angegeben (z. B. H312+H332).

Precautionary-Statements (P-Sätze, Sicherheitssätze)
Ähnlich wie bei den Hazard-Statements findet sich auch hier ein dreistelliger Code. Die erste Ziffer gibt dabei an, um was für einen Typ dieser Sicherheitssätze es sich handelt. Beginnend mit P1(Allgemeines) sind generelle Angaben, beginnend mit P2(Prävention) sind Sätze, die Vorbeugung und Vermeidung von Gefahren beschreiben. P3(Reaktion)-Sätze beschreiben Vorgehensweisen, wie auf bestehende Gefahren zu reagieren ist (Metallbrände mit Sand löschen). P4(Aufbewahrung)-Sätze bezeichnen Maßnahmen zur sicheren Lagerung und P5(Entsorgung)-Sätze beschreiben Maßnahmen zur Entsorgung. Kombinationen der P-Sätze werden durch ein Plus-Zeichen angegeben (z. B. P402+P404).

Gebotszeichen

Schutzbrille

Schutzhandschuhe

Abzug

Lüftungsmaßnahmen

Entsorgung von Gefahrstoffabfällen

Nach einem Experiment hat man neben den Reaktionsprodukten häufig auch noch Reste der Edukte vorliegen. Selbst wenn nur einer dieser Stoffe zu den Gefahrstoffen gehört, darf der Abfall nicht einfach in den Ausguss oder in die Restmülltonne gegeben werden. Diese Abfälle werden in speziell gekennzeichneten Behältern (**B1**) gesammelt und müssen von Entsorgungsunternehmen abgeholt werden.
Aus Umwelt- und Kostengründen sollte die Entstehung unnötiger Gefahrstoffabfälle vermieden werden.

B1 Fässer zum Sammeln von Gefahrstoffabfällen

Auf den **Versuche und Material**-Seiten in diesem Buch werden bei jedem Versuch entsprechende Entsorgungshinweise in Form von Kürzeln gegeben. Die folgende Übersicht erklärt deren Bedeutung:

A: Ausguss
Ungefährliche und wasserlösliche Stoffe dürfen über den Ausguss dem kommunalen Abwassernetz zugeführt werden.
Beispiele: Zucker, Natriumchloridlösung, Rotkohlsaft, Backpulver, Lebensmittel wie Milch oder Tee

R: Restmüll
Unproblematische und ungefährliche Feststoffe werden im Restmüll entsorgt.
Beispiele: Filterpapier, Indikatorpapier, Sand, Aluminiumfolie

G1: Gefäß für saure und alkalische Lösungen
In diesem Gefäß werden saure und alkalische Lösungen gesammelt. Bevor der Behälter vollständig gefüllt ist, muss der Inhalt von der Lehrkraft neutralisiert werden.
Beispiele: Salzsäure, Natronlauge

G2: Gefäß für giftige anorganische Stoffe
Gifte und umweltschädliche Chemikalien, z. B. Schwermetallsalze und deren Lösungen, werden in Gefäß 2 gesammelt, das alkalisch gehalten werden muss.
Beispiele: Kupfersulfat, Kupfersulfid, Zinksulfid, Zinkoxid

G3: Gefäß für halogenfreie organische Stoffe
In diesem Gefäß werden wasserlösliche und wasserunlösliche organische Stoffe gesammelt, die keine Halogene enthalten.
Beispiele: Brennspiritus, Octan, Benzin

G4: Gefäß für halogenhaltige organische Stoffe
Organische Verbindungen, die Halogene enthalten, werden in Gefäß 4 bis zur endgültigen Entsorgung durch ein Unternehmen aufbewahrt.
Beispiele: Bromheptan, Polyvinylchlorid (PVC)

P371 Bei Großbrand und großen Mengen:

P372 Explosionsgefahr.

P373 KEINE Brandbekämpfung, wenn das Feuer explosive Stoffe / Gemische / Erzeugnisse erreicht.

P374 Brandbekämpfung mit üblichen Vorsichtsmaßnahmen aus angemessener Entfernung.

P375 Wegen Explosionsgefahr Brand aus der Entfernung bekämpfen.

P376 Undichtigkeit beseitigen, wenn gefahrlos möglich.

P377 Brand von ausströmendem Gas: Nicht löschen, bis Undichtigkeit gefahrlos beseitigt werden kann.

P378 ... zum Löschen verwenden.

P380 Umgebung räumen.

P381 Bei Undichtigkeit alle Zündquellen entfernen.

P390 Verschüttete Mengen aufnehmen, um Materialschäden zu vermeiden.

P391 Verschüttete Mengen aufnehmen.

P301 + P310 BEI VERSCHLUCKEN: Sofort GIFTINFOMATIONSZENTRUM / Arzt ... anrufen.

P301 + P312 BEI VERSCHLUCKEN: Bei Unwohlsein GIFTINFORMATIONSZENTRUM / Arzt ... anrufen.

P301 + P330 + P331 BEI VERSCHLUCKEN: Mund ausspülen. KEIN Erbrechen herbeiführen.

P302 + P334 BEI KONTAKT MIT DER HAUT: In kaltes Wasser tauchen / nassen Verband anlegen.

P302 + P335 + P334 BEI BERÜHRUNG MIT DER HAUT Lose Partikel von der Haut abbürsten. In kaltes Wasser tauchen [oder nassen Verband anlegen].

P302 + P352 BEI KONTAKT MIT DER HAUT: Mit viel Wasser / ... waschen.

P303 + P361 + P353 BEI KONTAKT MIT DER HAUT (oder dem Haar): Alle kontaminierten Kleidungsstücke sofort ausziehen. Haut mit Wasser abwaschen oder duschen.

P304 + P312 BEI EINATMEN: Bei Unwohlsein GIFTINFORMATIONZENTRUM oder Arzt anrufen.

P304 + P340 BEI EINATMEN: Die Person an die frische Luft bringen und für ungehinderte Atmung sorgen.

P305 + P351 + P338 BEI KONTAKT MIT DEN AUGEN: Einige Minuten lang behutsam mit Wasser spülen. Vorhandene Kontaktlinsen nach Möglichkeit entfernen. Weiter spülen.

306 + P360 BEI KONTAKT MIT DER KLEIDUNG: Kontaminierte Kleidung und Haut sofort mit viel Wasser abwaschen und danach Kleidung ausziehen.

P308 + P311 Bei Exposition oder falls betroffen: GIFTINFORMATIONSZENTRUM / Arzt ... anrufen.

P308 + P313 Bei Exposition oder falls betroffen: Ärztlichen Rat einholen / ärztliche Hilfe hinzuziehen.

P332 + P313 Bei Hautreizung: Ärztlichen Rat einholen / ärztliche Hilfe hinzuziehen.

P333 + P313 Bei Hautreizung oder -ausschlag: Ärztlichen Rat einholen / ärztliche Hilfe hinzuziehen.

P335 + P334 Lose Partikel von der Haut abbürsten. In kaltes Wasser tauchen / nassen Verband anlegen.

P336 + P315 Vereiste Bereiche mit lauwarmem Wasser auftauen. Betroffenen Bereich nicht reiben. Sofort ärztlichen Rat einholen/ ärztliche Hilfe hinzuziehen.

P337 + P313 Bei anhaltender Augenreizung: Ärztlichen Rat einholen / ärztliche Hilfe hinzuziehen.

P342 + P311 Bei Symptomen der Atemwege: GIFTINFORMATIONSZENTRUM / Arzt ... anrufen.

P361 + P364 Alle kontaminierten Kleidungsstücke sofort ausziehen und vor erneutem Tragen waschen.

P362 + P364 Kontaminierte Kleidung ausziehen und vor erneutem Tragen waschen.

P370 + P376 Bei Brand: Undichtigkeit beseitigen, wenn gefahrlos möglich.

P370 + P378 Bei Brand: ... zum Löschen verwenden.

P370 + P380 Bei Brand: Umgebung räumen.

P370 + P380 + P375 Bei Brand: Umgebung räumen. Wegen Explosionsgefahr Brand aus der Entfernung bekämpfen.

P370 + P372 + Bei Brand: Explosionsgefahr.

P380 + P373 Umgebung räumen. KEINE Brandbekämpfung, wenn das Feuer explosive Stoffe/Gemische/Erzeugnisse erreicht.

P370 + P380 + P375 + P378 Bei Brand: Umge bung räumen. Wegen Explosionsgefahr Brand aus der Entfernung bekämpfen. [... zum Löschen ... verwenden.]

P371 + P380 + P375 Bei Großbrand und großen Mengen: Umgebung räumen. Wegen Explosionsgefahr Brand aus der Entfernung bekämpfen.

P400-Reihe: Aufbewahrung

P401 ... aufbewahren.

P402 An einem trockenen Ort aufbewahren.

P403 An einem gut belüfteten Ort aufbewahren.

P404 In einem geschlossenen Behälter aufbewahren.

P405 Unter Verschluss aufbewahren.

P406 In korrosionsbeständigem /... Behälter mit korrosionsbeständiger Innenauskleidung aufbewahren.

P407 Luftspalt zwischen Stapeln / Paletten lassen.

P410 Vor Sonnenbestrahlung schützen.

P411 Bei Temperaturen nicht über ... °C / ... aufbewahren.

P412 Nicht Temperaturen über 50 °C aussetzen.

P413 Schüttgut in Mengen von mehr als ... kg bei Temperaturen nicht über ... °C aufbewahren

P420 Getrennt aufbewahren.

P422 Inhalt in / unter ... aufbewahren

P402 + P404 In einem geschlossenen Behälter an einem trockenen Ort aufbewahren.

P403 + P233 An einem gut belüfteten Ort aufbewahren. Behälter dicht verschlossen halten.

P403 + P235 An einem gut belüfteten Ort aufbewahren. Kühl halten.

P410 + P403 Vor Sonnenbestrahlung geschützt an einem gut belüfteten Ort aufbewahren.

P410 + P412 Vor Sonnenbestrahlung schützen. Nicht Temperaturen über 50 °C aussetzen.

P411 + P235 Kühl und bei Temperaturen von nicht mehr als ... °C aufbewahren.

P500-Reihe: Entsorgung

P501 Inhalt / Behälter ... zuführen.

P502 Informationen zur Wiederverwendung/ Wiederverwertung beim Hersteller/Lieferanten erfragen.

Aceton, s. Propan-2-on

Ammoniaklösung, konzentriert GEFAHR
NH_3 (aq)
H314, H335, H410
P261, P271, P273, P280,
P303+P361+P353,
P305+P351+P338

Ammoniaklösung, w = 10 % GEFAHR
NH_3 (aq)
H314, H335, H410
P261, P271, P280,
P303+P361+P353,
P305+P351+P338

Apfel
kein Gefahrstoff nach GHS

Apfelsaft
kein Gefahrstoff nach GHS

Bäckerhefe
kein Gefahrstoff nach GHS

Banane
kein Gefahrstoff nach GHS

Benzin, Petrolether GEFAHR
C_nH_{2n+2}
H225, H304, H315, H336,
H373, H411, H361f
P201, P210, P331, P501,
P301+P310, P370+P378

Bienenwachs
kein Gefahrstoff nach GHS

Bleistiftmine, s. Graphit

Braunstein,
s. Mangan(IV)-oxid

Bromthymolblau-Indikator-
lösung, s. Ethanol

Butan-1-ol GEFAHR
$C_4H_{10}O$
H226, H302, H315, H318,
H335, H336
P210, P280, P313, P302+P352,
P305+P351+P338

Calciumcarbonat
$CaCO_3$
kein Gefahrstoff nach GHS

Calciumchloridlösung,
gesättigt ACHTUNG
$CaCl_2$ (aq)
H319
P305+P351+P338

Calciumhydroxidlösung,
gesättigt
$Ca(OH)_2$ (aq)
kein Gefahrstoff nach GHS

Cer(IV)-ammoniumnitrat GEFAHR
$(NH_4)_2[Ce(NO_3)_6]$
H272, H302, H314
P221, P280, P308+P310,
P301+P330+P331,
P305+P351+P338

Chlorwasserstofflösung,
c = 1 mol/L ACHTUNG
HCl (aq)
H290

Chlorwasserstofflösung,
c = 2 mol/L ACHTUNG
HCl (aq)
H290

Citronensäure, Mono-
hydrat ACHTUNG
$C_6H_8O_7 \cdot H_2O$
H319
P280, P337+P313,
P305+P351+P338

Diamant *
C
kein Gefahrstoff nach GHS

Dodecan, n- GEFAHR
$C_{12}H_{26}$
H304, EUH066
P331, P301+P310

Eisen(III)-chlorid-Hexahydrat GEFAHR
$FeCl_3 \cdot 6\ H_2O$
H290, H302, H315, H318
P280, P305+P351+P338

Eisen(III)-chlorid-Hexa-
hydratlösung, w = 10 % GEFAHR
$(FeCl_3 \cdot 6\ H_2O)$ (aq)
H290, H315, H318
P280, P305+P351+P338

Eisessig, s. Ethansäure

Essigessenz, s. Ethansäurelösung, w = 25 %

Essigsäure, verdünnt, s. Ethansäurelösung

Essigsäureethylester
$C_4H_8O_2$
H225, H319, H336, EUH066
P210, P233, P240, P403+P235, P305+P351+P338
GEFAHR — G3

Essigsäurelösung, s. Ethansäurelösung

Ethan-1,2-diol
$C_2H_4(OH)_2$
H302, H373
P314, P301+P312+P330
ACHTUNG — G3

Ethandisäure, wasserfrei
$(COOH)_2$
H318, H302+H312
P264, P270, P280, P501, P302+P352+P312, P305+P351+P338+P310
GEFAHR — **

Ethandisäurelösung, c = 0,01 mol/L
$(COOH)_2$ (aq)
H319
P305+P351+P338
ACHTUNG

Ethanol
C_2H_6O
H225, H319
P210, P240, P305+P351+P338, P403+P233
GEFAHR

Ethansäure
CH_3COOH
H226, H314
P210, P280, P301+P330+P331, P303+P361+P353, P305+P351+P338
GEFAHR — **

Ethansäurelösung, c = 0,5 mol/L
CH_3COOH (aq)
H290
ACHTUNG

Ethansäurelösung, c = 1 mol/L
CH_3COOH (aq)
H290
ACHTUNG

Ethansäurelösung, w = 25 %
CH_3COOH (aq)
H290, H314
P280, P308+P310, P301+P330+P331, P303+P361+P353, P305+P351+P338
GEFAHR

Ethansäurelösung, w = 5 %
CH_3COOH (aq)
H290
ACHTUNG

Ethen, Druckgas
C_2H_4
H220, H280, H336
P210, P260, P315, P377, P381, P403, P405, P304+P340
GEFAHR

Fehling-II-Lösung, s. Kaliumnatriumtartratlösung, alkalisch

Fehling-I-Lösung, s. Kupfer(II)-sulfatlösung, w = 17,29 %

Gesteinsproben
kein Gefahrstoff nach GHS
*

Glas, Scheibe
kein Gefahrstoff nach GHS
Glasabfall *

Glucose
$C_6H_{12}O_6$
kein Gefahrstoff nach GHS

Glycerin, s. Propan-1,2,3-triol

Glycol, s. Ethan-1,2-diol

Graphit / Graphit, Pulver
C
kein Gefahrstoff nach GHS

Heptan, n-
C_7H_{16}
H225, H304, H315, H336, H410
P210, P240, P273, P301+P330+P331, P302+P352, P403+P233
GEFAHR — G3

Kaliumnatriumtartratlösung, alkalisch
H290, H314
P280, P308+P310, P303+P361+P353, P305+P351+P338
GEFAHR

Kaliumthiocyanat
KSCN
H412, EUH032, H302+H312+H332
P273, P302+P352
ACHTUNG

Kaliumthiocyanatlösung, c = 1 mol/L
KSCN (aq)
kein Gefahrstoff nach GHS

Kalk, s. Calciumcarbonat

Kalkwasser, s. Calciumhydroxidlösung, gesättigt

Kartoffel
kein Gefahrstoff nach GHS

Kerzenwachs, s. Paraffinwachs

Klebstoff, z. B. Alleskleber
Gefahrstoffangaben des Herstellers beachten

Kochsalz, s. Natriumchlorid

Kohlenstoffdioxid, Druckgas
CO_2
H280
P403
ACHTUNG

Korken, Stücke
kein Gefahrstoff nach GHS

Kupfer(II)-oxid
CuO
H410
P273
ACHTUNG

Kupfer(II)-sulfatlösung, w = 17,29 %
$CuSO_4$ (aq)
H318, H411
P273, P305+P351+P338
GEFAHR

Kupfer, Blech *
Cu
kein Gefahrstoff nach GHS

Magnesium, Band ***
Mg
H228, H252, H261
P210, P223
GEFAHR

Magnesium, Späne ***
Mg
H228, H252, H261
P210, P223
GEFAHR

Mangan(IV)-oxid
MnO_2
H373, H302+H332
P314
GEFAHR

Marmor, Stücke *
kein Gefahrstoff nach GHS

Metallstück, z. B. Stahl
kein Gefahrstoff nach GHS

Methanol
CH_4O
H225, H370, H301+H311+331
P210, P233, P280, P301+P310, P303+P361+P353, P304+P340+P311
GEFAHR

Methansäurelösung, c = 1 mol/L **
HCOOH (aq)
H315, H319
P280, P303+P361+P353, P305+P351+P338
ACHTUNG

Mineralwasser
kein Gefahrstoff nach GHS

Muschel
kein Gefahrstoff nach GHS

Natriumchlorid
NaCl
kein Gefahrstoff nach GHS

Natriumhydroxid, Plätzchen
NaOH
H290, H314
P280, P308+P310, P301+P330+P331, P305+P351+P338
GEFAHR

Natriumhydroxidlösung, c = 0,1 mol/L
NaOH (aq)
H290
ACHTUNG

Natriumhydroxidlösung, c = 1 mol/L
$NaOH$ (aq)
H290, H314
P280, P303+P361+P353, P305+P351+P338
GEFAHR

Natronlauge, s. Natriumhydroxidlösung

Oxalsäure, s. Ethandisäure, wasserfrei

Parafinwachs, hart
C_nH_{2n+2}
kein Gefahrstoff nach GHS

Pentan-1-ol
$C_5H_{12}O$
H226, H315, H318, H332, H335
P210, P260, P302+P352, P312
GEFAHR
G3

Platin-Aluminiumpellets
kein Gefahrstoff nach GHS
*

Propan-1,2,3-triol
$C_3H_5(OH)_3$
kein Gefahrstoff nach GHS

Propan-1-ol
C_3H_8O
H225, H318, H336
P210, P240, P280, P313, P403+P233, P305+P351+P338
GEFAHR
G3

Propan-2-ol
C_3H_8O
H225, H319, H336
P210, P240, P403+P233, P305+P351+P338
GEFAHR
Mit viel Wasser in den Ausguss

Propan-2-on
C_3H_6O
H225, H319, H336, EUH066
P210, P240, P305+P351+P338, P403+P233
GEFAHR
G3

Propanal
C_3H_6O
H225, H315, H318, H335, H302+H332
P210, P280, P301+P312, P403+P235, P303+P361+P353, P304+P340+P312, P305+P351+P338
GEFAHR
G3

Propansäure
C_2H_5COOH
H226, H314, H335
P210, P280, P308+P310, P301+P330+P331, P305+P351+P338
GEFAHR
**

Propansäurelösung, c = 1 mol/L
C_2H_5COOH (aq)
kein Gefahrstoff nach GHS

Rhabarbarsaft
kein Gefahrstoff nach GHS

Salzsäure, s. Chlorwasserstofflösung

Sand
kein Gefahrstoff nach GHS

Schwefelsäure, konzentriert
H_2SO_4
H290, H314
P280, P301+P330+P331, P303+P361+P353, P305+P351+P338+P310
GEFAHR
G1

Silber(I)-nitratlösung, w = 2 %
$AgNO_3$ (aq)
H290, H314, H410
P280, P310, P303+P361+P353, P305+P351+P338
GEFAHR
G2

Speiseessig, s. Ethansäurelösung, w = 5 %

Speisefett
kein Gefahrstoff nach GHS

Speiseöl
kein Gefahrstoff nach GHS

Thymolphthalein
$C_{28}H_{30}O_4$
kein Gefahrstoff nach GHS

Thymolphthalein-Indikatorlösung, s. Ethanol

Traubenzucker, s. Glucose

Universalindikatorlösung 113
H225
P210, P233
GEFAHR

Vanillearoma
kein Gefahrstoff nach GHS

Vanilleschote
kein Gefahrstoff nach GHS

Wasserstoffperoxidlösung, w = 30 %
H_2O_2 (aq)
H272, H318, H302+H332
P220, P261, P280, P305+P351+P338
GEFAHR ****

Wein, s. Ethanol

Zimtaroma
kein Gefahrstoff nach GHS

Die Daten sind überwiegend den Angaben namhafter Chemikalienanbieter entnommen. Daten für Stoffgemische, zu denen keine offiziellen Datenblätter vorlagen, wurden mit dem GisChem-Gemischrechner der BG RCI – Berufsgenossenschaft Rohstoffe und chemische Industrie bestimmt. Grundsätzlich sind die P-Sätze der Kategorien „dringend empfohlen“ und „empfohlen“ angegeben. Bei einigen Stoffen waren keine P-Sätze verfügbar. Sollten Herstellerangaben vorliegen, sind diese vorzuziehen.

Haftungshinweis: Die Chemikalienliste wurde sorgfältig geprüft. Da sich Verordnungen zur Kennzeichnung ändern und Fehler nie ganz ausgeschlossen werden können, übernehmen der Verlag sowie die Autorinnen und Autoren keine Haftung für Folgen veralteter oder fehlerhafter Einträge.

* Wiederverwendung
** Organische Säuren vorsichtig mit Natriumhydroxid oder Natriumhydrogencarbonat neutralisieren (pH-Wert prüfen). Dann in den Behälter für halogenfreie, organische Abfälle geben (G3).
*** In kleinsten Mengen abbrennen, nicht aufbewahren.
**** In eine saure Natriumthiosulfatlösung eintragen und reduzieren. Auf vollständigen Umsatz mit Peroxid-Teststäbchen prüfen. Danach Lösung in den Ausguss.

AdobeStock / Africa Studio – S. 85, 172; – / aquapix – S. 162; – / Goodideas – S. 7, 154/155; – / Henri Koskinen – S. 172; – / lorenza62 – S. 62; – / natros – S. 33; – / ON-Photography – S. 34; – / Heino Pattschull – S. 106; – / Photocreo Bednarek – S. 4, 24/25; – / robertoa – S. 44; – / stivog – S. 106; Alamy Stock Photo / Joern Ackermann – S. 104; – / imageBROKER – S. 92; BASF Corporate History, Ludwigshafen a. Rh. – S. 178; Claudia Bohrmann-Linde, Wuppertal – S. 20, 23 (4), 79 (2), 126 (2), 228 (5); Stefanie Faas, Straubenhardt – S. 17; Fotolia / Renáta Sedmákova – S. 70; – / vector_art – S. 82; Getty Images Plus / Hemera, Ulrich Mueller – S. 209; – / iStock Editorial, bakerjarvis – S. 32; – / iStockphoto, Aetherial – S. 169; – / iStockphoto, Alesikka – S. 82; – / iStockphoto, AlexPro9500 – S. 96; – / iStockphoto, alffalff – S. 115; – / iStockphoto, andhal – S. 120; – / iStockphoto, Nancy Anderson – S. 5, 64/65; – / iStockphoto, antoniokhr – Cover; – / iStockphoto, atoss – S. 82; – / iStockphoto, Bebenjy – S. 44; – / iStockphoto, blew_i – S. 164; – / iStockphoto, Charlie_Edward – S. 28; – / iStockphoto, dima_zel – S. 143; – / iStockphoto, egal – S. 82; – / iStockphoto, exopixel – S. 38; – / iStockphoto, flyingv43 – S. 182; – / iStockphoto, fotokostic – S. 172; – / iStockphoto, fyw PHOTOGRAPHY – S. 35; – / iStockphoto, goinyk – S. 166; – / iStockphoto, gojak – S. 82; – / iStockphoto, HandmadePictures – S. 102; – / iStockphoto, hanieriani – S. 126; – / iStockphoto, helivideo – S. 92; – / iStockphoto, Irina Iglina – S. 51; – / iStockphoto, Ivan-balvan – S. 182; – / iStockphoto, lantapix – S. 121; – / iStockphoto, Mahir Ates – S. 82; – / iStockphoto, matka_Wariatka – S. 100; – / iStockphoto, MeggiSt – S. 230, 231; – / iStockphoto, monticellllo – S. 4, 8/9; – / iStockphoto, Nadezhda_Nesterova – S. 90; – / iStockphoto, photomaru – S. 82; – / iStockphoto, Placebo365 – S. 166; – / iStockphoto, rawintanpin – S. 136; – / iStockphoto, rclassenlayouts – S. 150; – / iStockphoto, Tetiana Rostopira – S. 82; – / iStockphoto, rysp – S. 86; – / iStockphoto, Misha Shutkevych – S. 51; – / iStockphoto, Suntipab – S. 97; – / iStockphoto, SuzanaMarinkovic – S. 98; – / iStockphoto, theevening – S. 95; – / iStockphoto, Roman Valiev – S. 32; – / iStockphoto, ViewApart – S. 73; – / iStockphoto, Vladdeep – S. 78; – / iStockphoto, xfotostudio – S. 68; – / iStockphoto, zanskar – S. 162; – / iStockphoto, Chirag Zaveri – S. 30; Birgit Goerz-Lorenz, Wiesloch – S. 137, 138, 140, 141; Alina Hermann, Eichstätt – S. 23; https://images-of-elements.com/pse/ - S. 230 (30), 231 (35); iStockphoto / CatLane – S. 120; – / davidf – S. 28, 32; – / EasyBuy4u – S. 6, 116/117; – / onurdongel – S. 72; Matthias Jachan, Berlin – S. 108; Hans-Jürgen Jäger, Kaiserslautern – S. 14; Richard Kremer – S. 170; Simone Kröger, Münster – S. 23, 40, 109; Patrick Krollmann, Köln – S. 23, 27 (3); Klaus-Dieter Krüger, Friedland – S. 23 (3), 42, 45, 50 (2), 68, 228 (2); Mauritius Images / Alamy Stock Photo, B Christopher – S. 105; – / Alamy Stock Photo, Bruno Rodrigues Baptista da Silva – S. 28; – / Alamy Stock Photo, Derek Coucher – S. 30; – / Alamy Stock Photo, Elementix – S. 58, 60; – / Alamy Stock Photo, History and Art Collection – S. 38, 142; – / Alamy Stock Photo, Albert Karimov – S. 51; – / Alamy Stock Photo, Olha Koronievska – S. 35; – / Alamy Stock Photo, Josef Kubes – S. 114; – / Alamy Stock Photo, NASA Photo – S. 144; – / Alamy Stock Photo, Panther Media GmbH – S. 160; – / Alamy Stock Photo, Peter Hermes Furian – S. 31; – / Alamy Stock Photo, Pictorial Press Ltd – S. 179; – / Alamy Stock Photo, Morley Read – S. 139; – / Alamy Stock Photo, Eugene Sergeev – S. 35; – / Alamy Stock Photo, Klaus Steinkamp – S. 45; – / Alamy Stock Photo, Adrian Toc – S. 158; – / Alamy Stock Photo, Jonathan Weiss – S. 52; – / Prisma, Gerth – S. 180; – / Science Source – S. 104; Jean Marc Orth, Enger – S. 31 (2); picture-alliance / akg-images – S. 179; – / Unbekannt – S. 179; Bettina Malle & Helge Schmickl / www.essigherstellung.at, Klagenfurth am Wörthersee – S. 89; Science Photo Library – S. 31; – / Giphotostock – S. 74 (3); – / Mikkel Juul Jensen – S. 53; – / Science Source, Charles D. Winters – S. 50; © Jörg Volle – S. 63; www.ka-news.de – S. 178; www.wikimedia.org – S. 230 (9), 231 (12); www.wikimedia.org / Dreser, Floret, Witthauer – S. 104.

Stoffklassen der organischen Chemie

gesättigte Kohlenwasserstoffe: Alkane

- haben nur C–C-Einfachbindungen
- allgemeine Molekülformel: $\mathbf{C_nH_{2n+2}}$
- z. B.: Isomere des Butans C_4H_{10}

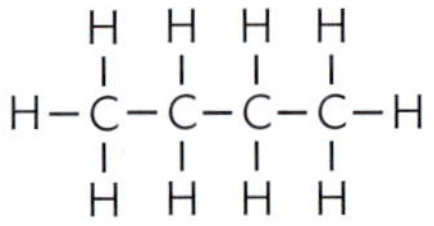

unverzweigt: *n*-Butan

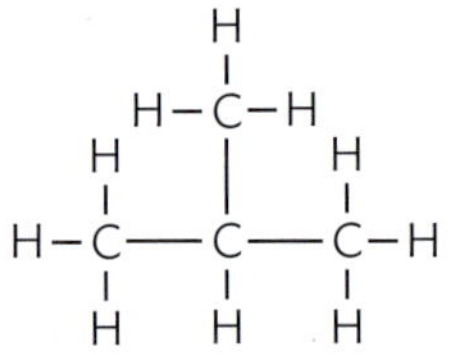

verzweigt: Isobutan
2-Methylpropan

ungesättigte Kohlenwasserstoffe: Alkene und Alkine

- zusätzlich eine oder mehrere Mehrfachbindungen
- Alkene: C=C-Doppelbindungen
- allgemeine Molekülformel für Alkene: $\mathbf{C_nH_{2n}}$
- z. B.: Isomere des Butens C_4H_8

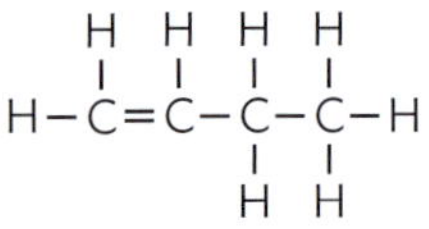

***n*-But-1-en**

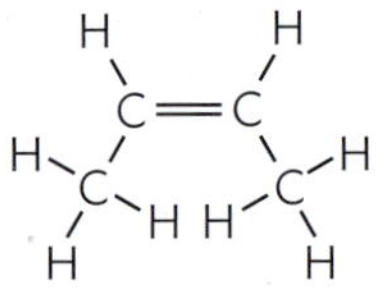

***n*-But-2-en**
***cis*-But-2-en** oder **(*Z*)-But-2-en**

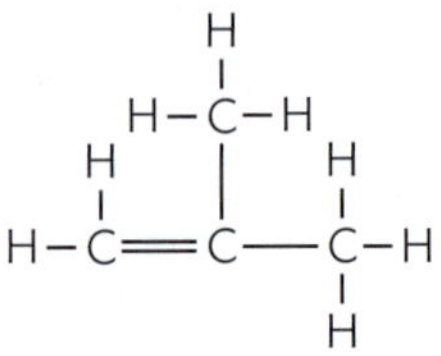

Isobuten
2-Methylpropen

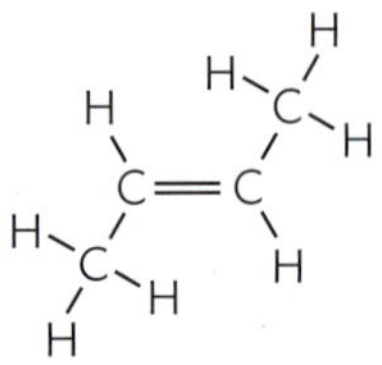

***n*-But-2-en**
***trans*-But-2-en** oder **(*E*)-But-2-en**

- Alkine: C≡C-Dreifachbindungen

Alkohole

- funktionelle Gruppe: **Hydroxy-Gruppe** / –OH

einwertige Alkohole

- Alkanole
- haben <u>eine</u> Hydroxy-Gruppe
- allgemeine Molekülformel: $\mathbf{C_nH_{2n+1}OH}$
- z. B.: Isomere des Butanols C_4H_9OH

Butan-1-ol (*n*-Butanol)

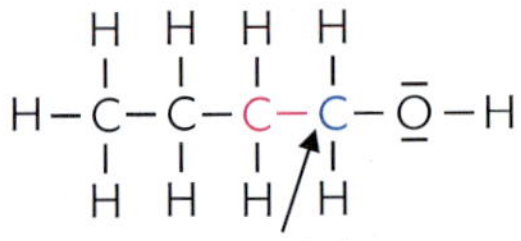

primäres Alkanol — primäres C-Atom

Butan-2-ol

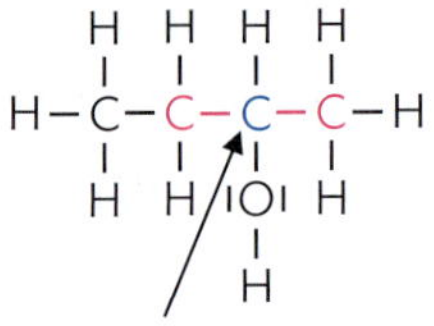

sekundäres Alkanol — sekundäres C-Atom

2-Methylpropan-2-ol

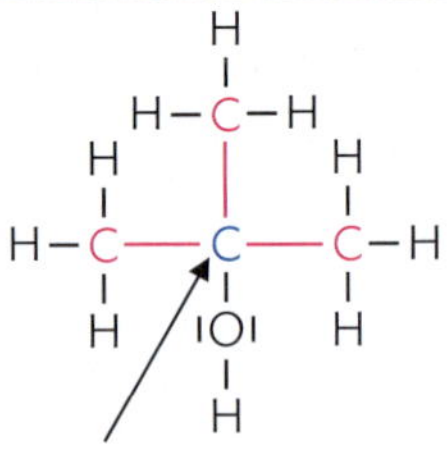

tertiäres Alkanol — tertiäres C-Atom

mehrwertige Alkohole

- mehr als eine Hydroxy-Gruppe
- z. B.: Glycerin (Propan-1,2,3-triol) als dreiwertiger Alkohol

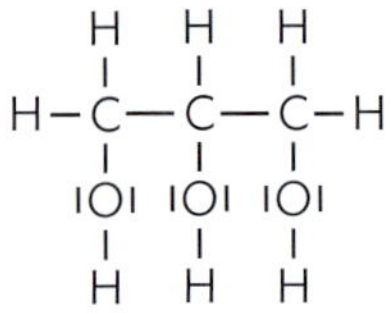

Aldehyde

- funktionelle Gruppe:
  Aldehyd-Gruppe / –CHO

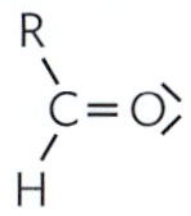

- R = Alkyl-Rest = C_nH_{2n+1} oder anderer Kohlenwasserstoff-Rest teilweise mit weiteren funktionellen Gruppen

Alkanale

- haben <u>eine</u> Aldehyd-Gruppe
- allgemeine Molekülformel: **$C_nH_{2n+1}CHO$**
- z. B.: Propanal C_2H_5CHO

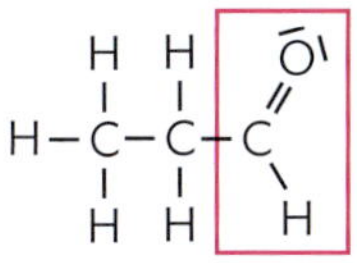

Ketone

- funktionelle Gruppe:
  Keto-Gruppe / –C–CO–C–

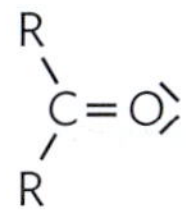

- R = Alkyl-Rest = C_nH_{2n+1} oder anderer Kohlenwasserstoff-Rest teilweise mit weiteren funktionellen Gruppen

Alkanone

- haben <u>eine</u> Keto-Gruppe
- RCOR mit R = Alkyl-Rest = C_nH_{2n+1}
- z. B.: Propanon CH_3COCH_3

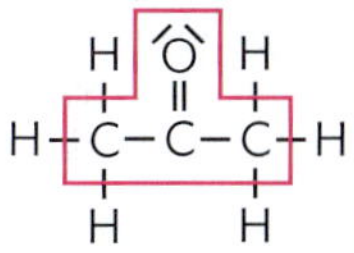

Carbonsäuren

- funktionelle Gruppe:
  Carboxy-Gruppe / –COOH

Alkansäuren

- haben <u>eine</u> endständige Carboxy-Gruppe
- allgemeine Molekülformel: **$C_nH_{2n+1}COOH$**
- z. B.: Ethansäure CH_3COOH

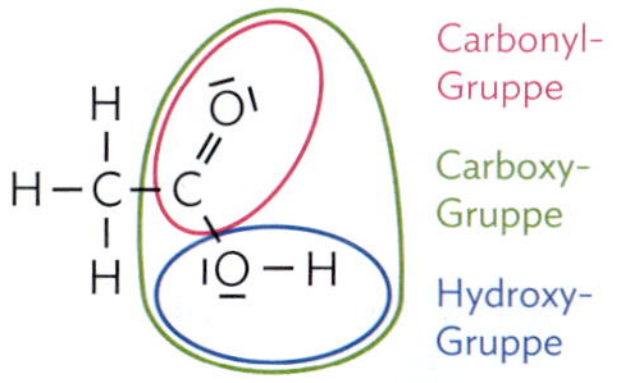

Ester

- funktionelle Gruppe:
  Ester-Gruppe / –COO–

Alkansäurealkylester

- aus der Reaktion einer Alkansäure mit einem Alkanol
- RCOOR mit R = Alkyl-Rest = C_nH_{2n+1}
- z. B.: Ethansäureethylester $CH_3COOC_2H_5$

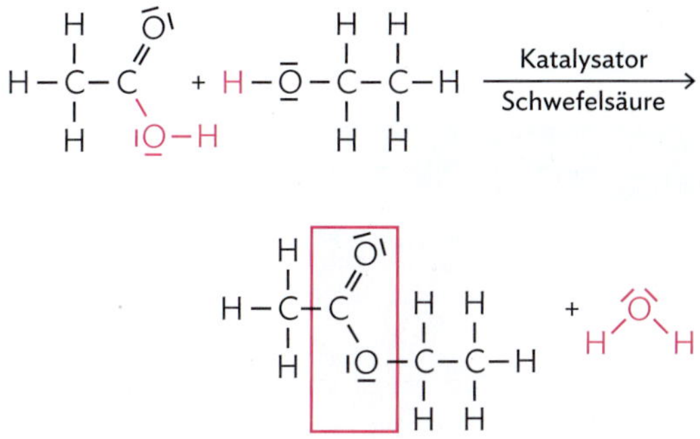

Nachweise organischer Stoffklassen

Alkane

Reaktion mit Halogenen bei intensiver Belichtung: **Entfärbung**: Ein Wasserstoff-Atom in einem Alkan-Molekül wird bei **intensiver Belichtung** durch ein **Halogen-Atom** (z. B. Chlor, Brom) substituiert. Neben dem Halogenalkan wird Halogenwasserstoff gebildet, der in Lösung geht.

Aldehyde

TOLLENS-Probe: Aldehyd-Moleküle reduzieren Silber-Ionen zu Silber-Atomen (**Silberspiegel**).

BENEDICT-Probe: Aldehyd-Moleküle reduzieren Kupfer(II)-Ionen zu Kupfer(I)-Ionen (**rotbrauner Niederschlag**).

FEHLING-Probe: Aldehyd-Moleküle reduzieren Kupfer(II)-Ionen zu Kupfer(I)-Ionen (**rotbrauner Niederschlag**).

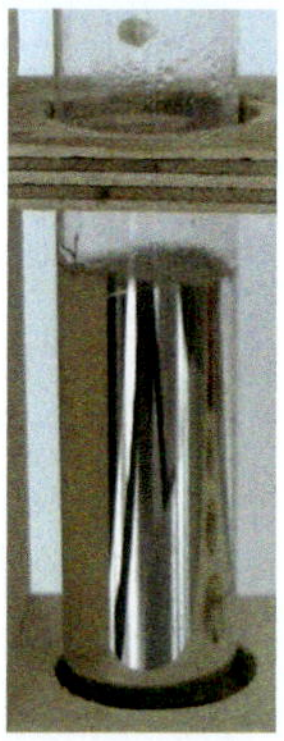

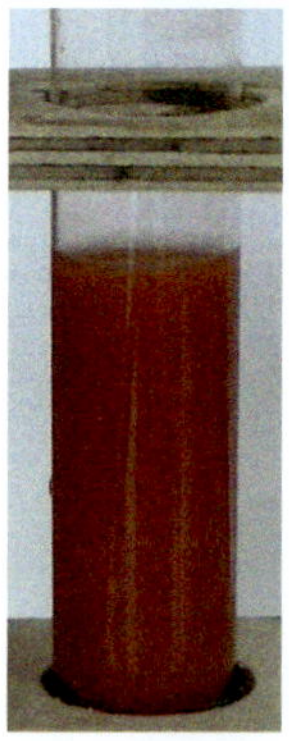

Mehrfachbindungen

Entfärbung: Doppelbindungen (z. B. Alkene) oder Dreifachbindungen (z. B. Alkine) addieren **Halogen-Atome** (z. B. Brom, Iod).

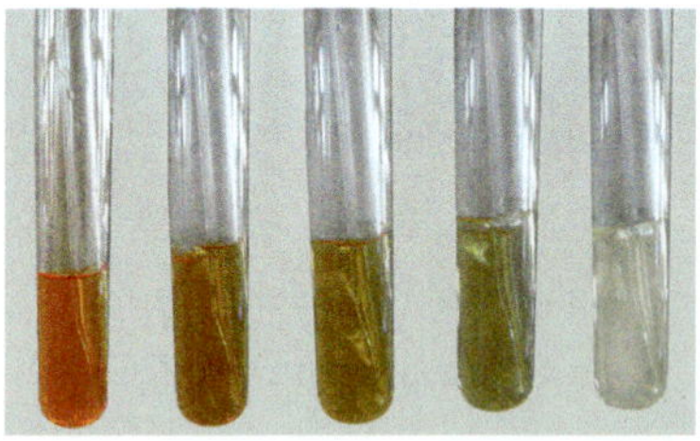

Alkohole

Farbänderung: Versetzt man eine Probelösung, die einen Alkohol enthält, mit **Cerammoniumnitratlösung**, bildet sich eine neue Verbindung, die **rotbraun** gefärbt ist.

Carbonsäuren

Farbänderung: Mit **Universalindikatorpapier** kann man feststellen, ob eine Lösung sauer, neutral oder alkalisch ist. Carbonsäuren reagieren sauer und färben das pH-Papier daher **rötlich**.

Formeltypen in der organischen Chemie

Molekülformel (Summenformel)

Die Molekülformel (Summenformel) gibt die Art und Anzahl der Atome in einem Molekül genau an. Beispiele:

C_2H_6	C_2H_6O	$C_6H_{12}O_6$
Ethan	Ethanol	Glucose

In der Regel kann aus einer gegebenen Molekülformel nicht eindeutig auf die Verbindung geschlossen werden, die damit gemeint ist, weil es mehrere Isomere mit der gleichen Molekülformel gibt.

Valenzstrichformel

Die Valenzstrichformel zeigt die Art und Reihenfolge der Verknüpfung der Atome im Molekül an und gibt an, wo die Valenzelektronen der Atome als bindende und nichtbindende Elektronenpaare lokalisiert sind. Beispiele:

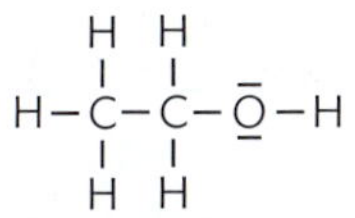

Ethanol

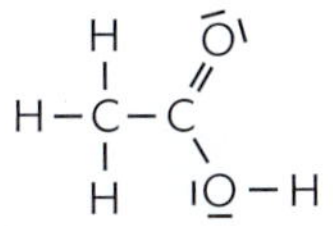

Ethansäure

Halbstrukturformel

Dieser Formeltyp ist eine Kombination aus Molekül- und Valenzstrichformel und gibt vereinfacht die Konstitution des Moleküls wieder. Beispiel:

CH_3CH_2COOH

Propansäure

räumliche Valenzstrichformel (Keilstrichformel)

Moleküle sind dreidimensionale Objekte, für deren Veranschaulichung in einer Ebene Striche alleine nicht ausreichen. Man setzt daher weitere Zeichenelemente ein, beispielsweise Keile und gestrichelte Linien. Keile führen zu Atomen vor, gestrichelte Linien zu Atomen hinter der Zeichenebene. Beispiel:

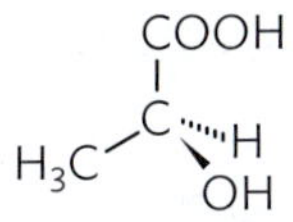

Milchsäure

Isomerie

Verschiedene Arten der Isomerie			
Gerüstisomerie (Skelettisomerie) Isomerie der Grundkörper (Kohlenwasserstoffe), unterschiedlicher Aufbau des Kohlenstoff-Gerüsts: unverzweigte bzw. verzweigte Ketten	**Stellungsisomerie** (Ortsisomerie) Unterschiedliche Stellung funktioneller Gruppen (Substituenten) an den Kohlenstoff-Atomen einer Kette	**Bindungsisomerie** (Valenzisomerie) Bei den Isomeren sind einzelne Bindungen verschoben, d. h. die gleichen Atome sind verschieden gebunden.	***cis/trans*-Isomerie ((*Z*)/(*E*)-Isomerie)** *cis/trans*-Isomere stellen einen Sonderfall von Bindungsisomeren dar. In ihren Molekülen sind die Substituenten an Doppelbindungen verschieden angeordnet.
Beispiele: isomere Butane, Pentane, Hexane, isomere Butene	Beispiele: isomere Dichlorethane, isomere Butanole	Beispiel: But-1-en und But-2-en	Beispiel: *cis*- und *trans*-But-2-en
$CH_3{-}CH_2{-}CH_2{-}CH_3$ $CH_3{-}CH{-}CH_3$ $\quad\;\; \vert$ $\quad\; CH_3$	$CH_3{-}CH_2{-}CH_2{-}CH_2{-}OH$ $CH_3{-}CH_2{-}CH{-}CH_3$ $\qquad\qquad\;\; \vert$ $\qquad\qquad OH$	$CH_2{=}CH{-}CH_2{-}CH_3$ $CH_3{-}CH{=}CH{-}CH_3$	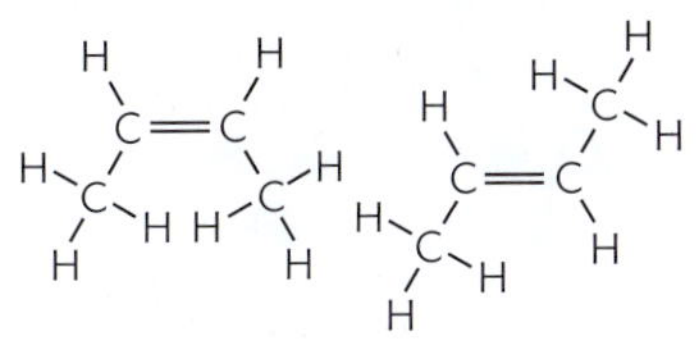
C_4H_{10}	C_4H_9OH	C_4H_8	C_4H_8

Periodensystem der Elemente (stoffbezogen)

Elementname	Natrium

Elementsymbol	Na
Siedetemperatur in °C	883
Schmelztemperatur in °C	98
Dichte in g/cm³ (bei Gasen in g/L)	0,97

Periode	Hauptgruppen I	Hauptgruppen II	Nebengruppen III	IV	V	VI	VII	VIII	VIII
1	Wasserstoff H -253 -259 0,09								
2	Lithium Li 1330 181 0,53	Beryllium Be 2970 1287 1,85							
3	Natrium Na 883 98 0,97	Magnesium Mg 1107 649 1,74							
4	Kalium K 760 63 0,86	Calcium Ca 1484 842 1,55	Scandium Sc 2831 1541 2,99	Titan Ti 3287 1668 4,51	Vanadium V 3407 1890 6,11	Chrom Cr 2671 1907 7,14	Mangan Mn 2061 1246 7,43	Eisen Fe 2862 1538 7,87	Cobalt Co 2927 1495 8,90
5	Rubidium Rb 688 39 1,53	Strontium Sr 1380 777 2,63	Yttrium Y 2930 1526 4,47	Zirconium Zr 4377 1855 6,50	Niob Nb 4744 2477 8,57	Molybdän Mo 4639 2623 10,28	Technetium Tc* 4265 2157 11,50	Ruthenium Ru 4150 2334 12,30	Rhodium Rh 3727 1964 12,40
6	Caesium Cs 671 28 1,90	Barium Ba 1845 727 3,51		Hafnium Hf 4603 2233 13,30	Tantal Ta 5458 3017 16,70	Wolfram W 5930 3422 19,30	Rhenium Re 5630 3186 21,00	Osmium Os 5000 3130 22,59	Iridium Ir 4130 2466 22,56
7	Francium Fr* 677 27 -	Radium Ra* 1737 700 5,50		Rutherfordium Rf* - - -	Dubnium Db* - - -	Seaborgium Sg* - - -	Bohrium Bh* - - -	Hassium Hs* - - -	Meitnerium Mt* - - -

6. Periode: Lanthanoide

7. Periode: Actinoide

Feldhintergrund	
	Metall
	Halbmetall
	Nichtmetall
Schriftfarbe: Aggregatzustand bei Standardbedingungen	
	Feststoff
	Flüssigkeit
	Gas
	künstliches Element
*	radioaktives Element
p	unter Druck
s	sublimiert

Hauptgruppen

	I	II	III	IV	V	VI	VII	VIII
								Helium He -269 -272p 0,18
			Bor B 3927 2076 2,46	Kohlenstoff C 3642s 2,25	Stickstoff N -196 -210 1,25	Sauerstoff O -183 -219 1,43	Fluor F -188 -220 1,70	Neon Ne -246 -249 0,90
			Aluminium Al 2467 660 2,70	Silicium Si 3260 1410 2,33	Phosphor P 280 44 1,82	Schwefel S 445 115 2,07	Chlor Cl -34 -101 3,20	Argon Ar -186 -189 1,78
Nickel Ni 2730 1455 8,90	Kupfer Cu 2595 1085 8,92	Zink Zn 907 420 7,14	Gallium Ga 2403 30 5,90	Germanium Ge 2830 938 5,32	Arsen As 613s 817p 5,72	Selen Se 685 221 4,81	Brom Br 59 -7 3,12	Krypton Kr -153 -157 3,75
Palladium Pd 2970 1555 12,00	Silber Ag 2212 962 10,50	Cadmium Cd 767 321 8,65	Indium In 2072 157 7,30	Zinn Sn 2620 232 7,30	Antimon Sb 1635 631 6,70	Tellur Te 990 450 6,24	Iod I 184 114 4,93	Xenon Xe -108 -112 5,90
Platin Pt 3827 1768 21,45	Gold Au 2970 1064 19,32	Quecksilber Hg 357 -39 13,50	Thallium Tl 1473 304 11,90	Blei Pb 1749 327 11,30	Bismut Bi 1560 271 9,80	Polonium Po* 962 254 9,20	Astat At* 337 302 -	Radon Rn* -62 -71 9,73
Darmstadtium Ds* - - -	Roentgenium Rg* - - -	Copernicium Cn* - - -	Nihonium Nh* - - -	Flerovium Fl* - - -	Moscovium Mc* - - -	Livermorium Lv* - - -	Tenness Ts* - - -	Oganesson Og* - - -

Periodensystem der Atome und Ionen

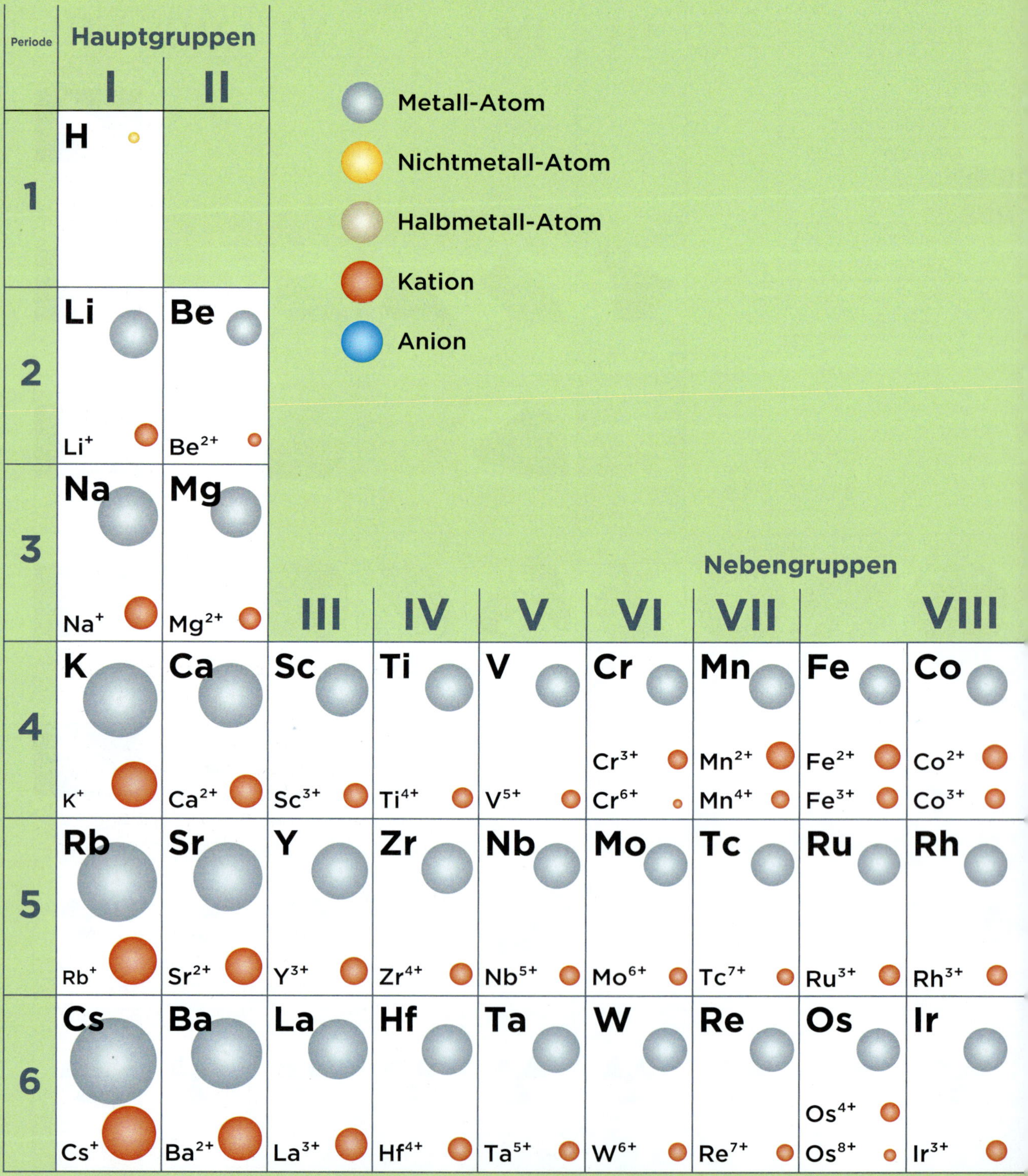

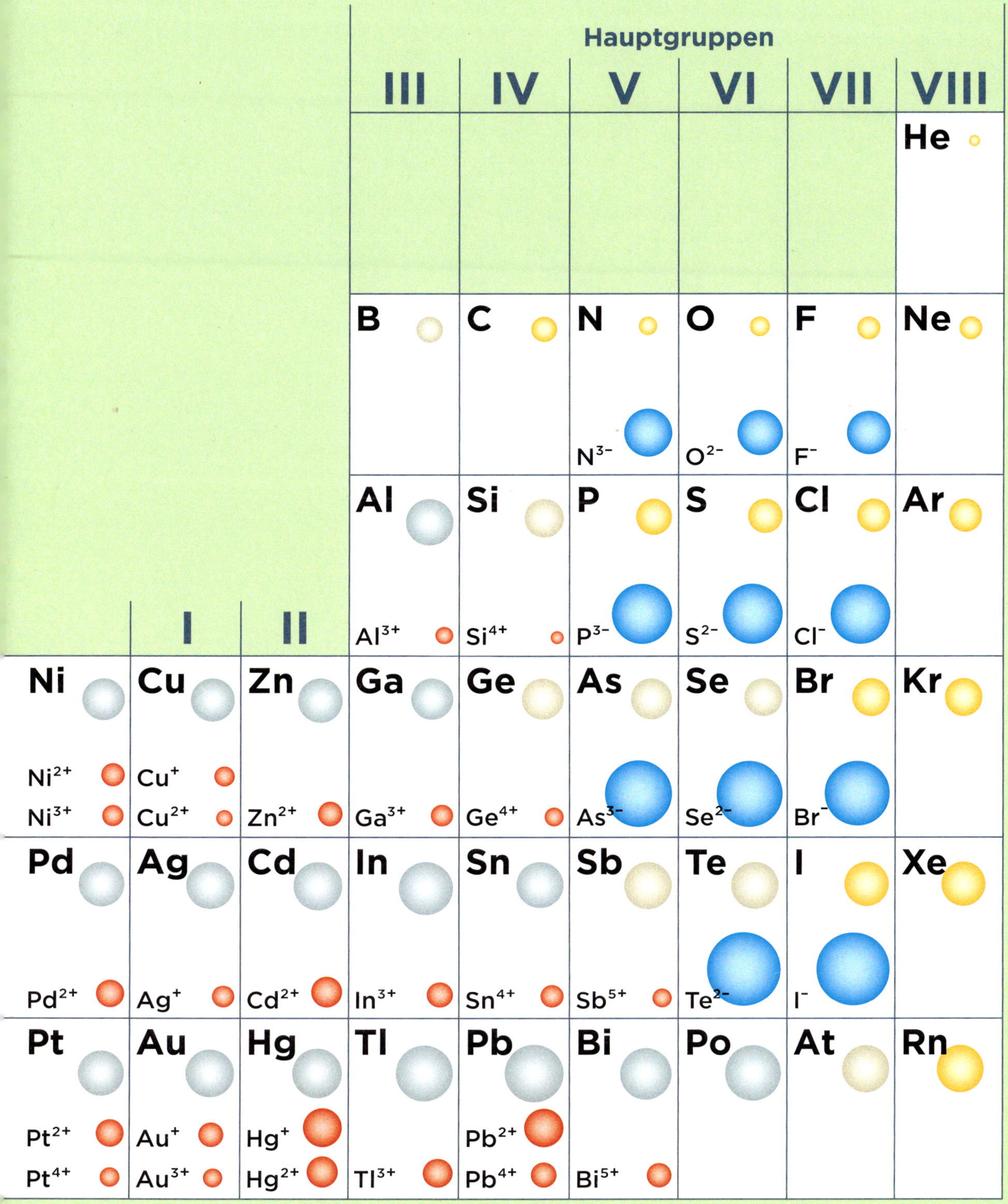
Hauptgruppen
I
II
III
IV
V
VI
VII
VIII
He
B
C
N
N3–
O
O2–
F
F–
Ne
Al
Al3+
Si
Si4+
P
P3–
S
S2–
Cl
Cl–
Ar
Ni
Ni2+
Ni3+
Cu
Cu+
Cu2+
Zn
Zn2+
Ga
Ga3+
Ge
Ge4+
As
As3–
Se
Se2–
Br
Br–
Kr
Pd
Pd2+
Ag
Ag+
Cd
Cd2+
In
In3+
Sn
Sn4+
Sb
Sb5+
Te
Te2–
I
I–
Xe
Pt
Pt2+
Pt4+
Au
Au+
Au3+
Hg
Hg+
Hg2+
Tl
Tl3+
Pb
Pb2+
Pb4+
Bi
Bi5+
Po
At
Rn

Periodensystem der Elemente (PSE)

Periode / Schale	Hauptgruppen I	II	Nebengruppen III	IV	V	VI	VII		VII
1 K	1,0 **H** Wasserstoff 1 2,1								
2 L	6,9 **Li** Lithium 3 1,0	9,0 **Be** Beryllium 4 1,5							
3 M	23,0 **Na** Natrium 11 0,9	24,3 **Mg** Magnesium 12 1,2							
4 N	39,1 **K** Kalium 19 0,8	40,1 **Ca** Calcium 20 1,0	45,0 **Sc** Scandium 21 1,3	47,9 **Ti** Titan 22 1,5	50,9 **V** Vanadium 23 1,6	52,0 **Cr** Chrom 24 1,6	54,9 **Mn** Mangan 25 1,5	55,8 **Fe** Eisen 26 1,8	58,9 **Co** Cobalt 27
5 O	85,5 **Rb** Rubidium 37 0,8	87,6 **Sr** Strontium 38 1,0	88,9 **Y** Yttrium 39 1,3	91,2 **Zr** Zirconium 40 1,4	92,9 **Nb** Niob 41 1,6	95,9 **Mo** Molybdän 42 1,8	[98] **Tc*** Technetium 43 1,9	101,1 **Ru** Ruthenium 44 2,2	102,9 **Rh** Rhodiur 45
6 P	132,9 **Cs** Caesium 55 0,7	137,3 **Ba** Barium 56 0,9		178,5 **Hf** Hafnium 72 1,3	180,9 **Ta** Tantal 73 1,5	183,8 **W** Wolfram 74 1,7	186,2 **Re** Rhenium 75 1,9	190,2 **Os** Osmium 76 2,2	192,2 **Ir** Iridium 77
7 Q	[223] **Fr*** Francium 87 0,7	226,0 **Ra*** Radium 88 0,9		[261] **Rf*** Rutherfordium 104	[262] **Db*** Dubnium 105	[266] **Sg*** Seaborgium 106	[264] **Bh*** Bohrium 107	[277] **Hs*** Hassium 108	[268] **Mt*** Meitneri 109

mittlere Atommasse in u: 23,0
Elementsymbol: **Na**
Elementname: Natrium
Ordnungszahl: 11
Elektronegativität: 0,9

Lanthanoide 6. Periode

138,9 **La** Lanthan 57 1,1	140,1 **Ce** Cer 58 1,1	140,9 **Pr** Praseodym 59 1,1	144,2 **Nd** Neodym 60 1,2	[145] **Pm*** Promethium 61 1,2	150,4 **Sm** Samariu 62
227,0 **Ac*** Actinium 89 1,1	232,0 **Th*** Thorium 90 1,1	231,0 **Pa*** Protactinium 91 1,5	238,0 **U*** Uran 92 1,7	[237] **Np*** Neptunium 93 1,3	[244] **Pu*** Plutoniu 94

Actinoide 7. Periode

* radioaktives Element

[Atommasse eines wichtigen Isotops]